朱彤 王会军
贺克斌 贺泓
张小曳 黄建平
　　　曹军骥
主编

大气复合污染
观测、模型及数据的集成

New Progress in Research on Atmospheric Compound
Pollution: Integration of Observation, Model, and Data

图书在版编目(CIP)数据

大气复合污染:观测、模型及数据的集成/朱彤等主编. -- 北京:北京大学出版社,2025.4. -- (大气复合污染成因与应对机制). -- ISBN 978-7-301-36188-7

Ⅰ. X51

中国国家版本馆 CIP 数据核字第 2025ZH4376 号

书　　　名	大气复合污染:观测、模型及数据的集成 DAQI FUHE WURAN: GUANCE、MOXING JI SHUJU DE JICHENG
著作责任者	朱　彤　等主编
责 任 编 辑	刘　洋
标 准 书 号	ISBN 978-7-301-36188-7
出 版 发 行	北京大学出版社
地　　　址	北京市海淀区成府路 205 号　100871
网　　　址	http://www.pup.cn　新浪微博:@北京大学出版社
电 子 邮 箱	编辑部 lk2@pup.cn　总编室 zpup@pup.cn
电　　　话	邮购部 010-62752015　发行部 010-62750672　编辑部 010-62764976
印 刷 者	北京中科印刷有限公司
经 销 者	新华书店
	787 毫米×1092 毫米　16 开本　21 印张　421 千字 2025 年 4 月第 1 版　2025 年 4 月第 1 次印刷
定　　　价	149.00 元(精装)

未经许可,不得以任何方式复制或抄袭本书之部分或全部内容。
版权所有,侵权必究
举报电话: 010-62752024　电子邮箱: fd@pup.cn
图书如有印装质量问题,请与出版部联系,电话: 010-62756370

"大气复合污染成因与应对机制"
编委会

朱　彤　（北京大学）
王会军　（南京信息工程大学）
贺克斌　（清华大学）
贺　泓　（中国科学院生态环境研究中心）
张小曳　（中国气象科学研究院）
黄建平　（兰州大学）
曹军骥　（中国科学院大气物理研究所）
张朝林　（国家自然科学基金委员会地球科学部）

主 编 简 介

朱彤，北京大学环境科学与工程学院教授、青藏高原研究院院长，中国科学院院士，国务院参事，美国地球物理联合会会士，世界气象组织"环境污染与大气化学"科学指导委员会委员。长期致力于大气化学及环境健康交叉学科研究，发表学术论文500余篇。

王会军，南京信息工程大学教授、学术委员会主任，中国科学院院士，挪威卑尔根大学荣誉教授，中国气象学会名誉理事长，气候系统预测与变化应对全国重点实验室主任。长期从事气候变化与气候预测等研究，发表学术论文300余篇。

贺克斌，清华大学环境学院教授、碳中和研究院院长，中国工程院院士，国家生态环境保护专家委员会副主任，国务院学位委员会环境科学与工程学科评议组召集人，教育部科学技术委员会环境学部主任。长期致力于大气复合污染特别是$PM_{2.5}$的研究，在大气颗粒物与复合污染识别、复杂源排放特征与多污染物协同控制、大气污染与温室气体协同控制方面开展深入细致的研究。

贺泓，中国科学院城市环境研究所所长、生态环境研究中心研究员，中国工程院院士。主要研究方向为环境催化与非均相大气化学过程，取得柴油车排放污染控制、室内空气净化和大气灰霾成因及控制方面系列成果。

张小曳，中国气象科学研究院研究员，中国工程院院士，IPCC第7轮评估报告第一工作组联合主席，中国气象局温室气体及碳中和监测评估中心主任，灾害天气科学与技术全国重点实验室主任。在人类活动与天气和气候变化的相互作用领域做出系统性创新研究。

黄建平，兰州大学西部生态安全省部共建协同创新中心主任，中国科学院院士。长期扎根西北，专注于半干旱气候变化的机理和预测研究，带领团队将野外观测与理论研究相结合，取得了一系列基础性强、影响力高的原创性成果。

曹军骥，中国科学院大气物理研究所所长，国际气溶胶学会副主席。长期从事大气气溶胶与大气环境研究，揭示我国气溶胶基本特征、地球化学行为与气候环境效应，深入查明我国$PM_{2.5}$污染来源、分布与成因特征并开发污染控制新途径等。

序

2010年以来，我国京津冀、长三角、珠三角等多个区域频繁发生大范围、持续多日的严重大气污染。如何预防大气污染带来的健康危害、改善空气质量，成为整个社会关注的有关国计民生的主题。

中国社会经济快速发展中面临的大气污染问题，是发达国家近百年来经历的大气污染问题在时间、地区和规模上的集中体现，形成了一种复合型的大气污染，其规模和复杂程度在国际上罕见。已有研究表明，大气复合污染来自工业、交通、取暖等多种污染源排放的气态和颗粒态一次污染物，以及经过一系列复杂的物理、化学和生物过程形成的二次细颗粒物和臭氧等二次污染物。这些污染物在不利天气和气象过程的影响下，会在短时间内形成高浓度的污染，并在大范围的区域间相互输送，对人体健康和生态环境产生严重危害。

在大气复合污染的成因、健康影响与应对机制方面，尚缺少系统的基础科学研究，基础理论支撑不够。同时，大气污染的根本治理，也涉及能源政策、产业结构、城市规划等。因此，亟须布局和加强系统的、多学科交叉的科学研究，揭示其复杂的成因，厘清其复杂的灰霾物质来源，发展先进的技术，制定和实施合理有效的应对措施和预防政策。

为此，国家自然科学基金委员会以"中国大气灰霾的形成机理、危害与控制和治理对策"为主题于2014年1月18—19日在北京召开了第107期双清论坛。本次论坛由北京大学协办，并邀请唐孝炎、丁仲礼、郝吉明、徐祥德四位院士担任论坛主席。来自国内30多所高校、科研院所和管理部门的70余名专家学者，以及国家自然科学基金委员会地球科学部、数学物理科学部、化学科学部、生命科学部、工程与材料科学部、信息科学部、管理科学部、医学科学部和政策局的负责人出席了本次讨论会。

在本次双清论坛基础上，国家自然科学基金委员会于2014年年底批准了"中国大气复合污染的成因、健康影响与应对机制"联合重大研究计划的立项，其中"中国大气复合污染的成因与应对机制的基础研究"重大研究计划的主管科学部为地球科学部。

自2015年发布第一次资助指南以来，"中国大气复合污染的成因与应对机制的基础研究"重大研究计划取得了丰硕的成果，为我国大气污染防治攻坚战提供了重要的科学支撑，在2019年的中期考核中取得了"优"的成绩。在2024年的结题考核中，获得了20票"全优"的优异成绩。

本套丛书前4册汇总了2020年之前完成结题验收项目的研究成果，后3册汇总了后期完成结题验收项目的主要研究成果，是我国在大气复合污染成因与应对机制基础研究方面的最新进展总结，也为继续开展这方面研究的人员提供了很好的参考。

中国科学院院士

国家自然科学基金委员会原副主任

天津大学地球系统科学学院院长、教授

前　言

自2014年1月国家自然科学基金委员会召开第107期双清论坛"中国大气灰霾的形成机理、危害与控制和治理对策"以来，已经过去11年多了。在这11年中，我国政府大力实施了《大气污染防治行动计划》(2013—2017)、《打赢蓝天保卫战三年行动计划》(2018—2020)、《空气质量持续改善行动计划》(2023—2025)，主要城市空气质量取得了根本性好转。自2013年以来中国的空气质量改善速度空前，被联合国誉为"中国奇迹"，作为可持续发展目标(SDGs)的成功范例，与全球各个国家分享大气污染治理中"政府主导、科学支撑、多方参与"的"中国经验"。

"科学支撑"的一个重要体现，就是国家自然科学基金委员会在第107期双清论坛基础上启动实施了"中国大气复合污染的成因与应对机制的基础研究"重大研究计划(以下简称"重大研究计划")。本重大研究计划不仅在大气复合污染成因与控制技术原理的重大前沿科学问题上取得了系列创新成果，大大地提升了我国大气复合污染基础研究的原始创新能力和国际学术影响力，更为大气污染治理这一国家重大战略需求提供了坚实的科学支撑。

本重大研究计划旨在围绕大气复合污染形成的物理、化学过程及控制技术原理的重大科学问题，揭示形成大气复合污染的关键化学过程和关键大气物理过程，阐明大气复合污染的成因，建立大气复合污染成因的理论体系，发展大气复合污染探测、来源解析、决策系统分析的新原理与新方法，提出控制我国大气复合污染的创新性思路。

为保障本重大研究计划顺利实施，组建了指导专家组与管理工作组。指导专家组负责重大研究计划的科学规划、顶层设计和学术指导；管理工作组负责重大研究计划的组织及项目管理工作，在实施过程中对管理工作进行指导。本重大研究计划指导专家组成员包括：朱彤(组长)、王会军、贺克斌、贺泓、张小曳、黄建平、曹军骥。

针对我国大气污染治理的紧迫性以及相关领域已有的研究基础，重大研究计划主要资助重点支持项目，同时支持少量培育项目和集成项目。重大研究计划共资助了76个项目，包括46项重点支持项目、21项培育项目、6项集成项目、3项战略研究项目。为提高公众对大气污染科学研究的认知水平，特以培育项目形式资助科普项目1项。

2016年至今资助项目的顺利实施及重大研究计划在结束评估时获得的优异成绩，得益于来自全国30余家单位、76个课题项目负责人及1000余名研究团队成员的全力投入。在过去10来年，中国大气污染得到了显著改善，离不开本重大研究计划的基础研究成果给予国家治理政策强有力的科技支撑。

重大研究计划在实施过程中，培养出一大批优秀的中青年创新人才和团队，成为我国打赢蓝天保卫战、空气质量持续改善行动的重要战略科技力量。重大研究计划还创新了大气复合污染研究系列先进技术，构建成先进、长期、稳定的观测-模拟-数据重大科研平台，将为我国空气质量的持续改善提供科技支撑。

通过重大研究计划的资助，我国大气复合污染基础研究的原始创新能力得到了极大的提升，在准确定量多种大气污染的排放、大气二次污染形成的关键化学机制、大气物理过程与大气复合污染预测方面取得了一系列重要的原创性成果。更重要的是,本重大研究计划取得的研究成果及时、迅速地为我国打赢蓝天保卫战提供了坚实的科学支撑,计划执行过程中已有多项政策建议得到中央和有关部委采纳。

2019年11月21日,本重大研究计划通过了国家自然科学基金委员会组织的中期评估,获得了"优"的成绩;2024年12月19日,本重大研究计划通过了国家自然科学基金委员会组织的结题评估,获得了20票"全优"的优异成绩。

面向未来,我国大气污染防治虽成就巨大,但任重道远。我们期待加强国际合作,在全球尺度开展大气复合污染研究,使得重大研究计划发展的大气复合污染理论及获得的治理经验能够在全球范围应用,提升全球空气污染治理能力。在全球气候变化背景下,我们将深入探索气候变化与大气复合污染交互作用的新规律、对人体健康和生态环境的协同影响;在"双碳"目标下,推动降碳减污协同治理,实现控制大气复合污染与减缓气候变化的协同。

"大气复合污染成因与应对机制"丛书共7册,其中前4册以重大研究计划2019年完成结题验收的22项重点支持项目、20项培育项目为基础,汇总了重大研究计划的研究成果。新增的第5~7册以2019—2024年完成的结题项目为基础,汇总了重大研究计划的最新研究成果。丛书中各章均由各项目负责人撰写,他们是活跃在国际前沿的优秀学者,报道了他们承担的项目在该领域取得的最新研究进展,具有很高的学术水平和参考价值。

本丛书包括以下7册:

第1册,《大气污染来源识别与测量技术原理》:共13章;

第2册,《多尺度大气物理过程与大气污染》:共9章;

第3、4册,《大气复合污染的关键化学过程》(上、下):共22章;

第5册,《大气复合污染成因新进展:物理过程》:共9章;

第6册,《大气复合污染成因新进展:化学过程》:共10章;

第7册,《大气复合污染:观测、模型及数据的集成》:共7章。

本丛书编委会由重大研究计划指导专家组成员和部分管理工作组成员构成,包括朱彤、王会军、贺克斌、贺泓、张小曳、黄建平、曹军骥、张朝林。本丛书第5~7册的主编包括朱彤、王会军、贺克斌、贺泓、张小曳、黄建平、曹军骥等重大研究计划指导专家组成员。在本丛书编制和出版过程中,汪君霞博士协助编委会和北京大学出版社与各章作者做了大量的协调工作,在此表示感谢。

中国科学院院士

北京大学环境科学与工程学院教授

目 录

第1章 大气复合污染海量多源观测同化与集合预报方法研究 …………（1）
  1.1 研究背景 ………………………………………………………（1）
  1.2 研究目标与研究内容 …………………………………………（4）
    1.2.1 研究目标 …………………………………………………（4）
    1.2.2 研究内容 …………………………………………………（4）
  1.3 研究方案 ………………………………………………………（5）
  1.4 主要进展与成果 ………………………………………………（6）
    1.4.1 面向我国大气环境地面监测网络的全自动
          异常数据识别方法 …………………………………（6）
    1.4.2 基于高密度观测网络的大气污染地面观测
          代表性误差估计 ……………………………………（11）
    1.4.3 大气化学多变量协同同化反演方法 …………………（12）
    1.4.4 中国高分辨率空气质量再分析数据集的建立 ………（17）
    1.4.5 中国高分辨率大气NH_3排放反演清单的建立 ………（27）
    1.4.6 重大活动保障污染管控措施的污染物减排量反演 …（32）
    1.4.7 海量多源信息的大气污染集合预报 …………………（34）
    1.4.8 二次无机气溶胶组分的机器学习模拟改进 …………（38）
    1.4.9 本项目资助发表论文（按时间倒序） …………………（39）
  参考文献 ……………………………………………………………（40）

**第2章 高时间分辨率大气$PM_{2.5}$动态来源解析
与综合校验方法体系研究** ……………………………………（47）
  2.1 研究背景 ………………………………………………………（48）
    2.1.1 研究意义 …………………………………………………（48）
    2.1.2 国内外研究现状 …………………………………………（48）
  2.2 研究目标与研究内容 …………………………………………（50）
    2.2.1 研究目标 …………………………………………………（50）
    2.2.2 研究内容 …………………………………………………（50）

2.3 研究方案 ……………………………………………………………… (52)
   2.3.1 华北地区典型排放源精细化源谱的建立与完善 ………… (52)
   2.3.2 高时间分辨率 $PM_{2.5}$ 源解析方法体系的建立 …………… (52)
   2.3.3 $PM_{2.5}$ 源解析结果的综合诊断与校验体系的构建 ……… (53)
2.4 主要进展与成果 ……………………………………………………… (53)
   2.4.1 本地化典型排放源谱的建立 ……………………………… (53)
   2.4.2 $PM_{2.5}$ 全组分在线监测数据集的建立和精细化源解析 …… (71)
   2.4.3 构建 $PM_{2.5}$ 源解析结果的综合诊断与校验体系 ………… (86)
   2.4.4 本项目资助发表论文(按时间倒序) ……………………… (92)
参考文献 ………………………………………………………………………… (95)

第3章 大气有机颗粒物在线源解析与动态定量方法体系的建立 ……… (97)
3.1 研究背景 ……………………………………………………………… (97)
   3.1.1 研究意义 …………………………………………………… (97)
   3.1.2 国内外研究现状与发展趋势 ……………………………… (98)
3.2 研究目标与研究内容 ………………………………………………… (100)
   3.2.1 研究目标 …………………………………………………… (100)
   3.2.2 研究内容 …………………………………………………… (101)
3.3 研究方案 ……………………………………………………………… (102)
   3.3.1 建立高时间分辨率大气污染物在线测量体系 ………… (102)
   3.3.2 开发及优化高时间分辨率在线源解析技术 …………… (102)
   3.3.3 有机颗粒物污染源的在线解析及化学性质研究 ……… (102)
3.4 主要进展与成果 ……………………………………………………… (103)
   3.4.1 高分辨率质谱综合在线观测体系的建立 ……………… (103)
   3.4.2 源解析方法的改进和建立,实现有机
       气溶胶的精准溯源 ………………………………………… (104)
   3.4.3 华北地区 PM_1 化学组成、来源及生成研究 …………… (112)
   3.4.4 关中地区 PM_1 化学组成、来源及生成研究 …………… (122)
   3.4.5 本项目资助发表论文(按时间倒序) ……………………… (128)
参考文献 ………………………………………………………………………… (130)

第4章 $PM_{2.5}$ 近质量闭合在线集成测量与实时源解析 …………… (134)
4.1 研究背景 ……………………………………………………………… (135)
   4.1.1 大气 $PM_{2.5}$ 成分在线测量技术 …………………………… (135)
   4.1.2 国内外 $PM_{2.5}$ 在线源解析技术 …………………………… (137)
4.2 研究目标与研究内容 ………………………………………………… (138)

   4.2.1 研究目标 ………………………………………………… (138)
   4.2.2 研究内容 ………………………………………………… (139)
  4.3 研究方案 ……………………………………………………… (140)
  4.4 主要进展与成果 ……………………………………………… (142)
   4.4.1 $PM_{2.5}$ 质量闭合在线集成测量系统的设计 ……………… (142)
   4.4.2 $PM_{2.5}$ 多仪器在线测量的结果校验 ……………………… (148)
   4.4.3 $PM_{2.5}$ 总质量实时定量源解析技术及软件开发 ………… (152)
   4.4.4 $PM_{2.5}$ 实时定量源解析结果的综合校验 ………………… (162)
   4.4.5 $PM_{2.5}$ 质量闭合在线源解析技术应用示范 …………… (168)
   4.4.6 本项目资助发表代表性论文（按时间倒序）…………… (176)
 参考文献 ………………………………………………………………… (177)

第5章 长三角排放清单的优化集成与综合校验 ……………………… (181)

  5.1 研究背景 ……………………………………………………… (181)
   5.1.1 "自下而上"的区域排放清单建立方法和比较 ………… (182)
   5.1.2 基于观测和传输模式的区域排放清单校验 …………… (183)
  5.2 研究目标与研究内容 ………………………………………… (184)
   5.2.1 研究目标 ………………………………………………… (184)
   5.2.2 研究内容 ………………………………………………… (184)
  5.3 研究方案 ……………………………………………………… (185)
  5.4 主要进展与成果 ……………………………………………… (187)
   5.4.1 "自下而上"排放清单改进 ……………………………… (187)
   5.4.2 "自上而下"排放清单校验 ……………………………… (195)
   5.4.3 改进排放清单的集成和应用 …………………………… (199)
   5.4.4 本项目资助发表论文（按时间倒序）…………………… (210)
 参考文献 ………………………………………………………………… (212)

第6章 中国大气污染排放清单和源解析的综合集成研究 …………… (216)

  6.1 研究背景 ……………………………………………………… (217)
   6.1.1 中国排放清单研究现状 ………………………………… (217)
   6.1.2 中国颗粒物源解析研究现状 …………………………… (219)
  6.2 研究目标与研究内容 ………………………………………… (220)
   6.2.1 研究目标 ………………………………………………… (220)
   6.2.2 研究内容 ………………………………………………… (221)
  6.3 研究方案 ……………………………………………………… (222)
  6.4 主要进展与成果 ……………………………………………… (223)

6.4.1 中国排放清单比较和不确定性分析 ……………………………… (223)
6.4.2 基于多维观测数据资料的中国排放清单校验 ………………… (238)
6.4.3 中国主要大气污染物排放清单集成及驱动力解析 …………… (244)
6.4.4 受体模型与排放清单-空气质量模型
源解析技术的集成 ………………………………………………… (251)
6.4.5 本项目资助发表论文（按时间倒序） ……………………………… (255)
参考文献 …………………………………………………………………………… (257)

第7章 中国大气复合污染综合数据共享平台研发 …………………………… (263)
7.1 研究背景 ……………………………………………………………………… (263)
7.1.1 研究意义 ……………………………………………………………… (263)
7.1.2 国内外研究现状 ……………………………………………………… (264)
7.1.3 小结 …………………………………………………………………… (266)
7.2 研究目标与研究内容 ………………………………………………………… (267)
7.2.1 研究目标 ……………………………………………………………… (267)
7.2.2 研究内容 ……………………………………………………………… (267)
7.3 研究方案 ……………………………………………………………………… (268)
7.3.1 数据收集方案 ………………………………………………………… (268)
7.3.2 数据集建立方案 ……………………………………………………… (269)
7.3.3 大气复合污染数据平台的设计 ……………………………………… (272)
7.4 主要进展与成果 ……………………………………………………………… (273)
7.4.1 重大研究计划数据收集 ……………………………………………… (273)
7.4.2 八大数据集模块的规范化与集成 …………………………………… (278)
7.4.3 建立大气复合污染综合数据共享平台 ……………………………… (295)
7.4.4 项目总结 ……………………………………………………………… (302)
7.4.5 本项目资助发表论文（按时间倒序） ………………………………… (308)
参考文献 …………………………………………………………………………… (310)

第 1 章 大气复合污染海量多源观测同化与集合预报方法研究

朱江[1]，唐晓[1]，孔磊[1]，吴煌坚[1]，王晓彦[2]，陶金花[3]，李飞[1]，曹凯[1]，吴倩[1]

[1] 中国科学院大气物理研究所，[2] 中国环境监测总站，
[3] 中国科学院遥感与数字地球研究所

减小大气污染预报预警不确定性对我国大气污染防控具有非常重要的现实意义和科学价值，资料同化和集合预报对大气污染预报预警改进具有重要作用，但已有的资料同化方案和集合预报方法主要基于天气预报的相关理论和方法，在提高大气污染预报预警上遇到不少瓶颈问题。

针对集合预报和资料同化面临的瓶颈问题，本研究通过多变量协同的集合同化算法和耦合化学反应不确定性的源反演方法，突破大气污染资料的强化学非线性同化难题和强化学活性污染物的源反演问题，开展多源观测数据的误差评估和自适应质量控制。在此基础上，综合构建海量多源观测的多尺度平衡约束同化方案，减小细颗粒物（$PM_{2.5}$，空气动力学粒径≤2.5 μm 的大气颗粒物）和臭氧（O_3）预报关键前体物的初始浓度场和源排放数据不确定性；进而结合初始浓度场和源排放的同化订正结果，研发多扰动集合预报方法，探索针对海量多源观测和超级集合预报的机器学习集成预报，提升 $PM_{2.5}$ 和 O_3 预报准确率。本研究一方面为我国大气复合污染应对提供了先进的预报预警新方法，另一方面为健康效应研究提供了高精度的多源观测再分析数据集。

1.1 研究背景

我国正面临严峻的大气环境问题，以高浓度 O_3 和 $PM_{2.5}$ 为典型特征的大气复合污染问题最为突出，采取应急防控措施并及时向公众发布预报预警信息是应对严重大气污染问题的关键。2013 年 9 月，国务院发布了《大气污染防治行动计划》，对大气重污染应急预警、科学评价决策等提出迫切需求，北京市等地方政府也

编制了大气重污染应急预案。大气重污染应急预警需要依据未来3～5天的空气质量预报结果，对预报时长和精度的要求均大幅提高。

为实现我国大气污染有效防治与科学管理，需要进一步发展大气污染预报预警，然而我国大气复合污染的复杂性以及众多基础数据的不确定性使重污染预报预警不确定性很大。目前国际主流数值模式对我国大气污染模拟预报都有明显偏差[1]，特别是在重污染期间，预报偏差可达30%～50%[2,3]，化学活性较强的硝酸盐等物种模拟不确定性可达3倍以上[4]。大气污染预报预警最为重要的基础数据之一是排放清单，排放源主要通过"自下而上"的排放信息并结合活动水平和排放因子来估计[5]。受排放因子、活动水平数据的不确定性以及清单更新缓慢的影响，排放清单仍有很大的不确定性[6-8]，其中强化学活性污染物（如NH_3和挥发性有机物）排放清单的不确定性高达一倍以上[9,10]。排放清单等输入数据以及预报预警结果的不确定性给大气污染防控和管理带来很大挑战。排放清单不确定性大小在很大程度上决定了O_3控制对策的选择[11]，模式不确定性可以改变甚至消除控制策略的有效性[12]，采用两种不同垂直混合方案模拟得到的O_3控制策略是相互矛盾的。因此，减小大气污染预报预警不确定性对当前我国大气污染防控具有非常重要的现实意义和科学价值。

资料同化和集合预报已在天气预报领域被证明为行之有效的预报改进方法，世界上很多气象预报中心已经开展业务化的集合预报和资料同化[13]。近年来，资料同化和集合预报方法在大气污染预报预警领域的应用与研究也开始逐步得到重视，欧洲部分国家[14]、美国[15,16]、日本[17]等已经将其列为大气污染研究的前沿研究方向。

基于最优估计理论建立的现代资料同化方法，如四维变分[18]和集合卡尔曼滤波[19]，是一种将观测数据和模式系统紧密联系起来的数据分析技术，利用模式状态变量的时空演变动力学和物理/化学属性的持续约束将观测信息不断融入模式系统中[20]，从而更加精确估计或预测未知变量，减小不确定性。集合预报是一种数值预报方法，它尝试用一组有代表性的样本来描述和预测未知变量在不同时空上的可能状态，关注如何利用集合样本来表征预报不确定性，研究如何利用统计方法来集成不同样本的优点进而提高确定性预报的准确率。

在大气污染领域，资料同化和集合预报的应用已表明其对大气污染预报预警改进具有的重要作用[16,17]。在国内，王自发等[21]建立了空气质量多模式集合预报系统，该系统被北京奥运会等国家重大活动指定为空气质量预报的首选工具，并被国家环境质量预报预警中心，京津冀、长三角、珠三角环境质量区域预报预警中心等采用为业务预报系统，支撑建立了国家、区域、城市空气质量多模式集合预报预警业务化系统。Tang等[22]研发了大气化学资料同化系统，该系统已在国家环境质量预报预警中心以及多个地方环保部门业务化运行,可使重污染过程1~3天业务化预报误差下降30%以上。

然而,已有的资料同化方案和集合预报方法主要基于天气预报的相关理论和方法,在提高大气污染预报预警上遇到不少瓶颈问题。

第一,大气污染监测数据从以往少量稀缺开始向区域性全覆盖、海量多源转变。地面监测、卫星、雷达等技术的使用使得大气污染监测在空间上向立体多维发展,而以往资料同化技术主要针对某一类观测源或污染物种,海量多源数据使同化变量大幅增加,也使观测误差协方差估计变得困难。因此,如何构建具备海量多源数据同化能力的三维立体资料同化方案是一个关键挑战[23]。

第二,与数值天气预报的资料同化相比,大气污染资料同化最大的不同与挑战主要有两点。一方面,数值天气预报主要是初值问题,因此气象资料同化重点在减少初值的不确定性;而大气污染预报预警不仅是污染物浓度的初值问题,而且涉及污染源排放清单、天气预报场和模式参数的不确定性等。因此,大气污染资料同化不但要减少污染物初始浓度场的不确定性,而且要尽可能减少污染源排放清单的误差,并对关键模式参数进行估计;同时这些工作也需要考虑气象预报场的不确定性,否则就会把问题都归结于污染物初值、排放清单和模式参数上,导致"过分调整"。另一方面,大气复合污染资料同化需要处理强非线性的化学反应。研究表明[24],采用目前大气资料同化最为先进的算法之一——集合卡尔曼滤波算法,在处理 O_3 资料同化的强化学非线性同化问题时,也会出现同化负效应。因此,如何处理强化学非线性同化问题是大气污染资料同化面临的关键难题。同时,大气复合污染数值模式中 $PM_{2.5}$ 的成分多达几十乃至上百个,平衡关系极其复杂,远比气象资料同化的热成风关系复杂得多。

第三,大气污染资料同化的一个重要目标是减小排放清单不确定性,然而目前的研究工作对此目标的针对性并不强。大部分工作仍侧重于弱化学活性物质(CH_4、CO等)以及少数强化学活性物质(如 NO_x)的排放源反演,对 O_3 和 $PM_{2.5}$ 预报至关重要的强活性前体物,如 NH_3 和挥发性有机物(VOCs)等的排放源反演工作有限,原因在于这些污染物观测数据稀缺,且研究人员对强活性物质化学反应过程认识不清。例如,Barbu等人[25]对硫化物反演时发现不考虑 SO_2 氧化速率存在的较大不确定性会导致对源的错误订正。

第四,在集合预报上,仍侧重不同模型的集合,关注不同模型在物理化学参数上的差异和误差,对气象模拟(如边界层模拟)和源排放过程的不确定性考虑较少,使得现有集合预报仍不足以表征大气污染预报预警的不确定性。因此,如何更好地同时考虑强迫场(气象模拟和源排放过程)的不确定性,是改进现有集合预报的重要方向。

第五，在利用集合预报信息来提升确定性预报方面，现有的统计集成方法侧重利用局地化的信息来训练学习和集成，因此集合预报模型结构和关键参数需要随预报区域或预报物种的变化不断人工调整，预报技巧稳定性不够，使得预报改进时效相对较短。因此，如何更好地利用大尺度海量观测信息和集合预报信息开展数据挖掘，利用大尺度环境要素和多维变量的变化信息，是提升集合预报的预报精度和时效的关键。

1.2 研究目标与研究内容

1.2.1 研究目标

围绕我国 $PM_{2.5}$ 和 O_3 预报问题，本研究通过误差分步订正的集合平滑滤波方法和耦合化学反应不确定性的源反演方法，突破了大气污染资料同化的强化学非线性难题和强化学活性污染物的源反演问题，开展了包括卫星遥感、地基监测和雷达探测在内的多源观测数据误差评估和自适应质量控制，发展了具备海量多源观测数据同化能力的多尺度同化方案，减小了 $PM_{2.5}$ 和 O_3 预报的关键污染物初始浓度场和源排放数据的不确定性；进而研发了基于多模式、多扰动的超级集合预报方法，探索了云计算框架下的集合预报，突破了海量多源观测和集合预报信息的数据挖掘和集成难点，建立了基于机器学习算法的统计集合预报方法，提升了 $PM_{2.5}$ 和 O_3 预报，特别是 3～5 天预报的准确率。

1.2.2 研究内容

1. 多源观测数据的误差估计和质量控制

实现海量多源数据有效同化融合的前提是获得高质量的观测数据及其误差特征。针对这一问题，应开展卫星遥感、地基监测、雷达探测数据的误差分析和估计研究，为多源数据同化建立自适应的数据质量控制方法。

开展大气污染卫星遥感数据的误差估计研究，需要分析不同卫星遥感数据在传感器观测、反演算法以及反演输入数据方面的误差来源，重点针对气溶胶光学厚度(aerosol optical depth, AOD)、反演地面 $PM_{2.5}$、甲醛柱浓度、反演近地层 O_3 等卫星遥感数据，研究误差的传递过程，估计各变量卫星遥感数据的总体误差。

开展地基观测与雷达探测数据的误差估计研究，具体包括仪器误差估计和代表性误差估计两部分。根据数据来源收集不同物种、不同仪器观测的仪器误差信息，建立科学有效的误差估计方法。结合观测站点周边的人口、排放、气象等环境信息开展站点同化的客观分类研究,评估不同站点观测的空间代表性,结合站点类别、空间代表性尺度、模式分辨率和污染物生命周期等建立针对观测代表性误差的客观评估方法。

2. 基于海量多源观测数据的同化融合与反演

针对大气污染的强化学非线性同化难题和强化学活性污染物的源反演问题,改进现有集合滤波同化方法,分析化学不确定性对源反演的影响,发展更适用于大气污染数据同化的新算法和源反演方法,建立海量多源观测数据的多尺度平衡约束同化方案。

针对强非线性条件下过大预报误差的同化订正难题,开展集合卡尔曼滤波同化的改进研究,发展同化时间窗口更长的平滑滤波算法,研究模式偏差和随机误差的识别分离问题,研发针对模式偏差和随机误差分步订正的集合卡尔曼平滑滤波算法,揭示新方法在处理强化学非线性同化难题上的优势和局限性。

围绕 NH_3 和 VOCs 源反演订正问题,开展不确定性分析,重点揭示化学反应不确定性对强化学活性污染物源反演的影响,发展耦合化学反应不确定性的源反演方法,开展基于卫星和地面观测数据同化的 NH_3 和 VOCs 源反演研究,分析直接观测信息和间接观测信息对 NH_3 和 VOCs 源反演订正的约束作用。

3. 基于海量多源信息的大气污染集合预报

在资料同化减小初始浓度场和排放源不确定性的基础上,研究大气污染预报预警不确定性的随机模拟问题,发展多模式、多扰动超级集合预报方法,探索云计算框架下的集合预报问题,破解海量多源信息下统计集合预报问题,提升 $PM_{2.5}$ 和 O_3 预报的准确率。

针对大气污染预报预警误差具有的多源随机特点,分析空气质量模式主要输入数据的不确定性,估计关键不确定性的概率分布特征,开展模式关键输入数据的多变量随机扰动研究,建立多扰动的大样本集合预报,探究集合预报样本的优选和降维问题,评估多扰动集合预报对预报不确定性的概率表征能力。

1.3 研究方案

(1) 开展多源观测数据的质量控制研究,分析不同来源观测数据的概率分布特征以及时序突变、空间突变等数据异常的特点,重点开展异常极值剔除、时序突变异常值剔除和空间突变异常值剔除的方法研究,建立适用于多源观测数据同化的自适应质量控制方案,获得多源观测数据的质量控制数据集。

(2) 围绕海量多源观测数据的同化融合问题，客观评估主要污染物模拟的背景场及多源观测数据的误差协方差，基于集合平滑滤波方法开展京津冀地区多源观测数据的多尺度同化研究，通过敏感性试验分析不同来源、不同物种和不同尺度同化对状态变量最优估计的作用和局限，研究建立具备海量多源数据同化能力的多尺度平衡约束同化方案，获得高精度的多源观测同化融合数据集。

(3) 围绕 $PM_{2.5}$ 和 O_3 预报问题，开展大气污染集合预报试验，评估不同集合预报成员对不同情形下大气污染变化的预报技巧，研究海量观测信息和集合预报信息的数据挖掘与信息集成问题，开展基于线性集成和非线性集成算法的 $PM_{2.5}$ 和 O_3 集合预报试验与分析，揭示不同方法对 $PM_{2.5}$ 和 O_3 不同时空尺度预报的改进作用。

1.4 主要进展与成果

1.4.1 面向我国大气环境地面监测网络的全自动异常数据识别方法

快速有效的数据质控是监测数据快速应用的关键和前提。传统的人工质控方法难以对不断增加的大气污染物监测数据进行快速质控。为实现海量数据的快速质控，本研究基于大气污染物监测数据的特征，开发了一种空气质量监测数据的自适应质控新方法。该方法通过低通滤波、中值滤波等拟合原始观测数据，并假设时间序列拟合误差和空间分布拟合误差服从二元正态分布，从而综合利用邻近时空的观测数据来检验其在时空上是否存在异常。本研究使用该方法对 2013—2015 年中国空气质量监测网中 $PM_{2.5}$、可吸入颗粒物（PM_{10}）、SO_2、NO_2、CO 和 O_3 共 6 项污染物监测数据进行质控。结果发现，该方法能有效识别全部 6 种污染物数据集中的异常数据。观测站异常原始观测数据的出现比例为 6.5‰～56.8‰，其中 PM_{10} 和 CO 观测数据异常比例最高，分别达到 56.8‰ 和 10.3‰。通过比较质控前后的观测数据，我们发现异常数据能显著影响对大气污染物年均浓度的估计，对 $PM_{2.5}$ 年均浓度估计的影响可达 $10\ \mu g \cdot m^{-3}$ 以上。

1. 观测网络与异常数据分类

导致异常的不同因素在观测数据上可能表现出相同的特征，同时单个异常观测数据可能存在多个异常来源，因此通常难以从观测数据本身明确异常产生的原因。通过对大量观测数据进行分析，本研究根据异常数据的特征，将大气污染监测数据异常分为如下四类（图 1.1）。

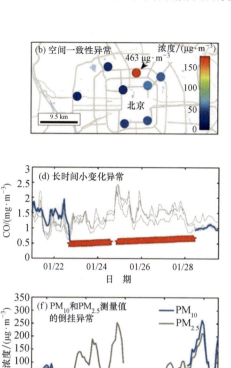

图 1.1 空气质量监测数据异常示例

(1) 在时空上的一致性异常(ST-outliers)

大气污染的平流、扩散等过程使其浓度在时间和空间上呈现出连续性。当某一观测点数据出现足够大的误差时,其观测值会与邻近时次和周边站点的数据出现较大差异,表现出离群特征,这种异常即为数据在时空上的一致性异常。

(2) 长时间小变化异常(LV-outliers)

大气污染观测数据的另一种异常是观测值呈现出长时间常值状态或过于缓慢的变化,与实际大气污染变化特征不吻合。导致这种异常的原因可能是观测仪器的采样泵卡死、纸带耗尽等。此外,CO 监测仪器依据两个吸收室的压力差计算浓度,当两个吸收室红外辐射源的衰老不一致时,会使观测数据产生持续增强的漂移。

(3) 周期性异常(P-outliers)

在大气污染监测数据中,还存在周期性出现的异常数据,这类异常数据通常连续地在每天的固定时刻出现。在大气污染物监测中,由于仪器发光元件老化、环境变化等影响,仪器测量值会产生漂移,需要对仪器定期进行校准。当校准气体泄漏、校准数据未正常剔除时,其观测的小时均值可能与真实浓度有很大差异。

(4) PM_{10} 和 $PM_{2.5}$ 测量值的倒挂异常（LP-outliers）

倒挂异常是指实际观测的 $PM_{2.5}$ 测量值可能大于 PM_{10} 的测量值，这与理论不相符。导致这种异常的主要原因是 PM_{10} 和 $PM_{2.5}$ 监测方法的差异。中国很多城市在 2012 年以前只开展 PM_{10} 业务化监测，而没有监测 $PM_{2.5}$，当时 PM_{10} 的监测主要采用恒温加热的 β 射线法和振荡天平法。恒温加热的 β 射线法的不足之处是当环境温度过低时，可能将半挥发性有机物过度蒸发；振荡天平法的不足之处是当加热采样气体进行除湿时，可能将半挥发性有机物过度蒸发。2012 年以后，中国开始对 $PM_{2.5}$ 进行全面监测，并对方法进行了改进，采用动态加热的 β 射线法或联用膜动态补偿的振荡天平法，这些改良方法可以防止挥发性有机物过度挥发，或对过度挥发进行补偿。因此，当同一站点 PM_{10} 和 $PM_{2.5}$ 监测仪器的方法原理不同时，可能出现 $PM_{2.5}$ 和 PM_{10} 测量值的倒挂异常。

2. 观测异常数据的自动化识别方法

（1）显著异常识别

本研究数据质控方法为使用观测点（检验点）邻近时空的观测值计算观测点的估计值，然后根据观测值和估计值的差异对异常数据进行判断和识别。在这个过程中，估计值的精度与邻近时空观测值的精度直接相关，如果其中包含显著异常数据，可能使估计值产生偏差，进而影响数据质控的效果。因此，为了保障数据质控的效果，需要对显著异常的观测值进行预剔除。首先根据各污染物的仪器量程，将超出量程的观测值剔除。然后使用中值滤波对显著异常数据做进一步识别和剔除，见公式（1.1）：

$$F_m(i) = M(f(i+k)), \quad k \in [-n, n] \tag{1.1}$$

其中，F_m 是滤波后数值，f 为原始观测值，i 为检验点的时次，M 为中值函数，$i-n$ 和 $i+n$ 分别为滑动窗口起始和结束时间。继而利用估计残差 R_m 绝对值的中位数间接估计标准差 S_m，见公式（1.2）：

$$S_m(i) = 1.4826 M(|R_m(i+k)|), \quad k \in [-n, n] \tag{1.2}$$

其中，各项意义与公式（1.1）一致。与直接使用原始数据相比，这种方法估计的标准差更为稳健，不容易受大误差数据的影响。

（2）时空连续性异常识别

本方法基于概率判断的异常识别方法，结合检验点邻近时空范围内的观测值，计算二元正态分布假设下时空拟合估计值的残差概率，再根据概率对异常数据进行判断和识别。具体而言，第一步是利用检验点邻近时刻的观测值，计算检验点的时间回归值。回归方法采用低通滤波，见公式（1.3）：

$$F_t(i) = \sum_{k=-15}^{15} f(i-k) h(k) \tag{1.3}$$

质控方法不仅会利用检验点邻近时间窗口的观测信息来判断,而且会利用检验点邻近空间范围内的观测信息来判断。因此,第二步是结合邻近空间范围内的观测值计算得到检验点的估计值,见公式(1.4):

$$F_s(i) = \sum_r \frac{f(i)a_r(i)c_r}{\sum_r a_r(i)c_r} \quad (1.4)$$

其中,i 为目标时次,f 为目标站点观测值,a_r 是两个观测站点观测值的一致性指标,c_r 是权重。一致性指标常用于评估模拟效果,相比于相关系数,它受特异值的影响更小,能更好地评估站点间观测的一致性。但其不足之处在于,两组完全不相关的序列计算得到的一致性系数也不为 0,这使得估计结果会受不相关站点观测值的干扰。针对这一问题,我们借鉴同化中局地化的思路,减小距检验站点较远的参考站点的权重。权重 c_r 采用 Gaspari-Cohn 方案计算,见公式(1.5):

$$c_r = \begin{cases} -\frac{1}{4}\left(\frac{|d|}{d_c}\right)^5 + \frac{1}{2}\left(\frac{|d|}{d_c}\right)^4 + \frac{5}{8}\left(\frac{|d|}{d_c}\right)^3 - \frac{5}{3}\left(\frac{|d|}{d_c}\right)^2 + 1, & 0 \leqslant |d| \leqslant d_c \\ \frac{1}{12}\left(\frac{|d|}{d_c}\right)^5 - \frac{1}{2}\left(\frac{|d|}{d_c}\right)^4 + \frac{5}{8}\left(\frac{|d|}{d_c}\right)^3 + \frac{5}{3}\left(\frac{|d|}{d_c}\right)^2 - 5\left(\frac{|d|}{d_c}\right) + \\ \quad 4 - \frac{2}{3}\left(\frac{d_c}{|d|}\right), & d_c \leqslant |d| \leqslant 2d_c \\ 0, & 2d_c \leqslant |d| \end{cases}$$

(1.5)

其中,d 为目标站点与参考站点之间的距离,d_c 为截止距离。

图 1.2 是时间一致性检查和时空一致性检查的质控效果对比。其中,灰色阴影区域为时间一致性置信区间,区间外的观测为时间不一致性异常;绿色阴影表示时空一致性置信区间。图中观测 1、2、3 与前后时次和周边站点有明显差异,判断其为时

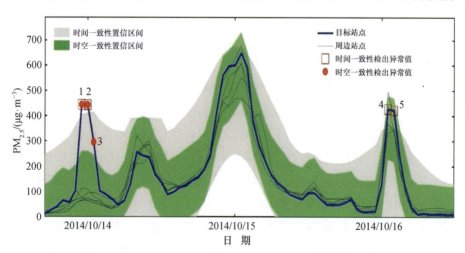

图 1.2　时间一致性检查和时空一致性检查的质控效果对比

空不一致异常。观测4、5虽然与周边时次差异较大,但与周边站点的变化保持一致,判断其为正常观测值。时间一致性检查虽然能有效识别观测1、2,但在未考虑空间一致性的情况下,异常3没有被有效剔除,而正常观测4、5被错误地识别为异常值。在时空一致性检查中,通过综合考虑前后时次和周边站点,置信区间在大部分区域有很好的压缩,能更好地识别跟周边站点和时次变化不一致的异常观测值。

（3）小变化异常识别

这类异常观测值呈现出长时间常值状态或过于缓慢的变化,单个观测值往往在正常测量值范围内,与周边时次的观测值也较为接近,因此采用常规的时空一致性检查方法往往难以直接识别和剔除。针对这类异常,本项检查先将小变化的时段识别出来,再对其合理性进行判断。具体而言,先通过观测值随时间变化的一阶、二阶导数,识别出连续相同或变化很小的观测时段,再将识别出的时段作为整体,通过公式(1.6)计算延滞时段归一化的回归残差。时段的估计误差为空间回归残差的平均,时段的标准差也依据正态分布中单样本与均值间标准差的关系相应改变。得到延滞时段的残差概率,残差概率小于10^{-6}的时段将被识别为异常并剔除。

$$Z_a = \frac{E_a}{S_a} = \frac{\dfrac{\sum_{i=b}^{e}E_s(i)}{(e-b+1)}}{\dfrac{\sum_{i=b}^{e}Z_s(i)}{(e-b+1)\sqrt{(e-b+1)}}} = \frac{\sqrt{(e-b+1)}\sum_{i=b}^{e}E_s(i)}{\sum_{i=b}^{e}Z_s(i)}$$

(1.6)

其中,E_a、S_a、Z_a分别为延滞时段的回归残差、回归残差标准差和归一化的回归残差;E_s、Z_s分别为空间回归残差及其标准差;b和e分别为延滞时段的开始时次和结束时次。本检查能有效识别出观测值变化小且空间一致性差的异常观测。相比于剔除连续相同值的方法,这种方法能识别出不严格相同的缓慢变化时段,同时也能保留变化虽小但空间一致性高的合理观测。

3. 自动化质控方法的应用效果分析

本研究利用上述异常识别方法对中国所有环境空气质量国控自动监测站(以下简称"国控点")2014—2016共3年中6种常规污染物（$PM_{2.5}$、PM_{10}、SO_2、NO_2、CO和O_3）的小时监测数据进行了质量控制,识别和处理了四类异常。图1.3展示了6种污染物在2014—2016年的观测异常比例变化。PM_{10}在2014年和2015年观测异常比例较高,达到7%以上,这种异常主要是$PM_{2.5}$和PM_{10}观测值倒挂异常。但在2016年,PM_{10}观测异常大幅下降,降到1%以下,这可能是由于PM_{10}的观测中引入了挥发性有机物补偿算法。此外,$PM_{2.5}$、SO_2、NO_2、CO和O_3识别的异常比例均在1.5%以下,并在3年中呈现下降趋势,这可能得益于城市监测站人员对仪器管理和维护水平的提升。

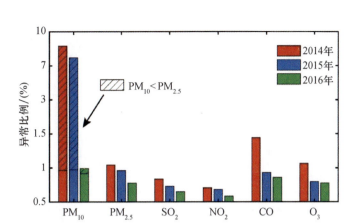

图 1.3 6 种污染物在 2014—2016 年的观测异常比例变化

1.4.2 基于高密度观测网络的大气污染地面观测代表性误差估计

地面观测提供空间点的浓度信息,三维化学传输模式则提供模式网格面的浓度信息,两者空间尺度不匹配,在进行对比验证或同化融合时会由此引入误差,即观测代表性误差。本研究将大气污染地面国控点与区县监测站结合起来,获得京津冀地区高密度地面观测数据,再利用该数据首次对京津冀地区 6 项常规大气污染物($PM_{2.5}$、PM_{10}、SO_2、NO_2、CO 和 O_3)的地面观测代表性误差进行了客观估计,并与 Elbern 等人[26]所用方法估计的代表性误差进行了对比。结果发现:两种方法对京津冀地区 NO_2 地面观测代表性误差的估计非常接近,但 Elbern 所用方法显著低估了 SO_2、CO 和 O_3 的地面观测代表性误差。在此基础上,我们对 Elbern 所用方法及其误差特征参数进行了本地化修正,并增加了 $PM_{2.5}$ 和 PM_{10} 的代表性误差特征参数,建立了京津冀大气污染地面观测代表性误差的客观估计方法。

该方法根据观测站点落在不同网格内的情况,查找网格内包含 2 个以上观测站点的网格,计算这些网格内不同站点污染物小时观测浓度的离散度,将一段时间内统计得到的离散度在时空上求平均,即为基于观测估计得到的京津冀地区地面观测代表性误差。在表 1.1 中给出了基于高密度观测网络计算得到的京津冀地区 6 种常见大气污染物观测代表性误差估计与不确定性。其中 $PM_{2.5}$ 观测的代表性误差为 11.1 $\mu g \cdot m^{-3}$,PM_{10} 观测的代表性误差为 22.2 $\mu g \cdot m^{-3}$,CO 观测的代表性误差为 240 $\mu g \cdot m^{-3}$,NO_2 观测的代表性误差为 9.4 $\mu g \cdot m^{-3}$,SO_2 观测的代表性误差为 8.6 $\mu g \cdot m^{-3}$,O_3 观测的代表性误差为 14.3 $\mu g \cdot m^{-3}$。

表1.1　京津冀地区6种常见大气污染物观测代表性误差估计与不确定性

大气污染物	不同类别网格下的代表性误差估计/($\mu g \cdot m^{-3}$)	不确定性/(%)
$PM_{2.5}$	11.1	11
PM_{10}	22.2	11
CO	240	22
NO_2	9.4	20
SO_2	8.6	36
O_3	14.3	12

虽然表1.1给出了京津冀地区6种常见大气污染物地面观测代表性误差估计值与不确定性,但这是在设定的30 km×30 km分辨率网格下的估计值,无法将其直接应用于其他分辨率的网格。因此,为了建立更具普适性的代表性误差估计方法,我们采用了Elbern[26]建立的三因子代表性误差估计方法,即同时考虑观测站点的类别、观测物种和模式网格分辨率。结合得到的京津冀地区各污染物代表性误差估计值,对这个特征参数进行本地化修正,从而使该公式更适用于我国地面观测的代表性误差估计和计算。表1.2给出了本研究估计的各污染物代表性误差值以及采用Elbern方法及其特征参数计算得到的京津冀地区30 km×30 km分辨率网格下的CO、NO_2、SO_2和O_3观测代表性误差值。可以看出,两者对NO_2观测代表性误差估计非常接近,差异只有9.6%。但Elbern方法对SO_2、O_3和CO观测代表性误差估计都显著低于本研究基于高密度观测网数据得到的估计值,其中对CO估计差异最大,达到70.8%,SO_2差异次之,为52.3%,O_3差异为36.4%。这可能与京津冀地区污染物排放强度显著高于欧洲地区,污染物浓度空间差异大有关,也可能与两个地区气象、地理条件以及站点设置方式不同有关。这种大的差异也说明直接采用Elbern方法及其参数来估计京津冀地区地面观测代表性误差会存在很大不确定性,对其进行本地化修正非常必要。

表1.2　本研究估计的各污染物代表性误差值以及采用Elbern方法及其特征参数计算得到的京津冀地区30 km×30 km分辨率网格下的CO、NO_2、SO_2和O_3观测代表性误差值

对比项目	CO	NO_2	SO_2	O_3	$PM_{2.5}$	PM_{10}
Elbern方法/($\mu g \cdot m^{-3}$)	70	10.3	4.1	9.1	—	—
本研究/($\mu g \cdot m^{-3}$)	240	9.4	8.6	14.3	11.1	22.2
订正的误差特征参数 ε^{abs}	0.08	3.1	2.7	4.5	3.5	7.0

1.4.3　大气化学多变量协同同化反演方法

制约现有大气化学同化反演研究的一个关键因素是大气化学多污染物协同同化反演困难。大气化学模拟的独特性导致传统气象同化方法在大气化学同化中存

在不适应的问题。本研究针对性地引入或提出不同算法,包括离线同化算法、误差动态估计算法、循环迭代算法、误差空间降维算法和滑动局地化算法,很好地解决了传统气象同化方法在大气化学应用中的难题,提高了同化与反演的效果。

1. 多污染物协同的离线同化算法

传统集合卡尔曼滤波采用的是分析步和预报步耦合的同化方式。在分析步中,观测值被同化进模拟场中,生成分析场,随后用于下一步的模式预报。由于有限观测的影响,集合卡尔曼滤波无法同时约束大气化学中的上百个物种,因此分析场中会出现非平衡性,影响下一步模式预报结果。例如,当仅同化 $PM_{2.5}$ 总浓度时,会导致错误的组分分配比例,使得 $PM_{2.5}$ 的预报误差随时间推移快速增长,随后影响下一个分析步误差协方差矩阵的估计。因此在传统同化方案中,误差将随着预报不断地传播和累积。在离线同化方案中,我们将预报步和分析步解耦合,先让模式无约束积分,保证模式系统的协调性和平衡性(图1.4)。这一方面可以提供优质的背景场,另一方面也能提供关系更为协调的背景场误差协方差矩阵,从而提升同化效果,缓解大气化学中因观测稀少而导致的协同同化困难的问题。

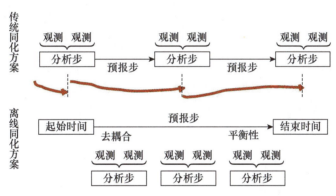

图 1.4 离线同化方案和传统同化方案示意图

2. 自适应背景场的误差动态估计算法

理论上,集合卡尔曼滤波可以通过融合观测数据和模式数据得出对系统状态的最优估计,然而这个最优性取决于观测误差和背景场误差的准确程度,不准确的误差估计将导致次优的同化结果[27]。因此误差估计是资料同化的核心,合理的观测误差和背景场误差估计对同化效果至关重要。为了缓解有限集合样本带来的背景场误差低估问题,集合卡尔曼滤波通常需要使用误差膨胀算法对集合估计的背景场误差进行补偿。其基本思路是将真实的背景场误差表示为集合估计的背景场误差乘以一个误差膨胀系数,以往的大气化学同化研究通常会给定一个经验的膨胀系数 λ 用于误差膨胀[28-32]。然而该方法给定的膨胀系数具有经验性和主观性,且固定的膨胀系数无法反映背景场误差的空间差异性和流依赖特征。为此,本研究使用 Wang、Bishop[33] 和 Liang 等[34] 分别发展的动态误差膨胀算法,对背景场误差进行自适应估计。该算法的核心为通过观测和模拟值差异的统计性质对膨胀系数 λ 进行自适应估计,同时搭配局地化算法得到一个随时间和空间变化的膨胀系数。在 Wang 和 Bishop 的研究中[33], λ 通过距估计算法,即公式(1.7)得出:

$$\lambda = \frac{(\boldsymbol{R}^{-1/2}\boldsymbol{d})^{\mathrm{T}}\boldsymbol{R}^{-1/2}\boldsymbol{d} - p}{\mathrm{trace}\{\boldsymbol{R}^{-1/2}\boldsymbol{H}\boldsymbol{P}^{\mathrm{b}}(\boldsymbol{R}^{-1/2}\boldsymbol{H})^{\mathrm{T}}\}} \tag{1.7}$$

$$\boldsymbol{d} = \boldsymbol{y}^{\mathrm{o}} - \boldsymbol{H}\boldsymbol{x}^{\mathrm{b}}$$

其中 $\boldsymbol{d}$ 代表观测模拟差,p 代表观测个数,$\boldsymbol{R}$ 为观测误差协方差矩阵,$\boldsymbol{H}$ 为观测算子,$\boldsymbol{P}$ 为分析误差协方差矩阵,$\boldsymbol{y}^{\mathrm{o}}$ 是观测值,$\boldsymbol{x}$ 表示向量状态,上标 b 表示背景场,trace 代表矩阵的迹,即对角线元素之和。Liang 等[34] 则发展了最大似然估计法对 λ 进行估计,使用的似然函数 $L(\lambda)$ 如公式(1.8)所示:

$$-2L(\lambda) = \ln\{\det(\boldsymbol{H}\lambda\boldsymbol{P}_{\mathrm{e}}^{\mathrm{b}}\boldsymbol{H}^{\mathrm{T}} + \boldsymbol{R})\} + \boldsymbol{d}^{\mathrm{T}}(\boldsymbol{H}\lambda\boldsymbol{P}_{\mathrm{e}}^{\mathrm{b}}\boldsymbol{H}^{\mathrm{T}} + \boldsymbol{R})^{-1}\boldsymbol{d} \tag{1.8}$$

其中 det 代表矩阵的行列式,其他各项含义同公式(1.7)。

3. 循环迭代算法

传统源反演方案假定排放源具有无偏性,仅进行一次反演调整,在排放源偏差大的情况下易导致调整量不足的问题。为了解决该问题,我们基于迭代算法和集合最优插值的思想,发展了迭代反演算法,其基本理念是先将第 k 步反演源带入模式中计算,再利用模拟结果更新集合样本中的均值,生成新的集合样本,并用于第 $k+1$ 步迭代。结果显示,使用迭代反演方案后,利用反演源模拟得到的结果更接近于观测值,偏差和均方根误差相比于无迭代算法均有显著下降,证明该方法可以有效缓解大气污染源偏差大的难题。

4. 误差空间降维算法

在实际应用中,当同化密集观测站点的观测空间差异较大时,极易导致同化负效应问题。理论分析表明这主要与矩阵求逆有关,传统同化方法考虑了所有误差特征方向,但由于有限集合样本的影响,集合估计的误差协方差矩阵通常是秩亏的,因此在某些误差方向上仅有非常小的特征值,极易在矩阵求逆时导致不稳定现象。基于此,我们利用误差空间降维算法,根据各个误差方向贡献的大小,选择误差贡献较大的方向进行调整,避免了因为矩阵求逆导致的同化不稳定现象,解决了观测空间差异大时的同化难题。

传统同化算法如公式(1.9)所示:

$$\boldsymbol{x}^{\mathrm{a}} = \boldsymbol{P}_{\mathrm{e}}^{\mathrm{f}}\boldsymbol{H}^{\mathrm{T}}(\boldsymbol{H}\boldsymbol{P}_{\mathrm{e}}^{\mathrm{f}}\boldsymbol{H}^{\mathrm{T}} + \boldsymbol{R})^{-1}(\boldsymbol{y}^{\mathrm{o}} - \boldsymbol{H}\boldsymbol{x}^{\mathrm{f}})$$

$$(\boldsymbol{H}\boldsymbol{P}_{\mathrm{e}}^{\mathrm{f}}\boldsymbol{H}^{\mathrm{T}} + \boldsymbol{R})^{-1} = \boldsymbol{V}\boldsymbol{\Lambda}^{-1}\boldsymbol{V}^{\mathrm{T}}$$

$$\boldsymbol{V} = v_1, v_2, \cdots, v_m$$

$$\mathbf{\Lambda} = \mathrm{diag}(\mathrm{eig}_1, \mathrm{eig}_2, \cdots, \mathrm{eig}_m) \quad (1.9)$$

降维同化算法如公式(1.10)所示：

$$\mathbf{V}_* = v_1, v_2, \cdots, v_n$$

$$\mathbf{\Lambda}_* = \mathrm{diag}(\mathrm{eig}_1, \mathrm{eig}_2, \cdots, \mathrm{eig}_n)$$

$$\mathbf{x}_*^a = \mathbf{P}_e^f \mathbf{H}^\mathrm{T} \mathbf{V}_* \mathbf{\Lambda}_*^{-1} \mathbf{V}_*^\mathrm{T} (\mathbf{y}^o - \mathbf{H} \mathbf{x}^f) \quad (1.10)$$

其中 v_1 代表第 1 个特征向量，即误差空间的某一个方向；eig_1 表示对应于这个误差方向的特征值，即该方向上误差的大小，特征值越大，代表这个方向上的误差越大；m 代表总的误差方向数；$\mathbf{V}_*$ 代表仅考虑前 n 个误差方向构成的特征向量矩阵；$\mathbf{\Lambda}_*$ 表示相应特征值构成的对角矩阵；$\mathbf{x}_*^a$ 表示降维同化算法的分析方案；其他各项含义同前。特征向量的数目可根据误差贡献的比例来确定，例如，仅选择误差贡献超过 1% 的误差方向，其中各个误差方向对总误差的贡献可通过公式(1.11)计算得到。

$$\mathrm{contri}_s = \frac{\mathrm{eig}_s}{\sum_{i=1}^{m} \mathrm{eig}_i} \quad (1.11)$$

其中，contri_s 为第 s 个误差方向的贡献。

5. 滑动局地化算法

由于有限集合样本会带来秩亏和虚假相关的问题，因此在集合卡尔曼滤波中必须使用局地化方案[35]。局地化方案通常有两种，第一种是协方差局地化（covariance localization）方案，即对背景场误差协方差矩阵乘以一个随距离衰减的局地化函数，从而减少远距离虚假相关的影响，但该方法无法解决有限集合样本带来的秩亏问题。通常情况下，集合样本数远小于观测空间的维数，因此会导致大量观测信息的损失[36]。为解决该问题，Houtekamer 和 Mitchell[37] 以及 Anderson[38] 提出了一种顺序同化（sequential filter）方案，即假定观测误差独立，将观测逐个或分批次进行同化。该方法一方面充分利用了观测信息，另一方面可以在同化不同批次观测数据时灵活地选择不同的同化参数。但在顺序同化方案中，不同批次观测数据进入同化系统的顺序会影响最终的同化结果[37]，同时 Nerger[39] 指出顺序同化方案搭配局地化时可能会出现同化不稳定的现象。鉴于此，本研究将采取第二种局地化方案，即局地同化（local filter）方案。在局地同化方案中，分析场通过逐网格的计算方式进行求解，并且每个网格点的分析值仅利用周边一定距离内的观测数据进行计算，这就等价于把全局同化问题分解成很多个局地同化问题。这种处理方式一方面解决了虚假相关问题，另一方面也有效应对了秩亏问题。然而局地同化方案会由于逐网格求解分析场时观测数据的变化而产生分析场不连续的问题，因此本研究根据 Ott[40] 和 Hunt 等[41] 的局地化方案，发展了一种滑动局地化方案,图 1.5 中黑色点代表观测站点,十字符号代表模式网格点。以蓝色网格点为例,蓝色方框代表该网格点的局地化区域,只有在该区域中的观测站点才会被用于这个网格点的同化分析。为了防止局地化方案导致的分析场不连续,我们根据 Hunt 等[41]的方案对 $\mathbf{R}^{-1}$ 中的元素乘以一个随观测点到模式网格点距离增加而衰减的函数。这种方式相当于增加了边界处观测值的观测误差,因而减少了其对分析场的影响。本研究中使用的衰减函数如公式(1.12)所示:

$$\rho_i = \exp\left\{-\frac{h_i^2}{2L^2}\right\} \tag{1.12}$$

其中,ρ_i 代表第 i 个观测站点的衰减系数,h_i 代表第 i 个观测站点距离模式中心网格点的距离,L 为去相关长度,用于控制局地化的强度。L 越小,表明局地化程度越大;反之,局地化程度越小。

通常来说,在局地化方案中仅需要更新中心网格的状态,然后通过对所有网格点进行一次局地化分析即可更新整个状态向量。然而实际研究表明即使使用 Hunt 等[41]的方案,在分析场中仍然存在一定的不连续现象。鉴于此,本研究采取 Ott 等[40]的方案,在每次局地同化中,更新中心网格点周围的一小片区域,如图 1.5 中蓝色阴影区域所示。这样,随着中心网格点的滑动,每个网格点都将拥有多个分析值,最终的分析值取该网格点所有分析值的加权平均。使用加权平均是因为该网格不同分析值的计算使用了不同的观测衰减系数。其中权重计算公式为公式(1.13):

$$W_{i,j} = \frac{\exp\left(-\dfrac{h_{i,j}^2}{L^2}\right)}{\sum\limits_{j=1}^{m} \exp\left(-\dfrac{h_{i,j}^2}{L^2}\right)} \tag{1.13}$$

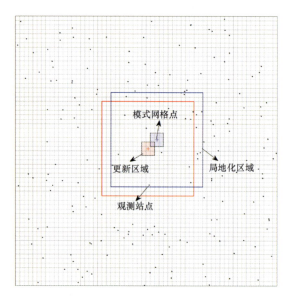

图 1.5　滑动局地化方案示意图

其中，$W_{i,j}$代表以第j个网格为中心网格分析时得到的第i个网格分析值的权重，$h_{i,j}$为第j个网格和第i个网格之间的距离，其他各项含义同前。

1.4.4 中国高分辨率空气质量再分析数据集的建立

利用本研究发展的多污染物协同同化方法构建出我国首套高分辨率空气质量再分析（Chinese air quality reanalysis，CAQRA）数据集，该数据集采用公开发布并共享模式（网址：https://doi.org/10.11922/sciencedb.00053）。该数据集包含2013—2019年我国6项常规大气污染物，即$PM_{2.5}$、PM_{10}、SO_2、NO_2、CO和O_3的小时浓度数据，空间分辨率达15 km×15 km。通过交叉验证、独立数据验证及与国内外同类数据比较可知，该数据集能很好地表征2013—2019年我国地面空气污染物的时空变化特征，且精度位于国内外同类数据集前列。此外，该数据集已在国家监测点位优化、大气污染健康与生态风险评估等方面取得应用。

1. 观测数据来源与质量控制

为了实时监测全国城市主要污染物浓度的变化，中国环境监测总站从2012年开始建设覆盖全国的大气环境监测网络。2013年，监测网络约有510个观测站点，至2015年，监测网络已覆盖全国369个城市，包含1436个观测站点。本研究使用该监测网络$PM_{2.5}$、PM_{10}、SO_2、NO_2、CO和O_3小时浓度数据进行再分析数据集制作，并使用本研究发展的自适应质控方法剔除原始观测数据中的异常值，包括时空一致性异常、长时间小变化异常、周期性异常以及$PM_{2.5}$和PM_{10}观测值的倒挂异常。由于观测误差和背景场误差决定了分析值中观测值和背景值的相对权重，因此观测误差的准确估计对同化系统的表现至关重要。观测误差包括仪器测量误差和观测代表性误差。仪器测量误差参考环境保护部发布的文件 HJ 193—2013 和 HJ 654—2013 确定，分别为 5%（$PM_{2.5}$和PM_{10}观测）、2%（SO_2、NO_2和CO观测）以及 4%（O_3观测）。观测代表性误差是指由于模式网格和离散观测站点代表的空间尺度不匹配导致的误差，同化中使用的是本研究基于高精度观测网络估计的地面站点代表性误差参数。

2. 空气质量模式及模拟设置

再分析试验使用嵌套网格空气质量预报模式系统（NAQPMS）构建空气质量预测模式。NAQPMS是由中国科学院大气物理研究所开发的空气质量预报模式系统，它包含污染物排放，平流输送，湍流扩散，干湿沉降，气相、液相及非均相反应等物理与化学过程。其空间结构为三维欧拉输送模型，采用地形追随坐标作为垂直坐标，水平结构为多重网格嵌套，运用双向网格嵌套技术，能同时模拟区域和城市尺度沙尘、$PM_{2.5}$、PM_{10}、SO_2、NO_x、CO、O_3、NH_3等多种污染物。NAQPMS气象输入数据由天气研究与预报模型(WRF)提供。设定的模拟区域空间范围包含东亚大部分地区,水平分辨率为 15 km×15 km,垂直方向采取 20 层地形追随坐标系,第一层高度大约为 50 m,最高层为 20 km,其中 9 层设定在距离地面 2 km 以下的高度以更好地表征边界层污染物的垂直混合作用。为提升气象模拟精度,本研究使用 36 小时取 24 小时的气象模拟方式,即在每日的气象模拟中,提前 12 个小时作为模拟的初始时刻,后 24 小时作为当日气象模拟结果。气象模拟初始条件和边界条件来自 NCEP/NCAR(美国气象环境预报中心和美国国家大气研究中心联合制作的数据集)提供的 1°×1°近实时分析场数据(FNL)。化学边界条件由全球大气化学传输模式 MOZART 提供,初始条件采取清洁初始条件,并提前 15 天模拟作为 NAQPMS 的初始化时间。模拟使用的先验排放清单包括 HTAP_v2.2 全球人为源排放清单[42]、GFEDv4 生物质燃烧排放清单[43,44]、MEGAN-MACC 生物VOCs 源排放清单[45]、POET 海洋 VOCs 源排放清单[46]、NO_x 土壤源排放清单[47]和 NO_x 闪电源排放清单[48]。

3. 再分析方案

利用集合卡尔曼滤波的变种形式 LETKF(local ensemble transform Kalman filter)进行再分析数据集构建。LETKF 由 Hunt 等[41]提出,具有原始的集合卡尔曼滤波不具备的一些优点。一方面,作为一种确定性滤波器,LETKF 不需要扰动观测数据,避免了随机采样误差的引入;另一方面,LETKF 是一种局地同化方案,每个网格的分析值仅利用网格周围的观测数据求解,从而可以有效应对有限集合样本带来的低秩和虚假相关问题。LETKF 的分析方案如公式(1.14)所示:

$$\overline{x^a} = \overline{x^b} + X^b \overline{w^a}$$

$$\overline{w^a} = \widetilde{P}^a (HX^b)^T R^{-1} (y^o - H\overline{x^b})$$

$$\widetilde{P}^a = \left[\frac{(N_{ens}-1)I}{1+\lambda} + (HX^b)^T R^{-1} (HX^b) \right]^{-1}$$

$$\overline{x^b} = \frac{1}{N_{ens}} \sum_{i=1}^{N_{ens}} x_i^b ; \quad X^b = \frac{1}{\sqrt{N_{ens}-1}} (x_i^b - \overline{x^b}) \tag{1.14}$$

其中,x 表示状态向量,上标 b 表示背景场,上标 a 表示分析场,包含 $PM_{2.5}$、PM_{10}、SO_2、NO_2、CO 和 O_3 共 6 种常规污染物。X^b 为集合扰动矩阵,$\overline{w^a}$ 为集合张成子空间中的分析场。$\widetilde{P}^a$ 为集合张成子空间中的分析误差协方差矩阵,在集合卡尔曼滤波中利用集合估计得出;I 为背景协方差矩阵的逆矩阵;R 为观测误差协方差矩阵,包含测量误差与代表性误差。y^o 为观测值,H 为观测算子,N_{ens} 为集合样本数。λ 为集合膨胀系数,用于动态估计模拟误差,本研究中利用 Wang 和 Bishop[33]方案计算得到。

尽管研究[34]表明,考虑物种间相关性进行跨变量同化有利于提升同化效果,但大部分大气化学同化研究都在背景场误差协方差矩阵中忽略了物种间的相关性[28,49,50]，我们在此研究中也忽略了这一项。一方面，这是为了避免非相关或弱相关变量之间虚假相关的影响；另一方面，与 Miyazaki 等[32]不同的是，本研究侧重于一次污染物（O_3除外）的同化，其误差与排放源的误差更相关。考虑到本研究中我们假定不同物种的排放误差是相互独立的，因此在大多数情况下，不同物种的背景场误差的相关性接近于 0。仅有 $PM_{2.5}$ 和 PM_{10} 以及 NO_2 和 O_3 的背景场误差之间存在高相关性。$PM_{2.5}$ 和 PM_{10} 的高相关性是因为 $PM_{2.5}$ 是 PM_{10} 的一部分，考虑到 $PM_{2.5}$ 和 PM_{10} 的观测中会有冗余的信息，因此在同化时我们没有考虑 $PM_{2.5}$ 和 PM_{10} 的相关性。O_3 和 NO_2 之间的负相关性主要与 NO_x 饱和条件下的 NO_x-OH-O_3 化学反应有关，NO_x 排放的增加会增强 NO 的滴定效应，从而降低 O_3 的浓度。然而，O_3 和 NO_2 之间实际上存在高度非线性关系，这种关系的强弱还取决于 NO_x 的饱和情况[51]。Tang 等[24]研究表明集合卡尔曼滤波在强非线性关系下存在明显局限性，O_3 和 NO_2 的跨变量同化甚至会出现错误的调整。考虑到 O_3 和 NO_2 浓度之间的非线性关系以及它们对集合卡尔曼滤波存在的可能不利影响，我们在同化时忽略了 NO_2 和 O_3 之间的相关性。因此，在本研究中，我们采取了一种保守的同化方式，忽略不同物种间的相关性，每个物种的观测数据仅用于对应物种的同化分析。此外，为了提升再分析场的连续性，我们在同化时使用了滑动局地化方案，其中局地化区域的长度设定为 360 km，更新区域的长度设定为 30 km，去相关长度设定为 80 km。

4. 颗粒物浓度再分析的年变化趋势验证

能否正确表征污染物浓度的年变化特征是再分析数据集的另一个重要验证指标。图 1.6 和图 1.7 展示了 2013—2018 年全国尺度和区域尺度 $PM_{2.5}$ 和 PM_{10} 月均浓度的时间序列，表 1.3 则给出了观测值与利用曼-肯德尔（Mann-Kendall，M-K）算法交叉验证和泰尔-森（Theil-Sen，T-S）方法基准模拟出的中国及其不同区域 $PM_{2.5}$ 和 PM_{10} 年均浓度变化趋势。

可以明显看出，2013—2018 年我国 $PM_{2.5}$ 浓度呈显著下降趋势，年变化趋势约为 $-5.8\ \mu g \cdot m^{-3}$，其中东北和华北地区下降趋势最为显著，年变化趋势分别可达 $-7.5\ \mu g \cdot m^{-3}$（$p<0.05$）和 $-7.0\ \mu g \cdot m^{-3}$（$p<0.05$），其余地区下降范围为 $-6.3 \sim -5.2\ \mu g \cdot m^{-3}$。基准模拟较好地再现了各个地区观测到的 $PM_{2.5}$ 浓度月变化特征，且对 2013 年 $PM_{2.5}$ 浓度的大小也有较好的把握，这表明 2010 年的排放清单总体上能合理把握 2013 年我国 $PM_{2.5}$ 的排放状况。然而，从 2014 年开始，基准模拟高估了华北、东南和西北地区的 $PM_{2.5}$ 浓度，这表明 2010 年的排放清单可能高估了 2013 年以后这些区域的 $PM_{2.5}$ 排放。在东北和中部地区，基准模拟总体上具有较好的模拟表现，而在西北地区基准模拟存在显著低估。从图 1.6 中也可以看出，虽然基础模拟捕捉到了我国不同区域 $PM_{2.5}$ 观测浓度的下降趋势，但基准模拟浓度的

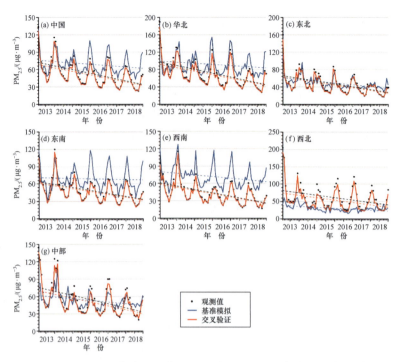

图 1.6　2013—2018 年中国及其不同区域 $PM_{2.5}$ 月均浓度观测值（黑点）、交叉验证结果（红线）和基准模拟结果（蓝线）时间序列

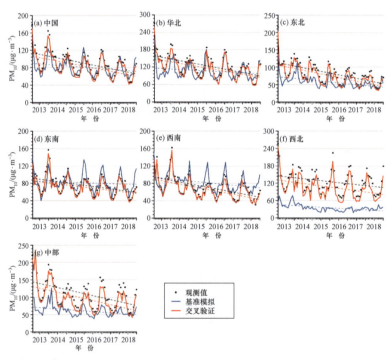

图 1.7　2013—2018 年中国及其不同区域 PM_{10} 月均浓度观测值（黑点）、交叉验证结果（红线）和基准模拟结果（蓝线）时间序列

下降趋势远小于观测浓度的下降趋势。考虑到基准模拟中没有考虑污染物排放的变化,因此基准模拟浓度的变化趋势仅受气象条件变化驱动。这表明,气象条件变化只能解释我国 $PM_{2.5}$ 下降趋势中很小的一部分,排放变化对 $PM_{2.5}$ 浓度下降占主导作用。通过同化观测数据,再分析能非常好地把握我国全国及不同区域 $PM_{2.5}$ 浓度的变化趋势(表1.3)。对 PM_{10} 浓度的趋势分析也能得到类似结果。PM_{10} 观测浓度也呈现出显著下降趋势,且很好地表征在再分析数据中。基准模拟对我国 PM_{10} 的模拟表现出较 $PM_{2.5}$ 模拟更好的性能,除去西北和中部地区,这两个地区基准模拟存在显著低估。与 $PM_{2.5}$ 模拟类似,基准模拟计算出的 PM_{10} 下降趋势远低于观测到的下降趋势,这再次凸显了2013年以来我国大气污染管控对我国空气质量改善的巨大贡献。

表1.3 观测值与交叉验证及基准模拟出的中国
及其不同区域 $PM_{2.5}$ 和 PM_{10} 年均浓度变化趋势

区域	$PM_{2.5}/(\mu g \cdot m^{-3})$			$PM_{10}/(\mu g \cdot m^{-3})$		
	观测值	交叉验证	基准模拟	观测值	交叉验证	基准模拟
中国	**−5.8**	**−5.0**	**−2.0**	**−7.2**	**−6.0**	**−2.5**
华北	**−7.0**	**−6.6**	**−3.5**	**−8.3**	**−7.6**	**−4.2**
东北	**−7.5**	**−6.7**	**−3.2**	**−11.2**	**−10.4**	**−3.7**
东南	**−5.2**	**−4.9**	−0.9	**−6.0**	**−5.8**	**−1.6**
西南	**−6.3**	**−4.9**	−1.4	**−7.9**	**−5.5**	**−1.3**
西北	**−5.7**	−3.3	−1.3	−0.5	−2.2	−2.3
中部	**−5.8**	−3.6	−0.6	**−8.9**	**−6.8**	**−2.0**

注:黑体数值代表年均浓度趋势通过 0.05 显著性水平检验。

5. 气体污染物浓度再分析的年变化趋势验证

依然使用再分析数据,对我国气体污染物年变化趋势的表征效果进行验证。由图1.8可知我国 SO_2 浓度呈现显著下降趋势($p<0.05$)。2013—2018年观测的 SO_2 全国平均浓度下降趋势达 $-6.2\ \mu g \cdot m^{-3}$,各个区域下降范围为 $-9.5 \sim -2.3\ \mu g \cdot m^{-3}$(表1.4)。$SO_2$ 浓度的显著下降趋势主要与我国 SO_2 的大幅减排有关,从"十一五"规划到大气污染防治规划,我国政府为减少 SO_2 排放投入了大量资金,通过安装烟气脱硫和选择性催化还原系统、建设大型机组、淘汰小型机组和用清洁能源替代煤炭等措施[52,53]降低 SO_2 排放。在严格的污染控制措施下,我国的 SO_2 排放呈现显著下降,尤其在工业和电力部门。由于没有考虑 SO_2 的减排效应,基准模拟大大高估了我国的 SO_2 浓度,尤其是2013年之后,SO_2 浓度的显著下降趋势也因此被基准模拟大大低估了。与之相反,SO_2 再分析数据则很好地反映了我国和各地区 SO_2 浓度的大小和下降趋势。

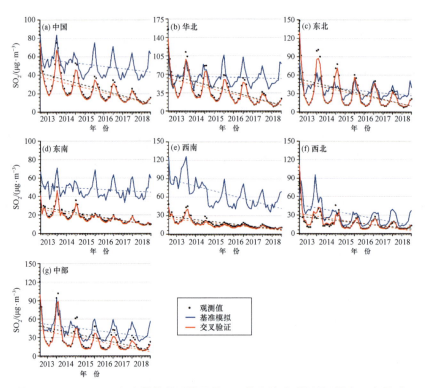

图 1.8　2013—2018 年中国及其不同区域 SO_2 月均浓度观测值（黑点）、交叉验证结果（红线）和基准模拟结果（蓝线）时间序列

表 1.4　观测值与交叉验证及基准模拟出的中国及其不同区域气体污染物年均浓度变化趋势

区域	SO_2/($\mu g \cdot m^{-3}$)			NO_2/($\mu g \cdot m^{-3}$)		
	观测值	交叉验证	基准模拟	观测值	交叉验证	基准模拟
中国	**−6.2**	**−4.9**	**−1.7**	−2.6	−2.1	**−0.9**
华北	**−9.5**	**−8.1**	**−1.7**	−2.0	−2.1	**−0.6**
东北	**−6.8**	**−5.9**	**−1.8**	−3.0	−3.3	**−1.3**
东南	**−4.4**	**−3.7**	**−1.0**	−2.4	−2.5	**−1.0**
西南	**−4.2**	**−2.8**	**−3.4**	−1.8	−1.6	**−0.7**
西北	**−2.3**	**−4.2**	−1.9	−3.4	−1.7	−1.0
中部	**−7.9**	**−5.5**	−0.6	−2.0	−1.0	−0.5

区域	CO/(mg·m^{-3})			O_3/($\mu g \cdot m^{-3}$)		
	观测值	交叉验证	基准模拟	观测值	交叉验证	基准模拟
中国	**−0.12**	**−0.12**	**−0.02**	3.5	3.8	2.0
华北	**−0.18**	**−0.17**	**−0.03**	5.3	5.5	1.4
东北	**−0.13**	**−0.13**	**−0.03**	4.8	4.6	**2.8**
东南	**−0.06**	**−0.06**	**−0.01**	2.3	2.6	**1.7**
西南	**−0.11**	**−0.09**	**−0.02**	3.2	3.5	**2.7**
西北	**−0.14**	**−0.14**	**−0.03**	5.4	4.0	**2.6**
中部	**−0.16**	**−0.17**	**−0.01**	5.3	4.5	2.2

注：黑体数值代表年均浓度趋势通过 0.05 显著性水平检验。

虽然 NO_2 观测也呈现出一定的下降趋势(图1.9),但除东北地区外,下降趋势并不显著(表1.4)。这主要与我国 NO_x 排放量下降幅度较小有关,根据源反演结果,我国 NO_x 排放在 2013—2017 年甚至有所上升。交通源是 NO_x 排放的主要贡献,几乎占中国 NO_x 总排放量的 1/3。虽然我国采取了一定的交通污染控制措施,但其效果基本被机动车保有量增加导致的排放增长所抵消了[52]。基准模拟普遍低估了我国冬季 NO_2 的浓度,此外各个地区观测到的 NO_2 浓度下降趋势也被低估了。同化 NO_2 观测浓度以后,再分析数据与 NO_2 观测浓度无论是量级上还是变化趋势上都有较好的一致性。

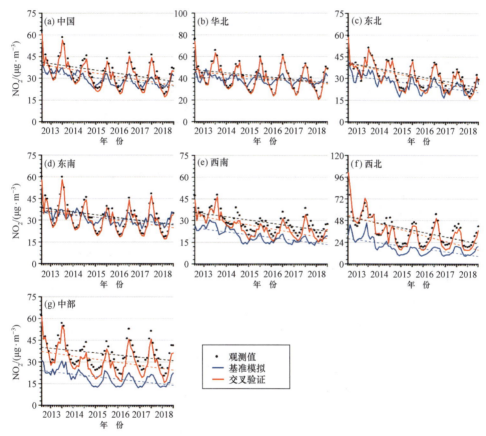

图1.9 2013—2018 年中国及其不同区域 NO_2 月均浓度观测值(黑点)、交叉验证结果(红线)和基准模拟结果(蓝线)时间序列

CO 观测结果表明,除西北地区以外,所有地区都显示出显著的下降趋势(图1.10),年变化范围为 $-0.18 \sim -0.06\ \mu g \cdot m^{-3}$。这与卫星观测到的 CO 下降趋势一致,如 MOPITT(Terra 卫星上搭载的对流层污染探测仪)观测[54]。此外,"自下而上"和"自上而下"的方法均表明,我国 CO 浓度的下降主要与我国人为排放的减少有关[55]。基准模拟大大低估了我国的 CO 浓度及其下降趋势,这反面突出了减

排对我国 CO 浓度下降的重要贡献。CO 再分析数据很好地吻合了 CO 观测浓度和各区域 CO 浓度的下降趋势。O_3 浓度表现出与其他空气污染物相反的趋势(图 1.11),在所有地区都显示出显著的上升趋势($2.3 \sim 5.4$ μg·m^{-3}),表明光化学污染在我国污染治理过程中所占比重逐年上升。基准模拟总体上把握了我国东南、西南、西北和中部地区的 O_3 浓度,但低估了华北和东北地区的 O_3 浓度,尤其在春季和夏季。此外,基准模拟低估了各地区 O_3 浓度的上升趋势,说明气象条件变化只能部分解释中国 O_3 浓度的上升趋势。与其他空气污染物一样,O_3 再分析数据的表现明显优于基准模拟,很好地再现了所有区域观测到的 O_3 浓度变化趋势。

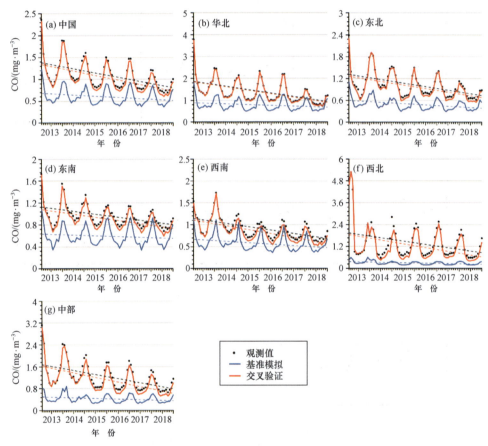

图 1.10　2013—2018 年中国及其不同区域 CO 月均浓度观测值(黑点)、交叉验证结果(红线)和基准模拟结果(蓝线)时间序列

6. 与卫星数据比较

以往研究表明,利用卫星气溶胶光学厚度观测数据估算地面 $PM_{2.5}$ 浓度是获取高分辨率 $PM_{2.5}$ 浓度的有效方法。为了进一步验证 $PM_{2.5}$ 再分析数据的准确性,我们将其与基于卫星观测数据估算的 $PM_{2.5}$ 浓度进行了比较。表 1.5 总结了目前基

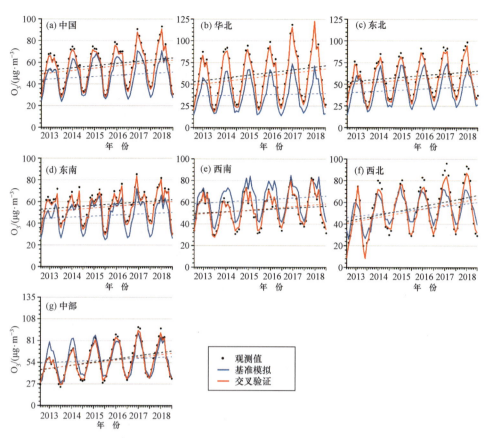

图 1.11　2013—2018 年中国及其不同区域 O_3 月均浓度观测值(黑点)、交叉验证结果(红线)和基准模拟结果(蓝线)时间序列

于卫星观测数据估计的我国 $PM_{2.5}$ 地面浓度的代表性工作。可以看出,这些研究大多是在日尺度上对我国 $PM_{2.5}$ 地面浓度进行估计,这是因为这些研究主要使用极轨气象卫星观测数据,因此每日只能提供一次观测,只有 Liu 等人[56]基于葵花-8(Himawari-8)号地球同步气象卫星观测数据对我国小时 $PM_{2.5}$ 浓度进行了估算。从空间分辨率来看,除了 Lin 等[57]的研究分辨率达 1 km×1 km,Zhan 等[58]的研究分辨率达 0.5°×0.5°外,基于卫星观测数据估计的 $PM_{2.5}$ 浓度分辨率主要约为 10 km×10 km。从时间跨度来看,很少有研究提供自 2013 年以来的 $PM_{2.5}$ 浓度长期数据。相比之下,本研究建立的 $PM_{2.5}$ 再分析数据提供了一个高时空分辨率(1 h、15 km×15 km)、高精度的长时间数据集。较高的时间分辨率对于流行病学研究,尤其是空气污染的急性健康影响评估极其重要。此外,本研究建立的再分析数据(CV $R^2=0.86$ 和 CV RMSE=15.1 μg·m^{-3})的精度也高于大多数卫星估计值(CV $R^2=0.56\sim0.86$ 和 CV RMSE=15.0$\sim$30.2 μg·m^{-3})。

表 1.5　基于卫星观测数据估计的我国 $PM_{2.5}$ 地面浓度的代表性工作

参考文献	空间分辨率	时间分辨率	时间范围/年	CV R^2	CV RMSE	方法
Ma 等[59]	0.1°×0.1°	逐日	2004—2013	0.79	27.4	线性混合模型(LME)+广义加性模型(GAM)
Xue 等[60]	0.1°×0.1°	逐日	2000—2016	0.56	30.2	元胞传输模型(CTM)+高维扩展(HD-expansion)+广义加性模型
Xue 等[61]	0.1°×0.1°	逐日	2014	0.72	23.0	元胞传输模型+线性混合模型+时空克里格法
Chen 等[62]	0.1°×0.1°	逐日	2005—2016	0.83	18.1	随机森林(RF)
Lin 等[57]	1 km×1 km	逐日	2001—2015	0.78	19.3	半经验模型
Chen 等[63]	3 km×3 km	逐日	2014—2015	0.86	15.0	极致梯度提升(XGBoost)+分布滞后非线性模型(NELRM)
Yao 等[64]	6 km×6 km	逐日	2014	0.60	21.8	TEFR 模型+地理加权回归模型(GWR)
You 等[65]	0.1°×0.1°	逐日	2014	0.79	18.6	地理加权回归模型
Zhan 等[58]	0.5°×0.5°	逐日	2014	0.76	23.0	GW-GBM 模型
Li 等[66]	0.1°×0.1°	逐日	2015	0.82	16.4	Geoi-DBN 模型
Liu 等[67]	0.125°×0.125°	小时	2016	0.86	17.3	随机森林
本研究	15 km×15 km	小时	2013—2019	0.81	21.3	集合卡尔曼滤波
本研究	15 km×15 km	逐日	2013—2019	0.86	15.1	集合卡尔曼滤波

7. 与 CAMSRA 数据集比较

为了进一步评估本研究建立的气体污染物再分析数据的准确性,我们利用欧洲中期天气预报中心(ECMWF)最新发布的全球大气成分再分析(copernicus atmosphere monitoring service reanalysis,CAMSRA)数据集作为参考[49],与本研究构建的再分析数据集进行比较。CAMSRA 数据集所包含数据是最新发布的全球大气成分再分析数据同化了 O_3、CO、NO_2 和 AOD 的卫星观测数据。本研究采用 CAMSRA 数据集 2013—2018 年地面 SO_2、NO_2、CO 和 O_3 浓度的 3 小时再分析数据进行比较(https://ads.atmosphere.copernicus.eu/cdsapp#!/dataset/

cams-global-reanalysis-eac4? tab=overview，引用时间 2024-11-14），空间分辨率为 $1°×1°$。由于 CAMSRA 数据集没有提供 $PM_{2.5}$ 和 PM_{10} 的浓度，因此本研究中我们仅对气体污染物进行比较。

表1.6 定量比较了本研究构建的 CAQRA 数据集和欧洲中期天气预报中心的 CAMSRA 数据集在估算我国气态污染物地面浓度方面的精度。与 CAMSRA 数据集（$R^2=0.00\sim0.23$）相比，CAQRA 数据集对中国大气污染物地面浓度的时空分布特征具有更好的表征效果，R^2 值为 $0.53\sim0.77$。此外，CAQRA 数据集的偏差和均方根误差也小于 CAMSRA 数据集，尤其是 SO_2 和 O_3 浓度。这可能是由于 CAQRA 数据集同化了地面观测，而 CAMSRA 数据集只同化了卫星观测数据。这些结果表明，本研究建立的再分析数据集在对我国地面污染物浓度的表征方面要优于 CAMSRA 数据集，这对时空分辨率和精度要求较高的相关研究具有重要价值。

表1.6 CAMSRA 数据集与本研究构建的 CAQRA 数据集精度统计参数比较

比较项目	CAQRA				CAMSRA			
	SO_2	NO_2	CO	O_3	SO_2	NO_2	CO	O_3
R^2	0.53	0.61	0.55	0.77	0.04	0.23	0.13	0.00
MBE/($\mu g \cdot m^{-3}$)	−2.0	−2.3	−100	−2.3	19.4	1.7	−200	30.6
NMB/(%)	−8.5	−6.9	−6.1	−4.0	81.2	5.2	−17.5	52.1
RMSE/($\mu g \cdot m^{-3}$)	24.8	16.4	500	21.9	54.5	27.3	900	55.2

注：R^2 代表线性回归决定系数，MBE 指平均偏差误差，NMB 指归一化平均偏差，RMSE 指均方根误差。

1.4.5 中国高分辨率大气 NH_3 排放反演清单的建立

NH_3 在大气化学中扮演着重要角色。作为大气中最主要的碱性气体，NH_3 可与酸性气体反应，生成 $(NH_4)_2SO_4$ 和 NH_4NO_3 等二次气溶胶，这些物质是灰霾期间大气 $PM_{2.5}$ 的主要成分。准确掌握大气 NH_3 排放总量及时空分布是合理制定 NH_3 减排方案和进行相关大气化学机制研究的重要基础。过去几十年，科学家主要通过"自下而上"的方法估算中国 NH_3 排放量[47,68-73]，但得到的中国 NH_3 排放量差异可达两倍（$8.4\sim18.3$ Tg）以上，存在非常大的不确定性，极大地制约了 NH_3 减排及相关大气化学反应机制的研究。"自上而下"的反演技术是降低大气污染排放清单不确定性的有效手段。为了降低我国 NH_3 排放量估算的不确定性，合理表征我国 NH_3 排放特征，基于本研究发展的同化反演框架，结合中国大气氨观测网络（AMoN-China），我们首次利用中国地面 NH_3 浓度观测数据对国家尺度的大气 NH_3 排放进行了较高时空分辨率（逐月、15 km×15 km）的反演优化，构建了 2015 年 9 月—2016 年 8 月中国 NH_3 逐月反演排放清单。

1. 中国大气氨观测网络及观测误差的估计

本研究使用 Pan 等[74]建立的 AMoN-China 对我国大气 NH_3 排放进行反演估计。该监测网络总共包含 53 个观测站点,这些站点的空间分布涵盖了我国大部分地区和不同下垫面类型,包括农田、森林(山区)、草地、沙漠、水体及城市等,提供了对我国 NH_3 月均浓度长达一年(2015 年 9 月—2016 年 8 月)的全国尺度观测信息。AMoN-China 基于被动扩散采样法对 NH_3 浓度进行测量,观测精度高,具有与更高观测精度的湿化学方法一致的观测结果[74]。参考 von Bobrutzki 等[75]给出的 NH_3 被动采样法观测仪器的精度,我们估计 AMoN-China 中 NH_3 浓度的测量误差为 3%。本研究中,我们收集了 Chang 等[76]在上海建立的高密度 NH_3 观测网络数据,对 NH_3 观测的代表性误差进行了估计。Chang 等建立的观测网络总共包含 10 个 NH_3 观测站点,且均分布在上海市区 20 km 的范围内,与本研究使用的分辨率相当。基于高密度 NH_3 观测网络,我们利用本研究建立的观测代表性误差估计方法,对 NH_3 观测的代表性误差进行了估计。结果显示,NH_3 城市观测站点的代表性误差(r_{repr})约为 9×10^{-10},占 NH_3 站点平均浓度的 12%(图 1.12)。

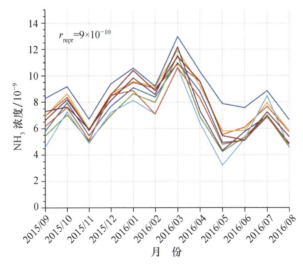

图 1.12　2015 年 9 月—2016 年 8 月上海市密集观测网 NH_3 月均浓度时间序列
(不同颜色代表不同站点所测数值)

2. 空气质量模式与分析方案

本研究使用 NAQPMS 模式来表征 NH_3 在大气中的排放、传输、转化及清除等过程。在先验排放清单方面,本研究使用清华大学发展的中国多尺度排放清单 MEIC(http://meicmodel.org)作为中国区域先验人为源排放清单,选择 2016 年为基准年,中国区域以外的人为源排放清单则由 HTAP_v2.2 全球人为源排放清单提供[42]。NH_3 土壤源和野生生物源由 GEIA 清单提供[77],海洋排放由 Paulot

等[78]提供,生物质燃烧排放由 GFEDv4 清单提供。

本研究使用集合卡尔曼滤波结合扩展状态向量法对我国 NH_3 排放源进行反演估计。由于我们将所要估计的排放源参数化成调整系数乘以先验排放源的形式,因此对于先验排放源的调整可转化为对调整系数 β 的调整。根据扩展状态向量法,NH_3 反演中使用的状态向量定义为公式(1.15):

$$x = \begin{bmatrix} c_{NH_3} \\ \beta_{NH_3} \end{bmatrix} \tag{1.15}$$

其中,c_{NH_3} 代表月均 NH_3 浓度,β_{NH_3} 代表 NH_3 排放源的调整系数。

本研究利用 Sakov 和 Oke[79] 发展的 D 集合卡尔曼滤波(Deterministic 集合卡尔曼滤波)方案进行 NH_3 排放源反演估计,其算法如公式(1.16):

$$\overline{x^a} = \overline{x^b} + \lambda P_e^b H^T (H P_e^b H^T + R)^{-1} (y^o - H \overline{x^b})$$

$$\overline{x^b} = \frac{1}{N_{ens}} \sum_{i=1}^{N_{ens}} x_i^b; \quad X^b = \frac{1}{\sqrt{N_{ens} - 1}} (x_i^b - \overline{x^b})$$

$$P_e^b = X^b (X^b)^T \tag{1.16}$$

其中,x 表示我们构建的扩展状态向量,上标 b 表示背景场,上标 a 表示分析场。P_e^b 表示利用集合估计的背景场误差协方差矩阵,X^b 为集合扰动矩阵。为防止有限集合样本带来的误差低估,同时考虑到 NH_3 模拟的复杂误差来源,我们使用动态误差估计方法对背景场误差进行膨胀,膨胀系数 λ 根据最大似然估计法给出。y^o 代表 NH_3 观测数据,N_{ens} 为集合样本数,R 代表观测误差协方差矩阵,由 1.4.5 中第一小节给出。H 为观测算子,用于将模式空间映射到观测空间($H \overline{x^b}$)。

3. NH_3 反演清单月变化特征

图 1.13 给出了我国大气 NH_3 排放反演清单与先验清单估计月变化的时间序列,可以看出反演清单较先验清单具有更显著的季节变化特征,夏季的排放量可达冬季排放量的两倍。此外,反演结果表明 NH_3 排放峰值出现在 7 月,而不是先验排放的 6 月和 8 月。NH_3 排放的月变化特征主要与施肥方式和环境因素(如温度和风速)密切相关。对于 NH_3 的畜牧业排放,由于每月养殖的牲畜数量波动非常小[73,81],NH_3 畜牧业排放的月变化特征主要受温度控制,因此通常在夏季(7 月)排放最高。对于 NH_3 的施肥排放,一方面中国 70% 的氮肥在 3 月至 8 月施用,另一方面 NH_3 的肥料挥发与环境要素密切相关。Zhan 等[58]的研究表明,NH_3 农田挥发通量的日变化特征与温度日变化特征基本吻合。此外,Zhu 等[81]研究发现 NH_3 和地面与空气的双向交换机制对 NH_3 排放有一个延迟作用,会减缓 NH_3 在冬季的挥发,而促进 NH_3 在夏季的挥发。因此,氨气在夏季挥发速度最快,这也很好地解释了反演估计的 NH_3 排放峰值出现在 7 月的原因。

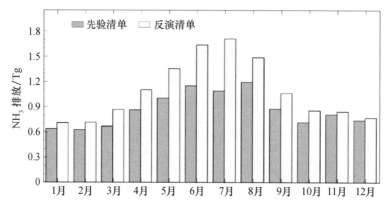

图1.13 中国大气 NH_3 排放反演清单(浅黄色)与先验清单(青色)估计月变化的时间序列

我们进一步优化了中国不同区域 NH_3 排放月变化,如图 1.14 所示。可以看出绝大多数月份,反演清单相比于先验清单 NH_3 排放有所上升,尤其在夏季,增加最为显著。对于 NH_3 排放月变化特征,由于缺少不同地区精细的施肥和耕作信息,因此先验清单中不同地区的 NH_3 排放月变化特征基本一致,均在6月和8月排放最高。反演结果表明不同地区具有不同的 NH_3 排放月变化特征,这可能与当地的施肥方式和气候条件有关。华北、东南、西南和中部地区 NH_3 排放月变化特征相似,均在7月出现峰值。在西北和东北地区,排放峰值则出现在6月。

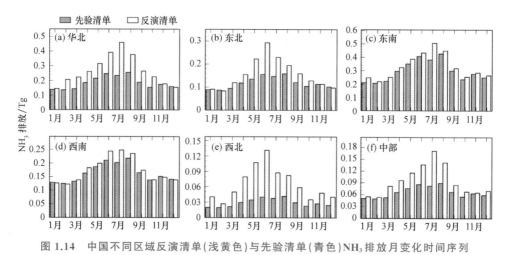

图1.14 中国不同区域反演清单(浅黄色)与先验清单(青色) NH_3 排放月变化时间序列

4. NH_3 反演清单空间分布特征

利用反演方法,本研究对 NH_3 先验清单可能存在的低估和季节偏差进行了调整。反演估计的 NH_3 排放相比于先验估计在全国均有显著升高。通过反演估计的全国 NH_3 年排放总量约为 13.1 Tg,较先验估计的 10.3 Tg 高约 27%。其中,华北、东北、中部和西北地区升高较为显著,反演估计相比先验估计高达 30% 以上,西北地区更是高一倍以上。这一结果与卫星在西北地区观测到的高浓度 NH$_3$ 热点一致[71,82]。与先验估计在东南和西南地区模拟偏差较小一致,反演清单相比先验清单在这两个区域的升高相对较少,仅分别高 10.4% 和 6.6%。

反演 NH$_3$ 排放相比于先验排放的升高与反演清单发现我国存在更多的 NH$_3$ 排放热点信号密切相关,尤其在华北、中部和西北地区,这也与 IASI(Infrared Atmospheric Sounding Interferometer)和 CrIS(Cross-track Infrared Sounder)卫星观测结果一致[82,83]。虽然先验清单和反演清单均表明华北地区是我国 NH$_3$ 排放强度最大的区域,但反演清单相比先验清单在华北地区依然有大幅上升,NH$_3$ 排放强度可超过 100 kg·ha^{-1}·a^{-1},这表明先验清单可能大大低估了我国华北地区的 NH$_3$ 排放。此外,反演结果表明中部和西北地区存在 NH$_3$ 高排放热点,排放强度甚至与华北地区相当,这在先验清单中也被大大低估甚至忽略了。根据土地利用和观测站类型可知,这些排放热点信号可能与农业源排放密切相关。这表明,先验估计的 NH$_3$ 排放低估可能与农业源排放低估有关。这与 Zhou 等[72]的研究结果一致,他们的研究表明华北地区仅农田 NH$_3$ 排放一项的强度即可超过 100 kg·ha^{-1}·a^{-1},与本研究的反演结果量级相当。以往研究也表明,山东省、河北省等存在较高的畜牧业 NH$_3$ 排放[84-85]。除去农业源排放,卫星观测表明工业源也可能是 NH$_3$ 排放的重要来源,因此我们收集了 van Damme 等[82]和 Dammers 等[83]利用卫星观测数据检测到的我国工业 NH$_3$ 排放点源位置。结果表明,反演估计得到的高 NH$_3$ 排放热点与工业点源的位置具有非常好的一致性,尤其在西北地区,高密度工业点源与高 NH$_3$ 排放热点位置十分吻合。根据卫星估计结果,西北地区工业点源的 NH$_3$ 排放强度可达 20~40 kt·a^{-1},相当于在 1°×0.5°区域内每年排放 40~90 kg·ha^{-1},与本研究反演结果一致。此外,Meng 等[86]的研究也表明西北地区存在较大的工业和燃烧排放源。除西北地区外,我们在中部、华北和华南地区也发现了明显的 NH$_3$ 工业排放热点信号,这在一定程度上解释了反演清单中的高 NH$_3$ 排放信号。

5. NH$_3$ 反演清单的不确定性分析

本研究通过同化 AMoN-China 地面 NH$_3$ 观测数据建立了我国大气 NH$_3$ 排放反演清单,降低了我国 NH$_3$ 排放清单在总量和月变化特征上的不确定性。然而我们同样注意到,卫星观测结果与反演清单模拟结果仍然存在很大的差异,研究表明反演估计对 NH$_3$、铵盐和湿沉降的模拟效果有限。这在一定程度上反映了本研究结果的局限性。一方面,我们仅用了有限的地面观测数据进行反演,因此无法完全约束我国 NH$_3$ 排放;另一方面,我们在反演中没有考虑 NH$_3$ 排放的日变化特征,这可能会影响模拟结果,进而影响反演结果。

1.4.6 重大活动保障污染管控措施的污染物减排量反演

当前,大气污染预报预警仍面临严峻挑战,最为关键的挑战在于高强度大气污染防治措施(长期减排+应急减排)使得区域大气污染源排放一直处于快速的动态变化中。2015年"9·3"阅兵期间严格的管控措施为定量研究减排措施对排放源削减的作用提供了宝贵的机会。在8月20日—9月4日期间,北京、天津、河北、山西、内蒙古、山东、河南七省(自治区、直辖市)分步实行了多项控制措施,其中主要的控制措施列举于表1.7中。这些措施使得阅兵期间北京的$PM_{2.5}$、PM_{10}、NO_2、SO_2和CO浓度降低了34%~72%,AOD降低了69%。但是观测的污染物浓度不仅受排放源影响,而且受气象和传输等因素的影响,因此只靠观测的污染物浓度难以定量评估控制措施对排放源的削减量。排放源的定量统计通常使用"自下而上"的排放清单制作方法,但该方法需要统计大量的排放信息,难以在短时间内提供排放清单,同时还需要耗费大量的人力和物力。

我们利用本研究发展的同化反演方法同化了京津冀地区400个地面观测站点的小时数据,对2015年8月13日—9月4日期间京津冀地区源减排措施的CO和NO_x减排量进行了逐时反演,反演空间分辨率为5 km×5 km。使用的400个地面监测站点为分布于京津冀及周边地区的空气质量监测站点,站点分布不均,主要集中在人口稠密的城区。所使用的模式是中国科学院大气物理研究所自主研发的三维多尺度化学传输模式NAQPMS[87]。并使用清华大学提供的2010年MIX清单作为先验排放源,该清单集成了MEIC(中国大陆)、REAS2(日本、中国台湾)、PKU-NH_3(中国氨排放清单)、CAPSS(韩国)等亚洲各地区近年来的排放清单成果,建立了涵盖10种大气污染物和温室气体,网格分辨率为0.25°×0.25°的排放清单。

表1.7 2015年"9·3"阅兵期间的主要控制措施

时段	地区	措施
8月28日—9月4日	北京、天津、河北、山西、内蒙古、山东、河南	启动临时强化减排措施,七省(自治区、直辖市)共计约有12 255个燃煤锅炉及混凝土搅拌站等停产、限产
8月20日—9月3日	北京	机动车单双号限行
8月28日—9月4日	北京	涉气企业停产、限产,建筑工地停工
从8月23日开始	天津	分批实施单双号限行,全市1325家工业企业停产、限产或提高环保设施运行效率
从8月28日开始	天津	停止所有建设工程相关的生产活动

续表

时段	地区	措施
8月28日—9月4日	河北	涉燃煤设施停产、限产，10蒸吨及以下锅炉、茶浴炉等设施暂停使用，城区机动车实施限行，停止土石方作业，建筑工地洒水或覆盖，严厉打击秸秆焚烧等露天焚烧行为
从8月20日开始	河北保定	涉气企业停产、限产，主要建筑工地停工，机动车单双号限行
从8月24日开始	河北沧州	机动车单双号限行，高污染机动车停驶

本研究将研究时段分为三部分：时段A（非控制时段），2015年8月13日—8月19日，无减排措施；时段B（过渡时段），2015年8月20日—8月27日，实施部分减排措施；时段C（控制时段），2015年8月28日—9月3日，实施全部减排措施。对三个时段的CO和NO_x分别进行反演，结果发现初始排放清单模拟在非控制时段、过渡时段和控制时段都存在不同程度的模拟偏差，而高时间分辨率的反演能有效识别不同时段内的模拟偏差变化，进而对该时段内的排放源进行不同程度的偏差订正。此外，反演清单还能对整个区域模拟浓度空间分布进行优化调整。其中，阅兵期间的削减量通过使用时段A的基准排放减去时段C的排放得到，反演结果显示，阅兵期间京津冀地区的CO排放显著降低，排放速率从时段A的27 $Mt \cdot a^{-1}$下降到时段C的18 $Mt \cdot a^{-1}$，降幅达32%，阅兵期间共削减CO排放163 787 t。其中北京市的降幅为30%，削减了12 567 t；河北省石家庄市及临近的邢台市降幅最大，分别为55%和51%；排放最少的张家口市以及离北京最远的河北省地级市邯郸市降幅最小，同为19%；其他城市的降幅为22%~40%。与CO排放情况类似，阅兵期间京津冀地区的NO_x也有显著削减，并且幅度更大，从时段A的1.7 $Mt \cdot a^{-1}$削减至时段C的1.0 $Mt \cdot a^{-1}$，降幅达40%。其中北京市的削减幅度为50%，削减了1657 t；石家庄市的削减幅度最大，达81%；北京以北的城市削减较少，承德市、秦皇岛市、张家口市和唐山市的削减幅度分别为6%、10%、12%、18%；其他城市的削减幅度为38%~55%。

本研究使用反演结果优化排放源，并对先验排放源与优化排放源模拟的CO和NO_2浓度进行了比较。优化排放源中的CO和NO_x排放源分别使用反演的CO和NO_x排放源替代。CO的化学活性较弱，模拟的浓度主要受CO排放控制。NO_2化学活性较强，其浓度不仅受NO_x排放的影响，还与VOCs排放密切相关。为进一步改进优化排放源的NO_2浓度模拟效果，本研究根据CO排放与VOCs排放的关联，使用CO排放调整系数对VOCs排放进行了调整。图1.15给出了先验排放源与优化排放源在北京、天津和石家庄三个城市的CO和NO_2模拟效果对比。如图所示，优化排放源的模拟结果与观测值更为接近，在先验排放源模拟误差越大的时段优化排放源的改进效果越明显。在北京的时段 A、天津的时段 A 和时段 B 以及石家庄的时段 B 和时段 C，优化排放源模拟的 CO 浓度均值误差降低了 50%～79%。相比于 CO 浓度，优化排放源对 NO_2 模拟浓度的改进效果更明显，用其模拟的各时段浓度均值误差比先验排放源的均值误差低 50% 以上，在石家庄的时段 C，误差降幅更是达到了 95%。

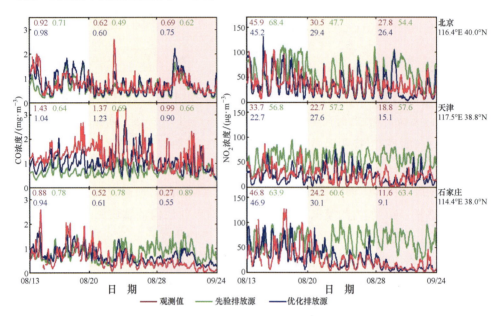

图 1.15　先验排放源与优化排放源在北京、天津和石家庄三个城市的 CO 和 NO_2 模拟效果对比（白色、淡黄色和淡红色背景分别表示非控制时段、过渡时段和控制时段，数值表示所处时段的浓度均值）

1.4.7　海量多源信息的大气污染集合预报

本研究基于 NAQPMS 搭建了 $PM_{2.5}$ 的蒙特卡罗集合预报系统。蒙特卡罗集合预报系统框架如图 1.16 所示。由于受排放因子、水平活动数据的不确定性以及排放清单更新缓慢的影响，排放清单存在较大不确定性，因此本研究仅将排放清单按照其不确定性特征进行随机扰动，产生一组代表排放源不同可能状态的随机集合样本，然后将集合扰动的排放源样本输到 NAQPMS 中进行模式积分，最后得到不同输入样本状态下的 $PM_{2.5}$ 质量浓度集合预报样本。同时考虑到计算资源有限，本研究仅随机抽取 50 组扰动样本，从而得到 50 组扰动状态下 $PM_{2.5}$ 质量浓度预报样本。

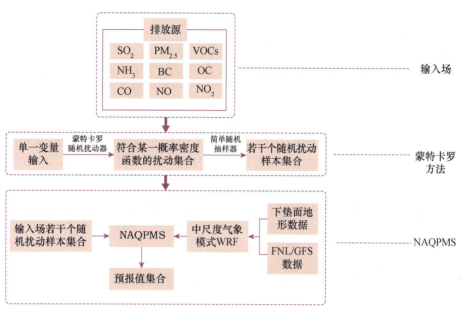

图 1.16 蒙特卡罗集合预报系统框架
(BC 为黑碳,OC 为有机碳)

考虑到排放清单不确定性对模式结果的影响较大,使得均值集成法预报存在较显著的先验模拟偏差,本研究发展了一种集成集合样本方法。该方法采用滚动预报的方式,先结合平均相对偏差(MFB)和平均相对误差(MFE)等统计参数从前 30 天集合预报样本中优选出符合最优模式准确性标准的样本,然后针对优选出的集合样本,计算其第 31 天的集合平均值,作为未来 1 天 $PM_{2.5}$ 的确定性预报结果。即利用前 30 天集合预报数据和观测数据预报未来 1 天 $PM_{2.5}$ 质量浓度。为了评估两种方法的差异,我们先对比分析了均值集成法和集合样本优选均值集成法的总体预报效果,预报时段均为 2017 年 10—12 月,再分析其对各污染等级的预报能力。图 1.17 给出了北京、天津、唐山、郑州、鹤壁、新乡、济南、济宁各城市采用两种集成统计方法后的 $PM_{2.5}$ 质量浓度预报值与观测值的时间序列对比。可以看出,与所有集合样本均值预报相比,集合样本优选均值集成法能有效降低预报偏差,使得预报值更加贴近实际观测值。

为进一步分析两种方法的预报技巧,利用 RMSE、R 和观测-模拟两倍因子百分比(FAC2)等统计参数来评估两种集成统计方法的预报效果。由图 1.18(a)可见,采用集合样本优选均值集成法后,各城市 $PM_{2.5}$ 预报的 RMSE 均显著减小,RMSE 城市均值由 58.0 $\mu g \cdot m^{-3}$ 降低至 34.7 $\mu g \cdot m^{-3}$,同时 R 城市均值由 0.69 提升至 0.70。FAC2 表示预报值落于 0.5～2 倍观测值范围内的比例,若 FAC2 越大则表明预报精度越高。从图 1.18(b)(c)可以看出,均值集成法的 FAC2 为 67%,

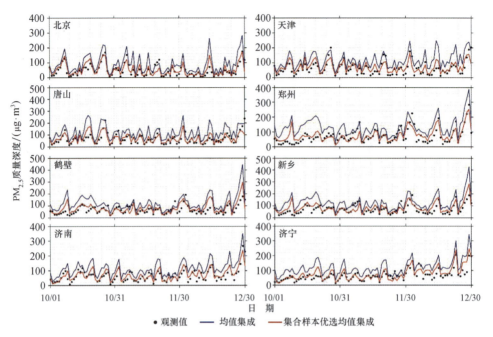

图 1.17　我国部分城市采用两种集成统计方法后的 $PM_{2.5}$ 质量浓度预报值与观测值的时间序列对比

有相当一部分预报值大于 2 倍观测值，高估现象较为严重，而采用集合样本优选均值集成法后，高估现象明显改善，$PM_{2.5}$ 预报的 FAC2 指标提升到了 87%。

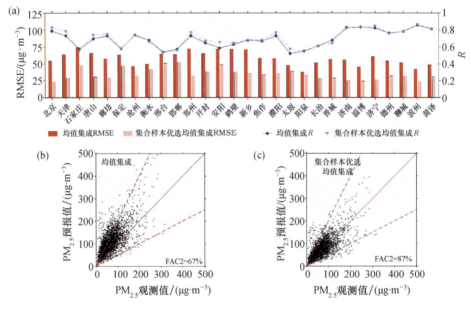

图 1.18　不同集成方法的统计参数对比

相对作用特征(ROC)是基于双态分类联列表对双态事件进行检验的方式。对于一次事件的发生与否,预报可分为预报正确、漏报、空报和正确否定四种情况。命中率(hit rate)=预报正确数/(预报正确数+漏报数),假警报率(false alarm rate)=空报数/(空报数+正确否定数)。以假警报率为横坐标,命中率为纵坐标即可构成 ROC 散点图。若散点落在随机猜测线(即对角线)上或右侧,则表明不具备任何预报技巧;若落在随机猜测线左侧且离随机猜测线垂直距离越远,则表明对该事件的预报技巧越高。我们结合《环境空气质量指数(AQI)技术规定(试行)》,利用 ROC 散点图对比分析了两种集成统计方法对空气污染等级分别为优、良、轻度污染、中度污染、重度污染、严重污染事件的预报技巧,结果如图 1.19 所示。采用所有集合样本的均值集成法时,空气污染等级为良、轻度污染和中度污染的 DROC 值(表示点到对角线的垂直距离)分别为 0.01、−0.02 和 0.06,说明均值集成法对上述事件的预报技巧非常低;而采用集合样本优选均值集成法后,优、良、轻度污染、中度污染、重度污染等事件的 DROC 值均明显增大,预报技巧显著提升,说明集合样本优选均值集成法对大部分污染等级的预报技巧要高于均值集成法。值得注意的是,集合样本优选均值集成法对严重污染事件的预报技巧略低于均值集成法,这可能与剔除不确定性较大的集合样本后,集合样本优选均值集成法容易对严重污染事件漏报有关。因为采用所有集合样本的均值集成法存在较大的先验模拟偏差,高估现象较严重,因此其对严重污染事件预报正确的概率较高。但采用集合样本优选均值集成法后,不确定性较大的集合样本被剔除了,该方法虽能明显改善高估现象,但对严重污染事件漏报的概率也会提升,因此集合样本优选均值集成法仅对严重污染事件的预报技巧略低于均值集成法。

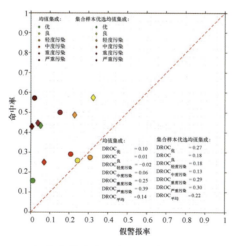

图 1.19　不同集成统计方法各污染等级的 ROC 单点分布
(DROC 表示该点到对角线的垂直距离,负值表示该点位于对角线右侧)

1.4.8 二次无机气溶胶组分的机器学习模拟改进

由于目前对二次无机气溶胶形成机制的认识还非常浅显,因此空气质量预报对二次无机气溶胶的模拟还存在较大的不确定性。为了改善二次无机气溶胶的模拟效果,本研究利用随机森林方法对华北地区二次无机气溶胶的模拟进行了改进。使用的数据包括气象数据、排放数据、二次无机气溶胶的观测值和模拟值,以及 SO_2、NO_2 的模拟值。其中,观测值为 2018 年 1 月华北地区 28 个空气质量地面监测站点的数据,气象数据、排放数据由 WRF 提供,模拟数据由 NAQPMS 提供,且均为相对应时段和站点的数据。将 28 个站点中的 22 个站点作为训练集,6 个站点作为预测集,除去缺测值后,训练集中每个变量有 630 个样本。

图 1.20 展示了 NAQPMS 和随机森林模型对硫酸盐、硝酸盐和铵盐的模拟值与观测值的对比时间序列,模拟值为 6 个站点的平均结果。从图 1.20 可以看出,NAQPMS 对硫酸盐、硝酸盐和铵盐均存在一定程度的低估,尤其是硫酸盐,存在显著低估,相关性较差,仅为 0.51。训练得到的随机森林模型可以很好地改善硫酸盐、硝酸盐和铵盐的模拟效果,三者的相关性均提高到 0.9 以上,模拟偏差和均方根误差也显著降低,说明随机森林模型是改善二次无机气溶胶模拟效果的有效方法。1 月 13 日—1 月 21 日,NAQPMS 模拟的硫酸盐、硝酸盐和铵盐均存在显著低估,随机森林模型则显著改善了该时段的低估,并且预测的结果与观测值十分吻合。对于 NAQPMS 存在一定高估的时段,随机森林模型也可以很好地降低高估程

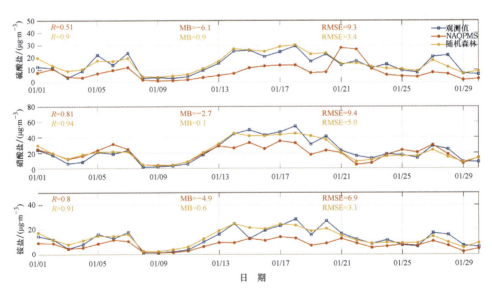

图 1.20 NAQPMS 和随机森林模型对硫酸盐、硝酸盐和铵盐的模拟值与观测值的对比时间序列

度,使预测结果与观测值更加接近。随机森林模型不仅可以在整体上改善二次无机气溶胶的模拟,而且对于单站点的改进也十分显著,这进一步说明经过部分站点数据训练得到的随机森林模型可以有效预测未经训练站点的二次无机气溶胶浓度。

1.4.9 本项目资助发表论文(按时间倒序)

(1) Kong L, Tang X, Zhu J, et al. A 6-year-long(2013—2018) high-resolution air quality reanalysis dataset in China based on the assimilation of surface observations from CNEMC. Earth System Science Data, 2021, 13(2): 529-570.

(2) Yang F K, Fan M, Tao J H. An improved method for retrieving aerosol optical depth using Gaofen-1 WFV camera data. Remote Sensing, 2021, 13(2): 280.

(3) Wu H J, Tang X, Wang Z F, et al. High-spatiotemporal-resolution inverse estimation of CO and NO_x emission reductions during emission control periods with a modified ensemble Kalman filter. Atmospheric Environment, 2020, 236: 117631.

(4) Kong L, Tang X, Zhu J, et al. Evaluation and uncertainty investigation of the NO_2, CO and NH_3 modeling over China under the framework of MICS-Asia Ⅲ. Atmospheric Chemistry and Physics, 2020, 20(1):181-202.

(5) Liao Q, Zhu M M, Wu L, et al. Deep learning for air quality forecasts: A review. Current Pollution Reports, 2020, 6: 399-409.

(6) Wu H J, Zheng X G, Zhu J, et al. Improving $PM_{2.5}$ forecasts in China using an initial error transport model. Environmental Science & Technology, 2020, 54(17):10493-10501.

(7) 沈劲,陈多宏,巫楚,等. 冬季减排对广东省空气污染的影响分析. 工业安全与环保, 2020,46(1): 93-96.

(8) 张泽宇,王甜甜,范萌,等. 北京地区基于化学组分的夏季气溶胶吸湿特性.中国环境科学,2020,40(6): 2353-2360.

(9) Kong L, Tang X, Zhu J, et al. Improved inversion of monthly ammonia emissions in China based on the Chinese Ammonia Monitoring Network and ensemble Kalman filter. Environmental Science & Technology, 2019, 53(21):12529-12538.

(10) Wang Q X, Zeng Q L, Tao J H, et al. Estimating $PM_{2.5}$ concentrations based on MODIS AOD and NAQPMS data over Beijing-Tianjin-Hebei. Sensors, 2019, 19(5): 1207.

(11) Wang Z, Li G X, Huang J, et al. Impact of air pollution waves on the burden of stroke in a megacity in China. Atmospheric Environment, 2019, 202:142-148.

(12) 李飞,唐晓,王自发,等. 基于京津冀高密度地面观测网络的大气污染物浓度地面观测代表性误差估计. 大气科学, 2019, 43(2): 277-284.

(13) 谢运兴,唐晓,郭宇宏,等. 新疆大气颗粒物的时空分布特征.中国环境监测, 2019, 1: 26-36.

(14) 朱江,唐晓,王自发,等. 大气污染资料同化与应用综述. 大气科学,2018,42(3): 607-620.

(15) Wu H J, Tang X, Wang Z F, et al. Probabilistic automatic outlier detection for surface air quality measurements from the China National Environmental Monitoring Network. Advances in Atmospheric Sciences,2018,35(12): 1522-1532.

(16) Zheng H T, Liu J G, Tang X, et al. Improvement of the real-time $PM_{2.5}$ forecast over the Beijing-Tianjin-Hebei region using an optimal interpolation data assimilation method. Aerosol and Air Quality Research,2018,18(5):1305-1316.

(17) Zeng Q L, Chen L F, Zhu H, et al. Satellite-based estimation of hourly $PM_{2.5}$ concentrations using a vertical-humidity correction method from Himawari-AOD in Hebei. Sensors, 2018,18(10): 3456.

(18) Yang F K, Wang Y, Tao J H, et al. Preliminary investigation of a new AHI aerosol optical depth(AOD) retrieval algorithm and evaluation with multiple source AOD measurements in China. Remote Sensing,2018,10(5): 748.

(19) 王晓彦,王帅,朱莉莉,等. 2014—2016年京津冀沿山城市空气质量首要污染物特征分析. 环境科学,2018,39(10): 4422-4429.

参考文献

[1] Carmichael G R, Ferm M, Thongboonchoo N, et al. Measurements of sulfur dioxide, ozone and ammonia concentrations in Asia, Africa, and South America using passive samplers. Atmospheric Environment,2003,37(9/10):1293-1308.

[2] Wang L T, Wei Z, Yang J, et al. The 2013 severe haze over southern Hebei, China: Model evaluation, source apportionment, and policy implications. Atmospheric Chemistry and Physics,2014,14(6): 3151-3173.

[3] Zheng B, Zhang Q, Zhang Y, et al. Heterogeneous chemistry: A mechanism missing in current models to explain secondary inorganic aerosol formation during the January 2013 haze episode in North China. Atmospheric Chemistry and Physics,2015,15(4): 2031-2049.

[4] Hayami H, Sakurai T, Han, Z, et al. MICS-Asia Ⅱ: Model intercomparison and evaluation of particulate sulfate, nitrate and ammonium. Atmospheric Environment,2008,42(15): 3510-3527.

[5] Hao J M, Tian H Z, Lu Y Q. Emission inventories of NO_x from commercial energy consumption in China,1995—1998. Environmental Science & Technology,2002,36(4): 552-560.

[6] 曹国良,张小曳,龚山陵,等. 中国区域主要颗粒物及污染气体的排放源清单. 科学通报, 2011,56(3): 261-268.

[7] 魏巍,王书肖,郝吉明. 中国人为源VOC排放清单不确定性研究. 环境科学, 2011, 32(2): 305-312.

[8] Zheng D Q, Leung J K, Lee B Y, et al. Online update of model state and parameters of a Monte Carlo atmospheric dispersion model by using ensemble Kalman filter. Atmospheric Environment, 2009, 43(12): 2005-2011.

[9] Streets D G, Bond T C, Carmichael G R, et al. An inventory of gaseous and primary aerosol emissions in Asia in the year 2000. Journal of Geophysical Research: Atmospheres, 2003, 108(D21): 8809.

[10] Zhang Q, Streets D G, Carmichael G R, et al. Asian emissions in 2006 for the NASA INTEX-B mission. Atmospheric Chemistry & Physics Discussions, 2009, 9(14): 5131-5153.

[11] Roselle, Shawn J. Effects of biogenic emission uncertainties on regional photochemical modeling of control strategies. Atmospheric Environment, 1994, 28(10): 1757-1772.

[12] Sistla G, Zhou N, Hao W, et al. Effects of uncertainties in meteorological inputs on urban airshed model predictions and ozone control strategies. Atmospheric Environment, 1996, 30(12): 2011-2025.

[13] 麻巨慧,朱跃建,王盘兴,等. NCEP、ECMWF及CMC全球集合预报业务系统发展综述. 大气科学学报, 2011, 34(3): 370-380.

[14] Kukkonen J, Olsson T, Schultz D M, et al. A review of operational, regional-scale, chemical weather forecasting models in Europe. Atmospheric Chemistry and Physics, 2012, 12(1): 1-87.

[15] Carmichael G, Sakurai T, Streets D, et al. MICS-Asia II: The model intercomparison study for Asia Phase II methodology and overview of findings. Atmospheric Environment, 2008, 42(15): 3468-3490.

[16] Zhang Y, Bocquet M, Mallet V, et al. Real-time air quality forecasting, part II: State of the science, current research needs, and future prospects. Atmospheric Environment, 2012, 60: 656-676.

[17] Sandu A, Chai T F. Chemical data assimilation—An overview. Atmosphere, 2011, 2(4): 426-463.

[18] Lewis J M, Derber J C. The use of adjoint equations to solve a variational adjustment problem with advective constraints. Tellus A: Dynamic Meteorology and Oceanography, 1985, 37(4): 309-322.

[19] Evensen G. Sequential data assimilation with a nonlinear quasi-geostrophic model using Monte Carlo methods to forecast error statistics. Journal of Geophysical Research: Oceans, 1994, 99: 10143-10162.

[20] Bouttier F, Courtier P. Data assimilation concepts and methods. ECMWF Meteorological Training Course Letter, 2002.

[21] 王自发,吴其重,Gbaguidi A,等. 北京空气质量多模式集成预报系统的建立及初步应用.

南京信息工程大学学报(自然科学版),2009,1(1):19-26.

[22] Tang X, Zhu J, Wang Z F, et al. Improvement of ozone forecast over Beijing based on ensemble Kalman filter with simultaneous adjustment of initial conditions and emissions. Atmospheric Chemistry and Physics, 2011, 11(24): 12901-12916.

[23] Bocquet M, Elbern H, Eskes H, et al. Data assimilation in atmospheric chemistry models: Current status and future prospects for coupled chemistry meteorology models. Atmospheric Chemistry and Physics, 2015, 15(10): 5325-5358.

[24] Tang X, Zhu J, Wang Z F. et al. Limitations of ozone data assimilation with adjustment of NO_x emissions: Mixed effects on NO_2 forecasts over Beijing and surrounding areas. Atmospheric Chemistry and Physics, 2016, 16(10): 6395-6405.

[25] Barbu A L, Segers A J, Schaap M, et al. A multi-component data assimilation experiment directed to sulphur dioxide and sulphate over Europe. Atmospheric Environment, 2009, 43(9): 1622-1631.

[26] Elbern H, Strunk A, Schmidt H, et al. Emission rate and chemical state estimation by 4-dimensional variational inversion. Atmospheric Chemistry and Physics, 2007, 7: 3749-3769.

[27] Evensen G. The ensemble Kalman filter: Theoretical formulation and practical implementation. Ocean Dynamics, 2003, 53: 343-367.

[28] Ma C Q, Wang T J, Mizzi A P, et al. Multiconstituent data assimilation with WRF-Chem/DART: Potential for adjusting anthropogenic emissions and improving air quality forecasts over eastern China. Journal of Geophysical Research: Atmospheres, 2019, 124(13): 7393-7412.

[29] Zhen P, Lei L L, Liu Z Q, et al. The impact of multi-species surface chemical observation assimilation on air quality forecasts in China. Atmospheric Chemistry and Physics, 2018, 18(23): 17387-17404.

[30] Zhen P, Liu Z Q, Chen D, et al. Improving $PM_{2.5}$ forecast over China by the joint adjustment of initial conditions and source emissions with an ensemble Kalman filter. Atmospheric Chemistry and Physics, 2017, 17: 4837-4855.

[31] Miyazaki K, Eskes H. Constraints on surface NO_x emissions by assimilating satellite observations of multiple species. Geophysical Research Letters, 2013, 40(17): 4745-4750.

[32] Miyazaki K, Eskes H J, Sudo K, et al. Simultaneous assimilation of satellite NO_2, O_3, CO, and HNO_3 data for the analysis of tropospheric chemical composition and emissions. Atmospheric Chemistry and Physics, 2012, 12(20): 9545-9579.

[33] Wang X G, Bishop C H. A comparison of breeding and ensemble transform Kalman filter ensemble forecast schemes. Journal of the Atmospheric Sciences, 2003, 60: 1140-1158.

[34] Liang X, Zheng X G, Zhang S P, et al. Maximum likelihood estimation of inflation factors on error covariance matrices for ensemble Kalman filter assimilation. Quarterly Journal of

the Royal Meteorological Society, 2012, 138: 263-273.

[35] Houtekamer P L, Zhang F. Review of the ensemble Kalman filter for atmospheric data assimilation. Monthly Weather Review, 2016, 144: 4489-4532.

[36] Houtekamer P L, Mitchell H L. Data assimilation using an ensemble Kalman filter technique. Monthly Weather Review, 1998, 126: 796-811.

[37] Houtekamer P L, Mitchell H L. A sequential ensemble Kalman filter for atmospheric data assimilation. Monthly Weather Review, 2001, 129: 123-137.

[38] Anderson J L. An ensemble adjustment Kalman filter for data assimilation. Monthly Weather Review, 2001, 129: 2884-2903.

[39] Nerger L. On serial observation processing in localized ensemble Kalman filters. Monthly Weather Review, 2015, 143: 1554-1567.

[40] Ott E, Hunt B R, Szunyogh I, et al. A local ensemble Kalman filter for atmospheric data assimilation. Tellus A: Dynamic Meteorology and Oceanography, 2004, 56(5): 415-428.

[41] Hunt B R, Kostelich E J, Szunyogh I. Efficient data assimilation for spatiotemporal chaos: A local ensemble transform Kalman filter. Physica D: Nonlinear Phenomena, 2007, 230: 112-126.

[42] Janssens-Maenhout G, Crippa M, Guizzardi D, et al. HTAP_v2.2: A mosaic of regional and global emission grid maps for 2008 and 2010 to study hemispheric transport of air pollution. Atmospheric Chemistry and Physics, 2015, 15: 11411-11432.

[43] Randerson J T, van der Werf G, Giglio L, et al. Global Fire Emissions Database, Version 4.1(GFEDv4). ORNL DAAC, Oak Ridge, Tennessee, USA, 2018.

[44] van der Werf G, Randerson J T, Giglio L, et al. Global fire emissions and the contribution of deforestation, savanna, forest, agricultural, and peat fires(1997—2009). Atmospheric Chemistry and Physics, 2010, 10: 11707-11735.

[45] Sindelarova K, Granier C, Bouarar I, et al. Global data set of biogenic VOC emissions calculatedby the MEGAN model over the last 30 years. Atmospheric Chemistry and Physics, 2014, 14: 9317-9341.

[46] Granier C, Lamarque J, Mieville A, et al. POET, a database of surface emissions of ozone precursors. 2005. [2024-11-14]. http://www.aero.jussieu.fr/projet/ACCENT/POET.php.

[47] Yan X Y, Akimoto H, Ohara T. Estimation of nitrous oxide, nitric oxide and ammonia emissions from croplands in East, Southeast and South Asia. Global Change Biology, 2003, 9(7):1080-1096.

[48] Price C, Penner J, Prather M. NO_x from lightning: 1. Global distribution based on lightning physics. Journal of Geophysical Research: Atmospheres, 1997, 102: 5929-5941.

[49] Inness A, Ades M, Agusti-Panareda A, et al. The CAMS reanalysis of atmospheric composition. Atmospheric Chemistry and Physics, 2019, 19: 3515-3556.

[50] Inness A, Blechschmidt A M, Bouarar I, et al. Data assimilation of satellite-retrieved

ozone, carbon monoxide and nitrogen dioxide with ECMWF's Composition-IFS. Atmospheric Chemistry and Physics, 2015, 15: 5275-5303.

[51] Sillman S. The relation between ozone, NO_x and hydrocarbons in urban and polluted rural environments. Atmospheric Environment, 1999, 33: 1821-1845.

[52] Zheng B, Tong D, Li M, et al. Trends in China's anthropogenic emissions since 2010 as the consequence of clean air actions. Atmospheric Chemistry and Physics, 2018, 18: 14095-14111.

[53] Li M, Liu H, Geng G N, et al. Anthropogenic emission inventories in China: A review. National Science Review, 2017, 4: 834-866.

[54] Zheng B, Chevallier F, Ciais P, et al. Rapid decline in carbon monoxide emissions and export from East Asia between years 2005 and 2016. Environmental Research Letters, 2018, 13(4): 044007.

[55] Zheng B, Chevallier F, Yin Y, et al. Global atmospheric carbon monoxide budget 2000—2017 inferred from multi-species atmospheric inversions. Earth System Science Data, 2019, 11: 1411-1436.

[56] Liu J J, Weng F Z, Li Z Q, et al. Hourly $PM_{2.5}$ estimates from a geostationary satellite based on an ensemble learning algorithm and their spatiotemporal patterns over Central East China. Remote Sensing, 2019, 11(18): 2120.

[57] Lin C Q, Liu G, Lau A K H, et al. High-resolution satellite remote sensing of provincial $PM_{2.5}$ trends in China from 2001 to 2015. Atmospheric Environment, 2018, 180: 110-116.

[58] Zhan Y, Luo Y Z, Deng X F, et al. Spatiotemporal prediction of continuous daily $PM_{2.5}$ concentrations across China using a spatially explicit machine learning algorithm. Atmospheric Environment, 2017, 155: 129-139.

[59] Ma Z W, Hu X F, Sayer A M, et al. Satellite-based spatiotemporal trends in $PM_{2.5}$ concentrations: China, 2004—2013. Environmental Health Perspectives, 2016, 124: 184-192.

[60] Xue T, Zheng Y X, Tong D, et al. Spatiotemporal continuous estimates of $PM_{2.5}$ concentrations in China, 2000—2016: A machine learning method with inputs from satellites, chemical transport model, and ground observations. Environment International, 2019, 123: 345-357.

[61] Xue T, Zheng Y X, Geng G N, et al. Fusing observational, satellite remote sensing and air quality model simulated data to estimate spatiotemporal variations of $PM_{2.5}$ exposure in China. Remote Sensing, 2017, 9(3): 221.

[62] Chen G B, Li S S, Knibbs L D, et al. A machine learning method to estimate $PM_{2.5}$ concentrations across China with remote sensing, meteorological and land use information. Science of the Total Environment, 2018, 636: 52-60.

[63] Chen Z Y, Zhang T H, Zhang R, et al. Extreme gradient boosting model to estimate $PM_{2.5}$ concentrations with missing-filled satellite data in China. Atmospheric Environment, 2019,

202: 180-189.

[64] Yao F, Wu J S, Li W F, et al. A spatially structured adaptive two-stage model for retrieving ground level $PM_{2.5}$ concentrations from VIIRS AOD in China. ISPRS Journal of Photogrammetry and Remote Sensing, 2019, 151: 263-276.

[65] You W, Zang Z L, Zhang L F, et al. National-scale estimates of ground-level $PM_{2.5}$ concentration in China using geographically weighted regression based on 3 km resolution MODIS AOD. Remote Sensing, 2016, 8(3): 184.

[66] Li T W, Shen H F, Yuan Q Q, et al. Estimating ground-level $PM_{2.5}$ by fusing satellite and station observations: A geo-intelligent deep learning approach. Geophysical Research Letters, 2017, 44(23): 11985-11993.

[67] Liu J J, Weng F Z, Li Z Q. Satellite-based $PM_{2.5}$ estimation directly from reflectance at the top of the atmosphere using a machine learning algorithm. Atmospheric Environment, 2019, 208: 113-122.

[68] Zhang L, Chen Y F, Zhao Y H, et al. Agricultural ammonia emissions in China: Reconciling bottom-up and top-down estimates. Atmospheric Chemistry and Physics, 2018, 18: 339-355.

[69] Zhang X M, Wu Y Y, Liu X J, et al. Ammonia emissions may be substantially underestimated in China. Environmental Science & Technology, 2017, 51(21): 12089-12096.

[70] Kang Y N, Liu M X, Song Y, et al. High-resolution ammonia emissions inventories in China from 1980 to 2012. Atmospheric Chemistry and Physics, 2016, 16(4): 2043-2058.

[71] Xu P, Liao Y J, Lin Y H, et al. High-resolution inventory of ammonia emissions from agricultural fertilizer in China from 1978 to 2008. Atmospheric Chemistry and Physics, 2016, 16: 1207-1218.

[72] Zhou F, Ciais P, Hayashi K, et al. Re-estimating NH_3 emissions from Chinese cropland by a new nonlinear model. Environmental Science & Technology, 2016, 50(2): 564-572.

[73] Huang X, Song Y, Li M M, et al. A high-resolution ammonia emission inventory in China. Global Biogeochemical Cycles, 2012, 26: GB1030.

[74] Pan Y P, Tian S L, Zhao Y H, et al. Identifying ammonia hotspots in China using a national observation network. Environmental Science & Technology, 2018, 52(7): 3926-3934.

[75] von Bobrutzki K, Braban C F, Famulari D, et al. Field inter-comparison of eleven atmospheric ammonia measurement techniques. Atmospheric Measurement Techniques, 2010, 3: 91-112.

[76] Chang Y H, Zou Z, Zhang Y L, et al. Assessing contributions of agricultural and nonagricultural emissions to atmospheric ammonia in a Chinese megacity. Environmental Science & Technology, 2019, 53(4): 1822-1833.

[77] Bouwman A F, Lee D S, Asman W A H, et al. A global high-resolution emission inventory for ammonia. Global Biogeochemical Cycles, 1997, 11(4): 561-587.

[78] Paulot F, Jacob D J, Johnson M T, et al. Global oceanic emission of ammonia: Constraints from seawater and atmospheric observations. Global Biogeochemical Cycles, 2015, 29: 1165-1178.

[79] Sakov P, Oke P R. A deterministic formulation of the ensemble Kalman filter: An alternative to ensemble square root filters. Tellus A: Dynamic Meteorology and Oceanography, 2008, 60: 361-371.

[80] Wang C, Yin S S, Bai L, et al. High-resolution ammonia emission inventories with comprehensive analysis and evaluation in Henan, China, 2006—2016. Atmospheric Environment, 2018, 193: 11-23.

[81] Zhu L, Henze D, Bash J, et al. Global evaluation of ammonia bidirectional exchange and livestock diurnal variation schemes. Atmospheric Chemistry and Physics, 2015, 15(22): 12823-12843.

[82] van Damme M, Clarisse L, Whitburn S, et al. Industrial and agricultural ammonia point sources exposed. Nature, 2018, 564: 99-103.

[83] Dammers E, Mclinden C A, Griffin D, et al. NH_3 emissions from large point sources derived from CrIS and IASI satellite observations. Atmospheric Chemistry and Physics, 2019, 19: 12261-12293.

[84] Zhou Y, Cheng S Y, Lang J L, et al. A comprehensive ammonia emission inventory with high resolution and its evaluation in the Beijing-Tianjin-Hebei(BTH) region, China. Atmospheric Environment, 2015, 106: 305-317.

[85] Zhang Y, Dore A J, Ma L, et al. Agricultural ammonia emissions inventory and spatial distribution in the North China Plain. Environmental Pollution, 2010, 158: 490-501.

[86] Meng W J, Zhong Q R, Yun X, et al. Improvement of a global high-resolution ammonia emission inventory for combustion and industrial sources with new data from the residential and transportation sectors. Environmental Science & Technology, 2017, 51(5): 2821-2829.

[87] 王自发,谢付莹,王喜全,等. 嵌套网格空气质量预报模式系统的发展与应用. 大气科学, 2006, 30: 778-790.

第 2 章 高时间分辨率大气 PM$_{2.5}$ 动态来源解析与综合校验方法体系研究

陈颖军[1]，冯鑫鑫[1]，刘泽宇[1]，闫才青[2]，李杰[3]，郑玫[2]

[1] 复旦大学，[2] 北京大学，[3] 中国科学院大气物理研究所

近年来，我国区域大气复合污染形势依然严峻，其中，华北地区秋冬季 PM$_{2.5}$ 的爆发性增长问题突出。快速、准确地获取 PM$_{2.5}$ 的来源及贡献是制定有效防治措施的基础。然而，传统离线源解析方法的时间分辨率较低，几种在线源解析技术尚存在监测数据与源解析结果不够全面或准确性待检验等瓶颈问题，因此亟须发展和完善高时间分辨率的在线监测与源解析技术，支撑重污染事件的追因与控制。本章在获取高时间分辨率 PM$_{2.5}$ 有机和无机组分监测数据的基础上，结合本地化源测试获得了更丰富的源示踪物种，同步开展了基于受体模型（receptor model）和空气质量模型的高时间分辨率 PM$_{2.5}$ 源解析：① 建立了华北地区四类典型排放源（民用固体燃料燃烧源、道路源、非道路源、工业源）的精细化源谱，涵盖中等挥发性有机物（intermediate-volatile organic compounds，IVOCs）、有机胺等多种污染物；② 建立并优化了高时间分辨率动态 PM$_{2.5}$ 源解析方法，为量化识别华北地区霾污染的来源及贡献提供技术支撑，包括 PM$_{2.5}$ 全组分在线检测，结合多种受体模型、单颗粒质谱、耦合在线源解析模块的空气质量模型，多元同位素等技术手段；③ 建立 PM$_{2.5}$ 源解析结果的综合诊断与校验体系，为评判 PM$_{2.5}$ 源解析的准确性提供依据，并以华北地区冬季重污染过程为例，利用多元同位素（^{15}N、^{34}S、^{18}O 和 ^{14}C）对不同数据集的源解析结果进行判定，从多个角度约束和提升源解析结果的准确性。本研究项目为我国 PM$_{2.5}$ 的快速、在线源解析技术及源解析结果准确性的综合诊断与校验提供了重要参考。

2.1 研究背景

2.1.1 研究意义

自2013年国务院印发《大气污染防治行动计划》以来,我国大气污染状况持续改善,但秋冬季高浓度$PM_{2.5}$污染导致的灰霾仍然频发,且具有覆盖范围广、持续时间长、污染物浓度高等特点,给居民生活与身心健康带来了较为严重的不利影响,尤其是华北地区的$PM_{2.5}$污染问题,仍然是政府、公众和科学界共同关注的焦点。$PM_{2.5}$源解析是科学、有效地开展颗粒物污染防治的基础与前提,是制定环境空气质量达标规划和重污染天气应急预案的重要依据。鉴于华北地区$PM_{2.5}$浓度常出现爆发性增长的态势,且具有变幅大、变速快等特点,亟须通过快速、准确的测量方法获取高时间分辨率的$PM_{2.5}$组分监测数据,发展和完善高时间分辨率的在线源解析技术,揭示重污染过程中$PM_{2.5}$组成与来源变化的关键信息,支持重污染事件的实时追因与溯源研究,为制定快速有效的大气重污染控制措施提供科学依据。

2.1.2 国内外研究现状

$PM_{2.5}$源解析是大气污染防治的关键和核心之一。传统的$PM_{2.5}$源解析技术主要包括:排放清单法、空气质量模型法、受体模型法等。排放清单法是在对污染源详细调查的基础上,根据各类源的基本工况和排放因子模型,建立污染源排放清单数据库,进而获得各类源对总排放量的贡献,但排放源信息通常具有较大的不确定性。空气质量模型法则建立在排放清单和污染物的大气物理、化学过程基础上,可进一步估算颗粒物的环境浓度和源贡献。空气质量模型较为复杂,需要详细的气象和排放源信息,其准确性依赖于对排放清单、气象场和大气化学反应等信息的准确认识。目前我国$PM_{2.5}$源解析研究主要采用受体模型法[1,2],包括化学质量平衡(chemical mass balance,CMB)模型、正定矩阵因子分解法(positive matrix factorization,PMF)、主成分分析法(principal component analysis,PCA)、因子分析法(factor analysis,FA)和多元线性模型(UNMIX)等。通过对受体点$PM_{2.5}$样品和/或排放源进行采集和化学分析,利用模型计算识别受体的源类,定量各类源对受体的贡献。国内外已采用受体模型法开展了许多相关研究[3-6]。传统的基于滤膜的离线源解析方法虽然得到了广泛应用,但这类方法采样时间多为24小时甚至更长,难以捕捉重污染事件中$PM_{2.5}$组分和来源的快速变化过程,需要结合高时间分辨率的监测手段与源解析技术开展深入研究。

新型在线源解析技术应运而生,主要包括两大类。一类是利用监测仪器组合测定 $PM_{2.5}$ 组分的源解析方法,如利用在线重金属分析仪(Xact)、半连续有机碳/元素碳分析仪(OC/EC analyzer)、在线离子分析仪(如 IGAC、GAC、PILS)等,量化解析 $PM_{2.5}$ 的来源与贡献。Ancelet 等[7]利用 PMF 模型分析了小时分辨率的在线数据(元素、OC、EC 和水溶性离子),解析了生物质燃烧、机动车、海盐、地壳源等源类的贡献。2016 年,国内学者利用这些在线仪器组合,结合 PCA、PMF、ME-2 等受体模型尝试开展了北京夏季 $PM_{2.5}$ 的源解析研究[8]。之后,基于这种方法的源解析工作相继开展[9-11]。然而,前期基于在线监测仪器的研究只涉及颗粒物无机组分,受在线监测与采样检测技术的限制,未匹配高时间分辨率的有机物种监测数据,而且源解析过程还存在源谱共线性或者部分源难以识别等问题。另一类是通过获取高时间分辨率 $PM_{2.5}$ 化学组分(尤其是有机组分)质谱信息,结合受体模型或其他聚类方法实现颗粒物的源解析,如利用气溶胶质谱仪(aerosol mass spectrometer,AMS)、气溶胶化学组分监测仪(aerosol chemical speciation monitor,ACSM)、气溶胶飞行时间质谱仪(aerosol time-of-flight mass spectrometer,ATOFMS)或单颗粒气溶胶质谱仪(single particle aerosol mass spectrometer,SPAMS)等。Sun 等[12,13]利用气溶胶质谱仪开展了 2013 年重污染过程中有机气溶胶的来源解析,发现二次有机气溶胶的贡献高达 41%~59%,此外,燃煤源是最重要的一次贡献源(20%~32%),生物质燃烧贡献约为 11%,但在夏季污染期间生物质燃烧的贡献可达 21%。然而,基于高时间分辨率质谱技术的源解析方法,由于缺乏对元素碳、地壳物质和金属等具有源指示意义的难熔化学组分的监测能力,因此无法解析出某些特定的源类(如尘源等)。利用单颗粒气溶胶飞行时间质谱仪的来源解析研究已在国内外展开,可解析出生物质燃烧、扬尘、海盐、机动车、船舶排放、燃煤等排放源的贡献[14-16]。该方法初步实现了在线动态颗粒物来源解析,但依然存在一定的不足和改进的空间。例如,所得到的在线颗粒物源解析结果是基于颗粒物数量而非质量浓度;基于 SPAMS 的颗粒物源谱尚不全面;单颗粒物源谱较为复杂,二次过程存在一定影响。总之,目前基于单颗粒气溶胶飞行时间质谱仪的在线源解析技术主要解析不同来源对 0.2~2.0 μm 粒径范围颗粒物浓度的贡献,还难以获得不同来源对 $PM_{2.5}$ 的定量贡献。

三维空气质量模型(CTMs)被广泛应用于 $PM_{2.5}$ 源解析研究中。CTMs 能够解析受体点一次和二次颗粒物的行业贡献,还能同时提供不同污染源贡献的区域分布特征,解决了受体模型无法辨识化学转化对二次颗粒物贡献以及区域输送影响的难题。然而,化学反应的非线性特征会造成两次模拟中二次颗粒物的生成效率有明显变化,因此其解析的结果不能满足质量守恒,即解析的污染物所有来源贡献之和不等于 100%[17]。此外,CTMs 解析的单类源贡献可能为负值,这明显有悖于现实。基于此问题,近年来,国内外相继发展了基于过程的在线源解析技术,即在模拟的每个时间步长实时解析每个标记源的贡献,以保证解析结果的质量守恒。李杰等[17]在其自主发展的空气质量模型 NAQPMS 中发展了独特的、考虑大气化学非线性特征的二次污染物源解析与过程追踪技术(OSAM),获取不同地区、不同行业通过不同物理化学过程对一次和二次污染物浓度的贡献量,攻克了二次污染物溯源的难题,建立了污染物与其前体物间的非线性关系,同时解析了污染物(或其前体物)从排放到受体点所经历的时间,使该模型成为环境保护部发布的《大气颗粒物来源解析技术指南(试行)》的推荐模型。

综上所述,通过国内外在线及离线源解析的现状分析,可以看出我国 $PM_{2.5}$ 源解析研究目前尚存在如下挑战:① 针对重污染事件中 $PM_{2.5}$ 组成和来源的快速变化与传统受体模型源解析方法周期长的矛盾,如何综合多种主流源解析方法,建立和完善高时间分辨率的源解析方法;② 针对同一地方、同一污染事件的不同研究使用的源解析方法不同,如因子分析、示踪物分析、受体模型、空气质量模型等,这些源解析结果的可比性和准确性需要综合评估;③ 源谱测试工作还存在诸多问题,如已有源谱化学物种单一、测试技术缺乏统一和规范化、源分类不够精细等,准确获得本地化源谱和重要的源标识组分是源解析研究的重心之一。

2.2 研究目标与研究内容

2.2.1 研究目标

本章在建立和完善华北地区本地化源谱的基础上,结合多种在线监测仪器数据和受体模型,构建了高时间分辨率(1 h)的 $PM_{2.5}$ 源解析方法,并开展了高时空分辨率的动态源解析。基于本地化源谱、受体模型和空气质量模型 NAQPMS,实现几种主流源解析方法的对比与集合;构建源解析结果的综合校验方法体系,提升对源解析结果准确性的判识,为华北地区秋冬季重霾污染的追因和控制提供支持。

2.2.2 研究内容

1. 本地化源谱的建立与完善

采用烟气稀释法,匹配多种在线与离线测量仪器,在研究区及周边开展典型排放源,如民用固体燃料燃烧(散煤和生物质)、道路源(汽油车和柴油车)、非道路源(工程机械和船舶)与工业源等的气态和颗粒态污染物的排放测试,建立包含无机和有机成分的颗粒物源成分谱,包括烷烃和芳烃等有机物种、OC、EC、水溶性离子及重要的有机示踪物,二次有机组分的前体物[如中等挥发性和半挥发性有机物(I/SVOCs)],新粒子生成前体物(如有机胺)等,支撑受体模型对源谱的需求和源解析结果的验证,以及空气质量模型所需源排放物种清单的优化及对源示踪物的高分辨率模拟,服务于更为准确和精细的源解析结果。

2. 高时间分辨率 $PM_{2.5}$ 动态源解析方法体系的建立

(1) 基于 $PM_{2.5}$ 组分在线监测仪器组合的源解析方法

匹配针对 $PM_{2.5}$ 的无机、有机组分及前体物的多种在线监测仪器,获取时间分辨率为 1 h 的 $PM_{2.5}$ 组分及其气态前体物的监测数据集。利用 CMB 和 PMF 受体模型,结合本地化源谱、无机和有机物种的同步示踪,并以示踪物比值、气态污染物等为约束条件,实现高时间分辨率 $PM_{2.5}$ 来源的动态识别与源解析,提高源解析结果的准确性。同时,通过传统离线滤膜采样方法收集 $PM_{2.5}$,结合实验室分析获得各种无机和有机组分,充分利用优化与改善的传统离线源解析方法。

(2) 基于多种源解析方法的源解析结果对比与集合

利用高时间分辨率数据集,结合受体模型、单颗粒质谱、空气质量模型(CAMx、NAQPMS)、多元同位素(^{14}C、^{18}O、^{15}N 和 ^{34}S)开展源解析,对不同源解析方法的结果进行综合和校验,优化基于受体模型的 $PM_{2.5}$ 在线源解析方法体系。

(3) 耦合在线源解析模块的空气质量预报模型系统的源解析方法

结合本地化源谱测试,优化现有排放清单;耦合最新报道的化学机制和实验结果,完善现有空气质量模型 NAQPMS;结合空气质量模型、排放清单和典型源示踪物,开展数值模拟,获取硫酸盐、硝酸盐、铵盐、黑碳(black carbon,BC)、一次和二次有机物等主要大气污染物和关键示踪物的三维时空分布特征;开展主要大气污染物和关键示踪物的模拟结果验证;通过优化的 NAQPMS,耦合在线源解析方法,对北京市重污染期间 $PM_{2.5}$ 的行业来源进行数值模拟。

3. $PM_{2.5}$ 源解析结果的综合诊断与校验体系构建

建立一套校验源解析结果有效性与准确性的方法体系,分别从数学角度(受体模型自身的数学参数),化学角度(源谱、源贡献时间序列、源示踪物等),物理角度(源结果的日变化趋势以及与气象条件的关系等)对源解析结果的准确性进行检验和评价。基于华北地区冬季重污染过程高时间分辨率颗粒态和气态化学组成和浓度的外场观测结果,将 $PM_{2.5}$ 不同数据集输入 PMF 模型中开展源解析。不同数据集源解析结果之间交叉验证,并用多元同位素 ^{14}C、^{18}O、^{15}N 和 ^{34}S 作为限定指标评判源解析结果的准确性。

2.3 研究方案

2.3.1 华北地区典型排放源精细化源谱的建立与完善

对华北地区秋冬季 $PM_{2.5}$ 典型污染源,如民用燃煤、生物质燃烧源、道路源、非道路源(包括工程机械、船舶源)和工业源等的排放特征开展实测。对于民用燃煤和生物质燃烧源,考虑不同的炉灶(传统炊事炉、传统采暖炉、改良采暖炉和蜂窝煤炉)与燃料(秸秆、木柴和煤)组合类型,实测排放因子和成分谱。对于道路源和非道路源,实测不同排放标准(如国三、国四、国五、国六)和运行工况(如低速、中速、高速)的柴油车和汽油车,不同类型和运行工况(如空转、工作和移动)的工程机械,以及不同航行模式、发动机功率与类型、负荷水平和油品下船舶的尾气中颗粒态和气态污染物的排放因子与成分谱。此外,开展不同工业过程和燃煤锅炉等工业源排放特征的测定。利用烟气稀释法,结合各种离线分析仪器手段,如碳分析仪、离子色谱、电感耦合等离子体-质谱(ICP-MS)、热脱附-气相色谱质谱联用(TD-GC/MS)等,获得颗粒物的有机和无机组分信息(如烷烃和芳烃等有机物、OC、EC、水溶性离子、金属元素,尤其是重要的源标识性物种以及 I/SVOCs),建立排放源谱数据库。同时,匹配气溶胶质谱仪等在线监测仪器,获取更丰富的颗粒物成分信息,为在线源解析和模型模拟研究提供基础数据。

2.3.2 高时间分辨率 $PM_{2.5}$ 源解析方法体系的建立

1. 开展秋冬季重污染时期的外场加强观测

选择秋冬季污染严重时期,在北京大学城市环境定位监测站开展在线与离线同步观测,建立时间分辨率为 1 h,包含 $PM_{2.5}$ 质量浓度和主要组分(如金属元素、OC、EC、水溶性离子、有机组分等)以及气态前体物在内的高时间分辨率监测数据集。同时,在位于河北省保定市望都县的中国科学院生态环境研究中心农村观测站开展离线高时间分辨率样品采集,获得小时分辨率的无机和有机组分数据集。

2. 多种高时间分辨率动态 $PM_{2.5}$ 源解析方法技术的建立与优化

在目前已开展的部分在线源解析研究基础上,除锥形元件振荡天平(TEOM)、Xact、IGAC、OC/EC 分析仪等 $PM_{2.5}$ 质量浓度及主要组分在线监测仪器外,增加 TD-GC/MS,实现高时间分辨率的气态前体物和有机物种的测定,获得 $PM_{2.5}$ 质量浓度及其主要组分(OC、EC、水溶性离子、元素、有机组分,包括重要的源示踪物)监测/检测数据。通过匹配不同仪器监测所得的组分信息,筛选、剔除异常值,建立用于源解析的高质量数据集。通过有机和无机物种同步示踪及本地化源谱,利用PMF和CMB模型开展高时间分辨率$PM_{2.5}$源解析。

3. 耦合在线源解析模块的空气质量预报模型系统的源解析方法

利用耦合在线源解析模块的空气质量预报模型系统NAQPMS,实现两方面优化:① 结合本研究建立的本地化源谱(包括民用固体燃料燃烧源、道路源、非道路源和工业源等),完善华北地区排放清单,提高其对I/SVOCs、一次有机物和一次硫酸盐等的排放特征时空表征能力,为提高模型准确度,尤其是对重污染过程的模拟能力提供基础;② 针对典型污染事件,利用NAQPMS开展高分辨率(3 km×3 km,1 h)污染物分布和来源解析数值模拟。通过与京津冀大气成分观测网以及气溶胶组分浓度的连续观测数据、关键污染物的特征比值进行比对与校验,解析重污染期间一次和二次$PM_{2.5}$的行业来源贡献。

2.3.3 $PM_{2.5}$源解析结果的综合诊断与校验体系的构建

以2019年12月—2020年1月在河北省望都县采集的三次重污染过程为例,探究将$PM_{2.5}$各组分(OC、EC、水溶性离子、元素、正构烷烃、多环芳烃、酸、糖等)输入PMF模型对源解析结果的影响,利用多元同位素^{14}C、^{18}O、^{15}N和^{34}S作指标评判$PM_{2.5}$源解析结果。

2.4 主要进展与成果

2.4.1 本地化典型排放源谱的建立

1. 民用固体燃料燃烧源

在东北、华北、华东、华中地区10个省级行政单位(上海、江苏、浙江、安徽、湖北、山东、河北、吉林、黑龙江和内蒙古)的农村地区共选择166户农家,开展本地化民用固体燃料燃烧的烟气排放现场测量实验。在当地农户家中采集秸秆、木柴和煤实际燃烧状态的烟气样品,真实反映不同燃料在整个燃烧周期内的总体排放特征。共选取9种秸秆(玉米秆、玉米芯、黄豆秆、水稻秆、棉花秆、高粱秆、芦苇秆、花生秧、竹竿),6种木柴与15种烟煤进行测试,获得了不同燃料和炉灶组合类型排放的颗粒态污染物(OC、EC和有机组分)成分谱。

三类固体燃料(秸秆、木柴、煤)中碳质组分(OC 和 EC)、正构烷烃、多环芳烃的排放因子如图 2.1 所示。其中,OC 和 EC 的排放因子如图 2.1(a)所示,可见三类固体燃料均以 OC 排放为主,其在碳质组分中占比超过 80%。OC 的排放因子呈现出块煤＞木柴＞秸秆＞蜂窝煤的规律,其排放因子依次为(6.49 ± 5.08)g·kg^{-1}、(5.08 ± 5.15)g·kg^{-1}、(3.93 ± 2.71)g·kg^{-1} 与(0.32 ± 0.19)g·kg^{-1};EC 的排放因子则呈现出木柴＞秸秆＞块煤＞蜂窝煤的趋势,排放因子依次为(1.02 ± 0.67)g·kg^{-1}、(0.97 ± 0.57)g·kg^{-1}、(0.73 ± 0.28)g·kg^{-1} 与(0.07 ± 0.04)g·kg^{-1}。在利用碳质气溶胶组分进行大气源解析时,常利用 OC/EC 比值作为定性判断污染来源的手段。本研究实测结果表明,块煤燃烧排放的 OC/EC 远高于其余三者,达 10.15 ± 7.00,而秸秆、木柴与蜂窝煤排放的 OC/EC 则较为接近,分别为 4.44 ± 3.58、4.97 ± 2.90 与 4.64 ± 1.30。

正构烷烃的排放因子如图 2.1(b)所示,秸秆、木柴和煤的 C10～C34 正构烷烃排放因子呈现出秸秆＞木柴＞煤的特征,分别为(55.2 ± 46.0)mg·kg^{-1}、(42.1 ± 50.1)mg·kg^{-1} 和(28.5 ± 46.4)mg·kg^{-1},其低分子量烷烃(≤C24)与高分子量烷烃(＞C24)的比值分别为 0.83、1.09 和 1.45。秸秆主要以高分子量烷烃为主,木柴的高、低分子量烷烃占比大致相同,而煤主要排放低分子量烷烃。不同来源的正构烷烃其最大碳数(C_{max})也不相同,例如,石油燃烧的最大碳数集中在 C19～C21,而高等植物燃烧的最大碳数则主要集中在 C27～C31。本研究中三种燃料的最大碳数也有类似趋势,且均呈现单峰分布,秸秆有着最高的最大碳数 C31,木柴的最大碳数为 C29,煤的最大碳数最低,为 C23。

母体多环芳烃(pPAHs)的排放因子如图 2.1(c)所示,秸秆、木柴和煤的 16 种优控母体多环芳烃的排放因子分别为(51.9 ± 34.9)mg·kg^{-1}、(44.9 ± 43.4)mg·kg^{-1} 和(27.9 ± 37.1)mg·kg^{-1}。三种燃料的多环芳烃集中于 4 环,占 16 种多环芳烃的 33.3%～38.9%,其次是 3 环和 5 环,分别占 22.1%～23.9%和 21.8%～24.2%,2 环和 6 环的多环芳烃占比最少,仅占 8.9%～12.0%和 6.4%～7.1%。在多环芳烃的大气源解析研究中,常用多环芳烃比值判断来源,BaA/(BaA+Chr)(BaA 为苯并[a]蒽、Chr 为䓛)在三种燃料中均为最高,为 0.52～0.54,Ant/(Ant+Phe)(Ant 为蒽、Phe 为菲)最低,为 0.34～0.36。除 16 种母体多环芳烃外,烷基化多环芳烃(如甲基萘和 2-甲基萘)的排放在三种燃料中也呈现出不同的特征,生物质燃烧会排放更多的甲基萘(0.61 mg·kg^{-1}),2-甲基萘的排放因子较低(0.2 mg·kg^{-1}),燃煤排放的烷基化多环芳烃低于生物质,分别为 0.29 mg·kg^{-1} 和 0.11 mg·kg^{-1}。

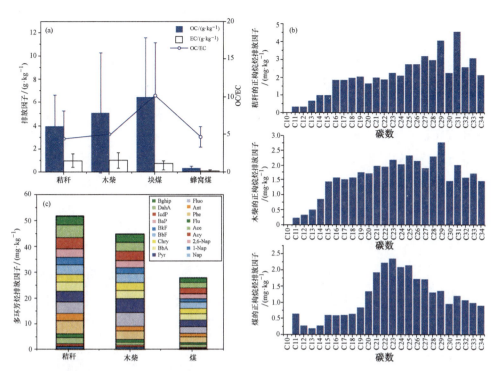

图 2.1 三类固体燃料(秸秆、木柴、煤)中碳质组分(a)、正构烷烃(b)、多环芳烃(c)的排放因子
[BghiP 为苯并[g,h,i]苝(benzo[g,h,i]perylene)、DahA 为二苯并[a,h]蒽(dibenzo[a,h]anthracene)、IcdP 为茚并[1,2,3-c,d]芘(indeno[1,2,3-c,d]pyrene)、BaP 为苯并[a]芘(benzo[a]pyrene)、BkF 为苯并[k]荧蒽(benzo[k]fluoranthene)、BbF 为苯并[b]荧蒽(benzo[b]fluoranthene)、Chry 为䓛(chrysene)、BaA 为苯并[a]蒽(benzo[a]anthracene)、Pyr 为芘(pyrene)、Fluo 为荧蒽(fluoranthene)、Ant 为蒽(anthracene)、Phe 为菲(phenanthrene)、Flu 为芴(fluorene)、Ace 为苊(Acenaphthene)、Acy 为苊烯(acenaphthylene)、2,6-Nap 为 2,6-二甲基萘(2,6-dimethynaphthalene)、1-Nap 为甲基萘(1-methynaphthalene)、Nap 为萘(naphthalene)]

2. 非道路源

(1) 工程机械源

根据生态环境部发布的《中国移动源环境管理年报(2019)》,四类工程机械(装载机、叉车、挖掘机、推土机)排放总量占工程机械源排放总量的 97%。迄今为止,中国实施了三个阶段的排放标准,即第一阶段、第二阶段和第三阶段排放标准。本研究选取四类具有三类排放标准的工程机械共 20 台,包括 6 台装载机、7 台叉车、4 台挖掘机和 3 台推土机,测量各台机械在不同排放标准和操作模式(空转、工作和移动)下的组分排放特征。

工程机械源中母体多环芳烃、甲基多环芳烃(mPAHs)和正构烷烃的排放因子如图 2.2(a)所示,分别为 $(0.033 \sim 1.43)$ mg·kg^{-1}、$(0.027 \sim 1.37)$ mg·kg^{-1} 和 $(1.32 \sim 87)$ mg·kg^{-1},与建筑机械排放一致。多环芳烃和正构烷烃的排放因子受机械类型、操作模式、排放标准和发动机功率等因素的影响。如图2.2(b)(c)所示，挖掘机和推土机排放的母体多环芳烃、甲基多环芳烃和正构烷烃的平均排放因子高于装载机和叉车排放的平均排放因子。挖掘机的高排放因子可能归因于与其他类型机器相比更高的负载操作模式，而推土机的高排放因子可能归因于所选推土机的排放标准偏低，操作性能不佳。各台机械在工作模式下的母体多环芳烃、甲基多环芳烃和正构烷烃平均排放因子高于其他操作模式。不同工程机械排放的多环芳烃分布特征如图2.2(d)所示，可见3环和4环多环芳烃占主导，5环和6环多环芳烃占总多环芳烃的2%~21%，且不同操作模式下多环芳烃的分布特征具有显著差异。

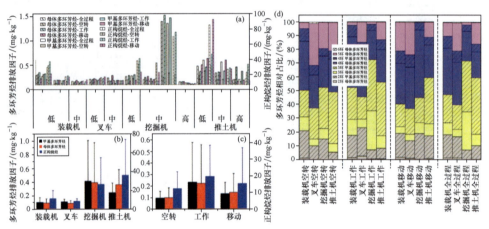

图2.2 工程机械源中母体多环芳烃、甲基多环芳烃和正构烷烃的排放因子(a)；装载车、叉车、挖掘机、推土机中母体多环芳烃、甲基多环芳烃和正构烷烃的排放因子(b)；工程机械三种操作模式下母体多环芳烃、甲基多环芳烃和正构烷烃的排放因子(c)；不同工程机械排放的多环芳烃分布特征(d)

（2）船舶源

对不同运行工况下远洋船舶(OGV，18万吨)的尾气排放进行实测，包括主机轻油、辅机轻油、主机重油与辅机重油等。图2.3显示了远洋船舶排放中EC浓度、排放因子和OC/EC比值随发动机类型和燃油种类的变化。船舶主机排放的EC浓度低于辅机，重油排放的EC浓度高于轻油。主机轻油排放的EC浓度为1.26~3.67 mg·m^{-3}，辅机轻油排放的EC浓度为9.28 mg·m^{-3}，主机重油排放的EC浓度变化相对较小，为2.64~5.98 mg·m^{-3}，辅机重油排放的EC浓度为4.39~16.43 mg·m^{-3}。辅机在50%负荷下的排放浓度最高，远高于其他工况，相对而言，主机轻油排放的EC浓度最低。除了排放浓度最高的辅机50%负荷外，其余工况不同发动机随着负荷的变化EC浓度的波动不大。辅机在50%负荷下的排放因子相比于其他工况高得多，辅机轻油50%负荷下的排放因子为0.38 g·kg^{-1}，辅机重油50%负荷下的排放因子为0.49 g·kg^{-1}。主机在50%工况下的排放因子最低,为0.09 g·kg^{-1}。主机轻油的排放因子为0.05~0.14 g·kg^{-1},辅机轻油的排放因子为0.29~0.39 g·kg^{-1},辅机重油的排放因子为0.21~0.56 g·kg^{-1},主机重油的排放因子为0.09~0.20 g·kg^{-1}。从平均排放因子来看,辅机大于主机,重油大于轻油。辅机的OC/EC比值为2~5,主机的OC/EC比值为12~22,主机的OC/EC比值远大于辅机。主机属于低速柴油机,辅机属于中速柴油机,这表明主机的工作状态更有利于OC的形成,OC/EC比值与发动机的种类有关。

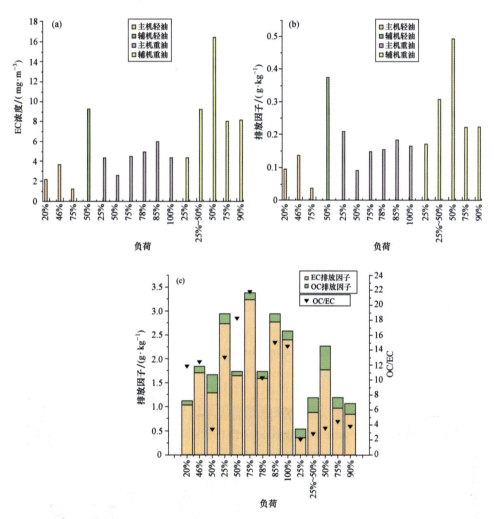

图2.3 远洋船舶排放中EC浓度(a)、排放因子(b)和OC/EC比值(c)随发动机类型和燃油种类的变化

3. 道路源

采用隧道采样和车载测量两种方式获得汽油车和柴油车尾气成分谱。为了反映车辆的真实排放特征,车载测量均为车辆在实际路况行驶时采样,包括等待红绿

灯、加减速及重新启动等过程，本研究重点关注车辆在低速（0～30 km·h^{-1}）、中速（30～60 km·h^{-1}）和高速（60～90 km·h^{-1}）不同行驶速度下的排放特征。

（1）乙醇汽油车

乙醇汽油车的碳质组分分为 POC、OC1、OC2、OC3、OC4、EC1、EC2、EC3，各排放因子如图 2.4 所示。乙醇汽油车尾气中 OC 与 EC 各组分随排放标准（国四、国五）与车辆行驶速度的变化而发生显著变化。其中，高挥发性的 OC1 是主要成分，在总碳组分中的占比达到 55.9%～79.7%，随后是 OC2、EC1 与 EC2，OC/EC 比值为 2.6～19.0。有研究表明，EC1 与 EC2 是汽油车排放的最主要碳质组分，这可能与采样方法及测试车辆的不同有关。例如，之前的研究使用的均是普通汽油车，这可能表明燃油类型对汽油车排放的碳质组分有较大影响。同时，一些研究已经报道生物质汽油车尾气相较普通汽油车尾气会含有更多的小分子 VOCs 与含氧挥发性有机物（OVOCs），这些污染物是高挥发性 OC 的重要前体物，导致乙醇汽油车尾气中更高的 OC/EC 比值，这也同样解释了乙醇汽油车相较于普通汽油车更高的 OC1 占比。此外，碳质组分的差异也可能受到不同采样与稀释条件的影响。从国四到国五，乙醇汽油车尾气中总碳质气溶胶排放因子下降至之前的 1/6，OC1 的排放占比显著降低，这与前人对国三与国四排放的研究结果一致。在国五标准下，低速行驶的乙醇汽油车有更高的总碳（TC）排放因子，基本达到中速与高速行驶时排放的两倍。研究发现高速行驶的车辆，较中速与低速行驶时有更低的 OC/EC，表明 TC 的排放因子较低主要来源于 OC 的排放减少。值得注意的是，高速条件下 char-EC/soot-EC［即 EC1/(EC2＋EC3)］(4.12)反而远高于中速（0.75）与低速（1.41），说明以更高的速度行驶时，乙醇汽油车会排放更多的 EC 组分（相较 OC），尤其是 char-EC(EC1)，而在中低速条件下，排放的 EC 组分则略微减少，更多以 soot-EC(EC2＋EC3) 排放为主。

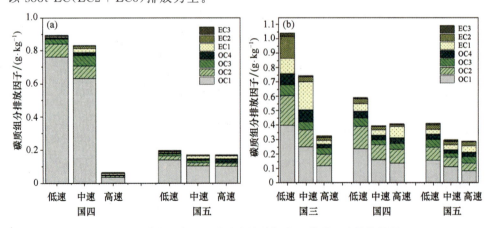

图 2.4　乙醇汽油车不同速度和排放标准下碳质组分排放因子

［(a)(b)为不同研究］

(2) 柴油车

柴油车的碳质组分排放特征如图2.5所示,不同排放标准对柴油车排放碳质组分有显著影响。国五柴油车排放的尾气中OC/EC比值为2.6±1.2,而国六柴油车排放的OC/EC比值是国五柴油车的近3000倍。从排放因子的角度看,国五柴油车中OC的排放因子为国六的20倍,而EC的排放因子比国六高4个数量级,表明更高排放标准的柴油车显著降低了碳质排放,尤其降低了EC排放,对减缓EC排放有明显作用。从图2.5(a)中可以看出,在国五标准下,不同行驶速度对柴油车EC排放有显著影响,尤其是高速行驶,将显著影响char-EC/soot-EC比值。在高速条件下,char-EC/soot-EC比值达3.5,而中速和低速条件下,该值为1.3与1.5,这一结果与在汽油车中的研究结果类似,表明更高的行驶速度可能促进char-EC的排放。但在国六柴油车中,由于EC排放不足OC的1/5000,因此速度总体对组分比例的影响较小。

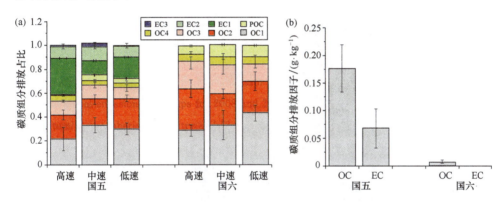

图2.5 柴油车不同排放标准下不同速度碳质组分排放占比(a)与碳质组分排放因子(b)

4. 工业源

河南省鹤壁市属于京津冀大气污染传输通道城市("2+26"城市),对于鹤壁市所属区域工业源进行采样可以较好地反映京津冀地区的工业源情况。根据环境监测需求,每个工厂在除尘之后的烟囱口必须预留供环保部门进行定期取样调查的监测口,便携式稀释采样系统的取样管应放置在环保监测口内部,进行颗粒物样品的采集。根据固定燃烧源和工业过程源两大类工业源的清单数据,本研究分别选取排放颗粒物量较大的工业源进行测试,固定燃烧源主要选择燃煤电厂、燃煤锅炉、焦化厂和生物质电厂,工业过程源主要选择水泥厂、建材厂、铅冶炼厂和钢铁厂。

工业生产过程中碳质组分的排放多来自煤炭和生物质等燃料的燃烧以及原料矿石内部碳的燃烧及挥发。从图2.6可以看出,固定燃烧源排放的OC各组分占整个碳质组分的含量总体上要低于工业过程源排放,而EC占比却相反。对比几个同样以煤炭为主要原材料和燃料的工业源(如燃煤电厂、焦化厂和燃煤锅炉)可以发现,燃煤电厂和燃煤锅炉的碳质组分以 OC1 和 OC2 为主,可占总量的 65%～75%。进一步将工业燃煤的碳质组分比例数据与民用燃煤进行对比可以发现,工业燃煤的 OC1 和 OC2 含量要高于民用燃煤,但是 EC1(5%～6%)和 EC2(3%～11%)的占比明显低于民用燃煤(分别为 20% 和 14%)。工业燃煤的排放温度多超过 1000℃,且供氧充足,燃烧程度较民用燃煤更为充分,可能是导致其 EC 含量少的重要原因。对于焦化厂而言,其 EC1 和 EC2 的组分均较高,尤其是焦化厂 1,EC2 的占比达到 40%。焦化厂 EC 含量较高主要是由于其低氧燃烧的工艺过程造成含碳物质不完全燃烧。焦化厂 1 由于使用精炼煤,挥发分中 OC1 和 OC2 明显降低。生物质电厂的 OC2 和 OC3 占比较高,且相对于民用秸秆燃烧,OC1 的占比明显下降,可能与燃烧温度有关。钢铁厂和铅冶炼厂的 OC3 含量明显增加,可能是由于高温的金属冶炼过程促进了大分子有机碳高温裂解成 OC3。

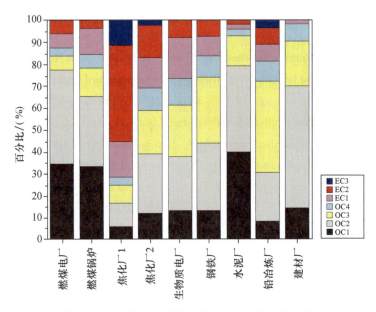

图 2.6 工业源排放碳质组分中各组分所占百分比

各类工业源母体多环芳烃、甲基多环芳烃和正构烷烃的排放因子及所占 $PM_{2.5}$ 的百分比存在较大差异,如图 2.7 所示。这主要是因为工业源生成过程中排放的 $PM_{2.5}$ 与民用燃料燃烧源和机动车源排放不同,其中的主要组分包含硫酸盐及部分金属元素,而不是有机组分。对于总的非极性有机组分而言,排放因子最大的为燃煤电厂,可达 0.03 mg·kg^{-1},其次为焦化厂 1,非极性组分的总排放因子为 0.027 mg·kg^{-1},最低的为生物质电厂,仅为 0.003 mg·kg^{-1}。对于各工业源排放总有机组分占 $PM_{2.5}$ 的百分比而言,焦化厂 2 最高,为 0.77%,最低的为建材厂,有机组分仅占 $PM_{2.5}$ 的 0.01%。各工业源排放有机组分占 $PM_{2.5}$ 的百分比差异与使用的燃料相关。建材厂在生产加工过程中利用制砖原材料——煤矸石发热即可满足需求,无须外加燃料,因此最终排放的有机组分占比较少。而焦化厂2使用的供热原材料是原煤,其中含有大量的有机组分,因此其排放的有机组分含量最高。虽然焦化厂1也使用燃煤供热,但是其使用的燃煤为精炼煤,含有的挥发分杂质明显低于原煤,因此其燃烧排放的有机组分占$PM_{2.5}$的百分比明显低于焦化厂1,仅为0.09%。

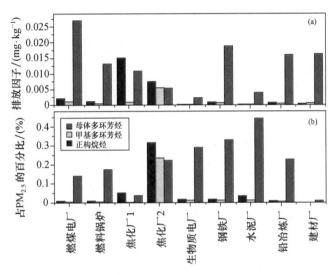

图2.7 各类工业源母体多环芳烃、甲基多环芳烃和正构烷烃的排放因子(a)及所占$PM_{2.5}$的百分比(b)

从母体多环芳烃、甲基多环芳烃和正构烷烃的分布趋势可以看出,除了焦化厂外,其余工业源排放的有机组分都呈现出一致的趋势:正构烷烃>母体多环芳烃>甲基多环芳烃。工业过程中大部分多环芳烃和正构烷烃的排放是来自供热系统中燃料的燃烧,但多环芳烃的形成机理与机动车排放不同,煤燃烧的多环芳烃主要来自原燃料中小分子芳烃的挥发和聚合,因此煤燃烧产生的芳烃在高温时排放因子及占$PM_{2.5}$的百分比都较低。工业源区别于民用燃料燃烧的一个关键点就是燃料会长期暴露于高温供氧充足的环境下并充分燃烧,因此有机物的消耗较大,燃烧较为完全,且工业源配套的烟气后处理装置会截留大量的颗粒物并去除有机组分,因此工业源最终排放的有机组分排放因子及占$PM_{2.5}$的百分比都显著低于民用燃料燃烧。焦化厂特殊的工艺类型导致其多环芳烃的排放量显著高于其他工业源。焦化厂炼焦的过程是将煤炭长时间隔绝空气高温干馏的过程,其产生的焦炉煤气中会含有浓度极高的挥发分,因此其芳烃和烷烃的比例都很高。另外,工业源排放的甲基多环芳烃的含量明显低于母体多环芳烃,这与民用燃料燃烧的排放特征存在差异。

工业过程源和固定燃烧源的有机组分成分谱,如图 2.8 所示。对于四类工业过程源来说,正构烷烃所占比例均明显高于多环芳烃。其中,建材厂的有机组含量占 $PM_{2.5}$ 的比例仅为 0.01%。从单一组成来看,正构烷烃的最大碳数集中在 C17、C19 和 C23 这三种烷烃上。对于芳烃而言,䓛和苯并[b]荧蒽的丰度最高。建材厂排放的芳烃主要为 4 环类物质。钢铁厂排放的有机物各组分之间的差异性较小,C16~C28 的烷烃丰度差异均不大。对于芳烃而言,4 环所占比例最大,达到 50%;3 环和 5 环的芳烃占比相对较均匀,分别为 19% 和 14%。水泥厂和铅冶炼厂的正构烷烃分布特征呈现完全不同的趋势。水泥厂的正构烷烃主要集中在 C17~C25,而铅冶炼厂的正构烷烃最大碳峰集中在 C25~C29。水泥厂的母体多环芳烃中占比最高的是苯并[a]蒽和䓛,而铅冶炼厂排放的母体多环芳烃占比最高的是芴、菲和苯并[a]芘。正构烷烃和芳烃完全不同的分布特征,表明两个工艺过程完全不同的燃烧状态和燃料类型。在全部工业源排放中,铅冶炼厂排放的低环类多环芳烃物质占 $PM_{2.5}$ 的比例最高。整体来看,工业源排放的多环芳烃主要集中在 4 环类物质上,并且由于长时间处在高温的燃烧条件下,因此其排放的高环类多环芳烃物质的相对含量也是所有排放源中较高的,尤其是固定燃烧源,其排放的高分子量多环芳烃的相对含量甚至超过机动车排放。另外,工业过程源排放的低分子量多环芳烃的相对含量明显高于固定燃烧源,但高分子量多环芳烃的相对含量低于固定燃烧源。通常情况下,固定燃烧源排放的烟尘主要来自煤炭和生物质燃料的燃烧,其特点是粒径较细,可吸附大量高分子量有机物质。工业过程源排放的烟尘除了来自煤炭等燃料的燃烧外,还有一部分来自产品加工过程中的飞灰,因此其粒径相对较粗,更易吸收低分子量有机物质。

不同固定燃烧源排放的有机谱存在较大差异,这些差异主要是由燃料类型和工艺过程等因素造成的。焦化厂 2 的有机物比例规律为母体多环芳烃>甲基多环芳烃>正构烷烃,焦化厂 1 的有机物比例规律为母体多环芳烃>正构烷烃>甲基多环芳烃,而其他固定燃烧源都表现出明显的正构烷烃占比高的特点。从单一物质来看,焦化厂 2 排放的荧蒽、芘、菲、苯并[b]荧蒽和甲基荧蒽的占比非常高,正构烷烃的最大碳数出现在 C19~C20。焦化厂 1 排放的正构烷烃最大碳数与焦化厂 2 类似,都在 C19~C20,但其排放的芳烃主要是苯并[b]荧蒽、茚苯芘、苯并[g,h,i]芘。由图 2.8 可以明显地看出两个焦化厂排放芳烃的差异,焦化厂 1 排放的芳烃主要以 5 环和 6 环为主,而焦化厂 2 主要以 4 环为主。多环芳烃不同环数的差异除了与锅炉内部燃烧状态和燃料类型相关外,还可能受除尘装置的影响。除了两个焦化厂外,其他固定燃烧源排放的正构烷烃最大碳数呈现后移的趋势,燃煤电厂和燃煤锅炉的正构烷烃最大碳数分布在 C22~C23,同时燃煤电厂排放的正构烷烃

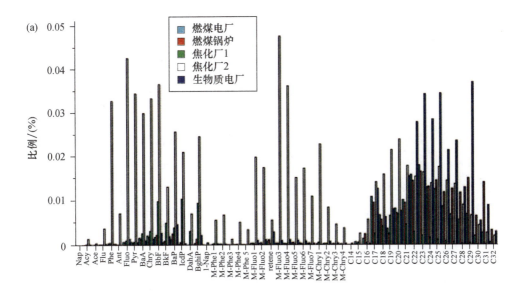

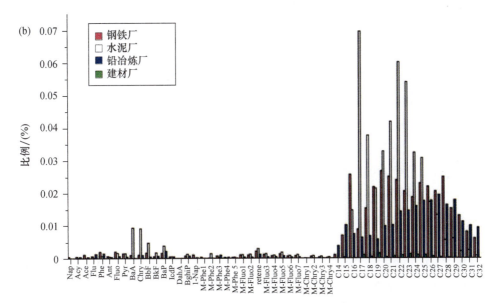

图 2.8 工业过程源(a)和固定燃烧源(b)有机组分成分谱

[Nap 为萘,Acy 为苊烯,Ace 为苊,Flu 为芴,Phe 为菲,Ant 为蒽,Fluo 为荧蒽,Pyr 为芘,BaA 为苯并[a]蒽,Chry 为䓛,BbF 为苯并[b]荧蒽,BkF 为苯并[k]荧蒽,BaP 为苯并[a]芘,IcdP 为茚并[1,2,3-c,d]芘,DahA 为二苯并[a,h]蒽,BghiP 为苯并[g,h,i]苝,1-Nap 为甲基萘,M-Phe1、M-Phe 2、M-Phe 3、M-Phe 4、M-Phe 5 为甲基菲(methyphenanthrene),M-Fluo1、M-Fluo 2、M-Fluo 3、M-Fluo 4、M-Fluo 5、M-Fluo 6、M-Fluo 7 为甲基荧蒽(methyfluoranthene),M-Chry1、M-Chry 2、M-Chry 3、M-Chry 4 为甲基䓛(methychrysene),retene 为惹烯]

中 C29 和 C21 的比例也很高。生物质电厂排放较高的正构烷烃是 C23、C25 和 C31,且其 4 环和 5 环的多环芳烃占比较大。

5. IVOCs 成分谱

(1) 民用固体燃料

基于民用固体燃料燃烧实测,分析燃料类型与炉灶组合对民用固体燃料燃烧 IVOCs 排放特征的影响。三类燃料(秸秆、木柴和煤)与不同炉灶组合成的 15 个组合 IVOCs 排放因子与 MCE(校正燃烧效率,modified combustion efficiency)如表 2.1 所示。IVOCs 排放因子平均值从秸秆、木柴到煤依次降低,分别为 (550.7 ± 397.9) mg·kg^{-1}、(416.1 ± 249.5) mg·kg^{-1} 和 (361.9 ± 308.0) mg·kg^{-1},这种差异性可以通过燃料的组成和结构进行解释。不同生物质燃料的组成差异也导致其 IVOCs 排放因子存在较大的变化范围,从表 2.1 可以看出,不同生物质 IVOCs 排放因子的变化接近一个数量级。例如,芦苇秆的 IVOCs 排放因子[(1548.1 ± 35.0) mg·kg^{-1}]最高,棉花秆最低[(171.9 ± 83.2) mg·kg^{-1}],两者的平均值相差 9 倍。水稻秆的 IVOCs 排放因子为 $183.9\sim1143.0$ mg·kg^{-1},极值相差 6.2 倍。三个水稻样品分别来自安徽、江苏、吉林三个省份,研究表明不同产地的水稻秆成分存在差异。此外,水稻秆的 MCE 为 $0.92\sim0.96$,这或许能够部分解释水稻秆 IVOCs 排放因子的差异。值得注意的是,生物质燃料燃烧均在传统炊事炉中进行,各燃料与炉灶组合的 MCE 除花生秧异常低(0.82),竹秆(0.94)与棉花秆(0.95)较高之外,其余均为 $0.91\sim0.93$。因此,不同燃料 IVOCs 排放因子的差异很可能与燃料的组成有关。民用燃煤也存在类似的情况,即不同煤的 IVOCs 排放因子差异也可以达到一个数量级。煤的 IVOCs 排放因子的最低值和最高值分别为 57.9 mg·kg^{-1} 和 1404.0 mg·kg^{-1},相差 24 倍多。此外,燃料形态和炉灶条件也会影响民用燃煤 IVOCs 排放因子。块煤燃烧的 IVOCs 排放因子从传统炊事炉[(1051.3 ± 324.4) mg·kg^{-1}]到传统采暖炉[(409.1 ± 187.2) mg·kg^{-1}]和改良采暖炉[(162.4 ± 85.6) mg·kg^{-1}],分别下降了 61.1% 和 84.6%,说明炉灶技术条件是影响 IVOCs 排放因子的重要因素。蜂窝煤炉的保温性好,因此炉膛温度更高,燃烧更为充分。改良采暖炉具有更好的供氧条件,因此块煤燃烧更为完全,其 MCE 值为 0.96 ± 0.03,大于传统采暖炉(0.93 ± 0.02)和传统炊事炉(0.89 ± 0.01)。此外,改良采暖炉具有更高的热效率,可以有效减少燃料消耗量,进而大幅降低 IVOCs 的排放量。这些因素均导致改良采暖炉具有更低的 IVOCs 排放因子,因此从 IVOCs 减排的角度来讲,值得大力推广改良采暖炉。

三类固体燃料燃烧排放的 IVOCs 组成较为相似(图 2.9),正构烷烃、支链烷烃、芳烃和不可分辨的复杂混合物(UCM)的占比分别为 $2.7\%\sim4.1\%$、$7.2\%\sim8.9\%$、$16.5\%\sim18.6\%$ 和 $69.0\%\sim73.3\%$,文献报道的移动源 IVOCs 组分占比分别为 $2.1\%\sim12.8\%$、$14.8\%\sim30.9\%$、$0.8\%\sim11.7\%$ 和 $55.2\%\sim80.5\%$,两者呈现显著不同。主要差异表现在移动源的支链烷烃占比较高,而固体燃料燃烧的芳烃占比

表 2.1 三类燃料(秸秆、木柴和煤)与不同炉灶组合成的 15 个组合 IVOCs 排放因子与 MCE

序列	组合类型 炉灶	燃料	样品数	IVOCs	正构烷烃	排放因子/(mg·kg^{-1}) 支链烷烃	芳香烃	UCM[①]	MCE
1	传统炊事炉	黄豆秆	10	633.0±404.0	20.5±16.6	78.3±68.7	130.6±77.0	403.6±269.5	0.91±0.05
2	传统炊事炉	玉米芯	8	523.5±459.0	23.0±21.2	51.0±54.5	84.4±67.8	365.1±321.3	0.91±0.02
3	传统炊事炉	玉米秆	11	455.8±273.7	18.7±16.1	46.0±42.3	69.0±37.5	322.1±190.9	0.91±0.04
4	传统炊事炉	花生秧	4	541.6±235.0	19.9±11.6	37.0±16.2	75.6±25.7	409.0±188.0	0.82±0.03
5	传统炊事炉	水稻秆	3	538.4±526.2	15.5±14.7	51.9±54.4	110.6±75.8	360.4±385.7	0.93±0.02
6	传统炊事炉	芦苇秆	2	1548.1±35.0	53.1±5.1	260.0±22.5	153.2±56.4	1081.8±3.9	0.93±0.01
7	传统炊事炉	高粱秆	2	266.1±134.6	6.3±5.6	11.8±5.1	29.1±19.9	218.9±104.1	0.91±0.01
8	传统炊事炉	棉花秆	2	171.9±83.2	3.9±2.7	10.0±6.3	31.2±20.2	126.8±54.0	0.95±0.02
9	传统炊事炉	竹竿	4	512.1±151.9	13.8±4.2	80.5±17.0	218.4±79.8	199.3±60.3	0.94±0.02
	秸秆平均			550.7±397.9	19.6±16.7	62.7±64.8	101.6±73.3	366.7±279.1	0.90±0.05
10	传统炊事炉	树干	13	450.4±236.2	13.3±10.6	36.9±33.6	68.4±62.2	331.8±171.7	0.92±0.03
11	传统炊事炉	树枝	10	371.4±271.8	7.7±4.8	24.9±19.9	68.5±61.8	270.3±203.8	0.93±0.03
	木柴平均			416.1±249.5	10.9±8.9	31.7±28.6	68.4±60.6	305.1±184.5	0.92±0.03
12	传统炊事炉	块煤	4	1051.3±324.4	32.5±10.5	71.5±45.4	175.3±21.9	772.0±290.8	0.89±0.01
13	传统采暖炉	块煤	14	409.1±187.2	16.9±9.1	32.3±17.6	50.6±24.7	309.3±155.7	0.93±0.02
14	改良采暖炉	块煤	13	162.4±85.6	6.9±4.1	11.2±6.1	26.9±15.0	117.4±67.2	0.96±0.03
	块煤平均			388.5±331.0	14.7±11.2	28.5±27.2	56.8±51.7	288.5±254.6	0.94±0.03
15	蜂窝煤炉	蜂窝煤	7	244.0±131.7	6.7±3.7	13.8±6.7	61.5±43.0	162.0±90.7	0.90±0.06
	煤平均			361.9±308.0	13.2±10.6	25.8±25.3	57.6±49.7	265.2±237.4	0.93±0.04

注:① UCM(unresolved complex mixtures)为难以分辨的复杂混合物。

明显偏高,这可能与油类燃料和煤分别富含脂肪烃和芳烃有关,芳烃和支链烷烃的占比可以作为区分民用固体燃料源和移动源的重要依据。然而,生物质以纤维素、半纤维素和木质素为主,但其排放的 IVOCs 中芳烃的平均占比与煤接近,说明燃烧条件是影响燃烧源排放 IVOCs 组成的重要因素。

正构烷烃的成分谱见图 2.9(a),船舶的正构烷烃以 C15～C19 为主,占比之和约为 60%,这与船舶所使用的重油具有更高含量的高碳烃类物质有关。C12～C15 是其他燃料排放正构烷烃的主要成分,总和超过 75%,且呈现随碳数增大而占比降低的趋势。但对于固体燃料源,C13 是含量最高的组分,秸秆、木柴和煤的 C13 占比分别为 33.9%±12.3%、30.8%±7.4% 和 28.0%±10.1%。对于汽油车和柴油车,C12 是占比最大的组分(20.0%～32.7%)。此外,汽油车的 C20～C22 占比之和 (16.0%±14.0%) 明显高于固体燃料(3.8%～4.5%)和柴油车(2.2%～6.7%)。

芳烃的成分谱见图 2.9(b),包括 8 种母体多环芳烃和 3 种萘的烷基衍生物 (aNap)。萘及其烷基衍生物是民用固体燃料燃烧和移动源排放芳烃的主要组分,但是在民用固体燃料中的占比(52.7%～60.6%)要小于移动源(76.7%～91.2%)。不同民用固体燃料燃烧的排放组分占比也有差异,如煤的萘烷基衍生物占比 (39.1%±9.1%) 要大于秸秆(31.4%±9.1%)和木柴(30.9%±7.2%)。秸秆、木柴和煤的母体多环芳烃排放因子分别为 (30.2～92.2) mg·kg^{-1}、(14.3～69.5) mg·kg^{-1} 和 (5.7～121.2) mg·kg^{-1}。此外,民用固体燃料和移动源所排放芳烃的次重要组分也不同。苊烯是秸秆、木柴和煤的次重要组分,占比分别为 15.7%±7.1%、15.8%±5.0% 和 15.7%±8.1%;菲是汽油车、柴油车及船舶的次重要组分,占比分别为 3.4%±8.3%、4.8%±2.9% 和 13.7%±4.0%;而芴是工程机械的次重要组分,占比为 6.0%±2.1%。值得注意的是,固体燃料源、道路源机动车和非道路源工程机械的 2-甲基萘与 1-甲基萘比值显著不同,分别为 0.81±0.11、1.80±0.3、0.34±0.02,该比值可与上述组分一起作为区分排放源的重要依据。

图 2.9(c)(d)分别为各区间(Bn)中支链烷烃和 UCM 分别占支链烷烃总量和 UCM 总量的百分比。各燃烧源支链烷烃占比分布与正构烷烃基本相似。UCM 在 IVOCs 中占比最大,但其主要成分是环烷烃,与支链烷烃和正构烷烃构成相似,这导致 UCM 也存在与正构烷烃和支链烷烃相似的占比分布。对于汽油车而言,随着分子量增大,支链烷烃和 UCM 在各分区占比有明显的下降趋势。柴油车的这种下降趋势有所减缓,船舶则趋于平缓。民用固体燃料也有与移动源类似的下降趋势,但存在一些差异,例如,民用固体燃料排放的支链烷烃在 B13 分区中的占比大于移动源。

通过 NIST 质谱数据库对民用固体燃料 UCM 成分中的苯酚和甲氧基苯酚类物质进行识别和定量,发现秸秆、木柴和煤的两类苯酚平均排放因子分别为(26.5±

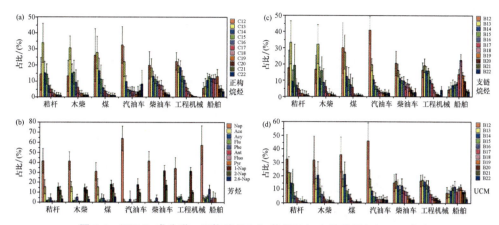

图 2.9 IVOCs 成分谱：正构烷烃（a）、芳烃（b）、支链烷烃（c）、UCM（d）

（Nap 为萘、Ace 为苊、Acy 为苊烯、Flu 为芴、Phe 为菲、Ant 为蒽、Fluo 为荧蒽、Pyr 为芘、1-Nap 为 1-甲基萘、2-Nap 为 2-甲基萘、2,6-Nap 为 2,6-二甲基萘）

31.0)mg·kg^{-1}、(9.1±8.1)mg·kg^{-1} 和(9.9±9.8)mg·kg^{-1}，在 IVOCs 中的平均占比分别为 4.7%±3.9%、4.1%±1.8% 和 2.8%±1.8%，差异不显著。但是，秸秆和木柴排放的 7 种甲氧基苯酚类物质的平均排放因子分别为(24.7±50.8)mg·kg^{-1} 和(13.5±19.6)mg·kg^{-1}，远大于煤[(9.9±9.8)mg·kg^{-1}]，在 IVOCs 中的平均占比(分别为 3.8%±4.5% 和 4.0%±5.0%)也远高于煤(0.5%±0.4%)。这与生物质中木质素的热解有关。木质素由苯丙烷单体聚合而成，热解时会产生大量酚类物质。秸秆和木柴的木质素含量差异也解释了其甲氧基苯酚类物质占比的差异。因此，甲氧基苯酚类物质可以作为识别生物质（特别是木质素）的重要指示物。

（2）船舶源

不同运行工况及不同燃油下远洋船舶的 IVOCs 排放特征如图 2.10 所示。远洋船舶的 IVOCs 排放因子在不同工况下变化较大(46.3～299.1 mg·kg^{-1})，高于最新标准的汽油车[(28.1±20.3)mg·kg^{-1}]和柴油车[(25±8)mg·kg^{-1}]，低于生物质(670.0 mg·kg^{-1})和煤(1035～1879 mg·kg^{-1})等典型民用固体燃料源。船舶主机的 IVOCs 排放因子(203.2 mg·kg^{-1})高于辅机(123.7 mg/kg^{-1})，相同发动机在使用不同油品时，轻油(206.4 mg·kg^{-1})比重油(157.3 mg·kg^{-1})排放更多的 IVOCs。对于轻油而言，随着主机负荷的增加，IVOCs 排放因子呈下降趋势，而对于重油而言，不论是主机还是辅机，随着发动机负荷的增加，IVOCs 排放因子均呈上升趋势(图 2.10)。

船舶在不同工况下排放的 IVOCs 中，正构烷烃、支链烷烃、芳烃和 UCM 的占比相似，分别为 15.7%～24.8%、28.1%～37.9%、1.6%～7.2% 和 40.9%～58.7%。固体燃料燃烧排放的 IVOCs 中，正构烷烃、支链烷烃、芳烃和 UCM 的占比分别为 2.7%～4.1%、7.2%～8.9%、16.5%～18.6% 和 69.0%～73.3%。对比可见船舶排放的 IVOCs 组成与固体燃料显著不同,具体表现为船舶排放的正构烷烃和支链烷烃占比较高,而固体燃料燃烧的芳烃占比明显偏高,这可能与油类燃料富含脂肪烃而煤等固体燃料富含芳烃有关。

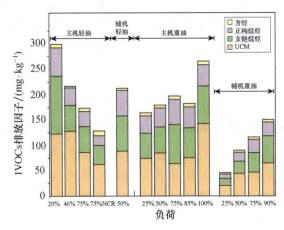

图 2.10　不同运行工况及不同燃油下远洋船舶的 IVOCs 排放特征
(75% NCR 指 75%标准条件下最大持续额定功率)

(3) 道路源

将机动车按油品分为三类(柴油车、乙醇汽油车和普通汽油车),其 IVOCs 排放因子及各组分占比如图 2.11 所示。IVOCs 排放因子平均值从柴油车到普通汽油车和乙醇汽油车依次降低,分别为 $(547.3 \pm 263.2)\,\mathrm{mg \cdot kg^{-1}}$、$(306.0 \pm 126.7)\,\mathrm{mg \cdot kg^{-1}}$ 和 $(233.7 \pm 57.1)\,\mathrm{mg \cdot kg^{-1}}$。柴油比汽油更难被完全燃烧,汽油车和柴油车油耗差别如此之大主要是由发动机技术特点决定的。压燃式柴油车比点燃式汽油车具有更高的能量转换比,能量消耗为汽油车的 45%~60%,而且柴油的热效率比汽油高。普通汽油发动机是在进气时吸入油气混合物,这些油气混合物经过压缩,通过火花塞点燃,从而产生爆力。而柴油发动机则截然不同,柴油发动机利用高压喷油

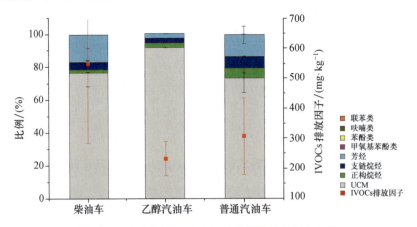

图 2.11　三类机动车 IVOCs 排放因子及各组分占比

嘴将柴油直接喷入气缸内雾化,然后经过压缩,达到爆燃点后自己发生燃烧,不需要火花塞点火。而在汽油中添加乙醇改变了能源结构,使得乙醇汽油燃烧排放更少的 IVOCs。

图 2.12 是机动车在不同工况下的 IVOCs 排放因子,可见国三柴油车的 IVOCs 排放远大于其他车在不同工况下的 IVOCs 排放,这主要是由于国三柴油车后处理装置对于尾气的处理远不如国四和国五的车。对于同一标准下的机动车,国四柴油车排放的 IVOCs[(561.3±211.9)mg·kg^{-1}]大于普通汽油车[(395.6±377.6)mg·kg^{-1}]和乙醇汽油车[(200.5±129.3)mg·kg^{-1}],国五柴油车排放的 IVOCs[(277.4±102.4)mg·kg^{-1}]也大于普通汽油车[(216.5±103.9)mg·kg^{-1}]和乙醇汽油车[(266.8±20.5)mg·kg^{-1}]。因此,同一排放标准下,柴油车比普通汽油车和乙醇汽油车排放更多的 IVOCs,可见油品对 IVOCs 排放影响较大。

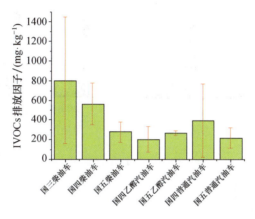

图 2.12 机动车在不同工况下的 IVOCs 排放因子

从组成上看,三类机动车的正构烷烃、支链烷烃、芳烃和 UCM 占比分别为 2.4%～5.7%、3.1%～7.4%、2.3%～16.5% 和 74.0%～92.1%,如图 2.13 所示。普通汽油车正构烷烃和支链烷烃占比大于柴油车和乙醇汽油车,乙醇汽油车的 IVOCs 排放以 UCM 为主,占比为 92.0%±0.2%,远大于普通汽油车(73.6%±9.0%)和柴油车 UCM 占比(76.5%±7.8%),这表明油品是影响 IVOCs 各组分的主要因素。值得注意的是,柴油车、普通汽油车和乙醇汽油车的芳烃排放因子平均值依次降低,分别为(90.2±64.4)mg/kg^{-1}、(39.4±1.2)mg·kg^{-1} 和(5.3±0.4)mg·kg^{-1},同时芳烃占比也依次降低,分别为 16.5%±9.2%、12.9%±5.4% 和 2.3%±0.2%,这表明油品会影响芳烃的成分谱。三类机动车排放的正构烷烃都以 C12 为主要成分,但占比不同,分别为 44.5%、34.4% 和 33.0%;次要成分也都为 C13,占比分别为19.3%、18.4% 和 25.7%。同时,柴油车排放的萘及其烷基衍生物占比(92.7%)远高于普通汽油车(81.8%)和乙醇汽油车(82.0%)。另外,三类机动车排放的支链烷烃和 UCM 主、次要成分出现明显差异。

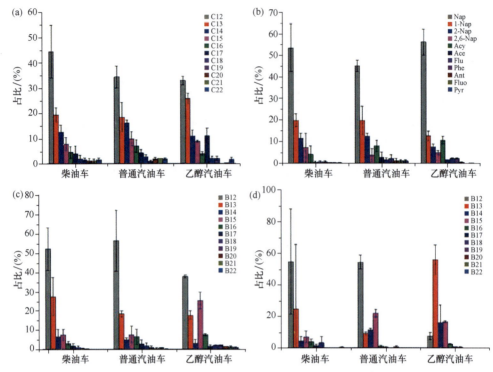

图 2.13 IVOCs 各组分排放特征：正构烷烃（a）、芳烃（b）、支链烷烃（c）、UCM（d）
（Nap 为萘、1-Nap 为 1-甲基萘、2-Nap 为 2-甲基萘、2,6-Nap 为 2,6-二甲基萘、Acy 为苊烯、Ace 为苊、Flu 为芴、Phe 为菲、Ant 为蒽、Fluo 为荧蒽、Pyr 为芘）

6. 有机胺成分谱

民用固体燃料燃烧源（煤和生物质）、移动源（乙醇汽油车、柴油车和船舶）与畜牧业源（如猪、牛、羊的养殖场和厕所）三大类源颗粒相和气相有机胺成分谱如图 2.14 所示。从占比来看，具有高挥发性的小分子胺主要存在于气相中，比颗粒相高 1~3 个数量级。在气相中，乙醇汽油车排放的乙基胺（二乙胺与三乙胺之和）与甲基胺（一甲胺、二甲胺与三甲胺之和）的比率为 2.82±1.1，远大于其他源中的比率（柴油车 1.2±0.4、民用固体燃料燃烧源 0.94±0.4 和畜牧业源 0.87±0.4）。在颗粒相中，乙醇汽油车的乙基胺排放因子远高于柴油车和船舶，与民用固体燃料燃烧源的差异较小，但是，乙醇汽油车中乙基胺与总胺的比率依然显著高于民用固体燃料燃烧源。此外，乙醇汽油车排放单位质量 $PM_{2.5}$ 的乙基胺浓度比其他排放源高出一个数量级。简而言之，各排放源气相和颗粒相有机胺的排放特征表明乙醇汽油车是乙基胺的主要来源。

各排放源气相和颗粒相中有机胺的质量比存在差异。畜牧业的颗粒相中甲基胺的比例超过 90%，如猪（93.4%）、羊（93.7%）、牛（95.6%）和厕所（98.9%）。民用固体燃料燃烧源中生物质和煤的有机胺成分相近，主要为甲基胺，分别占总胺的88.6%和85.3%。移动源中二甲胺和三甲胺是船舶和柴油车排放的主要物质,二者之和分别占总胺的86.1%和92.3%。然而,乙醇汽油车的有机胺组成与上述排放源显著不同,主要排放二乙胺和三乙胺,乙基胺占总胺的65.1%。民用固体燃料燃烧源和畜牧业源的气相中,甲基胺比例分别为60.1%和50.6%。根据气固分配理论,具有高挥发性的小分子胺应更多地分布在气相中。乙醇汽油车的气相和颗粒相比例相似,可能是因为乙醇汽油车排放的少量甲基胺削弱了这种差异。小分子有机胺的成分谱表明乙醇汽油车是迄今为止被忽视的乙基胺排放的重要来源。

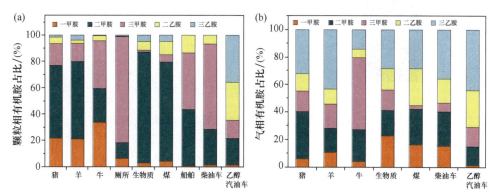

图 2.14　民用固体燃料燃烧源、移动源与畜牧业源三大类源颗粒相(a)和气相有机胺(b)成分谱

2.4.2　PM$_{2.5}$全组分在线监测数据集的建立和精细化源解析

1. 建立高时间分辨率 PM$_{2.5}$ 全组分在线监测数据集

在北京大学城市与环境常规监测站点,同步运行有机碳/元素碳分析仪、在线气体与气溶胶成分监测仪、重金属分析仪。同步监测 OC, EC, 水溶性离子(如 NO_3^-, NH_4^+, Cl^-, Na^+, SO_4^{2-}, K^+, Ca^{2+}, Mg^{2+} 等),金属元素(如 K, Ca, V, Cr, Mn, Fe, Co, Ni, Cu, Zn, As, Ag, Cd, Pb, Ba, Hg, Se, Sn, Sb, Tl, Au, Ga 等)颗粒物主要组分,获得从2018年1月—2021年12月的长期、连续的高时间分辨率颗粒物全组分监测数据集(图2.15)。在华北地区秋冬季重霾期间,增加 1 h 分辨率颗粒物滤膜采样和单颗粒质谱监测,建立集颗粒物主要组分、颗粒物滤膜样品(提供有机示踪组分)、单颗粒组成及混合状态等信息的观测数据和样品库。

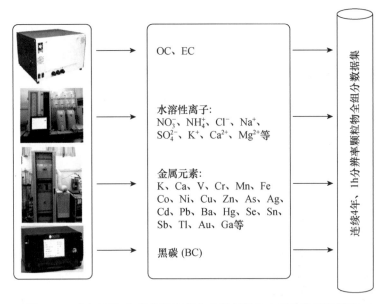

图 2.15　建立长期、连续的高时间分辨率颗粒物全组分监测数据集

2. 多种高时间分辨率动态 $PM_{2.5}$ 来源解析方法技术的建立与优化

（1）基于在线重金属分析仪开展 $PM_{2.5}$ 金属元素的高时间分辨率来源解析，发现沙尘和燃煤源对京冀地区 $PM_{2.5}$ 中的金属浓度及健康风险具有重要贡献

通过在线重金属分析仪对北京和河北省的几个地级市、县级市 $PM_{2.5}$ 中的金属元素进行高时间分辨率监测，获得京冀地区多个地级市和县级市 1 h 高时间分辨率的 $PM_{2.5}$ 金属元素在线监测数据集。利用受体模型 PMF 进行金属元素来源解析，并结合美国国家环境保护局(EPA)的健康风险评价模型，解析各类重金属及不同源金属的致癌和非致癌风险。研究发现：① 北京市 $PM_{2.5}$ 中 Ca、Ba、As、Se 和 Cr 等金属元素没有显著的季节变化，而 K、Fe、Zn、Pb、Mn、Cu、Ni 等金属元素表现出显著的季节差异。② 在京冀地区，沙尘是 $PM_{2.5}$ 中金属元素非常重要的贡献源，尤其在春季。以 2017 年春季为例，沙尘对北京市金属元素的贡献可达 70% 以上。而在河北省不同城市的采暖和非采暖季，沙尘对 $PM_{2.5}$ 金属元素的贡献均不容忽视，可高达 40%。③ As、Cr 等重金属具有较高的超标风险，燃煤源是其重要的贡献源。燃煤源亦是京冀地区金属致癌和非致癌风险最大的贡献源，因此对燃煤源的管控至关重要。④ 其他金属与 Ca 的金属比值可用于示踪北京市 $PM_{2.5}$ 本地源和外来传输源贡献，非霾期以 Ca 为参比的金属比值较低可表征本地排放（图2.16），而雾霾期从南部传输的气团携带的金属比值显著升高。即低比值可表征本地排放，而高比值可表征外来传输。这些研究成果为京冀地区将来以人体健康为目标的空气质量标准，尤其是空气质量标准中金属元素标准的制定与源管控提供了参考依据。

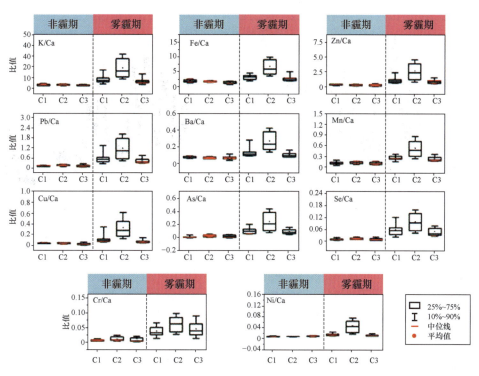

图 2.16　北京市雾霾期和非霾期金属元素与 Ca 的比值

（2）搭建水溶性有机碳（WSOC）在线监测系统，发现一次源是北京市 WSOC 的重要贡献源

在北京开展近实时的 WSOC 测量，同时匹配气体及 $PM_{2.5}$ 的其他组分（EC、OC、水溶性离子和金属元素）测量，获得 1 h 高时间分辨率的 WSOC 和 $PM_{2.5}$ 其他组分匹配数据集。通过相关性分析并基于受体模型 PMF 进行来源解析，发现北京春季 WSOC 的来源以一次源为主[图 2.17（a）]，贡献了约 70% 的 WSOC 质量，且以生物质燃烧贡献为主。受体模型 PMF 的解析结果与 EC 示踪法的结论一致[图 2.17（b）]。该研究还指出，当 WSOC 以一次源为主时，WSOC/OC 可以作为更为适用的二次源指标。此外，在一些污染严重的地区，WSOC 可能主要来自一次源，且 WSOC 不能被简单地视为二次有机组分（SOA）的指代，WSOC 的来源会随着时间和地点变化。这对以往认为生物质燃烧和二次有机组分是 WSOC 的两大来源，将 WSOC 作为二次有机组分的替代物的方法提出了挑战。鉴于 WSOC 具有较强的吸湿性和光学特性，对于云和降水的形成、辐射平衡、气候变化和人体健康等均具有重要影响，因此，该研究发现将为后续以减缓气候变暖和降低对人体健康的影响为目标的污染源减控措施制定提供科学依据。

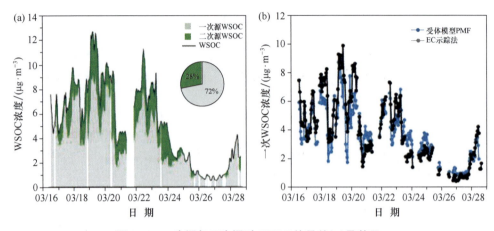

图 2.17 一次源与二次源对 WSOC 的贡献(a)及基于
受体模型 PMF 和 EC 示踪法的源解析结果对比(b)

(3) 基于北京本地化污染源谱,结合 CMB 受体模型对北京多种污染过程 $PM_{2.5}$ 开展高时间分辨率的精细化源解析

实测北京本地化五大类典型污染源,包括民用固体燃料燃烧、固定燃烧源、工业过程源、柴油车和汽油车的排放颗粒物成分谱(图 2.18),获得其碳质组分、水溶性离子、金属元素、多环芳烃、正构烷烃等 96 种化学组分的数据集。结果表明,不同污染源组成特征存在显著差异。民用固体燃料燃烧排放的 OC、甲基荧蒽、菲及荧蒽等占绝对优势。固定燃烧源中 OC 为主要组分,SO_4^{2-} 和 NO_3^- 的排放含量也较

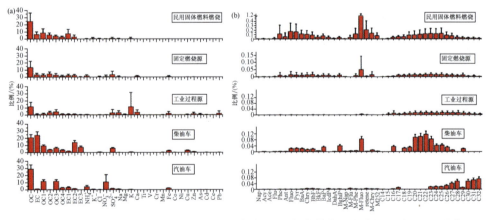

图 2.18 本地化污染源排放颗粒物成分谱:碳质组分、水溶性离子和金属元素(a)以及多环芳烃和正构烷烃(b)

(Nap 为萘、Acy 为苊烯、Ace 为苊、Flu 为芴、Phe 为菲、Ant 为蒽、Fluo 为荧蒽、Pyr 为芘、BaA 为苯并[a]蒽、Chry 为䓛、BbF 为苯并[b]荧蒽、BkF 为苯并[k]荧蒽、BaP 为苯并[a]芘、IcdP 为茚并[1,2,3-c,d]芘、DahA 为二苯并[a,h]蒽、Bghip 为苯并[g,h,i]苝、M-Nap 为甲基萘、M-Flu 为甲基芴、M-Phe 为甲基菲、M-Fluo 为甲基荧蒽、M-Chry 为甲基䓛、retene 为蒽烯、M252 为碎片离子是 252 的物种)

高,且明显高于民用固体燃料燃烧,而甲基多环芳烃和母体多环芳烃的相对含量要远小于民用固体燃料燃烧。工业过程源中金属元素占比较高,达到 PM$_{2.5}$ 浓度的 30%。相比于其他污染源排放,柴油车排放的 EC、Cu、Fe、苯并[a]芘和苯并[g,h,i]苝占比较高。汽油车的正构烷烃最大碳峰出现在 C32 处,且 OC 和 NO$_3^-$ 占比最高。甲基多环芳烃/多环芳烃比值和甲基荧蒽/荧蒽比值分别高于 1 和 5,可用作区分民用燃料燃烧和工业燃烧源的良好指纹比。

选择各排放源明显差异性组分 OC1、OC2、OC3、EC1、EC、NH$_4^+$、NO$_3^-$、SO$_4^{2-}$、荧蒽、苯并[a]芘、苯并[g,h,i]苝、甲基荧蒽、C22、C24、C27、C32、K、Mg、Fe、Mn 和 As 输入 CMB 模型中,对 2019 年 1 月北京市两次重污染过程(P1 和 P2)小时分辨率 PM$_{2.5}$ 开展来源解析(图 2.19)。结果表明,以本地为主的霾事件 P1 重污染阶段的来源占比中,民用固体燃料燃烧＞固定燃烧源＞二次硝酸盐＞汽油车＞二次硫酸盐＞柴油车＞工业过程源。以区域传输为主的霾事件 P2 重污染阶段来源占比

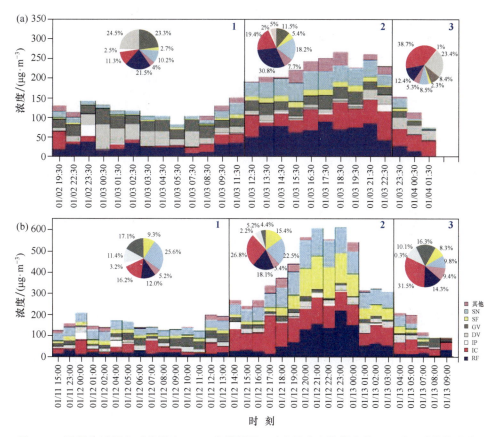

图 2.19 重污染过程小时分辨率 PM$_{2.5}$ 来源解析:以本地为主的霾事件(a)、以区域传输为主的霾事件(b)

(SN—二次硝酸盐,SF—二次硫酸盐,GV—汽油车,DV—柴油车,IP—工业过程源,IC—固定燃烧源,RF—民用固体燃料燃烧)

中,二次无机源(SNA)＞固定燃烧源＞民用固体燃料燃烧＞柴油车＞汽油车＞工业过程源。各排放源特定组分与识别的污染源呈现良好的相关性,特别地,民用固体燃料燃烧产生的甲基多环芳烃与多环芳烃的比值,以及惹烯、荧蒽浓度与 $PM_{2.5}$ 浓度之间存在良好的相关性,而甲基多环芳烃与多环芳烃的比值与工业中的固定燃烧源贡献的 $PM_{2.5}$ 浓度之间不存在相关性,因此可以成功地区分民用固体燃料燃烧与固定燃烧源。此外,柴油车和汽油车排放的贡献结果呈现明显的时间差异,分别在夜间和白天达到峰值,这与北京六环内 7:00—24:00 禁止柴油车通行政策保持一致。

综上所述,本研究通过实测北京地区本地化源谱,找到了区分民用固体燃料燃烧、固定燃烧源、工业过程源、柴油车和汽油车排放的特定指纹,并将其作为 CMB 模型的输入数据对北京地区的重污染过程进行了精细的源解析,对优化北京地区能源结构提供了证据和支撑。

(4)将有机示踪物纳入 PMF 受体模型,结合高时间分辨率数据集,对河北省望都县霾事件过程 $PM_{2.5}$ 开展高时间分辨率精细化源解析

以 2019 年 12 月—2020 年 1 月在河北省望都县采集的三次小时分辨率重污染过程(EP1～EP3)为案例,分析并获得碳质组分、水溶性离子、金属元素、正构烷烃、多环芳烃、酸类和糖类等 $PM_{2.5}$ 组分信息,评估有机示踪物加入 PMF 模型对源解析结果的影响,得到最优的 9 因子源贡献,如图 2.20 所示。为与无机组分(水溶性离子和金属元素)相比,在 PMF 模型中加入有机示踪物(如正构烷烃、多环芳烃、酸类和糖类)开展 $PM_{2.5}$ 源解析。结果表明:加入左旋葡聚糖和甘露聚糖能有效识别生物质燃烧源,十六烷酸和十八烷酸可用于识别烹饪源,部分烷烃(C31～C34)和高环多环芳烃结合可以有效区分汽油车的贡献,而 4 环多环芳烃和 EC 结合能量化柴油车尾气的贡献,OC/EC 比值法估算的最小值作为参数输入可以识别二次有机源的贡献。可见,有机示踪物的加入有助于精细化识别污染源,为霾事件的精细化源解析提供保障。此外,高时间分辨率的样品可实现不同类型霾事件的动态源解析。EP1 中霾初始期和积累期受本地气团控制,二次有机源和二次无机源贡献较高,一次排放源燃煤和生物质燃烧也有较大贡献。随后,受西北高风速清洁气团影响, $PM_{2.5}$ 浓度骤降。霾消散期受东北方向转东南方向气团的传输作用,二次无机源和一次排放源(燃煤源、生物质燃烧源和车辆源)贡献增加,然后消散。EP2 以西北和西南传输路径为主,先受到西北气团传输影响, $PM_{2.5}$ 浓度快速攀升,除二次无机源外,工业源、燃煤源和生物质燃烧源也有突出贡献。受西南气团传输影响时,二次有机源和二次无机源贡献突出,归因于传输过程中的二次转化。受高风速西北气团影响,燃煤源和车辆源有突出贡献。EP3 以本地和区域传输交替控制为主,霾初始期受到本地气团的影响,

二次无机源、二次有机源和生物质燃烧源贡献较高。霾积累期受西北和本地气团的共同作用,以二次无机源和二次有机源贡献为主。在西北高风速气团作用下,PM$_{2.5}$浓度快速降低,霾迅速消散。因此,高时间分辨率全组分数据集为霾事件的精细化动态来源解析提供了保障。

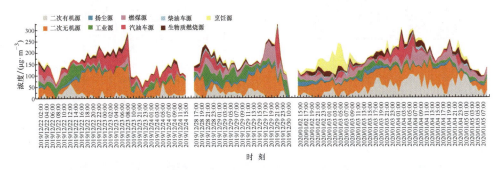

图 2.20　以三次小时分辨率重污染过程为案例得到的 9 因子源贡献

(5) 基于有机示踪物法和 PMF 受体模型,结合空气质量模型(CAMx-PSAT)对北京重污染过程中 PM$_{2.5}$开展高时间分辨率的精细化源解析

选取 2019 年 1 月北京两次重污染过程(P1 和 P2)作为典型案例,获得 1 h 分辨率的 PM$_{2.5}$浓度、OC、EC、水溶性离子、金属元素和有机物种的数据集。基于 PMF 受体模型对 PM$_{2.5}$的源解析分析表明,北京受到混合排放源的污染,缺乏有机示踪物的 PMF 模型对 PM$_{2.5}$的源解析无法获得精细化源贡献,也无法区分本地和区域交通的贡献。因此在这项研究中,我们将有机示踪物纳入 PMF 模型中,精确化解析了小时分辨率 PM$_{2.5}$的污染源,并结合空气质量模型(CAMx-PSAT)量化了不同源区贡献(图 2.21)。结果表明,PMF 模型和空气质量模型结合可识别 9 种污染源,并利用这种方法定量分析了北京两次典型重污染过程从形成到消散的特定源和源区域的贡献。特别地,将有机示踪物输入 PMF 模型后发现,多环芳烃和 C19~C24 作为关键有机示踪物可区分汽油车和柴油车,左旋葡聚糖和十六烷酸分别是识别生物质燃烧源和烹饪源的重要添加物。分析结果表明,P1 主要由本地排放引起,其平均贡献率为 67.5%,以二次源、汽柴油尾气和工业源为特征;P2 主要来自区域传输的二次源,约占 50%。CAMx-PSAT 的分析表明河北保定(9.1%)和廊坊(5.8%)的短程运输是最大的外部贡献者,远程运输则贡献了 20% 的 PM$_{2.5}$。PMF 模型和 WRF-CAMx 模型结合对 PM$_{2.5}$进行综合源解析,定量分析了两次霾事件形成和演化过程中排放源的变化和区域运输贡献。通过耦合多模型方法对于了解霾事件成因、制定城市减排措施、改善京津冀地区空气质量具有现实意义。

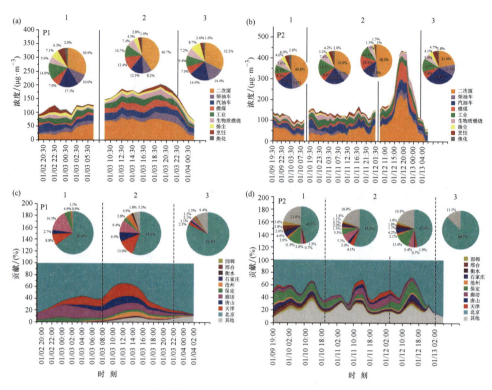

图 2.21 北京两次重污染过程小时分辨率 $PM_{2.5}$ 的污染源占比
[(a)和(b)]及不同源区贡献[(c)和(d)]

（6）结合受体模型、空气质量模型及单颗粒质谱，综合分析北京冬季 $PM_{2.5}$ 的 BC 来源

BC 是一类重要的空气污染物和气候污染物。鉴于 BC 主要来自一次燃烧排放，因此对 BC 来源的准确认识对于正确认识大气污染防治与减排效果，制定进一步减排方案十分必要。本研究以北京 2018 年 12 月冬季的清洁-污染过程（包括清洁期 CD-1 和 CD-2，污染期 ES-1、ES-2、ES-3）为例，结合受体模型、空气质量模型及单颗粒质谱对 BC 来源进行综合分析。利用受体模型结合高时间分辨率监测数据获得高时间分辨率的 BC 来源解析，通过三维空气质量模型（CMAQ）获得北京冬季清洁-污染过程中 BC 的区域传输贡献，通过单颗粒质谱分析（SPAMS）获得 BC 的混合组分，综合三种方法的分析结果如图 2.22 所示。在清洁天，北京大气颗粒物污染以局地贡献为主；而在污染天，北京大气颗粒物污染以外地传输贡献为主。当以京津冀及周边地区传输贡献为主（ES-2）时，受体模型源解析结果显示，交通源和工业源对 BC 浓度的贡献显著增加。单颗粒质谱结果表明，当外来传输贡献为主时，BC 与二次组分混合比例增加，且 BC 混合的二次组分及 OC 组分中又以与 NO_3^- 的混合为主，这与交通源贡献增加相一致。当以京津冀周边以外地区传输

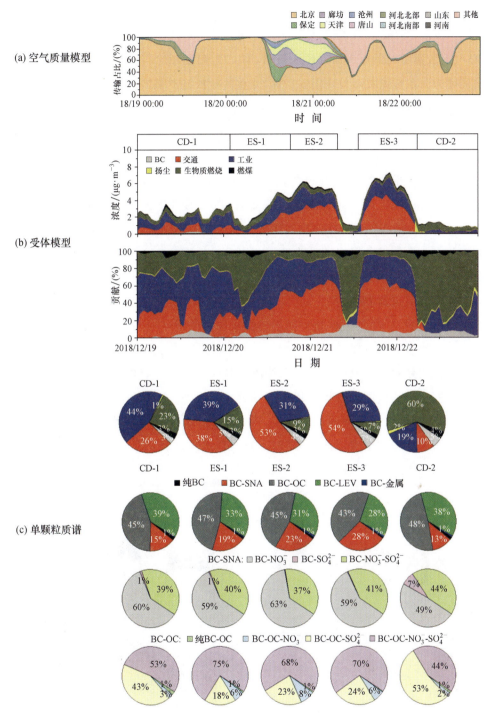

图 2.22 基于受体组分观测数据-单颗粒质谱-空气质量模型对北京 BC 来源进行综合分析
（LEV 为左旋葡聚糖）

贡献为主(ES-3)时,受体模型源解析结果显示老化 BC 的贡献增加,单颗粒质谱分析进一步揭示,BC 混合的二次组分显著增加,且与 SO_4^{2-} 的混合比例增加。鉴于 BC 气溶胶是重要的短寿命气候污染物,与 CO_2 有很好的同根同源性,因此该研究结果可为北京实现减污与降碳双目标,并在污染预报预警工作中,提供有针对性的污染源控制措施指导。

(7) 结合受体模型、空气质量模型和印痕模型对北京冬季 $PM_{2.5}$ 进行综合来源解析

以北京冬季典型污染过程为例,将 PMF 受体模型解析出的高时间分辨率 $PM_{2.5}$ 来源和贡献,与三维空气质量模型 NAQPMS 计算所得的区域传输贡献源贡献,以及印痕(footprint)模型、气团传输轨迹所得的潜在污染源区相结合,综合分析北京冬季区域传输对于源类及贡献的影响(图 2.23)。受体模型结果表明,在冬季污染过程中,二次源为主要贡献源,贡献达到 40%～57%,而交通源在清洁天气期间更为重要(25%～32%)。受体模型与三维空气质量模型相结合的源解析结果表明,二次生物质和生物质燃烧来源更易受区域传输影响,燃煤源的贡献则与本地排放的贡献成正比。可见,为减轻北京空气污染,对本地散煤燃烧加以严格控制并对周边地区生物质燃烧源及其他气态前体物的排放进行控制是十分必要的。受体模型源解析结果与印痕模型结果相结合的分析显示,当污染气团源自本地时,机动车源的贡献较大,可达 23%;二次源的贡献则随着来自北京南方气团的传输贡献增加而增加(53%);当气团源自北京北部及东部地区时,尘源(11%)和工业源的贡献分别有所上升,这些与三维空气质量模型的源解析结

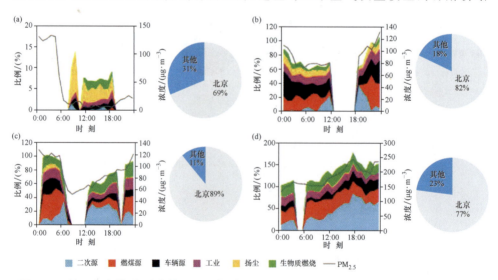

图 2.23 基于印痕模型、受体模型和空气质量模型对北京冬季典型污染过程的源解析及本地/区域贡献占比的日均变化分析:共选取 4 天,分见 (a)(b)(c)(d)

果相互印证。该研究表明,受体模型源解析结果需要与区域传输分析相结合,以更好地了解霾事件的形成,更为精准地控制北京不同来源的特定污染物。该研究结果有助于辅助制定更为有效的污染物及其前体物源管控措施,提供区域联防联控的有效实施范围。

(8) 利用多元同位素($\delta^{34}S$、$\delta^{15}N$ 和 $\delta^{18}O$)结合贝叶斯混合模型对华北重污染过程中 $PM_{2.5}$ 二次无机组分开展高时间分辨率来源解析

基于高时间分辨率(1 h)$\delta^{34}S$、$\delta^{15}N$ 和 $\delta^{18}O$ 同位素,结合 SIAR(stable isotope analysis in R)和 MixSIAR(Bayesian mixing models in R)模型,探究华北地区河北保定 2019 年 12 月—2020 年 1 月三次重污染过程(EP1~EP3)$PM_{2.5}$ 中二次离子 SO_4^{2-}、NO_3^-、NH_4^+ 的来源和形成路径。

SO_4^{2-} 源解析结果表明:在以本地为主的霾事件 EP1 中,车辆源和生物质燃烧源对 SO_4^{2-} 的贡献值得关注,在以西南和西北传输路径为主的霾事件 EP2 和 EP3 中,燃煤是主要贡献源[图 2.24(a)]。SO_4^{2-} 通过·OH、O_3/H_2O_2、过渡金属离子(TMI)和 NO_2 四种氧化路径二次转化形成。在三次霾事件中,SO_4^{2-} 具有不同的氧化路径,EP1 以 TMI 和 NO_2 氧化路径为主,EP2 以 NO_2 氧化路径为主,其次是 TMI 路径,EP3 以·OH 氧化路径为主,其次是 NO_2 路径和 TMI 路径。这样的路径差异归因于气象条件的差异。相比于 EP1 和 EP2 霾事件,EP3 霾事件中高 O_3 浓度、高温度和较长的日照时间,使得·OH 和 O_3/H_2O_2 氧化路径占比增加。

NO_3^- 源解析结果表明:在 EP1~EP3 中,NO_3^- 的主要贡献源是燃煤源,其次是生物质燃烧源、车辆源及少量的生物过程源[图 2.24(b)]。与 EP2 和 EP3 相比,EP1 中燃煤源贡献(43%)较小,生物质燃烧源(39%)和车辆源贡献(15%)相对较大,这归因于不同气团的传输。NO_3^- 的减排需要关注燃煤源和生物质燃烧源的排放问题,特别是以本地为主的霾事件 EP1,需要关注生物质燃烧源的贡献,以及西南(74%)和西北(55%~79%)传输路径中燃煤源的贡献。对于 NO_3^- 的氧化路径而言,主要考虑·OH 和 N_2O_5 氧化路径。在 EP1~EP3 中,80% 的 NO_3^- 是通过 N_2O_5 水解途径产生的,且随着污染加重,在高湿、高氮转化率和高 O_3 条件下,N_2O_5 对 NO_3^- 生成的相对贡献逐步增加,这符合冬季低温的环境条件。

NH_4^+ 源解析结果表明:与农业源(畜牧业和化肥,31%)相比,华北平原以农业为主的县中非农业源在三次重霾过程 NH_4^+ 排放中占主导地位,如氨气逃逸、燃煤源、车辆源和生物质燃烧源,分别贡献了 28%、14%、14% 和 13% 的 NH_4^+[图 2.24(c)]。在 EP1 和 EP3 污染初期,河北本地农业源对 NH_4^+ 的贡献占比分别为 34% 和 40%。随着污染加重,河北本地(EP1)和西南传输路径(EP2,陕西、山西大部)中生物质燃烧源的 NH_4^+ 排放问题变得不容忽视,占比分别达到 29% 和 23%;西北

传输路径(山西北部和河北北部)中燃煤相关源(燃煤和氨气逃逸)对 NH_4^+ 贡献也相对突出,占比大于40%。

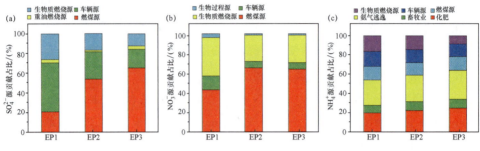

图 2.24　EP1~EP3 中 SO_4^{2-} (a)、NO_3^- (b)和 NH_4^+ (c)源贡献占比

综上所述,本研究利用高时间分辨率多元同位素($\delta^{34}S$,$\delta^{15}N$ 和 $\delta^{18}O$)探究二次无机组分 SO_4^{2-}、NO_3^- 和 NH_4^+ 的来源及形成路径,对华北平原农村地区重霾事件中二次无机组分来源提供了新的见解,可据此制定针对性的减排措施,减缓雾霾发生。

(9) 基于本地化排放源谱,对华北重污染过程中有机胺开展高时间分辨率来源解析

胺类作为新颗粒形成的重要前体,因在霾事件中表现出的爆发特征和来源未知而受到广泛关注。本研究以 2019 年 12 月—2020 年 1 月在河北采集的两次小时分辨率霾事件(P1 和 P2)为例,基于本地化排放源有机胺成分谱,探究了重霾过程中有机胺的来源(图 2.25)。在河北的两次霾过程中,出现了有机胺浓度的爆发性增加,与非爆发期[(164±62.1)ng·m^{-3}]相比,爆发期有机胺浓度增长了 4 倍,为(625±383)ng·m^{-3}。同时,乙基胺(二乙胺和三乙胺之和)与甲基胺(一甲胺、二甲胺和三甲胺之和)的比值从非爆发期的 0.62±0.35 增加到了爆发期的 3.28±2.04。实测本地化排放源包括移动源(乙醇汽油车和柴油车)、民用固体燃料燃烧源(燃煤源和生物质燃烧源)、生物源(畜牧业和厕所)中有机胺成分谱,结果表明乙醇汽油车排放乙基胺与甲基胺的比值为 2.82±1.1,远大于民用固体燃料燃烧源(0.94±0.4)和生物源(0.87±0.4)。此外,研究表明两次霾事件中乙基胺的爆发归因于移动源中乙醇汽油车的排放。考虑到乙醇汽油车在中国的广泛应用,其在霾过程中的作用亟待关注。

3. 耦合在线源解析模块空气质量预报模型系统的开发及大气颗粒物开展来源解析的应用

(1) 发展基于数值模式的耦合在线源解析模块的空气质量预报模型系统的源解析方法

基于中国科学院大气物理研究所自主发展的嵌套网格空气质量模型 NAQPMS,发展了在线标记污染物的源解析追踪方法,并且与过程分析、来源解

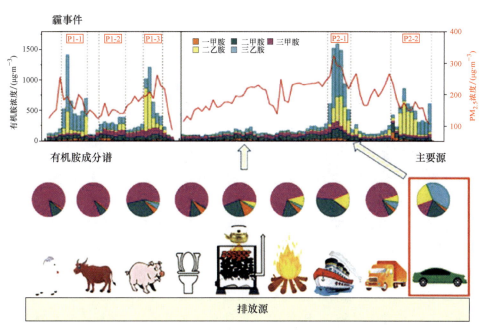

图 2.25 基于本地化排放源有机胺成分谱解析重霾过程中有机胺的来源
(P1-1、P1-2 和 P1-3 为 P1 霾事件，P2-1 和 P2-2 为 P2 霾事件)

析、跨界传输等多种方法集成，形成二次气溶胶的数值模式综合源解析技术，实现了快速、动态解析不同地区、不同行业排放源对一次和二次气溶胶的贡献。在发展的在线标记污染物的源解析追踪方法中，假设所有标识来源的化学属性相同，污染物全部分配到各个来源，分配前后质量守恒。标识来源包括初始条件、外边界、上边界、区域来源、行业来源和排放时段。此源解析方法相较于敏感性试验方法避免了由排放源变化引起的化学非线性问题，无须多次试验，节省了时间；相较于强迫法无须在化学模块中增加方程，计算量小，节省资源。

(2) 数值模拟 2016 年 11 月北京及周边地区大气颗粒物及其组分的时空分布

基于 MEIC2018 清单（空间分辨率为 5 km×5 km）和取自 MEGAN v2.4（水平分辨率为 1 km×1 km）的碳氢化合物自然源排放，利用空气质量模型 NAQPMS 对京津冀地区 2016 年 11 月期间的污染事件进行数值模拟。图 2.26 展示了 2016 年 11 月发生在京津冀地区一次 $PM_{2.5}$ 污染事件中站点污染物浓度模拟数据与观测数据对比。$PM_{2.5}$ 模拟与观测数据相关系数达 0.71，模拟数据在观测数据两倍范围内（FAC2）的占比达 65% 以上，说明 NAQPMS 模型能够合理地再现北京大气污染物的时空变化。各站点污染物数据模拟结果符合空气质量模型所需满足的一系列要求，故可以认为模型模拟出的结果可信度较高。均压场、低空逆温层和偏南暖湿气流输送的存在为北京地区 $PM_{2.5}$ 的形成提供了有利条件。此次污染事件模拟中得到的是特征时间的京津冀地区的风场与 $PM_{2.5}$ 浓度场。在北京地区 $PM_{2.5}$ 浓度升高前，11月16日从河北西南部到河北中部再到天津，北京南部形成了一条西南—东北向的污染带，此时北京及污染带处于静风状态。这与实际观测数据中石家庄、保定、天津中部、唐山形成较高 $PM_{2.5}$ 浓度污染带，北京中部地区静风，河北南部地区吹偏南风一致。但此时，唐山、保定区域 $PM_{2.5}$ 模拟值高于实际观测值。河北南部偏南风的存在使得污染带北上，导致北京 17 日处于轻度至中度污染，承德在偏南风影响下 $PM_{2.5}$ 浓度上升，同时河北中南部处于静风状态，导致石家庄附近 $PM_{2.5}$ 浓度累积并超 $200\ \mu g \cdot m^{-3}$，天津中部地区 $PM_{2.5}$ 浓度下降，这些也都在实际观测数据中得到了体现。18 日由于京津冀地区风速较小，污染物没有扩散稀释的大尺度条件，因此北京 $PM_{2.5}$ 浓度持续升高，北京南部靠近天津区域达重度污染，河北中部 $PM_{2.5}$ 区域受偏南风的影响北移，最终导致石家庄、保定、唐山、秦皇岛、天津、沧州范围内的 $PM_{2.5}$ 浓度达到峰值，这与图 2.26 的观测结果相符。直至 19 日，来自西北地区干净的偏西北气流和来自东部的气流在北京东部交汇后转为偏东北气流，使得污染物向西南方向稀释，北京地区 $PM_{2.5}$ 浓度随之下降，污染事件结束，$PM_{2.5}$ 高浓度移至河北西南部。实际观测数据显示 19 日北京区域 $PM_{2.5}$ 浓度下降，保定、石家庄、邯郸 $PM_{2.5}$ 浓度超过 $200\ \mu g \cdot m^{-3}$，模拟数据和观测结果一致。

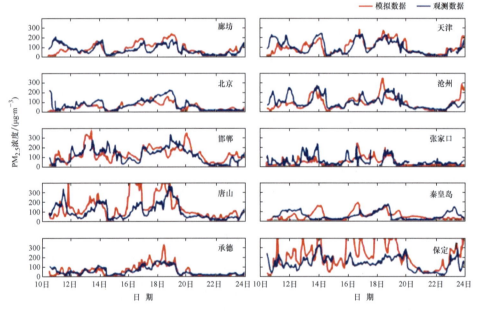

图 2.26 2016 年 11 月 10 日—11 月 24 日站点污染物浓度模拟数据与观测数据对比

（3）2016 年 11 月北京大气 $PM_{2.5}$ 源解析数值模拟研究

通过模型模拟得到污染时段内北京上空 $PM_{2.5}$ 来源区域占比及各区域贡献浓度变化。2016 年 11 月 18 日当天，北京中部地区（农展馆站）局地排放累积的

PM$_{2.5}$ 浓度占北京中部地区 PM$_{2.5}$ 浓度的 44.75%[图 2.27(a)],北京东南部地区的贡献占 9.34%,廊坊+天津+香河贡献占 12.19%。故当日北京中部地区 PM$_{2.5}$ 浓度以北京局地累积为主,外部输送为辅,外部区域的贡献为 33.9%,其中以廊坊+天津+香河(12.19%)、沧州+保定(6.33%)和山东(5.18%)贡献为主。18 日怀柔镇站(北京东北地区)受外部污染物浓度的影响较大[图 2.27(b)],局地排放仅占总 PM$_{2.5}$ 浓度的 19.46%,从北京西北部输送过来的污染物浓度占到 10.77%,来自廊坊+天津+香河区域的污染物占 9.67%,来自河北中部(沧州+保定)、河北南部(邯郸+石家庄)以及山东地区的 PM$_{2.5}$ 贡献分别为 9.01%、7.90%和 7.99%。结合污染时段前(10 日)该地区排放占比和浓度大小可知,北京东北地区局地污染源排放本身较少,此污染过程主要来源为北京西北部和南部其他地区。17 日开始河北南部、中部地区处于静风状态,污染物多以局地累积为主并形成一条东西走向的污染带,北京地区处于偏南风下,东南方向邻近地区的污染物被传输过来造成 17 日北京地区来自天津和唐山一带的污染物贡献增大。18 日北京中部及南部地区处于均压场中,无风或微风,污染物多以局地累积为主,而北京西北地区有偏南风存在,将污染带上的污染物不停地向北京西北地区输送,造成 18 日北京西北地区 PM$_{2.5}$ 浓度升高,最终导致 18 日北京市区重污染事件的发生。

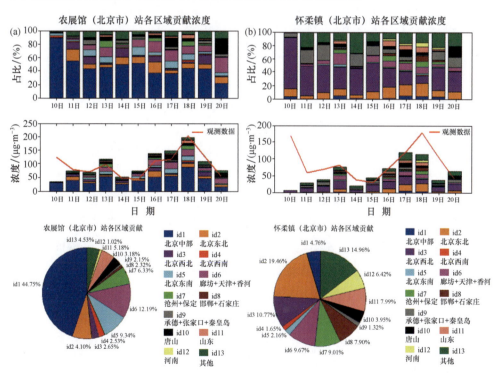

图 2.27 2016 年 11 月 10 日—20 日各区域对农展馆(a)和怀柔镇(b)站点 PM$_{2.5}$ 浓度的贡献,饼状图为 11 月 18 日各区域贡献所占比例

对农展馆站点 $PM_{2.5}$ 浓度的贡献分析表明,生活源是四类源中贡献最大的一类源,随后是交通源和工业源,电厂源对 $PM_{2.5}$ 浓度贡献最小(图 2.28)。研究表明,高 $PM_{2.5}$ 浓度主要来源于生活源、交通源和工业源,污染事件发生时各项所占比例变化不大,但在高污染事件发生前一段时间内,电厂源和工业源所占比例有所增加。在 18 日当天,北京农展馆研究站点生活源对 $PM_{2.5}$ 贡献比例占 41.90%,交通源占 28.43%,工业源占 24.65%,电厂源排放产生的 $PM_{2.5}$ 贡献最小,仅占 5.02%。

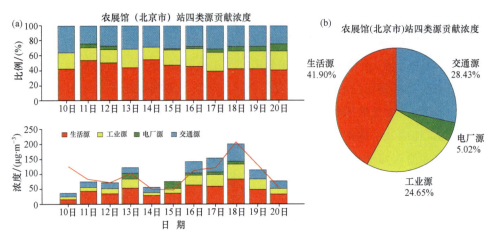

图 2.28 生活源、工业源、电厂源和交通源对农展馆站点 $PM_{2.5}$ 浓度的贡献
[(a) 为 11 月 10—20 日,(b) 为 18 日当天]

2.4.3 构建 $PM_{2.5}$ 源解析结果的综合诊断与校验体系

近年来,源解析技术不断发展并得到广泛应用,源解析工作正在逐步实现业务化、常态化。排放清单、化学传输模型是评估颗粒物污染的重要工具,但都存在一定的局限性。例如,排放源的信息通常具有较大的不确定性,容易导致重要源的逃逸,大气复杂化学反应难以准确评估二次气溶胶。目前,我国 $PM_{2.5}$ 源解析研究主要采用受体模型法。PMF 是最常用的受体模型,广泛应用于碳质气溶胶和 $PM_{2.5}$ 源解析中。例如,将 $PM_{2.5}$ 不同组分数据集输入 PMF 模型中,评估源解析结果的有效性和一致性。不同源分配方法的相互比较有助于确定各自的优缺点,以及用来比较不同结果之间的连贯性和不确定性,但是不能保证结果的可靠性。本研究以 2019 年 12 月—2020 年 1 月在华北地区河北省望都县采集的三次高时间分辨率重霾事件为例,探究 $PM_{2.5}$ 不同数据集对源解析结果的影响并依据多元同位素 (^{14}C、^{34}S、^{15}N、^{18}O) 对其准确性进行判定。

放射性碳 (^{14}C) 是一种特殊的示踪剂,可将碳质组分 (OC、EC) 准确划分为化石源和非化石源。值得注意的是,^{14}C 只能针对 $PM_{2.5}$ 中的碳质组分进行限定和来源解析。然而,受体模型求解的二次无机源并不能指向实际的污染源类型,这会削弱^{14}C对受体模型源解析结果比较的有效性,也限制了大气污染管控的现实意义。二次无机组分中的NO_3^-、SO_4^{2-}、NH_4^+由气态前体物NO_x、SO_2和NH_3通过均相或非均相反应形成,是$PM_{2.5}$的重要组成部分。在北京、西安、上海和广州的霾事件中,二次无机组分分别占$PM_{2.5}$的37.8%、19.4%、33.7%和41.3%。二次源如何分配给对应的一次源是^{14}C对受体模型源解析结果评估中亟待解决的问题。

1. 不同数据集源解析结果的比较

为评估不同数据集对$PM_{2.5}$源解析的有效性,本研究以2019年12月—2020年1月在华北地区河北省望都县采集的三次高时间分辨率重霾事件为例,探究将$PM_{2.5}$不同组分输入PMF模型中对源解析结果的影响。涉及的$PM_{2.5}$组分包括:碳质组分(OC、EC,具体包括OC1~OC4、OPC、EC1~EC3共8种),水溶性离子(如K^+、Cl^-、NO_3^-、NH_4^+、SO_4^{2-}、Na^+、Mg^{2+}、Ca^{2+}等),金属元素(如Mg、Al、K、Ca、V、Cr、Mn、Fe、Ni、Cu、Zn、As、Se、Cd、Pb等),正构烷烃(C22~C34),多环芳烃,酸类(C12~C20烷酸),糖类(左旋葡聚糖和甘露聚糖)。将$PM_{2.5}$组分分为A~F共6组数据集进行对比。A:碳质八组分;B:碳质八组分+水溶性离子;C:碳质组分+水溶性离子+金属元素;D:碳质组分+水溶性离子+金属元素+极性组分;E:碳质组分+水溶性离子+金属元素+极性组分+非极性组分(烷烃+多环芳烃);F:碳质组分+水溶性离子+金属元素+极性组分+非极性组分+SOC(二次有机碳)。考察6组不同数据集对$PM_{2.5}$、碳质组分、二次无机组分(NH_4^+、SO_4^{2-}、NO_3^-)源解析结果的差异性,并基于多元同位素源解析结果对不同数据集的源解析结果进行限定和提升。

输入PMF模型的组分需要考虑是否有源指示性意义、数据的缺失程度以及挥发性等。依据PMF模型解析结果的误差评估[拔靴法(BS)和替换法(DISP)]、因子可解释的物理意义、模拟值和实测值的最小残差,获得不同数据集下PMF模型解析的最优因子数。数据集A的解析3因子分别是燃煤/生物质燃烧混合源、车辆源和其他源;B的解析4因子分别是燃煤/生物质燃烧混合源、车辆源、扬尘源和二次无机源;C的解析5因子分别是燃煤源、车辆源、扬尘源、二次无机源和工业源;D的解析7因子分别是燃煤源、车辆源、扬尘源、二次无机源、工业源、生物质燃烧源和烹饪源;E的解析8因子分别是燃煤源、汽油车源、柴油车源、扬尘源、二次无机源、工业源、生物质燃烧源和烹饪源;F的解析9因子分别是燃煤源、汽油车源、柴油车源、扬尘源、二次无机源、工业源、生物质燃烧源、烹饪源和二次有机源。

不同数据集下各因子对$PM_{2.5}$的贡献和浓度如表2.2所示。6组不同数据集中各因子的贡献取决于其对应示踪物的相对丰度,示踪物的相对丰度又取决于各物种之间的相关性。对于燃煤源而言,由于3因子和4因子中示踪物少,PMF模型解析出多种燃烧源的混合源,导致这项对$PM_{2.5}$的贡献占比高于5~9因子。5因子中加入金属元素使得燃煤源示踪物Cl^-、As、Cd和Pb与碳质组分相关性变差,相应地削弱了OC和EC的丰度,导致燃煤源对$PM_{2.5}$的贡献占比减小。8因子中烷烃和芳烃的加入增加了燃煤源中OC和EC的丰度,使其对$PM_{2.5}$的贡献占比有所提升。9因子中燃煤源的SOC被区分开,与8因子结果相比,其对$PM_{2.5}$的贡献降低。车辆源中5因子OC和EC的占比与4因子相当,但是含有部分Cl^-和K^+,使其对$PM_{2.5}$的贡献较高。随着因子数的增加(7~9),车辆源对$PM_{2.5}$的贡献占比呈逐渐减少的趋势。不同数据集下各因子扬尘源、工业源和烹饪源对$PM_{2.5}$的贡献占比相差不大,可归因于扬尘源示踪物(Mg、Al、Mn、Fe)、工业源示踪物(Cr、Ni、Mn)和烹饪源示踪物(十六烷酸和十八烷酸)相对稳定,与有机组分相关性较弱,不受后续有机组分加入的影响。不同数据集中二次无机源的贡献随着因子数的增加基本逐步降低,特别是9因子中二次无机源的贡献,减少近20 $\mu g \cdot m^{-3}$,这归因于9因子中引入的SOC与二次无机源呈现很好的相关性,导致部分二次无机源与SOC混合。同样地,7~9因子中生物质燃烧示踪物相同,但随着因子数增加,其贡献呈现差异性,归因于糖类和碳质组分呈现良好的相关性,后续碳质组分的加入会影响其贡献。不同数据集源解析结果表明,PMF模型解析的燃煤源、车辆源和生物质燃烧源贡献,受输入物种及模型最优因子数的影响,即使相同的示踪物在不同数据集之间的源解析结果也会有很大差异,这不利于对源解析结果进行选择和准确性判断。鉴于目前获得的结果都是各数据集的最优结果,因此需要对不同数据集的源解析结果进行判定。

表2.2 不同数据集下各因子对$PM_{2.5}$的贡献和浓度($\mu g \cdot m^{-3}$)

因子	因子数					
	3	4	5	7	8	9
燃煤源	36%(21.9)	22%(38.5)	3%(6.1)	9%(16.8)	16%(32)	8%(16.3)
车辆源	28%(15.6)	23%(37.6)	38%(60.9)	19%(31.6)	19%(25.6)	11%(15.9)
扬尘源	—	4%(6.9)	4%(5.5)	1%(1.4)	1%(1.9)	2%(2.2)
二次无机源	36%(35.6)	51%(91.7)	46%(87.5)	41%(80)	39%(79.9)	35%(62.9)
工业源	—	—	9%(13.6)	7%(11.9)	8%(12.4)	9%(15.6)
生物质燃烧源	—	—	—	15%(22.9)	8%(14.9)	4%(5.8)
烹饪源	—	—	—	8%(8)	7%(6.9)	8%(8.3)
二次有机源	—	—	—	—	—	23%(46)

2. 二次无机源的限定和再分配

鉴于不同数据集解析的二次无机源存在差异,且不能对应一次排放源的贡献,降低了^{14}C对源解析结果判定的有效性,本研究将PMF模型和多元同位素源解析结果相结合,引入 ^{34}S、^{15}N、^{18}O 同位素再分配二次无机源,同时依据同位素的源解析结果对 $PM_{2.5}$ 中 SO_4^{2-}、NO_3^-、NH_4^+ 的源解析结果进行了限定和提升。通过将 4~9 因子二次无机源解析结果进一步比较,评估霾事件中 SO_4^{2-}、NO_3^-、NH_4^+ 的来源差异,结果如图 2.29 所示。NH_4^+ 同位素源解析结果表明,燃煤相关源、车辆源、生物质燃烧源和农业源分别贡献了 43%、13%、11% 和 33% 的 NH_4^+,其中燃煤相关源包括燃煤源(14%)和氨气逃逸(29%)。NO_3^- 同位素源解析结果表明,燃煤源、车辆源、生物质燃烧源和生物过程源分别贡献了 61%、8.4%、29% 和 1.6% 的 NO_3^-。SO_4^{2-} 同位素源解析结果表明,燃煤源、车辆源、生物质燃烧源和重油燃烧源分别贡献了 50%、29%、18% 和 3% 的 SO_4^{2-}。依据 SO_4^{2-}、NO_3^-、NH_4^+ 同位素来源解析结果,将 PMF 模型解析的二次无机源分配给相应的一次排放源。以 NO_3^- 为例,二次无机源再分配的基本原则是 NO_3^- 同位素燃煤源的贡献减去 PMF 模型初步解析的燃煤源+工业源对 NO_3^- 贡献即为二次无机源中分配给燃煤相关源的贡献。通过线性回归方法,获得二次无机源中 NO_3^- 燃煤相关源的分配系数和分配后燃煤相关源的贡献。最终获得二次无机源再分配前后 PMF 模型对 SO_4^{2-}、NO_3^-、NH_4^+ 源解析的结果。同时,依据 SO_4^{2-}、NO_3^-、NH_4^+ 同位素源解析结果对不同数据集下 SO_4^{2-}、NO_3^-、NH_4^+ 源解析进行限定和提升。

如图 2.29 所示,二次无机源分配限定前,4~9 因子中的燃煤源和 7~9 因子中的生物质燃烧源对 NH_4^+ 的贡献随着因子数的增加而减少,7~9 因子中的其他源对 NH_4^+ 的贡献随着因子数的增加而增加。与 δ^{15}N-NH_4^+ 源解析结果相比,8 因子中由于烷烃和芳烃的加入,车辆源对 NH_4^+ 的贡献被明显高估。上述现象表明一次排放源对 NH_4^+ 的贡献会受到示踪物的加入以及不同数据集中因子数递增的影响,无法依据 PMF 模型最优因子获得 NH_4^+ 的实际源贡献。经 δ^{15}N-NH_4^+ 同位素限定和提升后,4~9 因子中燃煤源和车辆源以及 7~9 因子中生物质燃烧源的贡献不受不同数据集因子数递增以及示踪物加入的影响,可真实反映 NH_4^+ 的源贡献。不同数据集中 NO_3^- 的源解析结果也表现出上述规律。在无分配限定前,7~9 因子中燃煤源对 NO_3^- 的贡献随着因子数的增加而急剧递减,到 9 因子时贡献为零,生物质燃烧源对 NO_3^- 的贡献则被明显高估。其他源(扬尘源和烹饪源)随因子数增加对 NO_3^- 的贡献逐步增加,归因于 NO_3^- 与 Mn、V、K、Al 较好的相关性随因子数增加而逐渐凸显。经 δ^{15}N-NO_3^- 同位素对 NO_3^- 源解析结果进行限定和提升后,7~9 因子中燃煤源、车辆源和生物质燃烧源对 NO_3^- 的贡献相对稳定,不受因子数递增和示踪物加入的影响。此外,在 SO_4^{2-} 的源解析结果中也发现了同样的规律,经过 δ^{34}S-SO_4^{2-} 限定和提升后,不同数据集源解析真实地反映了 SO_4^{2-} 的来源。综上所述,本研究基于 ^{15}N、^{34}S、^{18}O 同位素实现了 PMF 模型解析对二次无机源的再分配,解决了二次无机源无对应一次排放源的问题，并对 NH_4^+、SO_4^{2-}、NO_3^- 源解析结果进行了限定和提升，克服了源解析结果对输入物种及模型因子数的依赖。

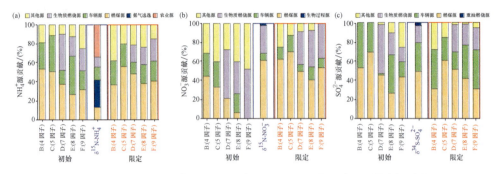

图 2.29　4～9 因子二次无机源 NH_4^+（a）、NO_3^-（b）和 SO_4^{2-}（c）的来源差异

3. ^{14}C 对碳质组分源解析结果的限定和提升

在二次无机源再分配的基础上，通过引入 ^{14}C 同位素对 $PM_{2.5}$ 中 OC 和 EC 化石源和非化石源进行判定和限定。由于 ^{14}C 可分析的样品数量有限，因此本研究在 21 个样品中测定了 ^{14}C。为保持一致性，将 21 个样本的 3～9 因子 OC 和 EC 源解析结果进一步比较，评估霾事件（EP1～EP3）中碳质组分的来源差异，结果如图 2.30（a）所示。分配限定前是指不同数据集对碳质组分的初步源解析结果，分配限定后是指依据 ^{34}S、^{15}N、^{18}O 同位素源解析结果对二次无机源进行再分配，同时依据同位素源解析结果对 $PM_{2.5}$ 中 SO_4^{2-}、NO_3^-、NH_4^+ 的源解析结果进行限定和提升。由于 3 因子中只识别出一个其他源，无法与 ^{14}C 结果比较，因此这里对 3 因子结果不做讨论。^{14}C 结果表明霾事件中化石源对 OC 的贡献占比为 58.9%。对于 OC 化石源占比而言，4 因子和 5 因子识别的是二次无机源、扬尘源、燃煤源、车辆源和工业源等，缺乏非化石源相关示踪物的加入，导致 OC 化石源的贡献占比被明显高估，即使二次无机源被重新分配后仍然被高估。7～8 因子分配前 OC 化石源占比与 ^{14}C 结果更加接近，但二次无机源未被分配，9 因子中 OC 化石源占比偏低，归因于二次有机源未分配给对应一次排放源。PMF 模型解析出的二次无机源和二次有机源未分配到一次排放源中。7～9 因子分配前并不能反映真实的化石源占比，分配后 7～8 因子 OC 化石源占比仍然存在不同程度的高估，9 因子 OC 化石源解析结果更接近 ^{14}C 真值。

4～9 因子中各排放源对 OC 的贡献占比如图 2.30（b）所示。分配限定前，4～9因子中二次无机源、扬尘源、工业源和烹饪源对 OC 的贡献占比基本保持一致，燃煤源、车辆源和生物质燃烧源在不同数据集中对 OC 的贡献差别较大。为减少因子数增加对生物质燃烧源的影响，对 7～9 因子中生物质燃烧源的示踪物左旋葡聚糖和甘露聚糖进行限定，在各因子中取最大值。在 9 因子中，为区分二次有机源中化石源和非化石源的贡献,将一次排放源中的 SOC 设为 0,二次有机源中的 SOC 取最大值,依据一次排放源中化石源对 OC 的贡献计算一次有机碳化石源的贡献。与分配限定前相比,经限定和再分配后,7~9 因子中生物质燃烧源、车辆源和燃煤源对 OC 的贡献克服了因子数的影响,但燃煤源和车辆源对 OC 的贡献占比仍有较大差异。9 因子中得到的一次有机碳化石源包括燃煤源、车辆源和工业源,对 OC 的贡献占比为 41%,化石源和非化石源在二次有机源中分别贡献了 17% 和 22.1% 的 OC,实现了二次有机源中化石源和非化石源的分离。

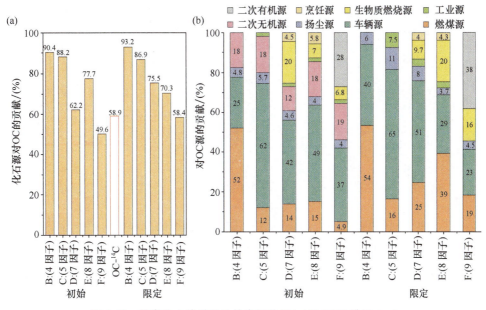

图 2.30　霾事件中碳质组分的来源差异(a)和 PMF 模型 4~9 因子中各排放源对 OC 的贡献占比(b)

^{14}C 结果表明 EP1~EP3 中化石源对 EC 的贡献占比为 63.5%,如图 2.31 所示。对于 EC 化石源占比而言,3~5 因子因缺少非化石源示踪物,与 ^{14}C 结果相比,PMF 模型源解析中化石源对 EC 的贡献被高估。再分配前,7~9 因子解析结果二次无机源对 EC 贡献不为零,未分配导致 EC 化石源占比低于 ^{14}C 真值。分配限定后,7~9 因子中 EC 化石源占比与 ^{14}C 真值相近,差异控制在可接受范围(5%)以内。同 OC 源解析结果相似,分配限定前,4~9 因子中二次无机源、扬尘源、工业源和烹饪源对 EC 的贡献占比基本保持一致,燃煤源、车辆源和生物质燃烧源在不同数据集中对 EC 的贡献差别较大。经过碳质组分限定后,7~9 因子中烹饪源、扬尘源、工业源和生物质燃烧源对 EC 的贡献占比相似,展现出很好的一致性。8~9 因子中燃煤源和车辆源对 EC 的贡献也表现出很好的一致性,与 7 因子源解析结果有差异。虽然 7~9 因子中 EC 化石源的占比与 ^{14}C 结果均呈现出高度一致性,但

一次化石源,如燃煤源和车辆源在不同因子中呈现出不同的源贡献,需要在今后对燃煤源和车辆源基于先验信息增加限定,以得到更加精确的结果。

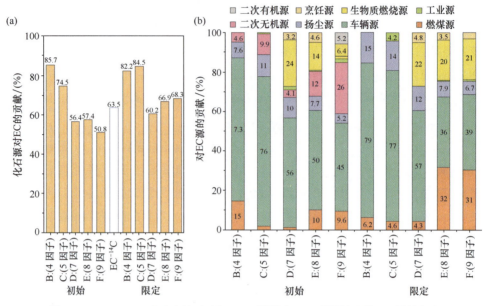

图 2.31　EP1～EP3 中来自 ^{14}C(a)和 PMF 模型中 4～9 因子(b)的 EC 贡献占比

基于多元同位素对 PM$_{2.5}$ 中碳质组分、二次无机源的源解析结果进行限定和提升,均克服了源解析结果对输入物种及模型因子数的依赖。另外,将 OC/EC 比值的最小值输入 PMF 模型中可识别二次有机源,与 ^{14}C 结合可区分二次有机源中的化石源和非化石源贡献。相比于无限定和无分配的初始 9 因子结果,分配限定后,9 因子中 PM$_{2.5}$ 的主要贡献源为燃煤源(35%)、车辆源(24%)、生物质燃烧源(24%),这些源的贡献分别增加了 26.4%、5% 和 19.5%。综上所述,不同数据集 PMF 源解析结果之间的比较以及多元同位素的限定和校验,为重霾过程中 PM$_{2.5}$ 及其主要组分的源排放提供了更加准确的区分。

2.4.4　本项目资助发表论文(按时间倒序)

(1) Feng X X, Wang C C, Feng Y L, et al. Outbreaks of ethyl-amines during haze episodes in North China Plain: A potential source of amines from ethanol gasoline vehicle emission. Environment Science & Technology Letters, 2022, 9: 4306-4311.

(2) Han Y, Chen Y J, Feng Y L, et al. Existence and formation pathways of high-and low-maturity elemental carbon from solid fuel combustion by time resolved study. Environment Science & Technology, 2022, 56: 42551-42561.

(3) Luan M, Zhang T L, Li X Y, et al. Investigating the relationship between mass concentration of particulate matter and reactive oxygen species based on residential coal combustion

source tests. Environmental Research, 2022, 212: 113499.

(4) Liu X M, Zheng M, Liu Y, et al. Intercomparison of equivalent black carbon(eBC) and elemental carbon(EC) concentrations with three-year continuous measurement in Beijing, China. Environment Research, 2022, 209: 112791.

(5) Li X, Yan C Q, Wang C Y, et al. $PM_{2.5}$-bound elements in Hebei province, China: Pollution levels, source apportionment and health risks. Science of the Total Environment, 2022, 806: 150440.

(6) Feng X X, Feng Y L, Chen Y J, et al. Source apportionment of $PM_{2.5}$ during haze episodes in Shanghai by the PMF model with PAHs. Journal of Cleaner Production, 2022, 330: 129850.

(7) Yang X, Zheng M, Liu Y, et al. Exploring sources and health risks of metals in Beijing $PM_{2.5}$: Insights from long-term online measurements. Science of the Total Environment, 2022, 27: 151954.

(8) Qian Z, Chen Y J, Liu Z Y, et al. Intermediate volatile organic compound emissions from residential solid fuel combustion based on field measurements in rural China. Environmental Science & Technology, 2021, 5: 5689-5700.

(9) Han Y, Chen Y J, Feng Y L, et al. Fuel aromaticity promotes low-temperature nucleation processes of elemental carbon from biomass and coal combustion. Environmental Science & Technology, 2021, 55: 2532-2540.

(10) Cui M, Chen Y J, Li C, et al. Parent and methyl polycyclic aromatic hydrocarbons and n-alkanes emitted by construction machinery in China. Science of the Total Environment, 2021, 775: 144759.

(11) Lv L L, Chen Y J, Han Y, et al. High-time-resolution $PM_{2.5}$ source apportionment based on multi-model with organic tracers in Beijing during haze episodes. Science of the Total Environment, 2021, 772: 144766.

(12) Feng X X, Zhao J H, Feng Y L, et al. Chemical characterization, sources, and SOA production of intermediate volatile organic compounds during haze episodes in North China. Atmosphere, 2021, 12: 1484.

(13) Zhang F, Chen Y J, Su P H, et al. Variations and characteristics of carbonaceous substances emitted from a heavy fuel oil ship engine under different operating loads. Environmental Pollution, 2021, 284: 117388.

(14) Yan C Q, Ma S X, He Q F, et al. Identification of $PM_{2.5}$ sources contributing to both brown carbon and reactive oxygen species generation in winter in Beijing, China. Atmospheric Environment, 2021, 246: 118069.

(15) Du H Y, Li J, Wang Z F, et al. Sources of $PM_{2.5}$ and its responses to emission reduction strategies in the Central Plains Economic Region in China: Implications for the impacts of COVID-19. Environment Pollution, 2021, 288: 117783.

(16) Yang W Y, Du H Y, Wang Z F, et al. Characteristics of regional transport during

two-year wintertime haze episodes in North China megacities. Atmospheric Research, 2021, 257: 105582.

(17) 周睿智, 闫才青, 崔敏, 等. 山东省大气细颗粒物来源解析的研究现状与展望. 中国环境科学, 2021, 4(7): 3029-3042.

(18) Jin Y L, Yan C Q, Sullivan A P, et al. Significant contribution of primary sources to water-soluble organic carbon during spring in Beijing, China. Atmosphere, 2020, 11: 395.

(19) Zhang F, Guo H, Chen Y J, et al. Size-segregated characteristics of organic carbon (OC), elemental carbon (EC) and organic matter in particulate matter (PM) emitted from different types of ships in China. Atmospheric Chemistry and Physics, 2020, 20: 1549-1564.

(20) Yan C Q, Zheng M, Desyaterik Y, et al. Molecular characterization of water-soluble brown carbon chromophores in Beijing, China. Journal of Geophysical Research: Atmospheres, 2020, 125: e2019JD032018.

(21) Zhang Y J, Zhao Y C, Li J, et al. Modeling ozone source apportionment and performing sensitivity analysis in summer on the North China Plain. Atmosphere, 2020, 11: 992.

(22) Han Y, Chen Y J, Feng Y L, et al. Different formation mechanisms of PAH during wood and coal combustion under different temperatures. Atmospheric Environment, 2020, 222: 117084.

(23) Yang W Y, Li J, Wang Z F, et al. Source apportionment of $PM_{2.5}$ in the most polluted Central Plains Economic Region in China: Implications for joint prevention and control of atmospheric pollution. Journal of Cleaner Production, 2020, 283(9): 124557.

(24) Zheng M, Yan C Q, Zhu T. Understanding sources of fine particulate matter in China. Philosophical Transactions of the Royal Society A Mathematical Physical & Engineering Sciences, 2020, 378: 20190325.

(25) Wang T, Wang X, Li J, et al. Quantification of different processes in the rapid formation of a regional haze episode in North China using an integrated analysis tool coupling source apportionment with process analysis. Atmospheric Pollution Research, 2020, 12(2): 159-172.

(26) Du H Y, Li J, Wang Z F, et al. Effects of regional transport on haze in the North China Plain: Transport of precursors or secondary inorganic aerosols. Geophysical Research Letters, 2020, 47: e2020GL087461.

(27) Yang W Y, Li J, Wang W G, et al. Investigating secondary organic aerosol formation pathways in China during 2014. Atmospheric environment, 2019, 213: 133-147.

(28) Cui M, Li C, Chen Y J, et al. Molecular characterization of polar organic aerosol constituents in off-road engine emissions using Fourier transform ion cyclotron resonance mass spectrometry (FT-ICR MS): Implications for source apportionment. Atmospheric Chemistry and Physics, 2019, 19: 13945-13956.

(29) Zhang F, Chen Y J, Cui M, et al. Emission factors and environmental implication of

organic pollutants in PM emitted from various vessels in China. Atmospheric environment, 2019, 200: 302-311.

(30) Yan C Q, Zheng M, Shen G F, et al. Characterization of carbon fractions in carbonaceous aerosols from typical fossil fuel combustion sources. Fuel, 2019, 254: 115620.

(31) Liu Y, Zheng M, Yu M, et al. High-time-resolution source apportionment of $PM_{2.5}$ in Beijing with multipole models. Atmospheric Chemistry and Physics, 2019, 19: 6595-6609.

(32) 王涛,李杰,王威,等.北京秋冬季一次重污染过程 $PM_{2.5}$ 来源数值模拟研究.环境科学学报,2019,39(4): 1025-1038.

(33) Han Y, Chen Y J, Ahmad S, et al. High time-and size-resolved measurements of PM and chemical composition from coal combustion: Implications for the EC formation process. Environmental Science & Technology, 2018, 52: 6676-6685.

(34) Cui M, Chen Y J, Zheng M, et al. Emissions and characteristics of particulate matter from rainforest burning in the Southeast Asia. Atmospheric Environment, 2018, 191: 194-204.

(35) Zhang F, Chen Y J, Chen Q, et al. Real-world emission factors of gaseous and particulate pollutants from marine fishing boats and their total emissions in China. Environmental Science & Technology, 2018, 52: 4910-4919.

参考文献

[1] 郑玫,张延君,闫才青,等. 中国 $PM_{2.5}$ 来源解析方法综述. 北京大学学报(自然科学版), 2014, 50(6): 1141-1154.

[2] Zhang Y J, Cai J, Wang S X, et al. Review of receptor-based source apportionment research of fine particulate matter and its challenges in China. Science of the Total Environment, 2017, 586: 917-929.

[3] Guo S, Hu M, Guo Q F, et al. Primary sources and secondary formation of organic aerosols in Beijing, China. Environmental Science & Technology, 2012, 46: 9846-9853.

[4] Huang R J, Zhang Y, Bozzetti C, et al. High secondary aerosol contribution to particulate pollution during haze events in China. Nature, 2014, 514: 218-222.

[5] Song Y, Xie S, Zhang Y, et al. Source apportionment of $PM_{2.5}$ in Beijing using principal component analysis/absolute principal component scores and UNMIX. Science of the Total Environment, 2006, 372: 278-286.

[6] Zheng M, Salmon L G, Schauer J J, et al. Seasonal trends in $PM_{2.5}$ source contributions in Beijing, China. Atmospheric Environment, 2005, 39: 3967-3976.

[7] Ancelet T, Davy P K, Mitchell T, et al. Identification of particulate matter sources on an hourly time-scale in a wood burning community. Environmental Science & Technology, 2012, 46: 4767-4774.

[8] Gao J, Peng X, Chen G, et al. Insights into the chemical characterization and sources of $PM_{2.5}$ in Beijing at a 1-h time resolution. Science of the Total Environment, 2016, 542: 162-171.

[9] Han B, Zhang R, Yang W, et al. Heavy haze episodes in Beijing during January 2013: Inorganic ion chemistry and source analysis using highly time-resolved measurements from an urban site. Science of the Total Environment, 2016, 544: 319-329.

[10] Peng X, Shi G L, Gao J, et al. Characteristics and sensitive analysis of multiple-time-resolved source patterns of $PM_{2.5}$ with real time data using Multilinear Engine 2. Atmospheric Environment, 2016, 139: 113-121.

[11] Liu B S, Yang J M, Yuan J, et al. Source apportionment of atmospheric pollutants based on the online data by using PMF and ME2 models at a megacity, China. Atmospheric Research, 2017, 185: 22-31.

[12] Sun Y, Jiang Q, Wang Z, et al. Investigation of the sources and evolution processes of severe haze pollution in Beijing in January 2013. Journal of Geophysical Research: Atmospheres, 2014, 119: 4380-4398.

[13] Sun Y, Chen C, Zhang Y, et al. Rapid formation and evolution of an extreme haze episode in Northern China during winter 2015. Scientific Reports, 2016, 6: 27151.

[14] Cai J, Zheng M, Yan C Q, et al. Application and process of single particle aerosol time-of-flight mass spectrometry in fine particulate matter research. Chinese Journal of Analytical Chemistry, 2015, 43: 765-774.

[15] Creamean J M, Ault A P, Hoeve J E T, et al. Measurements of aerosol chemistry during new particle formation events at a remote rural mountain site. Environmental Science & Technology, 2011, 45: 8208-8216.

[16] Fu H Y, Zheng M, Yan C Q, et al. Sources and characteristics of fine particles over the Yellow Sea and Bohai Sea using online single particle aerosol mass spectrometer. Journal of Environmental Science, 2015, 29: 62-70.

[17] 李杰, 王自发, 吴其重. 对流层 O_3 区域输送的定量评估方法研究. 气候与环境研究, 2010, 15(5): 529-540.

第 3 章 大气有机颗粒物在线源解析与动态定量方法体系的建立

段静,古仪方,钟昊斌,王瑛,林春水,郭洁,黄汝锦

中国科学院地球环境研究所

我国颗粒物污染严重,来源复杂,目前对有机颗粒物这一关键组分的来源与成因的认识还很不清楚。颗粒物源解析的非实时性限制了对污染来源的快速识别与有效控制。本研究围绕有机颗粒物在线源解析这一目标,建立了以气溶胶飞行时间质谱仪(ToF-ACSM)为核心的高时间分辨率大气污染物在线测量体系。通过在关中、北京和石家庄对象区域开展外场观测,获得了 5~10 min 分辨率的 PM_1 和 $PM_{2.5}$ 主要成分浓度和有机颗粒物质谱指纹信息。通过对已知一次污染源质谱指纹进行 a 值约束与校正,并结合无机组分特征约束,对有机颗粒物在线源解析算法进行优化。在此基础上,完成一次排放源快速识别、二次生成源"动态"表征,以及解析结果合理性在线评估。通过对在线、离线多模式解析结果进行综合校验和参数优化,建立了适用于我国污染特征的有机颗粒物在线源解析新方法体系。

3.1 研究背景

3.1.1 研究意义

随着我国工业化和城市化的快速发展,$PM_{2.5}$ 污染已经成为一个严峻的环境问题,表现为持续性重霾天气在全国大范围高频率发生。国务院于 2013 年 9 月 10 日出台《大气污染防治行动计划》,要求到 2017 年,全国地级及以上城市 $PM_{2.5}$ 浓度比 2012 年下降 10% 以上,其中京津冀地区下降 25% 左右。因此,为显著改善我国空气质量,有必要快速定量与识别 $PM_{2.5}$ 的来源和生成途径,并制定有针对性的减排策略和措施,为提升政府决策效力提供科学依据。

大气中悬浮的颗粒物是一个高度复杂的混合体系,包括各种无机物和有机物。其中,有机颗粒物比无机颗粒物更为复杂,包含成千种不同的有机化合物,例如,碳氢化合物、醇、醛、羧酸以及由这些物质进一步反应生成的氧化物和低聚物的混合体等。有机颗粒物成分的复杂性,加之其中大部分有机物都处于痕量水平,使得对其定性定量分析成为一个富有挑战性的课题[1]。在亚微米级的气溶胶中,有机颗粒物通常占颗粒物浓度的20%~90%[2]。目前,只有10%~30%的颗粒物有机成分实现了分子水平上的定性和定量分析[3],而且有机颗粒物的来源与大气氧化/老化过程非常复杂。因此,有机颗粒物的在线观测、来源识别与动态定量是实现大气颗粒物来源动态解析最为重要、最为关键的瓶颈环节,成为当前国内外颗粒物源解析的前沿焦点问题,亟须开展高水平研究工作。

与欧美发达国家相比较,我国颗粒物污染具有多种源共同排放、二次组分含量高、本地排放与区域传输协同作用的复合特性。例如,本课题组前期研究表明,机动车、燃煤、烹饪、生物质燃烧和粉尘是我国冬季灰霾期间主要的排放源,并具有明显地域特征[4];且这些污染源排放的颗粒物前体物(precursor)通过大气化学反应产生的二次产物对有机颗粒物的贡献非常显著(44%~71%)。灰霾污染形成过程受气象与大气氧化/老化等环境因子的影响,有机颗粒物组分与来源具有快速变化的特征。因此,亟须开展高时间分辨率的在线定量观测,开发在线源解析新算法。

3.1.2 国内外研究现状与发展趋势

自伦敦烟雾事件和洛杉矶光化学烟雾事件以来,从20世纪60年代美国科学家的开创性工作算起,源解析研究和应用已有60多年历史,研究方法主要包括受体模型、排放清单和扩散模式模拟法。受体模型法一般认为起源于20世纪70年代Miller、Friedlander和Hidy等人第一次提出的化学元素平衡法(chemical element balance,CEB)[5-7],该方法通过在受体采样点获得颗粒物中对源有指示作用的元素信息来反推各种源的定量贡献。1980年Cooper和Watson加入非元素组分后将该方法升级为CMB模型[8]。该模型至今已发展到CMB 8.2版本,是目前颗粒物源解析工作中成熟的受体模型,但受限于源谱的本地化与完整性,在实际工作中具有一定的局限性。1993年Paatero和Tapper提出PMF模型,以受体点化学成分信息为模型输入,利用最小二乘法计算得到源谱信息并定量各源的贡献[9]。与CMB模型相比,PMF模型不需要源谱,适用于排放源种类多样化和源谱信息缺乏时的源解析,在各类源解析研究中得到广泛应用[10-14]。

CMB、PMF等模型方法是基于滤膜采样,在实验室分析获得各类化学组分的来源解析方法,研究周期通常在半年以上。然而,近些年伴随全球大气化学研究需求的增强、大气颗粒物污染问题的严重,更多的先进颗粒物实时在线测量技术被开发出来,在环境研究的实践中得到广泛应用。其中代表性的在线气溶胶(即颗粒物)化学组分测量仪器,是由美国 Aerodyne 公司开发的气溶胶质谱仪(AMS,主要为 high resolution time of flight aerosol mass spectrometry, HR-ToF-AMS 和 time of flight aerosol chemical speciation monitor, ToF-ACSM), PMF 模型结合 AMS 或 ToF-ACSM 在线数据被广泛用于解析有机颗粒物的来源[15-19]。由于有机颗粒物通常占 $PM_{2.5}$ 浓度的 20%~90%,且来源比无机成分要复杂得多,因此对有机颗粒物来源的解析是大气颗粒物来源研究的核心。与传统的离线滤膜分析相比较,AMS 或 ToF-ACSM 可提供高时间分辨率(秒到分钟)的在线观测数据集(包括有机物、SO_4^{2-}、NO_3^-、NH_4^+ 和 Cl^- 的浓度及对应的质谱指纹时间序列集),有利于获取源排放、化学老化和传输的动态过程。Lanz 等(2007)首次报道了 PMF 模型运用于 AMS 数据的实证研究,通过在瑞士苏黎世的观测,解析出机动车、木材燃烧、炭烤、烹饪排放这四类一次排放源和两类二次气溶胶源[20]。之后,AMS 与 PMF 结合的技术在不同国家和地区得到了广泛应用[21-24],尤其值得强调的是 Jimenez 等(2009)在《科学》(Science)杂志报道了北半球 26 个观测点通过 AMS 获得的有机颗粒物来源解析结果,极大地改进了人们对有机颗粒物来源及氧化过程的认识[2]。目前,AMS 已成为 $PM_{2.5}$ 来源解析的最关键技术。

HR-ToF-AMS 可以提供高质量分辨率的质谱信息(如 m/z 43 可被区分为 $C_2H_3O^+$ 和 $C_3H_7^+$),获得更多的化学组分信息,有利于约束 PMF 解析结果并降低不确定性。但 HR-ToF-AMS 在仪器运行、维护和数据分析方面对操作者的技能有较高要求。考虑到这个问题,Aerodyne 公司开发了四极杆 ACSM(Q-ACSM)。该质谱仪是 HR-ToF-AMS 的简化版本,通过降低质量分辨率[不能提供高分辨率质量分析,但是可提供单位质量分辨率(unit mass resolution, UMR)的质谱信息],提高仪器的可操作性,具有仪器维护和数据分析相对简单的优点,可用于开展外场长时间观测,获得气溶胶日间到年际变化特征。目前,Q-ACSM 与 PMF 相结合已经成为一种成熟的技术,在欧美国家的气溶胶监测网络中得到广泛使用。例如,欧盟资助的气溶胶、云、气体研究基础建设网络(ACTRIS)项目的观测站点均配备 Q-ACSM 质谱观测系统,以开展气溶胶观测和源解析工作,观测站点从 2011 年的 4 个发展到目前的 31 个。2013 年,Aerodyne 公司采用飞行时间质量分析器代替 Q-ACSM,研发出 ToF-ACSM,该仪器在保留 Q-ACSM 操作维护简单的优点的同时提高了质谱的质量分辨率,有助于识别源谱成分比较相近的源[25]。除监测仪器系统的进步外,源解析算法也有改进。传统的 PMF 模型只能在单一和随机的维度上运算,而瑞士保罗谢勒研究所(PSI)大气化学团队采用 ME-2(multilinear engine)模式开发的 SoFi 算法,可提供多维、高效和全面的运算,较容易获得环境有意义(environmentally meaningful)的源解析结果[26]。

国内颗粒物源解析研究主要为静态解析。近年来,在线动态观测研究开始增多,主要是基于 AMS 或 Q-ACSM 的观测数据的研究,同时利用 PMF 模型进行来源解析的相关工作也逐渐开展起来。如 Huang 等(2010)和 Sun 等(2013)开展了北京颗粒物 AMS 或 Q-ACSM 观测的 PMF 源解析[27,17],Zhang 等(2015)开展了南京颗粒物 Q-ACSM 观测的 PMF 源解析[28]。Huang 等(2014)第一次采用 ME-2 新方法,结合 PMF、CMB 等源解析方法进行相互校验,解析了重霾期有机颗粒物和 $PM_{2.5}$ 各来源的定量贡献,并对解析结果的不确定性和模型的敏感性采用伪蒙特卡罗(pseudo Monte Carlo)模拟进行全面评估[4]。此外,Elser 等(2016)于 2013 年 12 月和 2014 年 1 月首次采用配备 $PM_{2.5}$ 光学透镜进样的 HR-ToF-AMS 分别对西安和北京 $PM_{2.5}$ 进行在线观测和离线 ME-2 源解析研究[19]。

综上所述,源解析过程的非实时性限制了对污染来源的动态解析和控制。如何根据不同方法的适用性和优缺点,进行综合校验与优化,对不同地域污染来源进行实时定量源解析是现阶段亟待解决的科学问题。因此,本研究建立了以高分辨率气溶胶质谱仪为核心的在线测量技术体系,对在线动态源解析算法进行优化和综合校验,实现了真正意义上的污染源快速识别和动态定量。

3.2 研究目标与研究内容

3.2.1 研究目标

针对我国大气颗粒物污染现状,建立以 ToF-ACSM 和 AMS 为核心的高时间分辨率大气污染物在线测量体系,以西安、北京和石家庄为对象区域开展外场观测研究,获得有机物、SO_4^{2-}、NO_3^-、NH_4^+、BC 等主要化学组分的长时间(1 年连续)、高分辨率变化序列和质谱指纹信息;在 PMF 传统源解析模型的基础上,结合 a 值约束及无机组分特征输入,开发并优化在线源解析新算法,实现源谱的及时更新,提高源解析精度;结合离线、气体、气象数据对解析结果进行综合校验与评估,建立最优参数化设置的大气颗粒物来源动态定量识别方法体系,达到在高时间分辨率尺度上定量颗粒物的无机和有机组成与来源及其精确贡献比例,实现大气颗粒物的在线动态源解析,为及时准确判断我国灰霾等大气污染的成因提供先进的方法体系。

3.2.2 研究内容

1. 高时间分辨率大气污染物在线测量体系的建立

（1）采用 ToF-ACSM 在线定量测定 $PM_{2.5}$ 中有机物、SO_4^{2-}、NO_3^-、NH_4^+ 和 Cl^- 的浓度，时间分辨率为 1 min。同时，对 ToF-ACSM 的实时质谱图进行高质量分辨率分析，获得相应的质谱指纹时间序列及有机颗粒物的氧化状态等化学特征。

（2）利用 HR-ToF-AMS 开展更高质量分辨率的在线测量，获取未知有机组分的质谱碎片特征。结合这些新的质谱碎片组成信息，提高 ToF-ACSM 有机组分分析的精准性。

（3）采用七波段黑碳仪（AE-33）在线测量 BC 浓度及不同波长下的吸收系数，时间分辨率为 1 min。

（4）采用常规气体分析仪在线测量 NO、NO_2、CO、SO_2 和 O_3 等气体成分，时间分辨率为 1 min。

2. 高时间分辨率在线源解析体系的开发与优化

（1）确定质谱特征碎片源，获得各污染源快速识别所需的特征质谱指纹。

（2）通过源谱 a 值约束，结合 PMF 和 ME-2 算法，优化模型输入参数，实现高时间分辨率解析。同时，结合无机组分特征输入，进一步优化模型解析结果，实现观测数据的在线解析。

（3）结合离线数据、气体、气象数据对解析结果进行实时评估，完成在线数据、离线数据的综合校验与优化。

3. 有机颗粒物污染源的快速识别与化学性质研究

（1）基于高时间分辨率在线质谱综合观测体系，在关中地区及华北地区开展高时间分辨率大气污染物在线测量，完成数据采集工作。

（2）结合 PMF 和 ME-2 源解析模型，将一个或多个已知源谱输入 ME-2 模型进行 a 值约束，解决源谱共线性造成的因子解析不清等问题，再根据各类源的特征质谱指纹，对其进行精准识别。

（3）华北地区及关中地区不同城市及污染状态下大气污染物化学组分表征、来源解析及化学机制研究。

3.3 研究方案

3.3.1 建立高时间分辨率大气污染物在线测量体系

同时在线定量测定 $PM_{2.5}$ 和 PM_1 中有机物、SO_4^{2-}、NO_3^-、NH_4^+、Cl^- 的浓度及相应的质谱指纹时间序列,时间分辨率为 1 min,用于研究灰霾的大气动态过程。ToF-ACSM 仪器运行稳定、操作和维护比较简单,可用于开展外场长期观测,获得季节、年度等长时间尺度的 $PM_{2.5}$ 主要成分和来源等信息。然而,ToF-ACSM 的质量分辨率仍有限制,对未知有机组分的识别能力弱。因此,本研究采用质量分辨率更高的 HR-ToF-AMS 开展辅助性加强观测,用于识别未知有机组分的质谱特征。结合这些新识别的有机组分质谱特征,提高 ToF-ACSM 对有机组分区分和定量的准确性,为源解析模型输入提供更多新的特征 m/z,提高源解析的精准度。在此基础上,建立以 ToF-ACSM 和 AMS 等高分辨率质谱仪为核心,黑碳仪、气体监测仪及气象仪为辅助的综合在线观测体系,对 $PM_{2.5}$ 和 PM_1 主要化学成分进行快速定量,并对有机气溶胶质谱指纹进行快速识别。

3.3.2 开发及优化高时间分辨率在线源解析技术

采用 ME-2 模型求解 PMF 算法,在模型中直接输入一个或数个已知的一次源谱,通过引入 a 值校正因子对已知源谱的变化性进行修正与约束,实现源谱的及时更新。该算法可解决现有 PMF 模型用于在线动态源解析时面临的质谱特征变化较大,且未考虑源谱随时间(如季节)变化和大气过程影响等缺陷。

在此基础上,利用无机盐的生成特点将有机和无机组分综合起来进行模型分析,将有机组分细分为更多来源,进一步优化并完善有机颗粒物的在线源解析算法。通过判断解析出来的各个源谱与数据库中源谱的相关性是否达到要求,解析出来的各个源和因子的时间序列与外部数据的时间序列相关性是否达到要求等对解析结果进行综合评估和校验。

3.3.3 有机颗粒物污染源的在线解析及化学性质研究

综合上述高分辨率质谱综合在线观测体系,在华北地区及关中地区相关城市,具体包括北京、石家庄和西安开展在线观测,结合优化后的 PMF 和 ME-2 源解析算法,对以 ToF-ACSM 和 AMS 为核心的观测数据进行在线源解析,准确识别并定量不同城市有机颗粒物的一次来源和二次来源。对华北地区、关中地区大气有机颗粒物化学组分特征、来源解析及二次气溶胶化学形成机制进行深入研究，探讨特殊污染事件对大气颗粒物化学组分、来源及生成机制的影响。

3.4 主要进展与成果

3.4.1 高分辨率质谱综合在线观测体系的建立

ToF-ACSM 和 AMS 等先进在线仪器能够有效避免离线滤膜采集过程中颗粒物半挥发性组分的变化及时间分辨率低的问题，在气溶胶研究领域已得到广泛应用。ToF-ACSM 和 AMS 可以实现对非难熔性颗粒物化学组分，包括有机物、SO_4^{2-}、NO_3^-、NH_4^+ 和 Cl^- 的高时间分辨率（分钟）在线观测，获得 $PM_{2.5}$ 和 PM_1 主要成分及化学信息的定量分析，同时可以获得有机气溶胶的实时质谱信息，从而用于有机气溶胶的溯源。在此基础上，AE-33 黑碳仪可实现 BC 浓度的实时在线观测，时间分辨率为 1 min。SO_2、CO、NO_x 和 O_3 等气体可通过相应的气体分析仪（图 3.1）进行测定。气象参数，包括风速、风向、相对湿度和温度则可通过自动气象站和风向仪测量。

图 3.1 高分辨率在线观测体系的建立：L-ToF-SP-AMS(a)、ToF-ACSM(b)、AE-33 黑碳仪(c)、气体分析仪(d)

结合上述建立的在线综合观测体系，分别在北京、石家庄及西安等地开展多次外场观测，获得 $PM_{2.5}$ 和 PM_1 化学组分信息、BC 浓度和 SO_2、CO、NO_x、O_3 等气体的浓度信息,以及温度、湿度、风速、风向等气象参数(图3.2),用于华北地区、关中地区气溶胶化学特性及来源的分析研究。

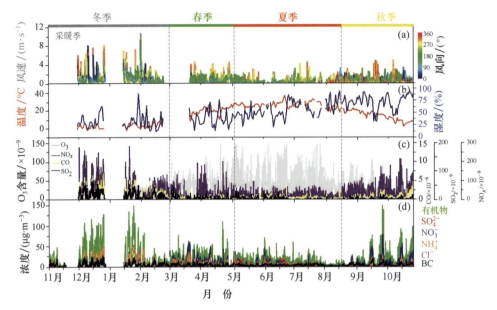

图 3.2　在线观测体系获得的系统数据示例

3.4.2　源解析方法的改进和建立,实现有机气溶胶的精准溯源

1. 多种受体模型与算法相结合,利用 a 值约束实现有机物来源精准解析

PMF 模型中限制解析获得的因子非负非正交,具有实际环境意义,其基本原理如下:

$$\mathbf{X} = GF + E \tag{3.1}$$

其中,$\mathbf{X}$ 为实际观测获得的有机质谱矩阵,而 G 和 F 分别为模型计算获得的各因子时间序列和相应谱图信息,E 为模型计算的残差,代表实际测量信息 $\mathbf{X}$ 与通过因子 G 和 F 计算得到的模型结果之间的差值。

在此基础上,引入加权残差平方和 Q,在 PMF 模型解析中通过最小二乘法迭代获得最小的 Q 值和最优解:

$$Q = \sum_{i=1}^{m}\sum_{j=1}^{n}\left(\frac{e_{ij}}{\sigma_{ij}}\right)^2 \tag{3.2}$$

其中,e_{ij} 为第 ij 个组分的残差,σ_{ij} 为 $\mathbf{X}$ 的标准偏差。

PMF 模型运算过程具有随机性和不确定性,在 PMF 模型中通过 ME-2 多元线性引擎可以引入外部源谱限制,并赋予相应范围的 a 值(0~1),从而使得解析获得的源谱更接近本地实际源谱,降低不确定性。假设 $f_{j,溶液}$ 为 ME-2 解析获得的因子谱图,而 f_j 为外部限制因子谱图,则 $f_{j,溶液}$ 的变化范围为:

$$f_{j,溶液} = f_j \pm af_j \tag{3.3}$$

通过上述 a 值约束可以降低 PMF 模型解析的不确定性,实现对环境有意义的解析,获得更准确合理的源解析结果。再进一步结合窗口分割和滚动运算,可获得有机气溶胶在线来源解析。

以北京有机气溶胶源解析为例:

烃类有机气溶胶以 C_nH_{2n-1} 和 C_nH_{2n+1} 这类烷基片段离子系列表征,并在质谱中以 m/z 41、43、55、57、69、71、83 和 85 等离子碎片示踪剂为主。生物质燃烧排放的有机气溶胶通过 m/z 60($C_2H_4O_2^+$)和 m/z 73($C_3H_5O_2^+$)的高信号来识别,它们是左旋葡聚糖和甘露聚糖的碎片,这是已知的不完全生物质燃烧的产物[28]。煤炭燃烧排放的有机气溶胶与多环芳烃相关的离子碎片具有较高的相关性,特别是 m/z 77、91 和 115。烹饪排放的有机气溶胶具有与烃类有机气溶胶相似的质谱特征,但在 m/z 41、55 处有更高的信号,因此通常使用 m/z 41/43 和 m/z 55/57 的比值来识别。此外,烹饪排放还具有显著的日变化特征,午餐和晚餐时间有较高的日变化峰值。二次生成的有机气溶胶以 m/z 44 和 m/z 43 的显著信号来区分。

通过非约束受体模型将有机气溶胶质谱信息尽可能完全地划分为不同的因子,从而筛选出最优的因子数(图 3.3)。通过分析非约束的 2~8 因子解析结果发现,在 3 因子解析结果中,解析得到 COA(烹饪源)因子、OOA(氧化性有机气溶胶源)因子,以及一个 CCOA(燃煤源)与 OOA 严重混合的因子。当因子数增加至 4 个时,模型可以进一步解析获得 HOA(机动车源)+ CCOA、COA、OOA1 和 OOA2。值得注意的是,在 4 因子解析结果中,解析得到一个分离清楚且标志性特征明显的 COA 源谱(特征 m/z 为 C_nH_{2n-1} 和 C_nH_{2n+1} 烃类离子碎片,且 m/z 55 的离子信号强度明显高于 m/z 57 的信号强度)。相比之下,HOA 与 CCOA 完全混合为一个因子,在 HOA+CCOA 因子谱图中有 HOA 的特征离子碎片 C_nH_{2n-1} 和 C_nH_{2n+1} 烃类片段,同时有明显的 PAHs 相关离子碎片,这是 CCOA 谱图的特征。当继续增加因子数时,出现没有实际环境意义的因子谱图,且无法进一步分离混合的 HOA+CCOA 因子,这可能是由于 ToF-ACSM 数据的质量分辨率较低,同时非约束受体模型分离相似因子的能力有限[29]。

由于非约束受体模型无法区分具有相似特征谱图的因子,我们进一步引入外部标准源谱进行限制,利用 a 值约束将解析引导至对环境有意义的结果和方案,以期将 HOA 与 CCOA 分开,并进一步优化解析结果。在 5 因子的 a 值约束解析中,先利用包括中国、日本、美国和欧洲地区共 15 个以上站点的 HOA 源谱平均值作

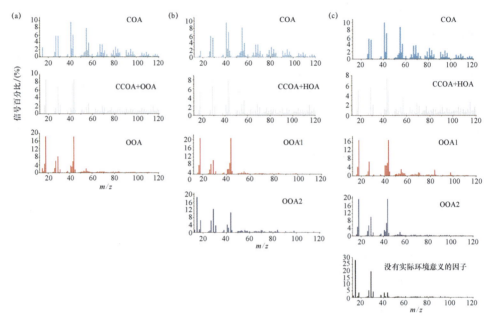

图 3.3　因子数分别为 3(a)、4(b)、5(c) 的非约束受体模型解析结果中各因子谱

为外部约束来限制 HOA。先前已有研究表明,尽管中国和欧洲地区的车辆燃油模式不同,但其 HOA 的谱图特征相似[19,30]。当 HOA 受限时,5 因子结果中可以解析得到 CCOA 因子,但是其谱图中 m/z 44 丰度很高,表明该 CCOA 因子与 OOA 有混合(图 3.4)。因此本研究进一步利用此前在宝鸡研究[31]中得到的 CCOA 源谱进行限制,以减少 OOA 对 CCOA 因子的影响。为了减小非本地外部源谱对解析结果的影响,引入 a 值进行调整,a 值可在 0～1 范围内变动,表明所限制源谱可随

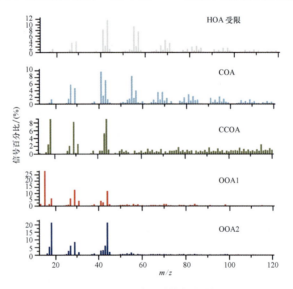

图 3.4　HOA 受限时的解析结果

外部源谱变动的幅度。由于4因子非约束解析结果中得到分离干净的本地COA源谱,因此在 a 值约束受体模型中限制COA时赋 a 值为0,而HOA和CCOA为非本地源,因而分别赋 a 值为0～1范围,以0.1为间隔逐渐增加,由此排列组合可以得到121种不同的解析结果。根据各因子合理的质谱和时间序列、日变化特征以及与外部标志物之间的良好相关性等判断标准对121种结果进行分析,最终筛选出6种合理的结果,将其平均值作为最终的源解析结果,该结果共包含HOA、COA、CCOA、LSOA(本地生成二次有机气溶胶)、RSOA(区域传输二次有机气溶胶)5个有机物来源(图3.5)。

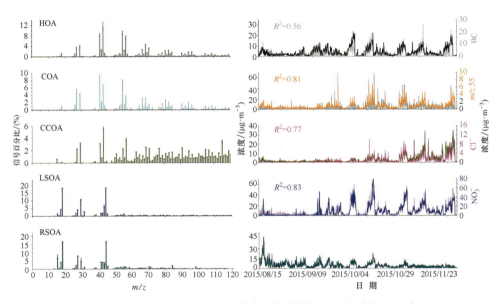

图3.5 最终解析结果5个有机物来源的质谱图(左)和时间序列(右)

在 a 值约束的解析结果中,可以根据特征碎片丰度、日变化特征等标准筛选最优解,如在西安冬季有机气溶胶的解析过程中,先根据非约束受体模型解析确定5因子的解最为合理(图3.6)。在此基础上,为了减少因子间的混合,在 a 值约束模型解析中进一步采用外部源谱对HOA、COA、CCOA因子进行限制。其中HOA、COA、CCOA源谱分别来自Ng等(2011)[31]、Elser等(2016)[19]和Wang等(2017)[32], a 值变动范围取0～1,步长为0.1,将HOA、COA和CCOA由11个 a 值变量自由组合,共得到1331个结果作为可能的解。

为了优化结果,用以下标准评估最佳 a 值,并结合离子碎片示踪剂判断得到最优解。

(1) 在烃类有机气溶胶(主要为HOA)中, m/z 60的信号最小化。由于 m/z 60是生物质燃烧排放有机气溶胶的主要示踪离子碎片,因此将 m/z 60最大占比

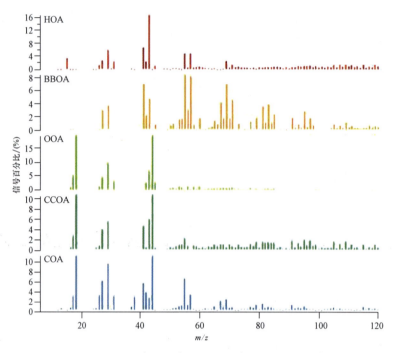

图 3.6 西安冬季 5 因子的非约束受体模型解析结果

的阈值设置为 0.006，可以最小化烃类有机气溶胶中生物质燃烧排放有机气溶胶的混合。在我们的结果中，HOA 的 m/z 60 贡献分数范围为 0.002 3（a 值=0）到 0.016 1（a 值=1）。所有 a 值为 0.6~1 的解中 HOA 的 m/z 60 信号都超出阈值，因此被剔除。

（2）未受限因子与之前研究的一致性。在限制了 HOA、COA 和 CCOA 之后，其他未受限因子的谱图应当与之前报告的谱图具有类似的结果。同时，非约束受体模型解析结果的判断标准在 a 值优化后的结果中也是有效的。根据上述标准，我们剔除了 COA 约束 a 值为 0.4~1 和 CCOA 约束 a 值为 0.5~1 的解。由此根据上述两条标准从 1331 个解中保留了 42 个解作为优化结果。

（3）COA 的日变化趋势。除了 m/z 41/43 和 m/z 55/57 的比值外，COA 在谱图中没有特别可见的信号，因此经常利用它的日变化结果来优化解。之前有研究引入 K 聚类分析方法，对每个 a 值约束下不同 COA 的日变化进行聚类[19]。公式（3.4）表示利用成本函数（CF）的计算将第一项（T_1）最小化的原理。T_1 表示每一个聚类目标（x_i）到其相关的聚类中心（μ_{zi}）的欧氏距离之和，公式中的第二项（T_2）则作为复杂度的惩罚，这是利用贝叶斯信息准则（Bayesian information criterion，BIC）对 k 个聚类数进行优化的一种常用方法。T_2 由聚类数 k 和聚类维数（D）的对数进行计算。

$$\mathrm{CF} = T_1 + T_2 = \parallel x_i - \mu_{zi} \parallel^2 + k \times \lg(D) \tag{3.4}$$

图 3.7 展示了西安冬季有机物源解析中选取剩余的 42 个解进行聚类数识别和 K 聚类分析的结果。从较低的聚类数($k=2$)到较高的聚类数($k=9$),可以看到 T_1 结果中 CF 显著下降。然而将复杂度的惩罚值 T_2 加入 T_1 结果中,可以看到 CF 从 $k=5$ 开始有一个逐渐增大的趋势,因此确定 k 的最佳聚类数为 4。图 3.7(b)~(i)显示了聚类分析结果和归一化后的聚类中心($k=2\sim5$)。绿色聚类的背景值在夜间最高,且在上午呈明显的波状趋势。相比之下,玫红色聚类和蓝色聚类的背景值较低,然而,它们在上午也会出现波动。红色聚类表现出最干净的背景值和最合理的日变化趋势,所以认为是最优解。为了降低 K 聚类分析的不确定性,我们对算法进行了 100 次随机初始化迭代计算,结果表明,红色聚类是最优解,准确率达 97% 以上。因此,红色聚类中的 12 个 a 值解的平均值为源解析的最终结果(图 3.8)。

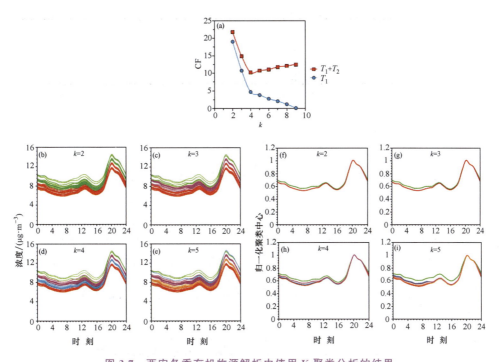

图 3.7　西安冬季有机物源解析中使用 K 聚类分析的结果

[(a)是 $k=2\sim9$ 时,日变化趋势到其相关的聚类中心的欧氏距离(T_1)与加上惩罚值(T_1+T_2)之后的结果;(b)~(i)显示日变化趋势及归一化聚类结果]

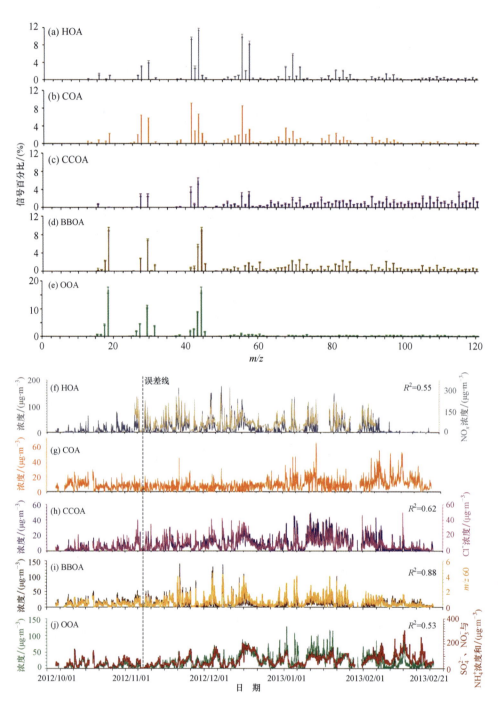

图 3.8 西安冬季有机物源解析结果[(a)～(e)]及相关浓度时间序列[(f)～(j)]
（误差线为 12 个 a 值约束受体模型最优解平均后 m/z 信号的标准偏差）

2. 结合无机组分进一步优化有机物源解析结果

利用无机盐的生成特点(如 SO_4^{2-} 主要由液相生成,具有低挥发性,而 NO_3^- 具有高挥发性)将有机和无机组分综合起来进行模型分析,可将有机组分细分为更多的来源(图 3.9)。如在石家庄背景点的解析中,为了获得非难熔亚微米气溶胶($NR-PM_1$)的全面来源,将 ToF-ACSM 测量的石家庄冬季有机质谱碎片和无机物的数据集输入受体模型中,将有机和无机组分综合起来进行全组分源解析,发现 HOA 占 $PM_{2.5}$ 总量的 4%~5%,

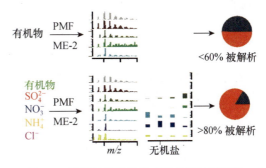

图 3.9 利用无机盐的生成特点进行源解析

BBOA(生物质燃烧源)和 CCOA 贡献 14%~29%,二次气溶胶为主要来源(58%~79%)。二次气溶胶(有机和无机组分的总和)占非假期期间 $NR-PM_1$ 的一半以上 (58%,106 $\mu g \cdot m^{-3}$)。在总有机成分中,有 38%~48%(8.0~14.4 $\mu g \cdot m^{-3}$)的氧化有机气溶胶归因于富含 NO_3^- 的 OOA(即 $OOA-NO_3^-$)因子,表明一部分 OOA 是新形成的,或具有挥发性,与 NO_3^- 相似。相比之下,还有较小的一部分(5.5~7.7 $\mu g \cdot m^{-3}$)归因于富含 SO_4^{2-} 的区域运输 OOA(即 $OOA-SO_4^{2-}$),而老化的初生气雾剂 OOA(即 OOA-CC/BB)含量为 7.3~7.4 $\mu g \cdot m^{-3}$。在春节假期期间,$NR-PM_1$ 浓度(91.9 $\mu g \cdot m^{-3}$)与非假期(182.7 $\mu g \cdot m^{-3}$)相比降低了约 50%(图 3.10)。

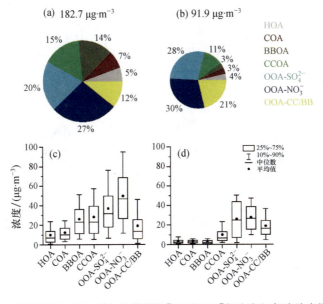

图 3.10 非假期[(a)和(c)]与春节假期[(b)和(d)]相比有机气溶胶来源差异

减少的主要原因是人为活动的减少,导致交通、烹饪和固体燃料燃烧相关的排放量减少了65%～89%,其他来源的排放也减少了1%～44%。我们的研究结果对于控制一次排放具有重大意义,同时也表明需要在区域范围内采取联合措施减少石家庄的二次气溶胶,才能更好防治空气污染。

3.4.3 华北地区 PM_1 化学组成、来源及生成研究

1. 北京有机气溶胶来源区域的季节差异

通过在北京开展 ToF-ACSM 在线观测,获得 PM_1 不同季节(夏末、秋季、初冬)的化学组成及变化特征,并对有机气溶胶组分进行来源解析,得到 HOA、COA、CCOA、LSOA、RSOA 共 5 个源。SO_4^{2-} 浓度的风玫瑰图季节变化特征显示,夏末 SO_4^{2-} 和二次有机气溶胶(SOA)主要来自区域传输,初冬主要来自本地生成,而秋季二者贡献相当(图 3.11)。RSOA 或 LSOA 与 SO_4^{2-} 之间表现出不同的相关性特

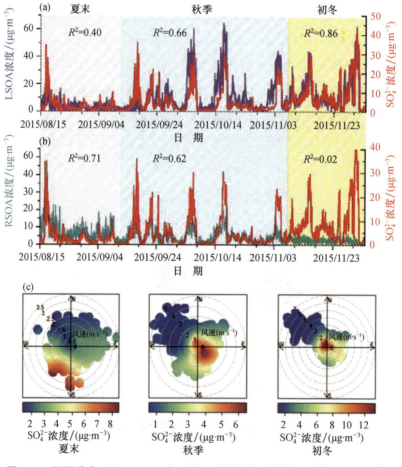

图 3.11 不同季节 LSOA、RSOA 与 SO_4^{2-} 之间的时间序列相关性[(a)和(b)]以及 SO_4^{2-} 浓度的风玫瑰图季节变化特征(c)

征：夏末 RSOA 的时间序列与 SO_4^{2-} 时间序列具有很好的相关性($R^2=0.71$)，秋季二者相关性系数降至 0.62，而初冬 RSOA 与 SO_4^{2-} 时间序列之间几乎没有相关性($R^2=0.02$)；与之相比，LSOA 和 SO_4^{2-} 时间序列之间的相关性显示出与 RSOA 相反的季节变化特征，即 LSOA 与 SO_4^{2-} 时间序列之间的相关性系数从夏末的 0.40 上升到秋季的 0.66 后，在初冬进一步上升至 0.86[图 3.11(a)]。进一步对比分析发现，SOA 在 PM_1 中占主要地位，其中 SOA 在夏末对 PM_1 总浓度的贡献达到 46%，在秋季和初冬对 PM_1 的贡献也分别达到 41% 和 45%。与清洁期相比，污染期 SOA 占比在不同季节均明显升高，进一步证实 SOA 在雾霾污染形成中的重要贡献(图 3.12)。

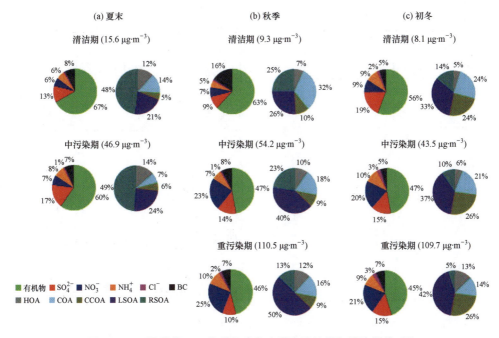

图 3.12 不同季节 PM_1 化学组成和来源在清洁期和污染期的对比

2. 北京不同季节二次气溶胶生成机制对比

基于在北京开展的 ToF-ACSM 在线高分辨率观测数据，对北京冬季和夏季 PM_1 化学组成及来源进行对比分析，并重点分析了二次气溶胶生成机制的季节差异。夏季有机气溶胶来源主要包括 HOA、COA、OOA 及异戊二烯氧化有机气溶胶源(IS-OOA)，而冬季主要来源为 HOA、COA、CCOA、BBOA、低氧化性氧化有机气溶胶源(LO-OOA)及高氧化性氧化有机气溶胶源(MO-OOA)(图 3.13)。二次气溶胶生成机制研究结果表明，光化学氧化是夏季 SO_4^{2-} 生成的主要途径，而液相反应在冬季 SO_4^{2-} 生成中更为重要；相比之下，冬季低温环境会促进 NO_3^- 从气相向气溶胶相转化，而夏季 NO_3^- 更易在高湿度环境下生成。夏季 OOA 对有机物总浓度贡献达到74%，而冬季由于一次排放源增加，OOA在有机物中的占比降至39%（图3.14）。同时，光化学氧化也是夏季SOA以及冬季LO-OOA的主要生成途径，而冬季MO-OOA与气溶胶液态水含量（ALWC）之间具有良好相关性，表明液相途径对其生成具有显著影响。此外，LO-OOA、LO-OOA/MO-OOA与O_x之间的相关性均在相对湿度（relative humidity，RH）高于60%时减弱，表明高湿度条件下液相过程对LO-OOA的生成也有影响（图3.15）。

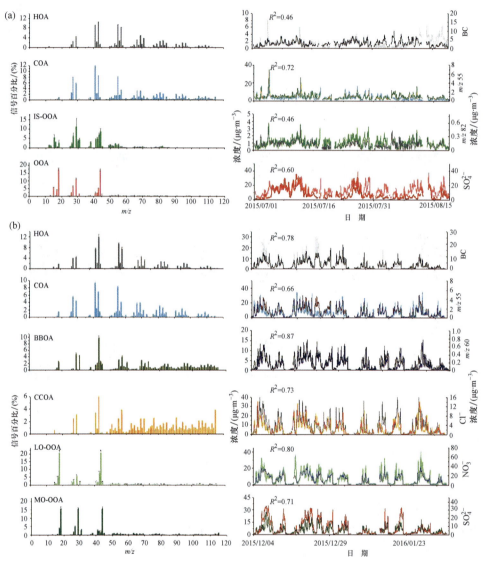

图3.13 不同季节[(a)为夏季，(b)为冬季]有机气溶胶源解析结果中各来源谱图（左）和时间序列（右）

（各谱图中的误差棒表示所有合理结果平均值的标准偏差）

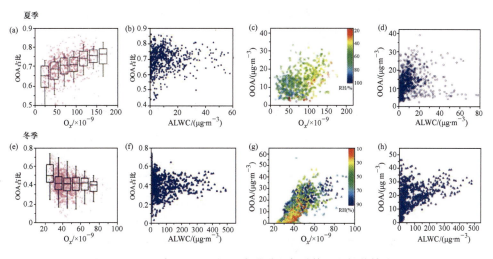

图 3.14　OOA 与 ALWC 和 O_x 在夏季和冬季的不同相关性分析

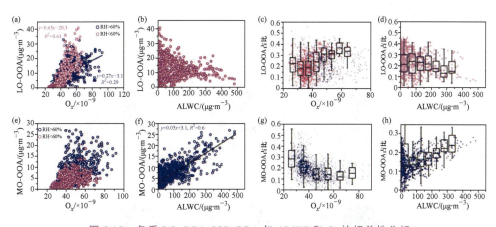

图 3.15　冬季 LO-OOA、MO-OOA 与 ALWC 和 O_x 的相关性分析

3. 湿度对北京冬季颗粒物污染形成及特性的影响

基于在北京冬季开展的 ToF-ACSM 在线质谱观测数据，系统对比分析了清洁期、低湿度污染期和高湿度污染期 PM_1 组成及有机物来源的差异，源解析结果显示，分析期间有机气溶胶来源包括 HOA、COA、BBOA、CCOA 和 OOA（图 3.16）。有机气溶胶在清洁期和污染期均是 PM_1 的主要成分，平均占比为 50%。与低湿度污染期（54%）相比，高湿度污染期有机物的占比略有下降，为 46%（图 3.17）。SO_4^{2-} 在高湿度污染期的浓度更高，对 PM_1 的贡献从低湿度污染期的 7% 升高至高湿度污染期的 17%；而 NO_3^- 在低湿度污染期和高湿度污染期的浓度及对 PM_1 的贡献接近（图 3.17）。二次组分日变化情况显示，NO_3^- 及 OOA 在白天均有显著生成，表明光化学氧化是其生成的主要贡献（图 3.18，图 3.19）。同时，NO_3^- 在低湿度污染期和高湿度污染期具有相似的增长速率。相比之下，SO_4^{2-} 在低湿度污染期白

天的浓度明显降低,而在高湿度污染期有明显升高,表明其生成途径在不同湿度下存在差异。OOA 在高湿度条件(RH>70%)下的生成速率增快,进一步表明液相相关途径对 OOA 生成的贡献(图 3.20)。

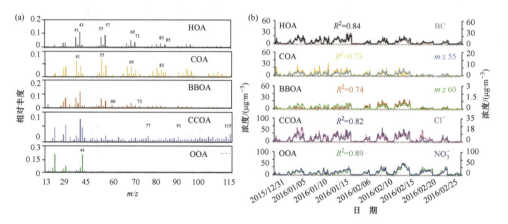

图 3.16 北京冬季有机气溶胶源解析结果(a)及时间序列变化特征(b)

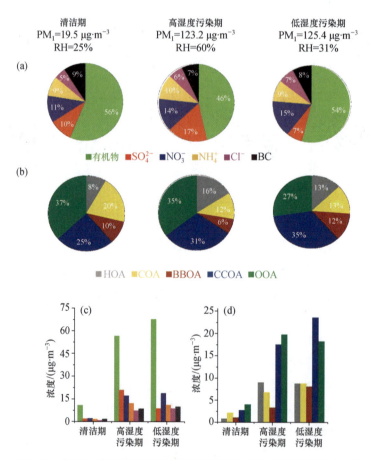

图 3.17 清洁期、高湿度污染期、低湿度污染期 PM_1 及有机物组成对比
[(c)中色块含义同(a),(d)中色块含义同(b)]

第 3 章 大气有机颗粒物在线源解析与动态定量方法体系的建立

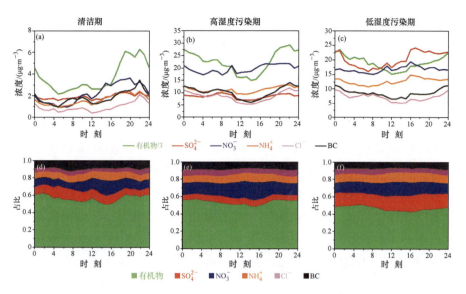

图 3.18 PM$_1$ 化学组分浓度及占比日变化特征

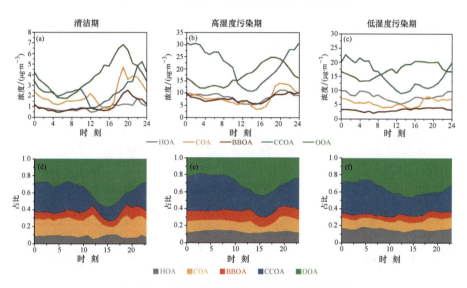

图 3.19 有机物各来源浓度及占比日变化特征

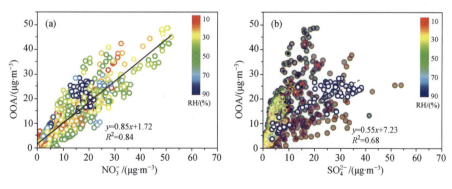

图 3.20 湿度对 OOA 生成的影响

4. 北京 PM_1 化学组成及来源的季节变化及年际变化特征

基于在北京开展的为期一年的长期 ToF-ACSM 在线观测数据,得到 PM_1 季度化学组分变化特征(图 3.2),并通过多种受体模型综合解析及校验,获得具有季节特异性的有机气溶胶解析结果。其中,在冬季获得的 6 个合理解析因子分别为 HOA、COA、CCOA、BBOA、LO-OOA 和 MO-OOA;在夏季获得 5 个合理解析因子,分别为 HOA、COA、IS-OOA、LO-OOA 和 MO-OOA;而在春季和秋季,HOA、COA、CCOA、LO-OOA 和 MO-OOA 为合理的来源解析结果(图 3.21)。总体而言,本研究中各季节的 PM_1 平均浓度低于 2008—2013 年间大部分的 PM_1 平均浓度(图 3.22),说明过去几年节能减排取得了一定成效。有机物在各季节均表现出在 PM_1 中的主导地位(占比＞45%,图 3.23),且与 2011—2013 年的季节相比,一次有机气溶胶(POA)和 SOA 的质量浓度均呈下降趋势,且 SOA 的下降趋势在不同季节存在差异。SOA 生成机制的进一步分析结果显示,冬季液相化学氧化对 MO-OOA 的形成具有促进作用,而 LO-OOA 的形成更多是由光化学氧化导致的。春季液相反应和光化学反应(以高浓度的 O_x 表示)途径同时促进了两种 SOA 的形成。相比之下,在夏季和秋季,LO-OOA 的浓度和占比随 RH 和 O_x 的增加没有明显的变化(图 3.24),可能是由于 LO-OOA 在夏季和秋季对总有机物的贡献较小。夏季 MO-OOA 形成的主要途径可能是光化学氧化,秋季与高 O_x 有关

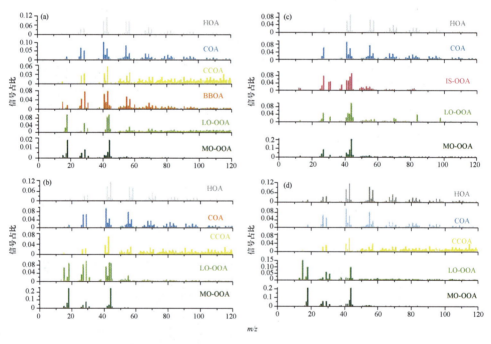

图 3.21 北京冬季(a)、春季(b)、夏季(c)和秋季(d)有机物源解析结果中各因子谱
(LO-OOA 和 MO-OOA 谱图的季节性差异主要是由形成途径、大气氧化能力和气象条件的季节性差异造成的)

的光化学反应可能在 MO-OOA 的形成中起主导作用,但不能排除液相化学氧化的作用。

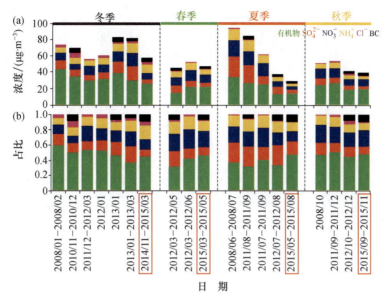

图 3.22　PM$_1$ 组分的季度与年度变化:(a)为浓度,(b)为占比

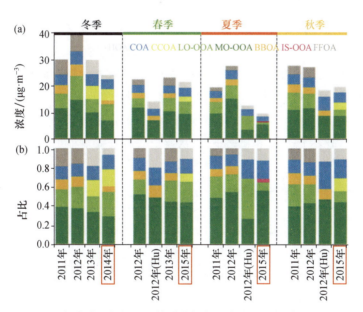

图 3.23　有机气溶胶源解析结果的季度与年度变化:(a)为浓度,(b)为占比

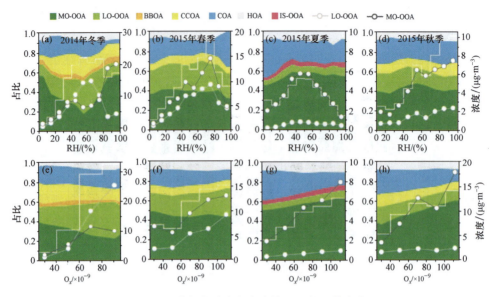

图 3.24　有机物浓度和占比随 RH 或 O_x 的变化

〔数据按 RH(10% 增量)和 O_x 浓度(20×10^{-9} 增量)进行合并分组,有机物浓度呈白色阶梯曲线。注意,(a)和(b)中的有机物浓度按比例增加了 2 倍,(e)中的有机物浓度按比例增加了 10 倍〕

5. 石家庄有机气溶胶一次来源与二次来源分析

通过在石家庄开展的 ToF-ACSM 在线观测数据,定量解析我国冬季北方重污染城市石家庄有机气溶胶的 5 个来源,包括 HOA(13%)、COA(16%)、BBOA(17%)、CCOA(27%)及 OOA(27%)(图 3.25)。通过对化学组成及特征污染事件的深入分析,发现二次气溶胶对重霾事件有重要贡献,但一次排放在整个观测期间的平均贡献更为显著。在 PM_1 浓度高达 $300\sim360~\mu g \cdot m^{-3}$ 的重污染事件中,二次气溶胶贡献占比达 55%。相比之下,二次有机气溶胶在整个观测期间对有机物的

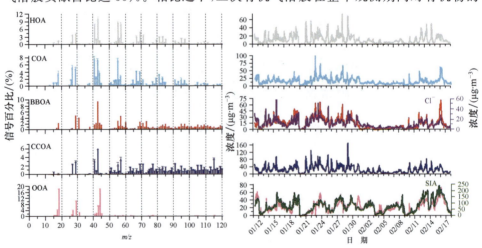

图 3.25　石家庄有机气溶胶来源解析结果因子谱图(左)及时间序列(右)

平均贡献仅为27%(图3.26),间接表明一次排放的重要性。同时,即便在RH>90%的条件下,硫氧化程度(0.18)依然很低(图3.27),进一步证实观测期间当地大气氧化能力较弱,大气$PM_{2.5}$主要来源于一次排放。此外,研究结果表明气象条件对污染形成及特征有显著影响,高湿度污染期液相化学过程生成的二次无机气溶胶和二次有机气溶胶占主导地位(图3.28),而低湿度污染期、静稳天气污染事件中一次有机气溶胶的贡献更为重要。上述研究结果强调了气象条件对重霾污染形成的显著影响,为深入理解我国北方城市$PM_{2.5}$的来源及生成机制,制定有效减霾措施提供了重要科学依据。

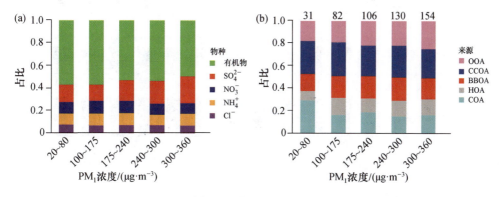

图3.26 不同PM_1浓度下化学组成(a)及来源组成(b)变化特征

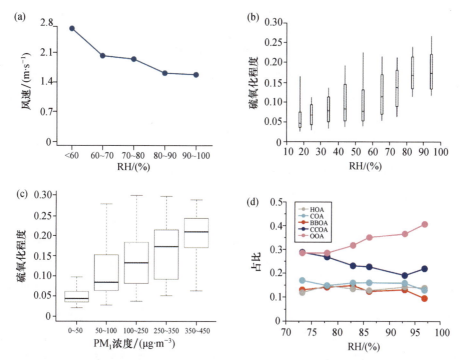

图3.27 气象条件对污染的影响:风速与湿度的相关性(a),湿度对硫氧化程度的影响(b),硫氧化程度与PM_1浓度的相关性(c),湿度对有机气溶胶组成的影响(d)

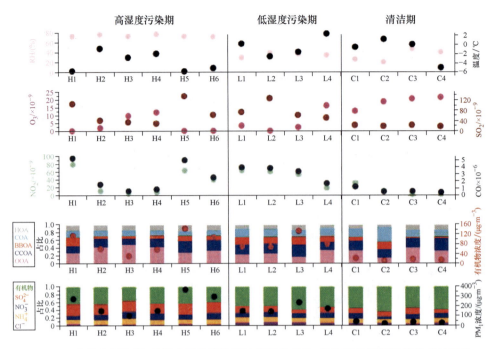

图 3.28 高湿度污染期、低湿度污染期及清洁期气象参数、气体组分及气溶胶组成的对比

3.4.4 关中地区 PM_1 化学组成、来源及生成研究

1. 西安冬季有机气溶胶的化学组成及来源分析

在关中地区主要城市西安开展秋冬季高分辨率在线气溶胶化学组分观测,对重污染事件中 PM_1 的化学组分、有机来源与生成机制进行全面解析。在观测期间颗粒物平均浓度为 $(139\pm92.8)\mu g\cdot m^{-3}$,浓度范围为 $1.2\sim497\ \mu g\cdot m^{-3}$。最主要的污染物组成是有机物 $(53.5\%,76.1\ \mu g\cdot m^{-3})$(图 3.29),随后依次是 SO_4^{2-} $(15.8\%,22.0\ \mu g\cdot m^{-3})$、$NO_3^-$ $(13.0\%,18.1\ \mu g\cdot m^{-3})$、$NH_4^+$ $(12.3\%,17.1\mu g\cdot m^{-3})$ 和 Cl^- $(5.3\%,7.4\ \mu g\cdot m^{-3})$。利用多种受体模型对观测期间有机气溶胶进行源解析,解出 HOA、COA、CCOA、BBOA 和 OOA 共 5 个来源。其中,BBOA 和 OOA 分别是秋季和冬季的主要有机物源。秋季 BBOA 占总有机物的 32%[$(14.8\pm5.1)\mu g\cdot m^{-3}$],而冬季为 16%[$(11.6\pm6.8)\mu g\cdot m^{-3}$],下降了一半(图 3.30)。OOA 的占比从秋季的 21%[$(9.7\pm4.1)\mu g\cdot m^{-3}$]增加到冬季的 35%[$(26.5\pm10.4)\mu g\cdot m^{-3}$]。秋季 BBOA 的大量出现与西安周边地区的生物质燃烧活动有关(如农业废弃物或居民燃料燃烧)。这与在关中盆地的农村地区,每年收获后的 9 月初,秸秆被广泛用于取暖和做饭的现象是一致的。在秋冬两季,当 ALWC 小于 $30\ \mu g\cdot m^{-3}$ 时,光化学氧化对 OOA 的形成具有重要意义。这时,在低 O_x 浓度

下,液相化学氧化过程可能更重要。如在秋季,当 O_x 小于 $35×10^{-9}$ 时,OOA 的占比从 4% 增加到了 30%,且与 ALWC 有很好的相关性($R^2=0.83$)。类似地,在冬季,当 ALWC 小于 100 μg·m^{-3},O_x 小于 $35×10^{-9}$ 时,OOA 的占比从 20% 增加到了 58%,与 ALWC 有很好的相关性($R^2=0.58$)(图 3.31)。

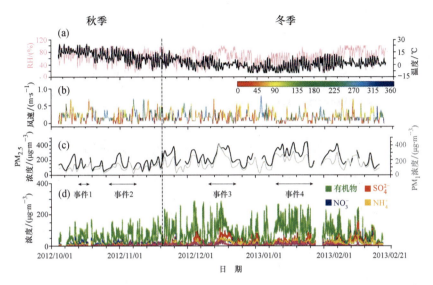

图 3.29 西安秋冬季气象参数[(a)和(b)]、$PM_{2.5}$ 和 PM_1 浓度(c)及化学组分变化趋势(d)

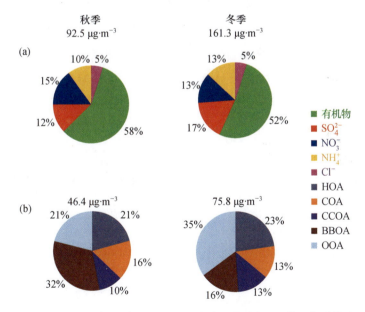

图 3.30 西安有机气溶胶化学组分(a)与有机物来源(b)的秋冬季节差异

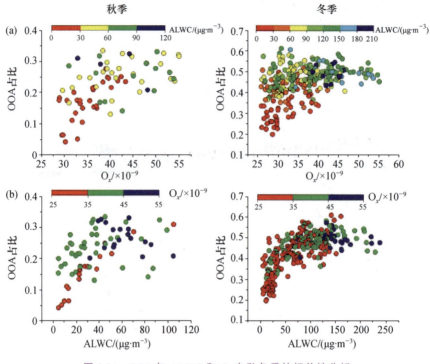

图 3.31 OOA 与 ALWC 和 O_x 在秋冬季的相关性分析

2. 西安夏季有机气溶胶的来源及 SOA 的生成机制研究

采用 L-ToF-SP-AMS 于 2019 年夏季(2019 年 6 月 21 日—2019 年 7 月 21 日)在西安开展在线观测,分析 $PM_{2.5}$ 化学组成和来源,并重点讨论了西安夏季 SOA 的生成机制。源解析模型分析结果显示,西安夏季有机气溶胶一次来源主要包括 HOA 和 COA,二次来源主要包括 LO-OOA、MO-OOA 和液相过程氧化有机气溶胶(aq-OOA)(图 3.32)。SOA(LO-OOA+MO-OOA+aq-OOA)对夏季有机物的

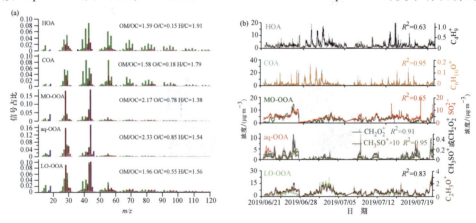

图 3.32 西安夏季有机气溶胶来源因子谱图(a)及时间序列(b)

平均贡献为 69%,对 $PM_{2.5}$ 的贡献为 43%,表明 SOA 对西安夏季气溶胶的重要贡献。进一步对比分析雨雾期与非雨雾期 SOA 的生成差异发现,西安夏季 SOA 的生成以光化学氧化途径为主,主要促进 LO-OOA 和 MO-OOA 的生成;但在雨雾期液相化学贡献显著增加,aq-OOA 在有机物总浓度中的占比从非雨雾期的 2% 升高至雨雾期的 19%(图 3.33)。进一步的特征事件对比分析结果显示,持续的高湿度环境是 aq-OOA 生成的决定性因素,在此基础上,高 O_x 环境会进一步促进其生成(图 3.34)。

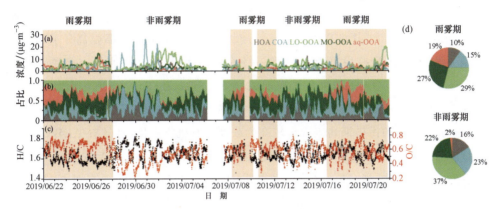

图 3.33 雨雾期和非雨雾期有机物浓度(a)、组成[(b)和(d)]及氧化性(c)变化情况

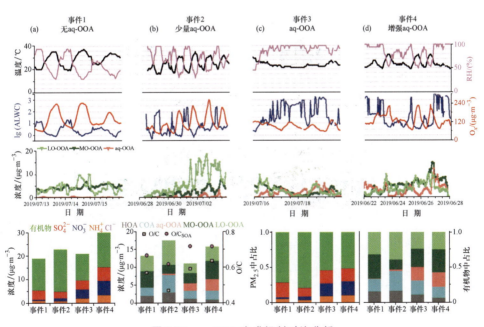

图 3.34 aq-OOA 生成机制对比分析

3. 新型冠状病毒感染疫情管控期间西安 $PM_{2.5}$ 化学组成及来源分析

利用 ToF-ACSM 在关中地区背景点——西安进行新型冠状病毒感染疫情(以下简称"新冠疫情")人员流动管控前后的持续观测。$PM_{2.5}$ 的浓度从管控前的 $(29.6±13.3)\mu g \cdot m^{-3}$ 下降到管控期的 $(13.8±7.6)\mu g \cdot m^{-3}$（图 3.35）。有机气溶胶的平均浓度由管控前的 $(14.2±3.8)\mu g \cdot m^{-3}$ 下降到管控期的 $(9.1±3.8)\mu g \cdot m^{-3}$，占比从 48% 上升到 64%。使用源解析受体模型解析获得 OOA 和 aq-OOA 两个 SOA 来源，以及 3 个 POA 来源，HOA、CCOA 和 BBOA（图 3.36）。在管控前，OOA 浓度为 $(3.2±1.6)\mu g \cdot m^{-3}$（占总有机物的 24%），而管控后，OOA 浓度为 $(4.5±1.3)\mu g \cdot m^{-3}$（占总有机物的 54%），整体上浓度和占比都要高于管控前。值得注意的是，在管控后，OOA 是唯一一个浓度和占比都增加的有机物源（图 3.37）。相反，aq-OOA 的浓度从管控前的 $(5.8±2.8)\mu g \cdot m^{-3}$ 显著下降到管控期的 $(1.5±0.9)\mu g \cdot m^{-3}$，是所有有机物源中下降幅度最大的（74%）。但 aq-OOA 在管控前和管控后的污染期均表现出较高的浓度和有机物占比，且随着 ALWC 的增加而增加。值得注意的是，在高 ALWC 条件下，管控后的 aq-OOA 浓度和部分贡献甚至比管控前更高（图 3.38）。这表明，管控期的污染事件极有可能是由高 ALWC 条件下 aq-OOA 的增加造成的。

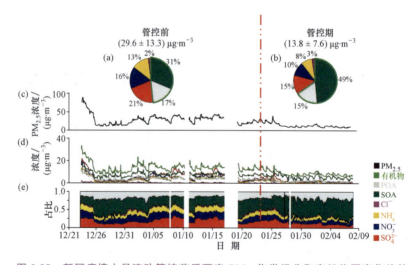

图 3.35　新冠疫情人员流动管控前后西安 $PM_{2.5}$ 化学组分和有机物源变化趋势

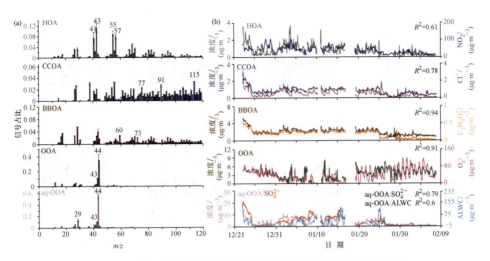

图 3.36　有机气溶胶来源解析结果因子谱图(a)及时间序列(b)

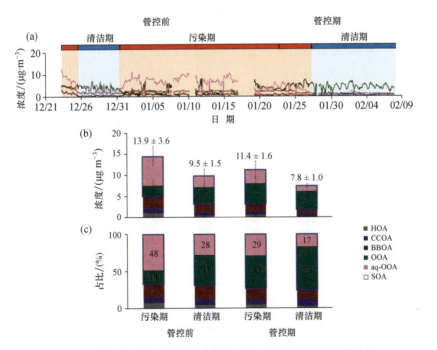

图 3.37　管控前后清洁期与污染期有机物来源浓度与占比的比较

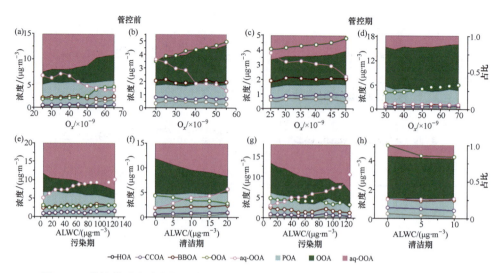

图 3.38 管控前后清洁期与污染期有机物来源浓度及占比随 O_x 和 ALWC 变化趋势

3.4.5 本项目资助发表论文（按时间倒序）

(1) Zhong H B, Huang R J, Chang Y H, et al. Enhanced formation of secondary organic aerosol from photochemical oxidation during the COVID-19 lockdown in a background site in Northwest China. Science of the Total Environment, 2021, 778: 144947.

(2) Lei Y L, Shen Z X, He K, et al. The formation and evolution of parent and oxygenated polycyclic aromatic hydrocarbons during a severe winter haze-fog event over Xi'an, China. Environmental Science and Pollution Research, 2021, 28(8): 9165-9172.

(3) Duan J, Huang R J, Gu Y F, et al. The formation and evolution of secondary organic aerosol during summer in Xi'an: Aqueous phase processing in fog-rain days. Science of the Total Environment, 2021, 756: 144077.

(4) Zhang Y, Shen Z X, Sun J, et al. Parent, alkylated, oxygenated and nitrated polycyclic aromatic hydrocarbons in $PM_{2.5}$ emitted from residential biomass burning and coal combustion: A novel database of 14 heating scenarios. Environmental Pollution, 2021, 268: 115881.

(5) Huang R J, He Y, Duan J, et al. Contrasting sources and processes of particulate species in haze days with low and high relative humidity in winter time Beijing. Atmospheric Chemistry and Physics, 2020, 20: 9101-9114.

(6) Huang R J, Duan J, Li Y J, et al. Effects of NH_3 and alkaline metals on the formation of particulate sulfate and nitrate in wintertime Beijing. Science of the Total Environment, 2020, 717: 137190.

(7) Lin C S, Huang R J, Xu W, et al. Comprehensive source apportionment of submicron aerosol in Shijiazhuang, China: Secondary aerosol formation and holiday effects. ACS Earth and

Space Chemistry, 2020, 4: 947-957.

(8) Gu Y F, Huang R J, Li Y J, et al. Chemical nature and sources of fine particles in urban Beijing: Seasonality and formation mechanisms. Environment International, 2020, 140: 105732.

(9) Duan J, Huang R J, Li Y J, et al. Summertime and wintertime atmospheric processes of secondary aerosol in Beijing. Atmospheric Chemistry and Physics, 2020, 20: 3793-3807.

(10) Zhong H B, Huang R J, Duan J, et al. Seasonal variations in the soures of organi aerosol in Xi'an, Northwest China: The importance of biomass burning and secondary formation. Science of the Total Environment, 2020, 737: 139666.

(11) Wang T, Huang R J, Li Y J, et al. One-year characterization of organic aerosol markers in urban Beijing: Seasonal variation and spatiotemporal comparison. Science of the Total Environment, 2020, 743: 140689.

(12) Zeng Y, Shen Z, Takahama S, et al. Molecular absorption and evolution mechanisms of $PM_{2.5}$ brown carbon revealed by electrospray ionization Fourier transform-ion cyclotron resonance mass spectrometry during a severe winter pollution episode in Xi'an, China. Geophysical Research Letters, 2020, 46: e2020GL087977.

(13) Zhang Y, Shen Z X, Sun J, et al. Parent, alkylated, oxygenated and nitro polycyclic aromatic hydrocarbons from raw coal chunks and clean coal combustion: Emission factors, source profiles, and health risks. Science of the Total Environment, 2020, 721: 137696.

(14) Huang R J, Wang Y C, Cao J J, et al. Primary emissions versus secondary formation of fine particulate matter in the most polluted city (Shijiazhuang) in North China. Atmospheric Chemistry and Physics, 2019, 19: 2283-2298.

(15) Duan J, Huang R J, Lin C S, et al. Distinctions in source regions and formation mechanisms of secondary aerosol in Beijing from summer to winter. Atmospheric Chemistry and Physics, 2019, 19: 10319-10334.

(16) Wang M, Huang R J, Cao J J, et al. Determination of n-alkanes, polycyclic aromatic hydrocarbons and hopanes in atmospheric aerosol: Evaluation and comparison of thermal desorption GC-MS and solvent extraction GC-MS approaches. Atmospheric Measurement Techniques, 2019, 12: 4779-4789.

(17) Ni H Y, Huang R J, Cao J J, et al. High contributions of fossil sources to more volatile organic carbon. Atmospheric Chemistry and Physics, 2019, 19: 10405-10422.

(18) Ni H Y, Huang R J, Cao J J, et al. Sources and formation of carbonaceous aerosols in Xi'an, China: Primary emissions and secondary formation constrained by radiocarbon. Atmospheric Chemistry and Physics, 2019, 19: 15609-15628.

(19) Wang K, Zhan Y, Huang R J, et al. Molecular characterization and source identification of atmospheric particulate organosulfates using ultrahigh resolution mass spectrometry. Environmental Science & Technology, 2019, 53: 6192-6202.

(20) Lin C S, Ceburnis D, Huang R J, et al. Wintertime aerosol dominated by solid-fuel-burning emissions across Ireland: Insight into the spatial and chemical variation in submicron aerosol. Atmospheric Chemistry and Physics, 2019, 19: 14091-14106.

(21) Lin C S, Ceburnis D, Huang R J, et al. Summertime aerosol over the west of Ireland dominated by secondary aerosol during long-range transport. Atmosphere, 2019, 10: 59.

(22) Huang R J, Cheng R, Jing M, et al. Source-specific health risk analysis on particulate trace elements: Coal combustion and traffic emission as major contributors in wintertime Beijing. Environmental Science & Technology, 2018, 52: 10967-10974.

(23) Huang R J, Yang L, Cao J, et al. Brown carbon aerosol in urban Xi'an, Northwest China: The composition and light absorption properties. Environmental Science & Technology, 2018, 52: 6825-6833.

(24) Huang R J, Cao J, Chen Y, et al. Organosulfates in atmospheric aerosol: Synthesis and quantitative analysis of $PM_{2.5}$ from Xi'an, northwestern China. Atmospheric Measurement Techniques, 2018, 11: 3447-3456.

(25) Huang R J, Yang L, Cao J J, et al. Concentration and sources of atmospheric nitrous acid (HONO) at an urban site in western China. Science of the Total Environment, 2017, 593-594: 165-172.

(26) Wang Y C, Huang R J, Ni H Y, et al. Chemical composition, sources and secondary processes of aerosols in Baoji city of Northwest China. Atmospheric Environment, 2017, 158: 128-137.

(27) Lin C S, Ceburnis D, Hellebust S, et al. Characterization of primary organic aerosol from domestic wood, peat, and coal burning in Ireland. Environmental Science & Technology, 2017, 51: 10624-10632.

参考文献

[1] Hoffmann T, Huang R J, Kalberer M. Atmospheric analytical chemistry. Analytical Chemistry, 2011, 83: 4649-4664.

[2] Jimenez J L, Canagaratna M R, Donahue N M, et al. Evolution of organic aerosols in the atmosphere. Science, 2009, 11: 1525-1529.

[3] Andreae M O. A new look at aging aerosols. Science, 2009, 326: 1493-1494.

[4] Huang R J, Zhang Y L, Bozzetti C, et al. High secondary aerosol contribution to particulate pollution during haze events in China. Nature, 2014, 514: 218-222.

[5] Friedlander S K. Chemical element balances and identification of air pollution sources. Environmental Science & Technology, 1973, 7: 235-240.

[6] Kowalczyk G S, Choquette C E, Gordon G E. Chemical element balances and identification of

air pollution sources in Washington, DC. Atmospheric Environment, 1978, 12 (5): 1143-1153.

[7] Miller M S, Friedlander S K, Hidy G M. A chemical element balance for the Pasadena aerosol. Journal of Colloid and Interface Science, 1972, 39(1): 165-176.

[8] Cooper J A, Watson J G. Receptor oriented methods of air particulate source apportionment. Journal of the Air Pollution Control Association, 1980, 30: 1116-1125.

[9] Paatero P, Tapper U. Analysis of different modes of factor analysis as least squares fit problems. Chemometrics and Intelligent Laboratory Systems, 1993, 18: 183-194.

[10] Lee E, Chan C K, Paatero P. Application of positive matrix factorization in source apportionment of particulate pollutants in Hong Kong. Atmospheric Environment, 1999, 33: 3201-3212.

[11] Reff A, Eberly S I, Bhave P V. Receptor modeling of ambient particulate matter data using positive matrix factorization: Review of existing methods. Journal of the Air & Waste Management Association, 2007, 57(2): 146-154.

[12] Alleman L Y, Lamaison L, Perdrix E, et al. PM_{10} metal concentrations and source identification using positive matrix factorization and wind sectoring in a French industrial zone. Atmospheric Research, 2010, 96(4): 612-625.

[13] Wang Q, Cao J, Tao J, et al. Long-term trends in visibility and at Chengdu, China. PLoS One, 2013, 8(7): e68894.

[14] Tao J, Zhang L, Zhang R, et al. Uncertainty assessment of source attribution of $PM_{2.5}$ and its water-soluble organic carbon content using different biomass burning tracers in positive matrix factorization analysis—A case study in Beijing, China. Science of the Total Environment, 2016, 543: 326-335.

[15] Ulbrich I M, Canagaratna M R, Zhang Q, et al. Interpretation of organic components from positive matrix factorization of aerosol mass spectrometric data. Atmospheric Chemistry and Physics, 2009, 9(9): 2891-2918.

[16] Ng N L, Canagaratna M R, Zhang Q, et al. Organic aerosol components observed in northern hemispheric datasets from aerosol mass spectrometry. Atmospheric Chemistry and Physics, 2010, 10(10): 4625-4641.

[17] Sun Y L, Wang Z F, Fu P Q, et al. Aerosol composition, sources and processes during wintertime in Beijing, China. Atmospheric Chemistry and Physics, 2013, 13 (9): 4577-4592.

[18] Jiang Q, Sun Y L, Wang Z, et al. Aerosol composition and sources during the Chinese Spring Festival: Fireworks, secondary aerosol, and holiday effects. Atmospheric Chemistry and Physics, 2015, 15(11): 6023-6034.

[19] Elser M, Huang R J, Wolf R, et al. New insights into $PM_{2.5}$ chemical composition and sources in two major cities in China during extreme haze events using aerosol mass spec-

trometry. Atmospheric Chemistry and Physics, 2016, 16(5): 3207-3225.

[20] Lanz V A, Alfarra M R, Baltensperger U, et al. Source apportionment of submicron organic aerosols at an urban site by factor analytical modelling of aerosol mass spectra. Atmospheric Chemistry and Physics, 2007, 7(6): 1503-1522.

[21] Mohr C, DeCarlo P F, Heringa M F, et al. Identification and quantification of organic aerosol from cooking and other sources in Barcelona using aerosol mass spectrometer data. Atmospheric Chemistry and Physics, 2012, 12(4): 1649-1665.

[22] Crippa M, El Haddad I, Slowik J G, et al. Identification of marine and continental aerosol sources in Paris using high resolution aerosol mass spectrometry. Journal of Geophysical Research: Atmospheres, 2013, 118(4): 1950-1963.

[23] Huang X F, Xue L, Tian X D, et al. Highly time-resolved carbonaceous aerosol characterization in Yangtze River Delta of China: Composition, mixing state and secondary formation. Atmospheric Environment, 2013, 64: 200-207.

[24] Xu J Z, Zhang Q, Wang Z B, et al. Chemical composition and size distribution of summertime $PM_{2.5}$ at a high altitude remote location in the northeast of the Qinghai-Xizang(Tibet) Plateau: Insights into aerosol sources and processing in free troposphere. Atmospheric Chemistry and Physics, 2015, 15(9): 5069-5081.

[25] Fröhlich R, Cubison M J, Slowik J G, et al. The ToF-ACSM: A portable aerosol chemical speciation monitor with TOFMS detection. Atmospheric Measurement Techniques, 2013, 6(11): 3225-3241.

[26] Canonaco F, Crippa M, Slowik J G, et al. SoFi, an IGOR-based interface for the efficient use of the generalized multilinear engine(ME-2) for the source apportionment: ME-2 application to aerosol mass spectrometer data. Atmospheric Measurement Techniques, 2013, 6(12): 3649-3661.

[27] Huang X F, He L Y, Hu M, et al. Highly time-resolved chemical characterization of atmospheric submicron particles during 2008 Beijing Olympic Games using an aerodyne high-resolution aerosol mass spectrometer. Atmospheric Chemistry and Physics, 2010, 10(18): 8933-8945.

[28] Zhang Y J, Tang L L, Wang Z, et al. Insights into characteristics, sources, and evolution of submicron aerosols during harvest seasons in the Yangtze River Delta region, China. Atmospheric Chemistry and Physics, 2015, 15(3): 1331-1349.

[29] Alfarra M R, Prevot A S H, Szidat S, et al. Identification of the mass spectral signature of organic aerosols from wood burning emissions. Environmental Science & Technology, 2007, 41(16): 5770-5777.

[30] Sun Y, Xu W, Zhang Q, et al. Source apportionment of organic aerosol from 2-year highly time-resolved measurements by an aerosol chemical speciation monitor in Beijing, China. Atmospheric Chemistry and Physics, 2018, 18(12): 8469-8489.

[31] Ng N L, Canagaratna M R, Jimenez J L, et al. Changes in organic aerosol composition with aging inferred from aerosol mass spectra. Atmospheric Chemistry and Physics, 2011, 11 (13): 6465-6474.

[32] Wang Y C, Huang R J, Ni H Y, et al. Chemical composition, sources and secondary processes of aerosols in Baoji city of Northwest China. Atmospheric Environment, 2017, 158: 128-137.

第4章　PM$_{2.5}$近质量闭合在线集成测量与实时源解析

黄晓锋,何凌燕,彭杏,姚沛廷,曾立武

北京大学深圳研究生院

PM$_{2.5}$是影响我国空气质量的首要污染物之一。PM$_{2.5}$来源复杂,且天气系统变化快速,使得PM$_{2.5}$在大气中的化学组成和浓度水平也在实时演变。若不能在较高时间分辨率下掌握PM$_{2.5}$的污染变化过程,就无法深入理解其污染成因和形成机理。因此,对PM$_{2.5}$进行实时在线全面监测和来源解析,在制定科学的污染防治方案、实现PM$_{2.5}$精细化治理方面发挥着重要作用。

针对目前监测技术无法较好实现PM$_{2.5}$质量闭合、来源解析方法存在不确定性等科学问题,本研究以多仪器集成化为手段,开发适合我国大气复合污染现状的PM$_{2.5}$总质量实时、定量源解析方法。本研究建立了PM$_{2.5}$近质量闭合在线集成测量系统,开发了颗粒物等速采样总管并集成了4台测量精度高、运行稳定性强的仪器,实现了1小时分辨率的PM$_{2.5}$,有机物(OM),水溶性离子(SO$_4^{2-}$、NO$_3^-$、Cl$^-$、NH$_4^+$),黑碳(BC)和21种金属元素(包括Si)的测量,基本实现了质量闭合。基于高时间分辨率PM$_{2.5}$受体数据,建立了基于CMB模型的PM$_{2.5}$在线源解析技术,并开发了在线源解析软件平台,利用在线集成测量系统获取有机质谱信息的优势,实现了对SOA贡献的实时量化。将本研究建立的在线源解析技术应用于深圳市PM$_{2.5}$来源和污染成因分析,结果表明深圳市秋冬季PM$_{2.5}$污染防治应加强对其前体物NO$_x$和VOCs的减排。本研究工作可为精细掌握我国PM$_{2.5}$污染来源特征、有效实施大气污染治理工作提供新的、更适合国情的技术支撑。

4.1 研究背景

4.1.1 大气 PM$_{2.5}$ 成分在线测量技术

PM$_{2.5}$ 的组成成分十分复杂,其化学组成可以分为无机组分和有机组分,主要包括 SO_4^{2-}、NO_3^-、Cl^-、NH_4^+、微量金属、含碳物质和水等。其中含碳物质由元素碳(EC)和有机碳(OC)组成[1]。这些化学组分的测定需要借助大量测量技术,包括离线技术和在线技术两类。传统的离线技术分析的时间分辨率取决于膜采样的设置时间,而且在膜采样结束后还要进行后续的提取分析,整个过程存在人为操作不当导致数据无效的风险[2,3]。而且离线采样的时间分辨率很低,无法捕捉大气化学过程的动态变化。实时在线分析技术是目前 PM$_{2.5}$ 测量技术发展的趋势,这类技术无须储存和运输样品,时间分辨率较高,能直接反映 PM$_{2.5}$ 及其组分在大气中的动态变化。然而当前还没有一种仪器可以实现对 PM$_{2.5}$ 所有组分同时在线定量测量,以下将对 PM$_{2.5}$ 不同组分的重要在线测量技术进行总结。

1. 水溶性离子

水溶性离子是 PM$_{2.5}$ 的重要化学组分,主要包括 SO_4^{2-}、NO_3^-、Cl^-、NH_4^+、K^+、Na^+、Ca^{2+}、Mg^{2+} 等,对大气的光学性质、能见度、大气辐射平衡、大气降水以及云雾中的酸度等起到重要影响。目前对于水溶性离子的在线测量,最具代表性的系统包括蒸汽发射气溶胶收集系统(steam jet aerosol collector,SJAC)和颗粒物-液体转换采集系统(particle-into-liquid sampler,PILS)[4]。基于这两种收集系统研制并广泛使用的在线仪器包括荷兰能源研究所和瑞士 Metrohm 公司共同研制的在线气体组分及气溶胶监测系统(MARGA)[5],以及由北京大学曾立民研究组自主研发的气体气溶胶收集器(gas aerosol collector,GAC)[6]等。其中,MARGA 由一个取样箱和一个分析箱构成,真空泵将空气经 PM$_{2.5}$ 切割头抽入取样箱。在取样箱中,可溶性气体被旋转式液体溶蚀器定量吸收,气溶胶则通过溶蚀器并被与其连接的 SJAC 捕获。GAC 则是利用气体和气溶胶扩散系数的差异,使用湿式环形扩散管把大气中的气态污染物和气溶胶有效分离,消除采样时气态污染物和气溶胶之间的干扰,在扩散管内收集气态污染物,然后使用蒸汽喷射原理采集气溶胶中的水溶性组分,交替进行样品分析,实现气态污染物和气溶胶的连续收集和在线测量[6]。

2. 有机组分

PM₂.₅中的有机组分占其总质量的很大比例[7,8]，且组成复杂繁多，迄今为止没有一种仪器可以实现有机气溶胶在分子水平上的完全测量。在图4.1所示的各种有机气溶胶测量仪器中，美国的气溶胶质谱仪（AMS）可以提供高时间分辨率的有机物组分和粒径信息[9,10]，是当前应用最为广泛的在线有机气溶胶测量系统。AMS的早期版本是以四极杆质谱作为检测器的Q-AMS，2006年之后发展出利用飞行时间质谱（ToF）作为检测器的HR-ToF-AMS，可以给出高分辨率的单颗粒质谱分布。除了HR-ToF-AMS，气溶胶化学组分监测仪（ACSM）也是美国生产的一款常用质谱仪器。虽然ACSM的时间分辨率和质谱分辨率较低，但是该仪器运行稳定，操作维护更加简便，且体积较小，适合于长时间观测。传统的AMS只能分析PM₁粒径段的颗粒物，而新一代的ACSM采用了颗粒物采集效率更高的捕集蒸发装置，可实现PM₂.₅粒径范围颗粒物的测量[11]。

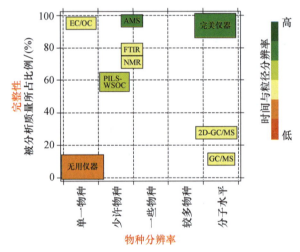

图4.1　PM₂.₅中有机组分在线测量技术在完整性、物种分辨率、时间与粒径分辨率方面的比较[15]

3. 金属元素

金属元素是PM₂.₅的重要组成成分。在污染扩散过程中金属元素的化学性质较为稳定，因此它们在源解析中起到标识污染源的重要作用。金属元素在线测量最常用的是X射线荧光光谱法，能实现几十种元素的连续、定性、定量分析，无须样品预处理，具有无损检测、分析速度快、多元素同时检测等特点[12]。国际上应用最广泛的大气金属元素分析仪是美国研发的Xact系列仪器。除了X射线荧光光谱法外，美国的ATOFMS（aerosol time-of-flight mass spectrometer）和我国生产的单颗粒气溶胶质谱仪器（禾信-SPAMS，single particle aerosol mass spectrometry）

也可以对重金属进行在线监测。这两种仪器采用飞行时间质谱技术,使用紫外脉冲激光气化/电离颗粒物,同时获得正负离子谱图,可气化/电离包括金属元素在内的所有物质[13]。然而由于这类技术采用的电离方法效率较低且不稳定,因此其测量的是单个颗粒中某一成分出现的概率,不能对质量进行定量[14]。

4. BC

BC 或 EC 是颗粒物中具有高吸光性的高聚合碳元素或单质形态的碳,主要来自不完全燃烧过程,包括化石燃料、生物质等燃烧的直接排放,对大气能见度、辐射强迫等具有较大影响。光学法是测量 BC 最简单的方法,代表仪器是美国的 Aethalometer(AE)系列黑碳仪,这种仪器通过检测光强信号计算测量周期内采样区的光学衰减增量,最终得出周期内收集的 BC 气溶胶质量和相应的浓度[16,17]。除 AE 黑碳仪外,美国的单颗粒黑碳光度计(single particle soot photometer, SP2)[18],以及光/热法在线元素碳/有机碳(EC/OC)分析仪[19]等也能实现 BC 与 EC 的测量。

4.1.2 国内外 PM$_{2.5}$ 在线源解析技术

当前国内外开展的 PM$_{2.5}$ 在线源解析技术,主要是基于化学组分的在线连续测量和受体模型的结合。

常用的受体模型包括化学质量平衡(CMB)和因子分析法,因子分析法又包括 PMF、ME-2 等方法。CMB 的基本原理是假设受体点测量得到的物种浓度是来自不同排放源的排放物线性叠加的结果。CMB 借助已知的源谱,结合排放源中具有指纹特征的物种进行线性拟合,估算各源对受体的贡献。PMF 同样假设从源排放传输到受体监测站点过程中所有物种质量守恒,但与 CMB 不同,PMF 不需要标准源谱的输入,而是基于观测数据的双线性回归进行源解析,并且限制源贡献为非负。因为不受标准源谱的限制,PMF 得到的因子更能反映当地源的排放特征,操作灵活,但所需样本量较大,且难点在于如何根据示踪物种选择合适的因子个数并辨别因子的来源。ME-2 在 PMF 的基础上开发而来,其基本方程与 PMF 相似,都是基于多元因子的分解。与传统 PMF 相比,ME-2 在控制旋转方面增加了约束条件,可以向模型添加因子成分谱或因子时间序列的先验信息,进行整体或部分限制,并用约束值(a 值)代表输入信息对输出结果的限制程度。ME-2 可以解决传统 PMF 对贡献较小的源解析困难的问题,应用更为灵活,逐步成为相关研究中的热点。

目前用于在线源解析的观测仪器主要是基于在线气溶胶质谱组分的连续观测,其中 AMS 是目前应用最广泛、在定量和定性方面较为准确可信的气溶胶质谱。我国最早的气溶胶质谱研究是于2006年7月在珠江三角洲的广东清远使用Q-AMS进行的观测，随后在当年的8—9月，孙俊英等在北京郊区同样利用Q-AMS进行了为期一个月的观测[20-22]。黄晓锋等人在2008年北京奥运会期间在我国首次使用HR-ToF-AMS开展外场观测研究[23]。目前，AMS已经在我国数十个城市和地区被用于观测和来源解析有关研究。除此之外，利用激光电离技术的ATOFMS和禾信-SPAMS进行在线组分特征分析和来源解析的研究在国内也较多，如张雅萍等使用ATOFMS检测上海大气颗粒物中的重金属并进行源解析，结果显示采集的含重金属颗粒物在夏季主要来自垃圾焚烧和重油燃烧，而在冬季主要来自垃圾焚烧、煤炭燃烧和金属冶炼[24]。Bi等利用禾信-SPAMS分析了2010年4—5月珠江三角洲区域城市亚微米气溶胶的粒径和化学组成，认为生物质燃烧为亚微米颗粒的一个显著来源[25]。虽然近年来禾信-SPAMS得到较广泛应用，但是由于其存在固有的激光打击效率不稳定的局限性，因此难以实现定量的在线源解析。

我国科研人员已在大气污染源解析、成因分析等领域开展了大量研究工作，但是有关在线源解析的研究内容还很少。总体而言，国内外已有的研究成果仅能实现大气颗粒物中某类组分的在线源解析，无法形成$PM_{2.5}$的质量闭合，难以满足以$PM_{2.5}$质量浓度为考核指标的精细化大气污染管理需求。本研究将以多仪器集成化为手段，开发适合我国大气复合污染现状的$PM_{2.5}$总质量实时、定量源解析方法，为精细掌握我国$PM_{2.5}$污染来源特征和有效实施大气污染治理工作提供新的技术支撑。

4.2 研究目标与研究内容

4.2.1 研究目标

本研究针对$PM_{2.5}$成分与来源快速演变的机理阐释和我国大气高污染国情下对$PM_{2.5}$总质量浓度管理的精细化需求，以先进的$PM_{2.5}$在线监测仪器集成化为手段，开发适合我国污染现状的$PM_{2.5}$实时、定量源解析方法，并完成多仪器、多方法的比对校验，据此编写了一套$PM_{2.5}$在线集成监测与源解析软件系统，为我国$PM_{2.5}$污染机理研究和大气污染管理提供了一种新的、高质量的技术手段。同时，开展新技术应用示范，揭示大气重污染形成的源贡献演变规律，支撑我国重点地区的"科学治污、精准治霾"。

4.2.2 研究内容

1. PM$_{2.5}$ 质量闭合在线集成测量系统的开发与采样总管搭建

如前所述,国内外现有技术对 PM$_{2.5}$ 的在线观测仅能对某一类化合物进行测量,还不能对 PM$_{2.5}$ 的所有或大部分组分进行测量。为了实现 PM$_{2.5}$ 大部分质量的定量源解析,需要集成目前技术发展水平下相对可靠、稳定的各种 PM$_{2.5}$ 组分在线监测仪器。本研究选用美国的颗粒物化学组成在线监测仪 ACSM(2.5 μm 进样口)、七波段黑碳仪 AE-31、大气金属元素在线监测仪 Xact-625 对 PM$_{2.5}$ 中的无机离子、金属元素和碳质组分等开展集成测量,这些仪器均采用了领域内认可度较高的技术。为充分保障不同颗粒物在线监测仪器同步采样的可靠性和可比性,降低引流管路损失及温度、湿度等因素对不同在线仪器的干扰,本研究开发了适用于 PM$_{2.5}$ 多仪器在线集成测量的颗粒物等速采样总管。采样总管充分考虑流量匹配、管路湍流以及除湿效果等,保障样气中的颗粒物以最小损失进入各在线监测仪器。

2. PM$_{2.5}$ 多仪器在线测量的结果校验与数据集成方法

为校验上述集成仪器的测量结果准确性,估计测量结果的不确定性,本研究采用在线和离线观测方法进行比对。在线比对包括:利用 MARGA 对 PM$_{2.5}$ 中 NH_4^+、K^+、Ca^{2+}、SO_4^{2-}、NO_3^- 等水溶性离子组分进行在线测量,以校验 ACSM 和 Xact-625 测量的相应离子;利用 SP2 对 AE-31 测量的 BC 进行比对校验。离线比对使用 PM$_{2.5}$ 四通道采样器开展 24 h 周期的连续采样和实验室后续分析,其结果涵盖在线仪器的全部指标,并与在线仪器结果的 24 h 平均值进行比对。

由于各仪器数据输出格式和时间分辨率不相同,因此需要对这些数据的格式和时间分辨率进行调整,以统一的格式汇总,为后续模型运算提供有效输入。本研究针对不同仪器开发了数据自动导入程序与数据管理平台,将数据上传至服务器并存储于 SQL Server 数据库中,实现了数据的实时读取与存储。

3. PM$_{2.5}$ 总质量实时定量源解析技术及软件开发

PMF 和 CMB 是研究 PM$_{2.5}$ 源解析较成熟的两种受体模型。PMF 无须源谱,但需要大量样本进行运算;CMB 不受样本量限制,且可以定量解析贡献较小的一次源,但需要代表性强的源谱输入。从自动化、实时的角度看,CMB 更具优势,但需要解决源谱来源的问题。本研究先利用 PMF 的输出因子作为 CMB 的输入源谱,利用集成系统开展较长时间的预观测,获得充足的样本,再应用 PMF 识别各种一次源和二次源,输出稳定的源谱信息。最后将 PMF 输出源谱作适度修正,在后续观测中用于 CMB 的实时源解析运算。这样既降低了 CMB 应用的门槛和周期,又使得输入的源谱具有较强的本地代表性。

本研究在构建受体模型进行源解析时,除了输入常规的化学组分浓度外,还充分利用集成在线仪器的特点,用 ACSM 测量的 m/z 44 碎片离子指示 SOA。另外,对于扬尘源,依据地壳元素比例对硅、氧等未测量元素进行质量贡献补偿计算。

为实现以上研发的在线 CMB 源解析方法的自动化,本研究基于 EPA-CMB 8.2 版本源代码进行了二次编译开发,并依据实际效果进一步完善了模型算法,最终在用户友好的软件平台上实现了 $PM_{2.5}$ 及其化学组分的浓度实时监测、数据处理、源解析运算、图表展示和网络上传等功能。

4. $PM_{2.5}$ 实时定量源解析结果的综合校验

基于 CMB 模型的 $PM_{2.5}$ 实时、定量源解析结果需要与其他方法的源解析结果进行比对,以验证在线 CMB 源解析方法的可靠性。本研究将在线 CMB 源解析结果与三种其他源解析结果进行比对:① 同点位长期离线膜采样与全组分分析数据获得的 $PM_{2.5}$ 总质量 PMF 源解析结果;② 利用上述离线膜,使用碳同位素技术分析碳质气溶胶组分获得的来源;③ 利用较为成熟的 AMS-PMF 方法,整合所有质谱数据进行的有机气溶胶源解析。基于以上比对,综合评估在线 CMB 源解析方法的结果和不确定性,对模型参数条件与算法进行调整和优化,以获得最为合理、准确的实时源贡献结果。

5. 重点地区大气重污染形成过程的源贡献机理研究

$PM_{2.5}$ 在线源解析技术和软件开发完成后,我们在重点地区大气高污染时段开展了为期 2 个月的观测,进行技术应用示范,实时获得定量 $PM_{2.5}$ 源解析结果。依据高达 1 h 分辨率的不同一次源和二次源贡献的演变规律,分析它们与气象要素、气态前体物等因素的关系,识别重污染过程中污染来源结构与一般情况的差异,深入探讨污染形成时关键源的快速变化机理,为我国大气重污染过程应急管控和长期防治提供科学依据和策略建议。

4.3 研究方案

本研究拟采用的技术路线如图 4.2 所示,具体如下:

(1) 颗粒物等速采样总管的设计与多仪器数据集成:采样总管包括总管采样头、主采样管、分流管等单元。根据总流量大小确定选用的切割头;通过雷诺数(Reynolds number,Re)计算确定达到层流效果的主采样管直径;分流管内安装多个不同直径的采样支管,使气流保持原来运动状态。湿度对颗粒物采样影响较大,考虑到采样总管流量较大,因此根据各仪器特点单独除湿。将来自不同仪器的数据以相同的数据格式进行存储,以方便后续程序的调用和应用。针对每台仪器编写软件,使其能够读取仪器产生的各组分浓度数据及状态参数,随后将结果平均为 1 h 时间分辨率另行保存,上传至服务器并存储于 SQL Server 数据库中。

(2)在线 CMB 源解析模型开发:对 EPA-CMB 8.2 源代码进行二次编译开发,使其能够同数据库连接,自动调用和导出数据,并将解析结果及相关指标传回数据库中保存。充分利用在线观测数据量大的优势,利用一个月左右的预观测实验数据进行 PMF 源解析,输出稳定、可靠的各种一次源和二次源种类数和相应的源谱信息,为 CMB 实时运算提供本地化的源谱支持。获得的 CMB 实时定量源解析结果与同步开展的 AMS-PMF 有机气溶胶源解析、离线膜采样-PMF 的 $PM_{2.5}$ 源解析和基于碳同位素的碳质气溶胶源解析结果进行全面比对和分析。

(3)重点地区 $PM_{2.5}$ 在线源解析的观测:在软件和硬件系统研发完成后,开展实地大气 $PM_{2.5}$ 在线观测,实现重点地区 $PM_{2.5}$ 近质量闭合在线集成测量并获得实时、定量源解析结果。

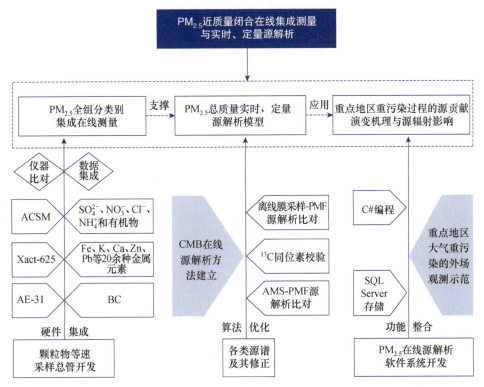

图 4.2 研究总体技术路线

4.4 主要进展与成果

4.4.1 PM$_{2.5}$质量闭合在线集成测量系统的设计

1. 仪器模块设计

根据设计目标,集成测量系统所包含的在线仪器应尽可能测量PM$_{2.5}$的大部分组分(如水溶性离子、碳质组分、地壳元素、微量元素等)。综合考虑测量物种、仪器稳定性、准确度和精密度等,本研究选取以下仪器参与集成。

针对PM$_{2.5}$中占比较高的OM,本集成系统选用美国的ACSM,主要基于以下考虑:目前常用的OM测量仪器包括在线EC/OC分析仪和AMS,但前者测量的是OC,用OC代替OM会造成OM成分的缺失,难以较好形成质量闭合;研究中常用的AMS拥有超高时间分辨率($\leqslant 1$ min),可获取高质谱分辨率有机气溶胶数据,然而它价格昂贵,操作维护和数据分析处理复杂,不适于PM$_{2.5}$组分的长期监测。本系统选用的ACSM同属AMS系列仪器,可定量测量PM$_{2.5}$中的SO_4^{2-}、NO_3^-、Cl^-、NH_4^+和OM质量浓度及相应的质谱碎片信息。ACSM采用商业级的四极杆质谱,舍弃了常规AMS对气溶胶粒径分布的测量功能,同时解决了集成系统中PM$_{2.5}$主要离子组分的测量问题。无论与AMS相比还是MARGA等在线离子色谱仪器相比,ACSM都具有体积小、质量轻、成本低、可在较长时间无人照看下稳定运行等优势,更适用于日常监测应用[26]。ACSM可提供30 min时间分辨率以内的组分浓度和质谱数据,足以应用于城市大气气溶胶组分浓度的准确测量,其测量的无机和有机组分浓度及有机质谱数据与HR-ToF-AMS、MARGA等仪器测量结果有良好的可比性[27]。ACSM出厂时仅能测量PM$_1$中的组分,本研究通过更换新研发的空气动力学透镜和捕集蒸发器(capture vaporizer),将ACSM可测量的粒径范围扩展到了PM$_{2.5}$范围。

针对PM$_{2.5}$中微量元素和重金属的测量,本系统选用美国的Xact-625型大气多金属元素在线监测仪。Xact-625基于美国国家环境保护局推荐的IO-3.3方法,测量原理为X射线荧光光谱法,这是目前在线定量测定大气金属元素的主流方法,已在多种城市环境中开展了广泛应用[28,29]。Xact-625在1 h时间分辨率下能以ng·m^{-3}级检出限定量,测量PM$_{2.5}$中20多种金属元素(Fe、K、Ca、Zn、Pb等)的质量浓度,运行稳定,具有自动质控和报警功能[30],对多种元素的测量结果与电感耦合等离子体发射光谱仪(ICP-OES)、电感耦合等离子体质谱仪(ICP-MS)、Epsilon5光谱仪的比对结果较好[31,32]。此外,Xact-625测量元素种类可根据需要调整,以实现对 Cl、S、Si 等部分非金属元素的测量[28]。本研究通过改进 Xact-625 数据处理器实现了对扬尘源示踪地壳元素 Si 的测量。

对 $PM_{2.5}$ 中的 BC 或 EC 组分,本研究选用美国的 AE-31 黑碳仪进行测量,该仪器基于光学法,体积小,运行和维护方便,与其他仪器具有高度的一致性和可比性[33]。此外,集成系统中还安装了一台 5030i 型颗粒物实时监测仪(SHARP-5030i),实时测量 $PM_{2.5}$ 的质量浓度,以检验各组分在线测量数据是否实现质量闭合。该仪器利用光浊度计的原理测量 $PM_{2.5}$ 的质量浓度,并利用 β 射线吸收法对结果进行校准,通过动态加热系统降低样品湿度并减少易挥发性颗粒物的损失,能以 1 min 的高时间分辨率进行测量[34]。

综上所述,参与集成的仪器均采用了领域内认可度较高的技术,可连续稳定运行,其测量的无机离子、碳质组分和金属元素质量之和能够占据我国大气污染较重的京津冀、珠三角地区城市 $PM_{2.5}$ 总质量的 90% 左右。选用的监测仪器经过改进和调整后,能测量 $PM_{2.5}$ 及其化学组分共计 27 种,涵盖了 $PM_{2.5}$ 的大部分化学组分,详见表 4.1。此外,ACSM 还可以实时导出有机物碎片数据,对 $PM_{2.5}$ 中有机物的来源特征开展进一步研究。

表 4.1 集成系统所测量的物种

集成仪器	所测物种
ACSM	OM、SO_4^{2-}、NO_3^-、NH_4^+、Cl^-、有机物碎片
Xact-625	Si、K、Ca、Ti、V、Cr、Mn、Fe、Co、Ni、Cu、Zn、As、Se、Mo、Cd、Sn、Ba、Hg、Pb
AE-31	BC、不同波段下碳质组分
SHARP-5030i	$PM_{2.5}$

2. 气路模块设计

根据集成系统选取的在线监测仪器,在线集成测量系统的气路模块应实现至少 41.4 L·min^{-1} $PM_{2.5}$ 样品气体的引流(Xact-625:16.7 L·min^{-1};SHARP-5030i:16.7 L·min^{-1};AE-31:5 L·min^{-1};ACSM:3.6 L·min^{-1})。美国的 2000-30EC 切割头采样流量为 42 L·min^{-1},满足集成需要,可作为在线集成测量系统的切割头。

采样模块的设计关键在于多仪器采样总管的设计,为充分保障不同颗粒物在线监测仪器同步采样的可靠性和可比性,在线集成测量系统需利用采样总管实现同源采样,充分考虑因各仪器流量不同引起的湍流,减小管路损失。

(1)采样总管整体结构设计

颗粒物等速采样总管技术的关键在于薄壁采样管口与同轴等速采样,层流状态下的垂直管路同轴等速采样被证明是颗粒物损失最小的采样方式[35]。本研究基于同轴等速采样的原理设计了可多级拆分的颗粒物等速采样总管,包括引流管、等速分流管等单元,其剖面如图4.3所示。引流管从室外引入经过切割头筛分的含$PM_{2.5}$气体,等速分流管由多节可拆卸的、结构相同的铝材料打造的采样主管组成。图4.3展示了两节采样主管,各节采样主管之间通过第一连接管连接,并用O圈密闭。每节采样主管截面中心都安装了一个等速采样头,等速采样头下方的采样主管上设有分流口,用于将进入等速采样头的气体引入监测仪器。等速采样头与采样主管的连接方式为可拆式连接,并通过第二连接管和小型O圈实现密封。等速采样头下方是渐扩管,其作用是使气流截面平稳放大并逐渐恢复湍流,进入下一节采样主管。采样时,气体从切割头进入采样总管后分流,部分气体经分流口进入监测仪器,其余气体经等速采样头进入渐扩管,待气流平稳后进行下一次分流。

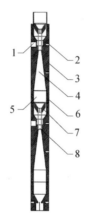

1—分流口;2—固定螺丝;3—采样总管;4—渐扩管;5—第一连接管;6—O圈;7—等速采样头;8—第二连接管

图4.3 颗粒物等速采样总管剖面观

(2) 采样总管参数设计

① 采样总管内径:采样总管内径依据 Re 设计以保证管内气体呈层流状态。Re 是无量纲常数,其数值的大小可以表示流体的流动状态,主要影响因素包括流速、流体本身的性质(黏度和密度),以及流体所在容器的形状等,如公式(4.1)所示:

$$Re = \frac{\rho v d}{\mu} \tag{4.1}$$

式中,v 为流体的流速,单位为 $m \cdot s^{-1}$;ρ 为流体密度,单位为 $kg \cdot m^{-3}$;μ 为流体黏性系数,单位为 $Pa \cdot s$;d 为特征长度,单位为 m,圆形管的特征长度为管的直径。在 293 K,101 kPa 条件下,气体密度 $\rho = 1.192 \text{ kg} \cdot m^{-3}$,$\mu = 1.833 \times 10^{-5} \text{ Pa} \cdot s$,代入公式(4.1),得:

$$Re = 65000\, vd = \frac{260000\, Q}{\pi d} \tag{4.2}$$

式中,Q 为圆管截面流量,单位为 $m^3 \cdot s^{-1}$。

Re 是常用的区分管道流体状态的常数,流体的流动状态一般分为层流和紊流,流体各分子之间存在黏滞力。当 Re 较小时,流体主要受黏滞力的影响,流动状态较为稳定,这种状态称为层流;当 Re 较大时,流体的惯性逐渐增加,流体分子将突破黏滞力的影响变得紊乱,运动不规则,此状态称为紊流。根据经验,流体流经圆管时,当 $Re \leqslant 2000$,流体呈层流状态。本研究采样流量 Q 为 $42\ L \cdot min^{-1}$,即 $0.007\ m^3 \cdot s$,将其代入公式(4.2)中,令 $Re \leqslant 2000$,可得总管管径的取值范围,同时考虑管径太大带来的黏滞力影响,最终取管内径 31 mm。

② 等速采样头直径:本研究设计总管内等速采样头内截面积与总管内截面积之比等于同一水平位置下各自采样流量之比,以实现等速采样头管口处与其同水平位置处采样管主管的流速相等,即同轴等速采样,公式如下:

$$\frac{Q_i}{Q_0} = \frac{S_i}{S_0} \tag{4.3}$$

式中,Q_i、S_i 分别为第 i 个等速采样头采样口的流量和内截面积,Q_0、S_0 分别为同一水平位置采样主管的气体流量和内截面积。根据已知的 Q_i、Q_0 和 S_0,可计算 S_i,进而确定等速采样头直径 d_i。本研究选用的颗粒物组分测量仪器流量、仪器接入总管的位置及经计算得到的等速采样头直径如表 4.2 所示。

表 4.2 监测仪器位置及等速采样头直径设计

仪器	流量/(L·min^{-1})	接入总管的位置	等速采样头直径/mm
SHARP-5030i	16.7	分流口 1	24
Xact-625	16.7	分流口 2	18
AE-31	5.0	分流口 3	20
ACSM	3.6	总管下端	—

③ 渐扩管渐扩角:渐扩角是指管道内壁和管道中心轴线之间的夹角,其值越小,流速减小越慢,越不易产生倒流和旋涡,但会增加采样总管的长度,导致采样损失增加。渐扩管的局部阻力系数(ξ)与渐扩管前后管径之比和渐扩角(θ)有关。实验研究表明,只有在 $\theta < 20°$ 时渐扩管相比突扩管才有明显的优势。当 θ 在 $0 \sim 15°$ 范围内时,ξ 和 θ 的关系方程如下[36]:

$$\xi = 0.1974 - 1.402 \times 2\theta - 7.879 \times (2\theta)^2 + 5.601 \times (2\theta)^3 \tag{4.4}$$

局部阻力(h_j)可用公式(4.5)计算:

$$h_j = \xi \left(1 - \frac{1}{n}\right)^2 \frac{v_1^2}{2g} \tag{4.5}$$

式中,n 为渐扩管管径扩大后(d_2)和扩大前(d_1)的管径比的平方,即 $n = \frac{d_2^2}{d_1^2}$;v_1 为渐扩管入口处流速,单位为 $m \cdot s^{-1}$;g 为重力加速度,$9.8\ m \cdot s^{-2}$。此时对应的渐

扩管长度(L)依公式(4.6)计算：

$$L = \frac{d_2 - d_1}{2tg\theta} \tag{4.6}$$

式中，t 为流体流动时间，单位为 s。

在本研究中，气体由上至下流经第一、第二、第三渐扩管入口时，流量分别是 25.3 L·min^{-1}、8.6 L·min^{-1} 和 3.6 L·min^{-1}，其中第一渐扩管内的气体流速最大，局部阻力损失最大，最易产生湍流和旋涡，以此计算局部阻力和所需渐扩管长度，以选择最佳渐扩角。渐扩管入口直径 $d_1 = 8$ mm，出口直径为总管直径（$d_2 = 31$ mm）。结合公式(4.4)~(4.6)，得到渐扩角和局部阻力以及对应管长的关系如图 4.4 所示。从图中可看出，随着渐扩角的增大，管长缩短，局部阻力不断增大。当渐扩角超过 4°后，管长变化率逐渐变小；而当渐扩角大于 7°后，局部阻力将急剧升高。因此，本研究选取 7°作为渐扩管渐扩角，使局部损失较小的情况下，管长尽可能短，减小总管占用的空间及采样过程中的摩擦阻力。为加工方便、应用灵活，总管中每段渐扩管都采用 7°作为渐扩角。

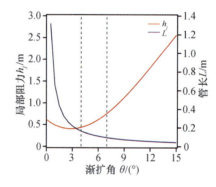

图 4.4 渐扩角和局部阻力及管长的关系

（3）气路模块性能测试

气路模块性能测试主要包括三部分：采样总管气密性测试、样品同源性测试、管路损失测试。经过测试，采样总管气密性良好，能够实现同源采样，管路损失几乎可以忽略，该采样总管达到了设计目标，能够应用于在线集成测量系统。

① 采样总管气密性测试：利用皂液测试总管各接口处或其他可能漏气处，测试结果无气泡产生，表明采样总管气密性良好。

② 样品同源性测试：将切割头和等速采样总管架起，总管各路气体连接 3 个不同采样通道，利用特氟龙（Teflon）膜开展离线采样，采样流量按监测仪器实际接入集成系统时的流量设置，即支路 1、2、3 分别为 16.7、16.7、5 L·min^{-1}，主路为 3.6 L·min^{-1}。膜样品用重量法测出 PM$_{2.5}$ 样品质量浓度。采集 7 套 24 h 离线滤膜样品并进行比较，结果显示相对标准偏差均在 3%以内且不随采样质量浓度变

化,如图 4.5 所示,表明不存在系统性偏差。

③ 管路损失测试:利用两台 AE-31 黑碳仪开展管路损失测试。测试前仪器均进行流量标定,保证采样流量的准确性。将一台 AE-31(AE_集成)接入含有采样总管的在线集成测量系统中进行集成采样,采样时间为 11 天,同时将另一台 AE-31(AE_参考)应用仪器出厂时原装的切割头和管路在同一地点进行独立采样。之后,将接入采样总管的 AE-31 独立出来,利用出厂时原装的切割头和管路(此时称为 AE_独立)再采样 11 天,其间 AE_参考保持原状。测量完成后分析前后两种情形下两台 AE-31 所测数据的相关性,结果如图 4.6 所示。结果表明无论集成与否,整个采样期间两台 AE-31 都表现出很好的相关性,相关系数的平方 R^2 均为 0.98,斜率均为 0.96,表明两台仪器具有良好的可比性,采样总管的应用未改变颗粒物质量浓度,几乎没有产生采样损失,对数据波动也无显著影响。两次观测斜率都没有达到 1,可能与仪器出厂时的误差有关。

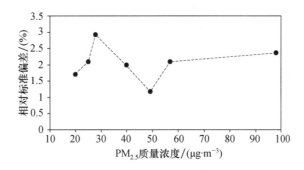

图 4.5　采样总管各路气体样品 $PM_{2.5}$ 质量浓度相对标准偏差

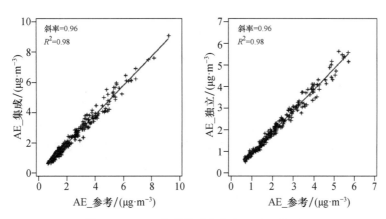

图 4.6　AE-31 集成前后和参考 AE-31 比对

4.4.2 PM$_{2.5}$多仪器在线测量的结果校验

作为PM$_{2.5}$质量闭合在线集成测量系统的尝试,为考察数据的可靠性,本研究同时设立了其他在线和离线仪器同步采样,利用采样结果的比对评估在线集成测量系统的监测数据情况及质量闭合情况。

1. 在线集成测量系统所测PM$_{2.5}$质量闭合情况

本研究基于一套集成采样系统对PM$_{2.5}$质量浓度和化学组分进行全面测量,满足PM$_{2.5}$质量闭合研究的要求。PM$_{2.5}$质量闭合即利用测量的PM$_{2.5}$化学组分质量浓度,重构PM$_{2.5}$质量浓度,将其与实际测量的质量浓度比对,可检验PM$_{2.5}$及其化学组分测量的准确性和全面性。

本研究采用两种方法重构PM$_{2.5}$质量浓度,并与集成系统中SHARP-5030i直接测量的实际PM$_{2.5}$质量浓度进行相关性分析。第一种方法是将集成系统测量的PM$_{2.5}$各化学组分直接加和来重构PM$_{2.5}$。图4.7(a)时间序列堆叠图表明,组分加和与实测PM$_{2.5}$变化趋势较为一致,实测PM$_{2.5}$基本能够拟合PM$_{2.5}$所有组分。相关性分析[图4.7(b)]显示二者R^2为0.89,呈现显著相关。第二种方法是采用IMPROVE报告中的方法,把化学组分分为6个部分进行重构,包括硫酸盐(AS)、硝酸盐(AN)、OM、BC、土壤扬尘(Soil)和海盐(SS)[37]。硫酸盐和硝酸盐假设以完全中和的硫酸铵和硝酸铵形式存在,即AS $= 1.375 \times [SO_4^{2-}]$,AN $= 1.29 \times [NO_3^-]$;OM、BC由于进行了测量,可直接代入;土壤扬尘有关元素以氧化物形式存在,如SiO_2、CaO、FeO、Fe_2O_3、TiO_2等,用元素质量浓度乘以表示氧化物质量浓度的系数加和后得到,详见公式(4.7)。相比其他污染源,海盐对深圳市PM$_{2.5}$的贡献较小,仅为1‰~2‰[38],且集成系统不涉及海盐相关的水溶性离子测量,估算不确定性较大,因此本研究重构PM$_{2.5}$时不考虑海盐部分的贡献。

$$[\text{Soil}] = 2.49 \times [\text{Si}] + 1.63 \times [\text{Ca}] + 2.42 \times [\text{Fe}] + 1.94 \times [\text{Ti}] \quad (4.7)$$

式中,物种名称加"[ ]",表示该物种质量浓度。计算得到的重构PM$_{2.5}$质量浓度与实测PM$_{2.5}$质量浓度基本一致(斜率$=0.95$,$R^2 = 0.89$)[图4.7(c)],呈现出较高的吻合度。总体而言,两种方法重构得到的PM$_{2.5}$都与实测PM$_{2.5}$相吻合,能够实现PM$_{2.5}$全组分质量闭合在线集成测量的目标,得到较为可靠的数据。

2. 在线集成测量系统与其他仪器比对

本研究通过将在线集成测量系统测量的PM$_{2.5}$化学组分(包括OM、离子组分、金属元素等)与其他监测仪器比对,评估了在线集成测量系统的数据质量。参与比对的仪器包括一台独立采样的AE-31、一台独立的MARGA(ADI 2080,瑞士),以及一个四通道颗粒物离线器(美国),离线滤膜采样周期为24 h,隔日采样。离线分

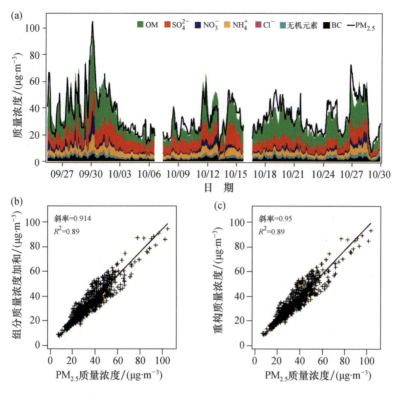

图 4.7 在线集成测量系统数据质量闭合情况：$PM_{2.5}$ 及其组分时间序列(a)；组分质量浓度加和与 $PM_{2.5}$ 质量浓度关系(b)；组分重构质量浓度与 $PM_{2.5}$ 质量浓度关系(c)

析项目包括基于 Teflon 膜的手工重量法测量的 $PM_{2.5}$ 质量浓度，离子色谱法(ICS-600，美国)测定的 SO_4^{2-}、NO_3^-、NH_4^+ 和 Cl^- 离子质量浓度，ICP-MS(aurora M90，德国)测量的 23 种金属元素，以及基于石英滤膜、利用 OC/EC 分析仪(DRI 2001A，美国)测定的 EC 和 OC。对比实验采样时间为 2019 年 9 月 25 日—10 月 30 日，这期间共采集 18 套离线样品。在线集成测量系统和独立采样的在线仪器均安置在北京大学深圳研究生院(E 113°58′23″，N 22°35′45″)E 栋 4 层楼顶，所有仪器的切割头都在同一水平位置，相互之间距离在 5 m 以内。四通道颗粒物离线器放置在距离在线集成测量系统约 200 m 的大学城体育馆。在开展在线集成对比之前，先对离线和独立在线仪器进行对比，验证比对参考方法的可靠性。

(1) 离线膜采样和在线独立仪器比对结果

离线膜采样和 MARGA 可共同检测的物种有 SO_4^{2-}、NO_3^-、NH_4^+、Cl^-、K、Ca、Na、Mg 共 8 种，其中离线膜采样的金属组分采用的是 ICP-MS 分析的元素质量浓度。SO_4^{2-}、NH_4^+、K、Mg、Na 的比对结果较好，$R^2>0.7$，斜率在 0.80～1.13 之间。NO_3^- 相关性良好但斜率偏低(斜率$=0.69$，$R^2=0.71$)，文献中也有报道 MARGA 对 NO_3^- 的测量结果相比离线膜采样偏高的情况[39]。Mg、Ca 两种物质的相关性相对较差,Cl^-的比对结果最差,R^2仅为0.01,斜率为0.31。比对结果较差的原因主要有两点:一是二者的测量内容不同,Mg、Ca两种金属并非完全水溶;二是两台仪器未实现同源采样,可能受局地环境的影响。

离线膜采样的 EC 和独立 AE-31 测量的 BC 呈现出较好的测量一致性(斜率=0.91,R^2=0.84),但 EC 略低于 BC,这可能与不同仪器对 EC 的测量方法定义不同有关。两套参考数据的比对结果对在线集成测量系统的监测数据评估存在影响,因此比对较差的数据(Cl^-、Ca)在后续比对评估时仅作为参考,不作为在线集成测量系统数据质量的评价指标。

(2)在线集成测量系统和在线独立仪器比对结果

MARGA 和在线集成测量系统可共同检测的无机离子组分包括 SO_4^{2-}、NO_3^-、NH_4^+、Cl^-,金属组分有 K 和 Ca。需要注意的是,MARGA 测量的为水溶性离子,而在线集成测量系统测量的为非难熔盐和金属元素总质量浓度。

在线集成测量系统中的 ACSM 和独立采样的 MARGA 相对应的组分测量比对结果如图 4.8 所示。除 Cl^- 外,两种测量方法所得数据变化趋势基本一致,相关性良好($R^2>0.75$)。ACSM 测量的 SO_4^{2-}、NO_3^-、NH_4^+ 与 MARGA 测得的结果呈显著正相关($R^2=0.94\sim0.96$)。从质量浓度来看,SO_4^{2-} 和 MARGA 测量的质量浓度值一致性最好(斜率=0.97);NH_4^+ 的 ACSM 测量值约为 MARGA 测量值的 88%;而对于 NO_3^-,ACSM 测量值约为 MARGA 测量值的 64%。ACSM 测量的 Cl^- 质量浓度更低(斜率=0.39),且与 MARGA 测量的 Cl^- 相关性较差($R^2=0.42$),其他研究中也报道过类似现象[27]。本次观测的 ACSM 蒸发器温度设置在 550℃左右,老化海盐和矿物粉尘中的盐类,如 $NaCl$、$NaNO_3$ 和 $Mg(NO_3)_2$ 等,在此温度下无法气化,ACSM 测得的 NO_3^- 和 Cl^- 质量浓度相对偏低的部分原因可能是采集的样品中存在海盐或地壳颗粒。对 MARGA 测量的水溶性 NO_3^- 和 Cl^-,假设 Na^+、Mg^{2+} 全部来源于难熔性硝酸盐和氯盐,可根据 Mg^{2+} 和 Na^+ 的质量浓度近似换算非难熔硝酸盐($NO_{3\,nref}^-$)和氯盐(Cl_{nref}^-)的质量浓度,如下所示:

$$[Cl_{nref}^-] = [Cl_{MARGA}^-] - \left(\frac{[Na]}{23} + \frac{[Mg]}{24} \times 2\right) \times 35.5 \tag{4.8}$$

$$[NO_{3\,nref}^-] = [NO_{3\,MARGA}^-] - \left(\frac{[Na]}{23} + \frac{[Mg]}{24} \times 2\right) \times 62 \tag{4.9}$$

式中,物种名称加"[ ]",表示该物种质量浓度。扣除 MARGA 测量的难熔盐后,在线集成测量系统和 MARGA 测量的 NO_3^- 和 Cl^- 时间序列变化趋势一致性更好,NO_3^- 斜率从 0.64 变为 0.73,Cl^- 斜率从 0.39 变为 1.2,斜率显著提高,表明两台仪器的测量差异一定程度上是由于难熔盐的存在。MARGA 测量的 Cl^- 低于检测限,造成的缺失数据较多,且波动剧烈,扣除难熔盐后,≥0 的有效数据仅剩 36%,因此 Cl^- 比对结果差异较大也与本研究观测的 Cl^- 质量浓度较低有关。

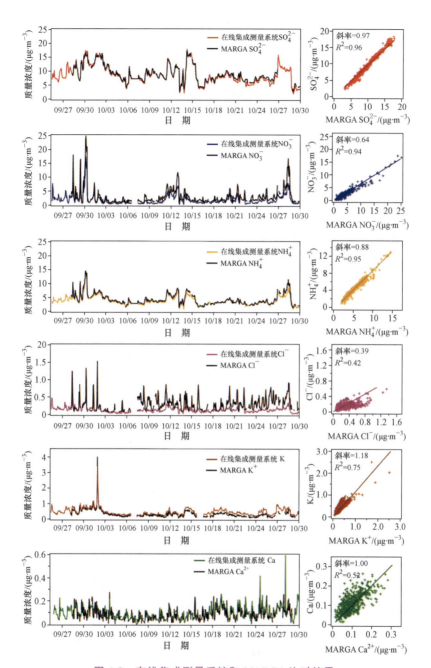

图 4.8 在线集成测量系统和 MARGA 比对结果

对于 K 元素,两者相关性较好($R^2=0.75$),在线集成测量系统的测量值略高,可能来源于不同测量原理造成的系统偏差。在线集成测量系统测得的 Ca 元素和 MARGA 测得的 Ca^{2+} 具有相同的变化规律,但 Ca^{2+} 的数据波动较大,有较多缺失值,表明 MARGA 在 Ca^{2+} 的测量方面可能不如在线集成测量系统选用的 Xact-625 稳定。二者的相关性相对较弱($R^2=0.52$),可能与水溶性离子和元素的差异有关。

总体而言,在线集成测量系统对无机离子的测量较为准确,与MARGA测量的数据相关性较好。

在线集成测量系统的AE-31和另一台独立采样的AE-31测量的BC呈现出极显著的相关性($R^2=0.98$),斜率为0.96(图4.6),斜率略低于1可能是由于两台仪器未实现同源采样,也可能是由同种仪器出厂时的系统偏差及在线集成测量系统产生的系统误差共同导致的。

(3) 在线集成测量系统和离线膜采样比对结果

在线集成测量系统和离线分析可共同检测的$PM_{2.5}$组分有OM、SO_4^{2-}、NO_3^-、NH_4^+、Cl^-、BC、K、Ca、Fe、Ti、V、Cr、Mn、Co、Ni、Cu、Zn、As、Se、Mo、Cd、Ba、Pb。需要说明的是,在线集成测量系统可直接测量OM质量浓度,而离线分析采用OC估算OM,在深圳,一般认为OM的质量浓度为OC的1.8倍[38]。图4.9为离线膜采样和在线集成测量系统测量结果的比对。在线集成测量系统和膜采样得到的$PM_{2.5}$平均质量浓度分别为33 $\mu g \cdot m^{-3}$和32 $\mu g \cdot m^{-3}$,相关性较强($R^2=0.86$)。对于无机离子,在线集成测量系统与膜采样测量的SO_4^{2-}、NO_3^-和NH_4^+比对较好,Cl^-的结果二者相近,但相关性较差。碳质组分方面,OM和EC比对结果均较为理想。金属元素方面,K、Fe、Zn比对结果相关性较好,而Ca元素比对结果较不理想,可能与离线膜采样和在线集成测量系统测量内容不同有关,该结果和已开展的ICP-MS与Xact-625比对结果接近[32]。从绝对浓度来看,在线测量的组分浓度普遍高于离线测量,这可能是离线膜采样运输、储存和分析过程造成的样品损失。大部分微量元素呈现出良好的相关性和一致的绝对浓度水平,包括Ti、Cr、Mn、As、Cu、Pb、Ni、Co、Se,R^2均在0.7以上($R^2=0.72 \sim 0.84$),斜率为0.91~1.26。对于Mo、Ba、Cd元素的测量,两种方法测量结果相关性略弱,Cd比对结果最差,其原因与这些微量元素在环境中含量较低,在线测量过程常常出现低于检出限的情况有关。

总的来说,在线集成测量系统在$PM_{2.5}$组分测量方面能够获得较为可靠的测量结果,基本能够实现$PM_{2.5}$化学组分的质量闭合且测量准确。

4.4.3 $PM_{2.5}$总质量实时定量源解析技术及软件开发

本研究依托$PM_{2.5}$在线集成测量系统进行观测并获得足够样本,应用PMF模型识别各种一次源和二次源,输出稳定的本地化源谱信息。构建的本地化源谱用于CMB模型运算,建立基于CMB模型的$PM_{2.5}$实时定量源解析技术。为实现自动化、实时的$PM_{2.5}$源解析,本研究开发了$PM_{2.5}$质量闭合在线源解析平台,该平台具备用户界面友好,能够实现$PM_{2.5}$不同化学组分的自动监测数据读取、数据处理、源解析运算及结果的图表展示、网络上传等功能。

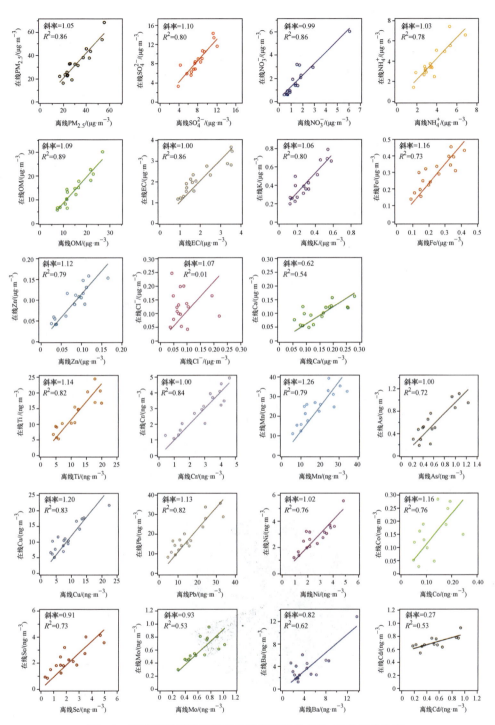

图 4.9　离线膜采样和在线集成测量系统的 $PM_{2.5}$ 及各组分比对

1. PM$_{2.5}$在线集成观测结果

本研究于 2019 年 9 月 25 日 11:00—10 月 30 日 00:00,在位于深圳西北城区的北京大学深圳研究生院 E 栋开展 PM$_{2.5}$ 质量闭合在线集成测量和来源解析,除距观测站点 100 m 的一条城市道路外无其他局地污染源,为典型的城市点位。采样期间除暴雨、仪器标定、更换耗材等正常运维因素导致的缺失数据外,其余时间均正常采样,数据较为完整,表明在线集成测量系统具备长期运行的稳定性。

在线集成测量系统观测期间,直接测量的 PM$_{2.5}$ 质量浓度为 5~107 $\mu g \cdot m^{-3}$,平均为 $(33\pm14) \mu g \cdot m^{-3}$,低于《环境空气质量标准》中 PM$_{2.5}$ 年均质量浓度二级标准 $(35 \mu g \cdot m^{-3})$,但高于深圳全市 2019 年 PM$_{2.5}$ 年均质量浓度 $(24 \mu g \cdot m^{-3})$,这与深圳年气象变化规律有关。深圳 9 月中下旬起雨季结束,10 月天气逐渐转干燥,主导风向由偏南风转为东北风,受内陆污染气团的影响,空气污染通常逐渐加重。观测期间 PM$_{2.5}$ 各组分平均占比如图 4.10 所示。OM 是 PM$_{2.5}$ 中占比最高的组分 (41.3%),平均质量浓度为 $(14.1\pm7.4) \mu g \cdot m^{-3}$,这表明 OM 仍为深圳城区 PM$_{2.5}$ 的首要污染组分。随后是二次无机组分,包括 SO_4^{2-}、NO_3^-、NH_4^+,共占 PM$_{2.5}$ 的 41.5%,表明深圳二次颗粒物污染较为严重。此外,BC 占比也较高 (6.4%),平均质量浓度为 $(2.1\pm1.0) \mu g \cdot m^{-3}$。PM$_{2.5}$ 中的金属元素虽然浓度较低,比例较小,但对人体健康的危害通常比其他物种更大,其中 K、Si、Fe、Ca、Zn 的浓度水平相对较高,Mn、Pb、Sn、Ti 等微量元素平均质量浓度均低于 30 ng $\cdot$ m^{-3},占比低于 0.1%,共占 PM$_{2.5}$ 质量浓度的 0.8%。还有 5.4% 的组分未被集成系统检出,可能包括 ACSM 无法测量的难熔盐、金属元素和地壳元素的氧化物等,也包含质量闭合过程中的测量误差。

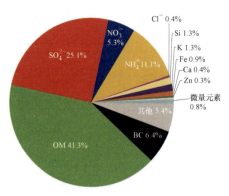

图 4.10 观测期间 PM$_{2.5}$ 平均化学组成

2. 基于 PMF 模型的 PM$_{2.5}$ 本地化源谱构建

本研究基于 PMF 模型将在线高分辨率数据应用于 PM$_{2.5}$ 源解析,获得 PM$_{2.5}$ 本地化源谱,为 CMB 模型实时源解析运算提供源谱数据支撑。

(1) PMF 模型基本原理

PMF 模型是目前应用较为广泛的源解析受体模型,其基本原理是将 $PM_{2.5}$ 化学组分质量浓度矩阵 X 分解为两个矩阵 G(源贡献)和 F(源谱),如公式(4.10)所示,E 是残差矩阵,表示测量值和模型值之间的差异。PMF 模型使用最小二乘法不断拟合 G 和 F 矩阵,使目标函数 Q 最小,如公式(4.11)所示。

$$X = G \times F + E \quad (4.10)$$

$$Q = \sum_{i=1}^{m} \sum_{j=1}^{n} (e_{ij}/u_{ij})^2 \quad (4.11)$$

式中,e_{ij} 是残差矩阵 E 的元素,u_{ij} 为输入质量浓度的误差或者不确定度。

目前最新版本的 EPA PMF 5.0 软件已经加入多线性引擎的算法,可以对源谱矩阵进行部分限制,避免源解析计算过程中旋转的盲目性以及对本地源谱的依赖性。

(2) 物种的选取和不确定度估算

物种的选取对 PMF 模型拟合结果的影响较大,根据数据质量和示踪性选择合适的输入物种,能够得到具有环境意义和统计意义的解析结果。本研究根据以下 4 个标准进行物种筛选:① 低于检出限的数据占比不超过 40%;② 对特定源具有示踪作用;③ 与至少一个其他物种的相关性 $R^2 \geqslant 0.4$;④ 充分利用集成仪器特性,选用集成系统中 ACSM 测量的质荷比为 44(m/z 44)的有机物碎片表征 SOA。m/z 44 主要由高度氧化的有机物中的羧基离子碎片(CO_2^-)组成,可表征有机气溶胶的氧化特性[40]。基于上述标准,本研究最终选取了 13 种化学组分组成质量浓度矩阵,输入模型进行 $PM_{2.5}$ 源解析,分别是 OM、EC、Cl^-、NO_3^-、SO_4^{2-}、NH_4^+、K、Si、Ca、Fe、Zn、V、m/z 44,其中 m/z 44 是 OM 的一部分,仅用于示踪,不参与污染源贡献的计算。除 m/z 44 外,输入模型组分占所有组分总质量浓度的 98.6%。

数据的不确定度矩阵对模型的计算和分析作用同样重要,直接影响目标函数 Q 值和模型计算结果。本研究物种不确定度 u_{ij} 通过公式(4.12)计算:

$$u_{ij} = k_j \times x_{ij} \quad (4.12)$$

式中,x_{ij} 为 i 样品中 j 物种的质量浓度,k_j 为 j 物种误差分数。

误差分数的估算需要考虑仪器测量的不确定度、组分测量的稳定性、信噪比等,本研究综合考虑各仪器特性,分别为各物种设置了不同的误差分数。为获取更具环境意义的源解析结果,本研究还根据模型结果对估算的不确定度进行了适当调整,使结果更加合理,经过调整后的各物种误差分数均在 15% 以内。对于输入数据中少量质量浓度低于检出限的数据,质量浓度值用检出限的 1/2 代替,不确定度设定为检出限的 4 倍。

(3) 限制因子的建立

本研究基于大气环境化学的基本理论和多年来对深圳源解析的经验,在PMF模型中建立了限制因子,以获得更加接近大气实际情况的结果[38]。本研究对4个源进行了限制,对二次硫酸盐和二次硝酸盐中由一次排放产生的物种都限制为0,对仅与SO_2和NO_x二次转化有关的SO_4^{2-}、NO_3^-和NH_4^+不做限制。SOA中的m/z 44和OM不做限制,其余物种均限制为0。在一次污染源中,针对扬尘源的源谱研究较多,采矿扬尘中包含的主要化学成分为Si、Al、Ca、OC和Fe;土壤扬尘的主要成分为地壳元素,OC的含量也较高;建筑扬尘的主要成分为Ca、Si、Al和OC[41],因此在本研究的扬尘源限制因子中,OM、Si、Ca、Fe不做限制,其余物种限制为0。

(4) 本地化源谱的获取

本研究利用EPA PMF 5.0软件,对采样期间获得的774组$PM_{2.5}$有效数据进行源解析,并对源谱进行限制,尝试了5~10个因子的分析,发现9因子解($Q_{ture}/Q_{exp}=1.2$)无论在数学意义还是物理意义上均较为合理、明确。当因子数较少时,机动车源中会分配过多的金属元素,并与工业源混合;当因子数多于9个时,会产生高OM特征的无意义因子。由PMF模型解析出的9因子源谱如图4.11所示,利用各源的特征标识组分,识别出的9个污染源分别为二次硫酸盐、二次硝酸盐、SOA、燃煤、扬尘、生物质燃烧、机动车、工业排放和船舶排放。确定9因子解后,在PMF软件中使用Bootstrap(BS)工具包以获得源谱估计的不确定度。对于扬尘源,由于集成系统不涉及O和Al的测量,因此本研究根据地壳中Si、O、Al的比例估算O和Al的含量,得到扬尘源对$PM_{2.5}$的贡献[42]。

本研究首次将有机物碎片同$PM_{2.5}$化学组分一起作为示踪因子输入模型进行源解析,获得了较为理想的结果,约60%的m/z 44集中于SOA源中,55%的OM被分配入SOA因子中。在以往的研究中,由于缺乏示踪物种,SOA无法直接识别,常通过估算得到。通常认为在大气氧化剂作用下,低挥发性含氧有机气溶胶(LV-OOA)和半挥发性含氧有机气溶胶(SV-OOA)分别与硫酸盐和硝酸盐显著相关,因此常用二次硫酸盐和二次硝酸盐这两个因子中的OM分别代表LV-OOA和SV-OOA,并用二者之和来估算SOA[38,43]。本研究加入了SOA的质谱碎片,使其能够作为单独的因子被识别,提供了$PM_{2.5}$源解析中SOA识别和定量的新思路。

(5) 模型结果的验证

① 模型评价指标:输入模型的组分总质量浓度与模型重构的总质量浓度有着极强的相关性(斜率=0.98,$R^2=0.99$),表明模型拟合效果较好。模型输出的各物种标准化残差均分布在±3以内,输入物种和输出物种的质量浓度相关性也均在0.7以上,表明模型对各个物种的拟合效果良好。

② 与示踪物种的相关性：污染源和示踪物种相关性良好，R^2 为 0.79～0.99，表明 PMF 模型对示踪物种与相应源时间序列的拟合效果良好，模型识别出的因子具有环境意义，能够代表相应的污染源。

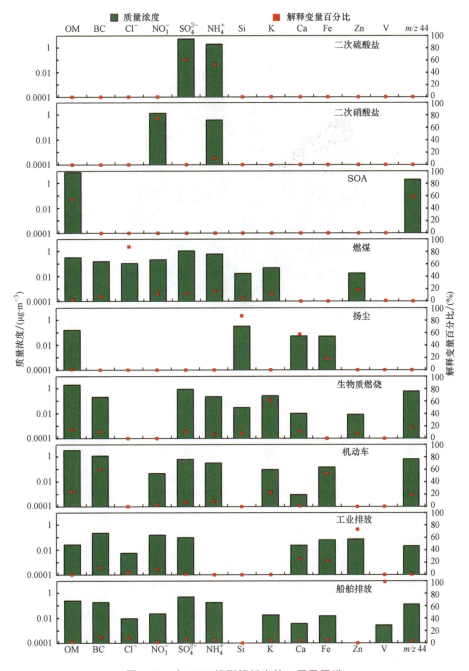

图 4.11 由 PMF 模型解析出的 9 因子源谱

由 PMF 模型解析出的平均源贡献结构如图 4.12 所示,SOA、二次硫酸盐、机动车、生物质燃烧是最主要的 4 个源,对 $PM_{2.5}$ 总质量贡献超过 70%。其余源的贡献相对较小,另有 3.1% 的组分未识别出来源,这部分包括化学组分质量闭合误差和模型拟合的残差。总体而言,解析结果较符合实际情况。

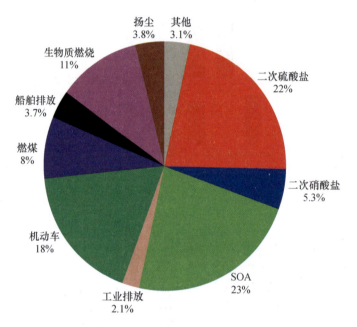

图 4.12 基于 PMF 模型的观测期间 $PM_{2.5}$ 来源结构

3. 基于 CMB 模型的实时定量源解析技术开发验证

(1) CMB 模型基本原理

CMB 模型的基本原理是化学物质从排放源到受体传递过程中的化学质量平衡,其基本公式[44]如下所示:

$$C_i = \sum_{j=1}^{J} F_{ij} \cdot S_j \tag{4.13}$$

式中,C_i 为受体大气颗粒物中第 i 类化学组分质量浓度的测量值,单位为 $\mu g \cdot m^{-3}$;F_{ij} 为第 j 类源的颗粒物中第 i 类化学组分含量的测量值,单位为 $g \cdot g^{-1}$;S_j 为第 j 类源贡献质量浓度的计算值,单位为 $\mu g \cdot m^{-3}$;J 为源类数目,$j = 1, 2, \cdots, J$。

由上式可知,CMB 模型需要输入受体的化学组分质量浓度数据和污染源谱数据。由于该模型物理意义明确,且算法比较成熟,因此成为目前颗粒物源解析研究中重要的受体模型。

(2) CMB 模型来源解析结果及验证

将先前由 PMF 模型获得的 9 个本地化源谱作为 CMB 的源谱输入,对在线集成测量系统的 772 个 PM$_{2.5}$ 观测样本进行解析。对于 CMB 模型,当源谱与观测受体数据不匹配时,模型计算可能不收敛,无法获得解析结果,最终获得解析结果的样本有 768 个。图 4.13 展示了基于 CMB 模型的 PM$_{2.5}$ 来源构成,与图 4.12 中 PMF 模型获得的结果基本一致,以上结果初步验证了 CMB 模型获得可靠源解析结果的能力。

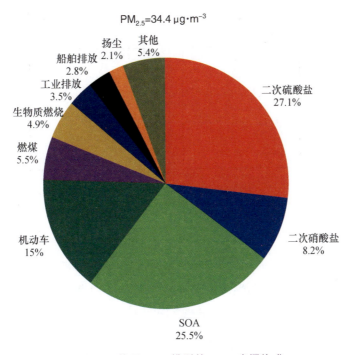

图 4.13　基于 CMB 模型的 PM$_{2.5}$ 来源构成

利用 CMB 模型的各种诊断指标,可进一步验证 CMB 模型源解析结果的可靠性,这些诊断指标包括 χ^2、R^2、PM(质量百分比),如图 4.14 所示。结果显示所有样品的 χ^2 值均小于 2,且 98% 的样品 χ^2 值落在 0.5 范围内;所有样品的 R^2 均在 0.99 以上;86% 的样品 PM 为 80%~120%(可接受范围)。CMB 模拟的 PM$_{2.5}$ 质量浓度与实测值具有很好的一致性(斜率=0.94,R^2=0.99),也证明了 CMB 模型对 PM$_{2.5}$ 模拟的准确性。各物种拟合优劣诊断指标 C/M(计算值与测量值的比值)和 R/U[计算值与测量值之差(R)和二者标准偏差平方和的方根(U)的比值]结果显示,除 Cl$^-$、Ca、Fe、Zn 外,其他组分的 C/M 值 90% 以上集中在 0.95~1.05 之间,所有组分的 R/U 值均集中在 $-$0.5~0.5 范围内,表明 CMB 模型对绝大多数样品的组分模拟较为合理。对于 Cl$^-$、Ca、Fe、Zn,95% 以上的样品 C/M 值集中范围为 0.6～1.4，模拟结果相对较差，表明相关的源类，如燃煤、工业排放、扬尘等的源贡献估算可能存在较大的不确定性。

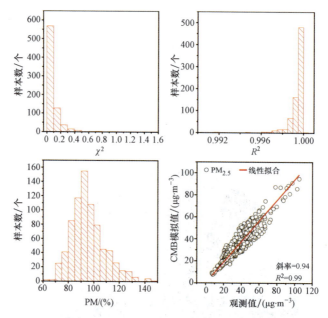

图 4.14 诊断指标 χ^2、R^2、PM 的概率分布及 $PM_{2.5}$ 观测值与模拟值对比

图 4.15 展示了 PMF 与 CMB 源解析结果对比情况，结果显示两种模型解析结果整体上具有较好的一致性，燃煤和工业排放的 CMB 估算结果比 PMF 高 10%～20%，而 PMF 估算的扬尘源贡献约为 CMB 结果的 1.9 倍，其余源 PMF 与 CMB 估算结果几乎一致。工业排放、燃煤、扬尘这三类源估算结果的差异可能是因为它们的共线性问题较为突出。

4. $PM_{2.5}$ 实时源解析平台设计

为实现上述 CMB 模型实时源解析技术的自动化，包括自动化读取集成系统平台的观测数据、进行数据处理、基于 CMB 模型工具包自动开展源解析计算、实时展示 $PM_{2.5}$ 源解析结果等，本研究设计了 $PM_{2.5}$ 质量闭合在线源解析平台。

在线源解析平台首先需要对各仪器数据进行集成，自动获取所有仪器的数据并整合与处理，以便于统一查看、管理和应用。本研究针对 ACSM、Xact-625、AE-31 这三台在线仪器分别编写了相应的数据传输软件，将数据进行简单的格式处理后以 .csv 格式保存于各自的本地电脑中，并上传至同一个 SQL Server 远程数据库中进行数据管理。该数据库是基于集成系统的专用服务器，SHARP-5030i 数据可直接接入该服务器。

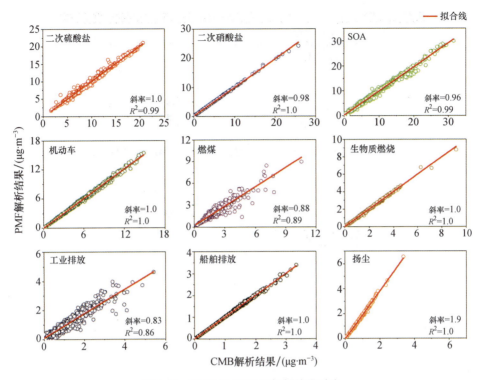

图 4.15　PMF 与 CMB 源解析结果对比

本研究开发的在线源解析平台部署在服务器上,以网页端的形式运行,操作便捷,可完成数据的自动读取、数据处理、模型计算、结果展示等功能。我们将各仪器的时间分辨率统一为 1 h,并设置了简单的质控处理流程,包括关键组分筛查、组分与 $PM_{2.5}$ 的关联性分析、对于符合要求的样品进行不确定度估计、构建 CMB 受体输入文件等。平台每隔 1 h 实时读取数据库中各仪器的最新数据,并对数据进行预处理。随后,将构建好的受体数据与预先输入的源谱数据传入 CMB 模型中进行计算,计算完成后读取 CMB 输出的源解析结果,在平台上以图形可视化方式展示,同时也展示相应的受体组分数据,初步判断实时解析结果的合理性。在线源解析模块还具备受体数据、不确定度参数、源谱数据的查询和导出功能,可为后续分析提供更翔实的数据。除在线源解析模块外,平台还提供离线源解析模块,具有组分相关性分析、异常值剔除等简单的诊断工具,方便用户探索更深入的源解析方案,可用于在线源解析的定期校验,为优化源谱和源解析结果提供反馈。平台实时解析界面如图 4.16 所示。

图 4.16　平台实时解析界面

4.4.4　PM$_{2.5}$实时定量源解析结果的综合校验

本研究同期开展了基于离线观测数据的 PM$_{2.5}$ 源解析、基于碳同位素分析技术的碳质气溶胶源解析以及基于 AMS-PMF 方法的有机气溶胶源解析,并将这三种源解析结果与 CMB 实时源解析结果进行了比对,以验证 PM$_{2.5}$ 实时定量源解析结果的准确性。

1. PM$_{2.5}$离线源解析

PM$_{2.5}$同期离线观测的数据已在"4.4.2 小节 PM$_{2.5}$多仪器在线测量的结果校验"进行了描述,这里简要描述离线 PMF 的模型输入与结果。由于集成观测期间离线样本数较少,为获得稳定可靠的 PMF 解析结果,此处将深圳大学城点位 2019 年全年的 PM$_{2.5}$样本纳入模型计算,输入组分包括 NH_4^+、Cl^-、NO_3^-、SO_4^{2-}、OM、EC、Na、Mg、Al、K、Ca、V、Ni、Cd、Fe、Zn 和 Pb,共 17 种。在模型计算过程中尝试了 7~12 个因子的分析,结果显示当选择 10 个因子时,各因子源谱均具有显著的源指示性,如图 4.17 所示。与基于在线数据集的 PMF 因子(图 4.11)相比,离线源解析未能识别出单独的 SOA 因子,但区分出了建筑尘和天然扬尘的贡献,且由于具有 Na^+、Mg^{2+} 的测量能力,能够识别出海盐源的贡献。模型模拟的 PM$_{2.5}$与实测值之间相关性良好(斜率=1.05,R^2=0.99),表明解析结果可靠。

2. 基于稳定同位素特征的碳质气溶胶源解析

对大气颗粒物中的碳元素而言,不同的来源和产生机制会导致不同的同位素组成,因此可通过测定稳定碳同位素的丰度比($\delta^{13}C$)对大气环境中含碳物质的来

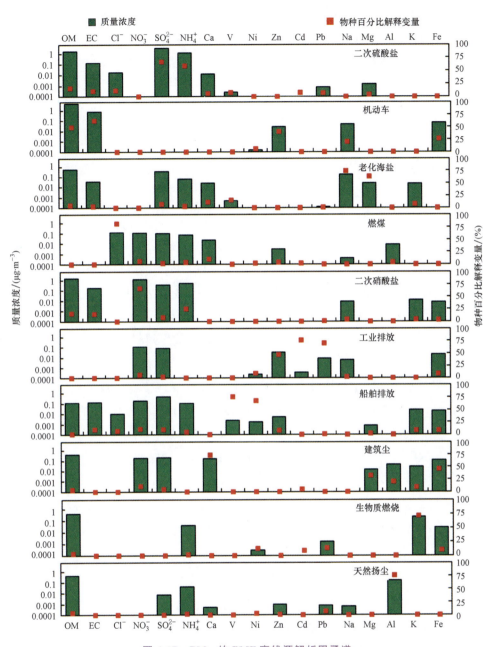

图 4.17 PM$_{2.5}$ 的 PMF 离线源解析因子谱

源及其大气化学过程进行研究。本研究基于前述离线 PM$_{2.5}$ 采样,对 2019 年 9 月 1 日—10 月 11 日期间采集的 PM$_{2.5}$ 样品中的总碳(TC)进行碳同位素分析,通过 OC/EC 分析仪-CO$_2$ 同位素光谱仪(QCLAS,美国)联用系统测定 δ^{13}C 丰度。

本研究利用贝叶斯混合模型进行碳质气溶胶源解析,所用的计算模型是可在 R 语言中免费使用的"simmr"软件包。贝叶斯混合模型可以估计不同源贡献的概率分布,适用于源数目＞同位素数+1的情况,同时还考虑了与多种源、同位素分馏及同位素特征值相关的不确定性,通过将似然函数(likelihood)与先验分布(prior)相结合,利用贝叶斯原理得出后验分布(posterior)[45]。模型的基本方程如下:

$$X_{ij} = \frac{\sum_{k=1}^{K} p_k q_{jk}(s_{jk}+c_{jk})}{\sum_{k=1}^{K} p_k q_{jk}} + \varepsilon_{ij} \quad (4.14)$$

$$s_{jk} \sim N(\mu_{jk}, \omega_{jk}^2) \quad (4.15)$$

$$c_{jk} \sim N(\lambda_{jk}, \tau_{jk}^2) \quad (4.16)$$

$$\varepsilon_{ij} \sim N(0, \sigma_j^2) \quad (4.17)$$

其中,X_{ij}为样品(混合物)i的j同位素值;s_{jk}为污染源k的j同位素值,呈正态分布,平均值为μ_{jk},方差为ω_{jk}^2;c_{jk}为污染源k的j同位素分馏值,呈正态分布,平均值为λ_{jk},方差为τ_{jk}^2;p_k为模型拟合出的污染源k的源贡献比例值;q_{jk}为污染源k中的同位素j的质量浓度值;ε_{ij}为残差,描述模型未能模拟的部分,呈正态分布,平均值为0,方差为σ^2。

本研究基于实验室燃烧模拟、隧道实验、机动车尾气二次生成模拟实验、区域和邻近地区的已有研究,获得了生物质燃烧源、机动车源及SOA源的碳同位素特征,确定了各源的端元值,如表4.3所示,并将非海盐K^+与EC比值(nss-K^+/EC,nss-K^+=K^+-0.0355Na^+)进一步作为生物质燃烧源的限制因子。

表4.3 贝叶斯同位素混合模型解析TC来源端元值

项目	机动车源		SOA源		生物质燃烧源	
	$\delta^{13}C$/(‰)	nss-K^+/EC	$\delta^{13}C$/(‰)	nss-K^+/EC	$\delta^{13}C$/(‰)	nss-K^+/EC
端元值	-25.67±0.64	0	-26.92±0.76	0	-27.42±2.0	2109±336.6‰
参考值	-26.6±1.43	—	-30.98±1.0	—	-26.76±3.88	—

观测结果表明,2019年秋季深圳碳质气溶胶的波动较小,平均值为(-26.47±0.47)‰,与广州、香港等南方城市观测的$\delta^{13}C$值较为接近,相对低于北方城市[46]。将测定的$\delta^{13}C$数据输入贝叶斯模型计算,获得各来源对气溶胶碳质组分的贡献。结果显示机动车源和SOA源是最主要的碳质气溶胶贡献源,二者分别贡献了39%(3.05 μg·m^{-3})和54%(4.26 μg·m^{-3})的TC。生物质燃烧源的贡献较低,仅占TC的7%(0.59 μg·m^{-3})左右,这与深圳严格的生物质燃烧活动管控政策相符。需要指出的是:① 机动车源贡献为机动车源的一次排放贡献;② SOA源贡献包括来自机动车源及植物源(不包括生物质燃烧源)相关前体物的二次污染物贡献;③ 生物质燃烧源贡献包含生物质燃烧排放的一次及二次污染物的总贡献。

3. AMS-PMF 源解析

超高分辨率飞行时间气溶胶质谱仪(L-ToF-AMS)于 2019 年 9 月 30 日—10 月 31 日在北京大学深圳研究生院同步用于观测。L-ToF-AMS 是新改进的气溶胶质谱仪,其基本原理与以往版本的 AMS 相同,但具有更高的质谱分辨率。本研究的 L-ToF-AMS 测量的是 PM_1 中的非难熔组分。为验证 L-ToF-AMS 测量数据的准确性,观测期间同时进行了 $PM_{2.5}$ 质量浓度、BC 质量浓度和颗粒物数谱的测量和比对,结果表明 L-ToF-AMS 测量的非难熔亚微米气溶胶组分($NR\text{-}PM_1$)与 BC 质量浓度之和与 $PM_{2.5}$ 的质量浓度有较好的相关性(斜率 $=0.8$, $R^2=0.75$),说明观测期间 PM_1 对 $PM_{2.5}$ 的贡献较大。此外本研究还比对了 PM_1 的质量浓度和体积浓度的比值,结果斜率为 1.7,接近气溶胶的平均有效密度 1.5 g·cm^{-3}。

随后将 L-ToF-AMS 得到的有机物碎片信息用于有机气溶胶源解析,应用基于 Igor Pro 的 PMF 评估工具(PET v3.05)开展 PMF 分析。综合考虑 Q/Q_{exp} 等模型诊断指标和因子的实际意义,选择 4 因子解为最终输出,解析出的 4 种源包括烃类有机气溶胶(HOA)和餐饮源有机气溶胶(COA)这两个一次有机物来源,以及两个与 SOA 相关的源——低氧化态氧化有机气溶胶(LO-OOA)和高氧化态氧化有机气溶胶(MO-OOA),其质谱特征如图 4.18 所示。通过与示踪离子、外部示踪物的相关性分析及各因子的日变化趋势研究,进一步验证了解析结果的可靠性。观测期间,4 种不同来源的有机气溶胶贡献由大到小依次为 MO-OOA(38.8%)、LO-OOA(34.6%)、COA(15.1%)和 HOA(11.4%)。两个 SOA 因子占比之和超过

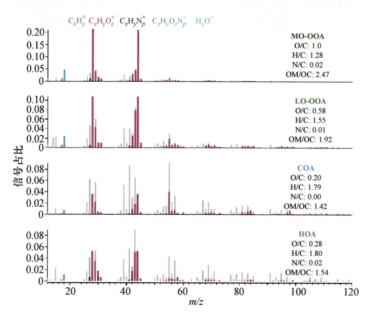

图 4.18 PMF 解析的 4 种 OA 源质谱特征

70%,说明深圳的有机气溶胶以二次生成为主;一次有机气溶胶中 COA 的贡献比 HOA 更高,表明餐饮源排放的有机气溶胶对 OA 的贡献不可忽略。

4. 源解析结果的交叉验证

2019 年 9 月 25 日—10 月 30 日采样期间,在线集成测量系统观测的 $PM_{2.5}$ 平均质量浓度与离线膜采样解析的结果较为一致,分别为 34.4 $\mu g \cdot m^{-3}$ 和 32.1 $\mu g \cdot m^{-3}$。基于 CMB 模型的实时 $PM_{2.5}$ 解析结果和基于 PMF 模型的离线 $PM_{2.5}$ 解析结果如图 4.19 所示。两种源解析结果较为一致,共同识别出二次硫酸盐、二次硝酸盐、SOA、机动车、燃煤、生物质燃烧、工业排放、船舶排放、扬尘 9 类污染源,且结果均表明二次硫酸盐、机动车、SOA 和二次硝酸盐是观测期间 $PM_{2.5}$ 最主要的 4 个来源,共占 $PM_{2.5}$ 质量浓度的 75.8%(在线)和 79.7%(离线)。燃煤、生物质燃烧、工业排放、船舶排放和扬尘对 $PM_{2.5}$ 也有一定的贡献,在线和离线结果显示这 5 种源分别在 2%~6% 和 0.4%~4% 范围内波动。

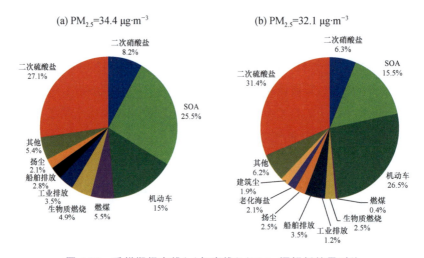

图 4.19 采样期间在线(a)与离线(b)$PM_{2.5}$ 源解析结果对比

实时和离线源解析结果也存在一些差异:① 两种解析方法在量化机动车和 SOA 对 $PM_{2.5}$ 的贡献时存在较大差异。实时源解析结果识别出 SOA 和机动车分别为 $PM_{2.5}$ 的第二和第三大源,贡献率分别为 25.5% 和 15%;而离线源解析结果与之基本相反。造成这种差异的原因是在线集成测量系统中的 ACSM 仪器可通过 m/z 44 表征 SOA,能更准确地评估 SOA 的贡献。这一结论也得到了基于同位素技术的碳质气溶胶解析结果和 AMS-PMF 解析结果的验证。而离线解析的机动车源中可能包含机动车排放的 VOCs 在大气中二次转化生成的 SOA 的贡献,有研究表明这一转化过程较为迅速,离线采样难以捕捉这部分 SOA 的快速生成[47]。② 实时源解析方法未能识别出老化海盐和建筑尘,而离线源解析方法解析出了这两个源。未识别出老化海盐主要是受在线集成测量系统仪器性能的限制,缺乏标识组分 Na 的监测。建筑尘和扬尘是共线性源类,源的变化特征具有较强的相似性。本研究在线观测的时间较短(约 1 个月),可能不足以捕捉这两个源全面的排放信息并进行区分,而离线采样由于采用 2019 年全年数据进行 PMF 模型计算,更有助于模型识别扬尘和建筑尘。

为进一步评估实时源解析技术的可靠性,本研究对比了在线集成测量系统和同位素方法、AMS-PMF 方法对碳质气溶胶的源解析结果。实时解析的碳质气溶胶(OM+BC)来源和同位素技术解析的 TC(OC+EC)来源如图 4.20(a)和(b)所示。在线集成测量系统和离线方法测得的 $PM_{2.5}$ 中碳质气溶胶的平均质量浓度分别为 16.2 $\mu g \cdot m^{-3}$ 和 7.9 $\mu g \cdot m^{-3}$,这主要由不同测量方法中 OM 和 OC 的差异引起。有研究表明,深圳 $PM_{2.5}$ 中 OM 的质量浓度约为 OC 的 1.8 倍,这表明在线和离线监测的碳质气溶胶质量浓度是可靠的[38]。两种方法识别的碳质气溶胶来源构成基本一致,即 SOA、机动车是碳质气溶胶的主要来源,分别贡献约 50% 和 35%。生物质燃烧对碳质气溶胶的贡献也比较突出,约为 7%。在线源解析技术还识别出船舶排放、工业排放等一次源排放的 OA 贡献,合计约为 10%。

观测期间,在线集成测量系统观测的 $PM_{2.5}$ 中,OM 平均质量浓度为 14.5 $\mu g \cdot m^{-3}$,略高于 AMS 监测的 PM_1 中 OM 的平均质量浓度 13.4 $\mu g \cdot m^{-3}$,表明 OM 大部分集中在 PM_1 粒径段。如图 4.20(c)和(d)所示,实时源解析和 AMS-PMF 方法的结果显示无论是 $PM_{2.5}$ 还是 PM_1 中 OM 均主要来自 SOA,尽管 PM_1 中 SOA 占比更高,但解析出的 SOA 绝对浓度贡献两种方法比较接近,在线集成测量系统为 9.31 $\mu g \cdot m^{-3}$,

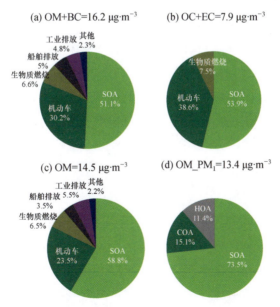

图 4.20　观测期间,碳质气溶胶的来源解析:OM+BC 的在线 CMB 解析结果(a),TC 的同位素解析结果(b),OM 的在线 CMB 解析结果(c),PM_1 中 OM 的 AMS-PMF 解析结果(d)

AMS-PMF 方法为 9.24 $\mu g \cdot m^{-3}$，表明 SOA 主要存在于 PM_1 粒径段中。两种方法同时也识别出机动车是 $PM_{2.5}$ 和 PM_1 中 OM 的重要来源，分别贡献了 23.5% 和 11.4%，这也表明一次排放的 OM 粒径分布相对更大。生物质燃烧、船舶排放、扬尘、燃煤等源对 $PM_{2.5}$ 中 OM 也有一定的贡献，合计约为 15%。由于分析方法以及观测粒径存在差异，AMS-PMF 方法未识别相关源类，但发现 COA 对 OM 也存在一定的贡献(15.1%)，这些贡献较小的源解析结果存在一定的不确定性。

总体来说，基于本研究构建的 CMB 实时源解析技术获得的 $PM_{2.5}$ 实时源解析结果与离线源解析结果、同位素源解析结果、AMS-PMF 源解析结果吻合，能全面地识别 $PM_{2.5}$ 的重要来源并准确地量化它们的贡献，为 $PM_{2.5}$ 的污染防控提供了可靠的科技支撑。

4.4.5 $PM_{2.5}$ 质量闭合在线源解析技术应用示范

深圳是珠三角地区重要的中心城市，同时秋冬季是珠三角地区大气重污染频发的时期。本研究以深圳城市道路环境路边站为观测点，在秋冬季利用在线集成测量系统开展了为期 2 个月的观测，进行 $PM_{2.5}$ 质量闭合在线源解析技术应用示范，实时获得定量的 $PM_{2.5}$ 源解析结果。结合气象及前体物数据，利用统计学方法分析 $PM_{2.5}$ 一次源和二次源贡献的演变规律，探讨深圳重污染形成时关键源的快速变化机理。

1. 观测时间、地点及气象条件概述

观测站点位于深圳福田深南中路路边子站(22.54°N, 114.10°E)，该站点位于城市中心地带，距城市主干道深南中路外沿约 10 m，除道路交通外，周边主要是商业、办公和居民区。观测时间为 2020 年 11 月 18 日—2021 年 1 月 31 日，其中 12 月 11 日—12 月 26 日因黑碳仪故障返厂维修不纳入数据分析。观测时段处于秋冬季，主导风向为北风(图 4.21)，受内陆污染气团的影响，$PM_{2.5}$ 污染处于全年较高水平。风速整体较低，平均风速为 $(1.1\pm0.6)\ m \cdot s^{-1}$。11 月中下旬气温较高，后续 12 月和 1 月受到数次冷空气影响，气温、相对湿度显著降低，平均气温为 (18.0 ± 5.2)℃，相对湿度为 (59.9 ± 18.9)%。

2. $PM_{2.5}$ 及其化学组分质量浓度水平和变化特征

观测期间 $PM_{2.5}$ 小时平均质量浓度为 2~125 $\mu g \cdot m^{-3}$，平均质量浓度为 $(29.5\pm15.9)\mu g \cdot m^{-3}$，高于世界卫生组织二阶段 $PM_{2.5}$ 年均质量浓度标准(25 $\mu g \cdot m^{-3}$)。平均化学组成如图 4.22 所示，其中 OM 质量浓度最高，为 $(14.9\pm9.2)\mu g \cdot m^{-3}$，占 $PM_{2.5}$ 的 50.5%，表明观测期间具有显著的有机物污染特征，与珠三角地区以往研究吻合[38,48]。占比第二的是二次无机组分，包括 SO_4^{2-}、NO_3^- 和 NH_4^+，平均质量浓

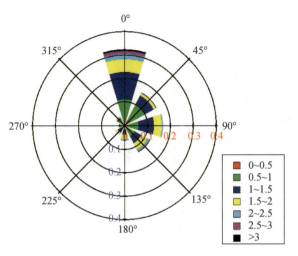

图 4.21 观测期间风向玫瑰图

度分别为 $(5.0\pm2.6)\mu g\cdot m^{-3}$、$(4.2\pm3.9)\mu g\cdot m^{-3}$ 和 $(1.9\pm1.2)\mu g\cdot m^{-3}$，共占 $PM_{2.5}$ 的 37.4%。另一类主要组分是 BC，平均质量浓度为 $(2.1\pm1.3)\mu g\cdot m^{-3}$，占比 7.1%，主要来自化石燃料的不完全燃烧，可体现路边站点附近道路机动车一次排放的影响。金属元素共占 $PM_{2.5}$ 质量浓度的 5.0%，其中 Fe、Si、K、Ca、Zn 的质量浓度水平相对较高，其余微量元素平均质量浓度均低于 30 $ng\cdot m^{-3}$，在 $PM_{2.5}$ 中占比低于 0.1%。

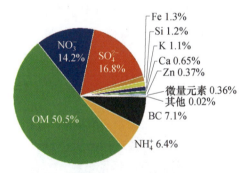

图 4.22 观测期间 $PM_{2.5}$ 平均化学组成

3. $PM_{2.5}$ 源解析结果

利用历史观测数据和 PMF 模型，结合有关研究结果[38,49]，获得如图 4.23 所示的本地化先验源谱，共包括 7 个来源，分别为 SOA、二次硝酸盐、二次硫酸盐、机动车、生物质燃烧＋工业排放、船舶排放、扬尘。其中，生物质燃烧和工业排放混合成一个因子，可能是由于采样时间较短，未能捕捉到足够的污染源信息将二者区分开，此处作为一个混合源处理。该源谱作为 CMB 在线源解析平台的关键输入文件，对实时观测并经过预处理的组分数据进行解析，可获得观测期间 $PM_{2.5}$ 高时间分辨率的定量源解析结果。解析出的各个污染源因子与其特征示踪物种变化趋势基本一致,相关性良好($r>0.7$)。

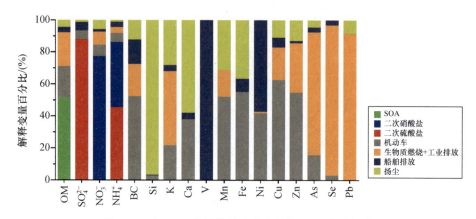

图 4.23　由 PMF 模型获得的路边站点 $PM_{2.5}$ 先验源谱

基于 CMB 集成源解析方法,解析得出观测期间 $PM_{2.5}$ 的平均来源结构(图 4.24)。SOA、二次硫酸盐和二次硝酸盐分别贡献了 $PM_{2.5}$ 总质量浓度的 26.4%、17.6% 和 13.7%,对 $PM_{2.5}$ 贡献之和超过 50%,表明二次颗粒物对深圳 $PM_{2.5}$ 贡献占主导地位。在一次排放源中,贡献最高的是机动车(17.5%),体现了采样点附近交通污染源的重要贡献;随后是生物质燃烧+工业排放混合源(13.8%),这些来源应主要来自深圳以外地区,表明区域污染传输对深圳秋冬季 $PM_{2.5}$ 也存在重要影响。扬尘(6.0%)和船舶排放(4.4%)贡献相对较低,另有 0.6% 的 $PM_{2.5}$ 来源未被明确识别,定义为"其他"。

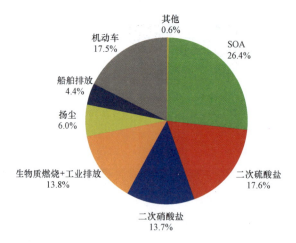

图 4.24　观测期间 $PM_{2.5}$ 的平均来源结构

4. PM$_{2.5}$源贡献的演变机制

观测期间各污染源贡献占比随PM$_{2.5}$质量浓度变化的情况如图4.25所示。整体上看,随PM$_{2.5}$污染程度加重,SOA和二次硝酸盐占比有一定程度的增加;而主要来自区域传输的二次硫酸盐、扬尘、生物质燃烧+工业排放相对贡献明显降低;机动车一次排放在PM$_{2.5}$低质量浓度时占比相对较高,船舶排放占比变化不大。由此可见,观测期间VOCs和氮氧化物的二次转化是造成PM$_{2.5}$污染加重的主要原因,在深圳秋冬季污染防控过程中应予以重点关注。

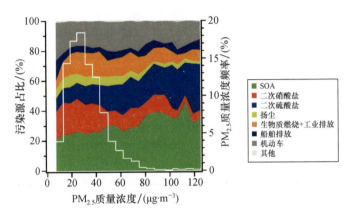

图4.25 观测期间各污染源占比随PM$_{2.5}$质量浓度变化

结合同期观测的气态污染物、气象参数等数据对高时间分辨率的PM$_{2.5}$源解析结果进行分析,可进一步阐明各污染源的变化规律。图4.26展示了解析出的PM$_{2.5}$污染源及相应示踪物种的日变化特征。SOA及其标识物种m/z 44的日变化呈现昼高夜低和"双峰"特征[图4.26(a)],峰值分别出现在中午13时与晚间20时附近,表明观测期间SOA污染主要由VOCs本地二次生成导致。早间8—9时随大气边界层抬升,SOA质量浓度下降,但随后由于太阳辐射的增强以及日间气态前体物排放的增多,本地光化学反应加剧,至中午13时出现第一个峰值;下午时段由于大气扩散条件较好,SOA质量浓度略有下降,至晚间受交通晚高峰影响,前体污染物质量浓度进一步升高,且大气边界层高度降低,推高SOA质量浓度在晚间20时附近达到第二个峰值。类似的SOA日变化规律在有关研究中也有报道,午间和晚间的SOA峰值可能还与城市中餐饮源有机物的快速氧化有关[50]。

二次硫酸盐日变化基本稳定[图4.26(b)],这与先前研究中深圳PM$_{2.5}$的硫酸盐主要来自区域传输的结论相吻合[38],体现了区域大尺度的背景污染。作为硫酸盐的前体物,SO$_2$的日变化同样平缓[图4.27(b)]。二次硝酸盐具有"双峰"的日变化特征[图4.26(c)],第一个峰值出现在上午10时附近,随后下降,在下午15时附近出现谷值,之后回升,在18时达到第二个峰值。二次硝酸盐主要来自NO$_x$的光化学反应,而汽车尾气是 NO_x 的重要排放源。NO_x 的日变化同样具有显著的峰谷特征[图 4.27(a)],但其早高峰峰值(9 时)与下午时段谷值(14 时)均较硝酸盐提早 1 小时,体现了路边站点附近机动车排放的 NO_x 在大气中快速转化为硝酸盐颗粒的过程。日间硝酸盐谷值的出现也与下午 14—15 时气温较高[图 4.27(d)],硝酸盐挥发增强有关。

在 $PM_{2.5}$ 各一次源中[图 4.26(d)~(g)],机动车和扬尘均存在"双峰"的日变化特征,体现了本地人类活动排放对 $PM_{2.5}$ 的影响。机动车排放有较为显著的早晚高峰,早高峰集中在上午 9—10 时,晚高峰在 18 时附近,其日变化特征与 CO、NO_x 相近[图 4.27(a)]。扬尘源的早晚高峰峰值一定程度上也受到道路扬尘的影响。船舶排放的日变化呈现显著的昼低夜高特征,且日变化曲线大体与气温变化曲线[图 4.27(d)]相反,这表明船舶排放整体上属于本地一次排放源,且排放强度无显著日变化,其贡献主要受大气边界层高度影响。生物质燃烧+工业排放的日变化曲线相对平缓,表明该因子主要受较大尺度区域整体污染水平的控制,其日间贡献下降可能也与大气边界层抬升有关。

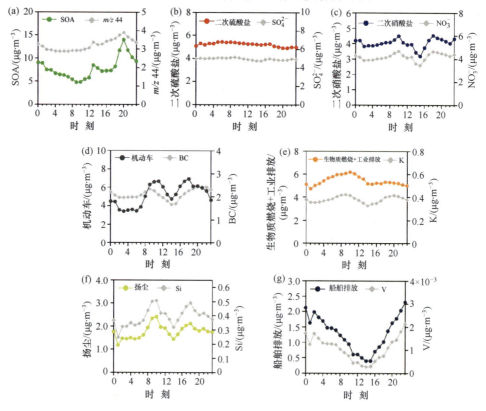

图 4.26 $PM_{2.5}$ 污染源及相应示踪物种的日变化特征

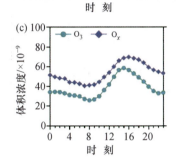
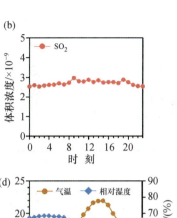

图 4.27 气态污染物与气象参数的日变化特征

图 4.28 进一步探讨了各二次污染物与 O_x、气温、相对湿度之间的关系。O_x 是大气二次反应产物 O_3 和 NO_2 的加和,可作为表征大气总氧化剂的指标。从图 4.28(a)中可以看出,SOA 与 O_x 呈现较为显著的正相关关系($r=0.54, p<0.01$),且相对湿度相较于气温而言对 SOA 生成存在更明显的影响。相对湿度较高($\geqslant 70\%$)和较低($<70\%$)时 SOA 与 O_x 的线性回归斜率分别为 0.31 和 0.20(图中虚线和实线),表明相对高湿度条件下 SOA 的液相或非均相生成对深圳 SOA 质量浓度可能存在重要贡献,这也与国内其他地区的观测结果近似[40,51]。从图 4.28(b)和(e)中可以看出,二次硫酸盐对 O_x 和温度与相对湿度基本无响应($r=0.02, p=0.41$),可佐证二次硫酸盐主要来自区域背景污染,除强冷空气带来的低温高湿条件有利于硫酸盐污染的扩散外,本地气象条件与大气氧化性对二次硫酸盐污染水平影响很小。二次硝酸盐的情况与 SOA 类似,和 O_x 存在一定程度的正相关($r=0.40, p<0.01$),且斜率受相对湿度的影响[图 4.28(c)],在相对湿度较高($\geqslant 70\%$)和较低($<70\%$)时线性回归斜率分别为 0.18 和 0.10,表明液相反应对深圳秋冬季硝酸盐生成可能存在重要贡献。

5. 典型污染过程分析

以 2021 年 1 月 20 日—31 日为例,分析该污染过程的关键来源与形成机制。图 4.29 展示了该时间段内气象参数和 $PM_{2.5}$ 组分变化,可见共出现 2 次 $PM_{2.5}$ 短时高污染事件,分别是 21 日夜间—22 日凌晨、26 日午后至夜间,$PM_{2.5}$ 质量浓度最高小时均值分别高达 125 $\mu g \cdot m^{-3}$ 和 120 $\mu g \cdot m^{-3}$。22 日—24 日期间,$PM_{2.5}$ 质量浓度整体

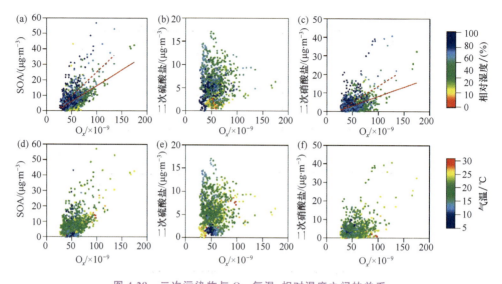

图 4.28　二次污染物与 O_x、气温、相对湿度之间的关系

(红色虚线和红色实线分别代表相对湿度≥70% 和<70% 时的线性回归拟合线)

也处于较高水平。20 日—31 日期间气象条件较为平稳,气温为 12.9～26.6 ℃,相对湿度为 36%～95%,整体风速较低,最大风速为 3.6 m·s^{-1},仅 28 日—29 日期间受冷空气影响,温度和相对湿度有所下降。从 $PM_{2.5}$ 组成上可初步看出,当 $PM_{2.5}$ 质量浓度升高时,OM 和 NO_3^- 质量浓度显著升高,而 SO_4^{2-} 质量浓度升高并不显著。

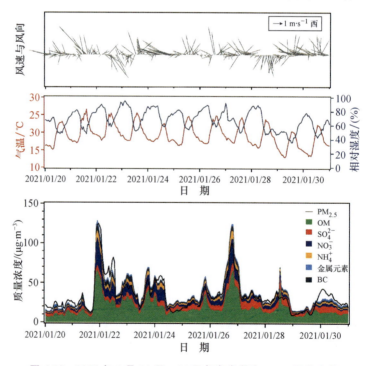

图 4.29　2021 年 1 月 20 日—31 日气象参数和 $PM_{2.5}$ 组分变化

2021年1月20日—31日期间，PM$_{2.5}$高时间分辨率源解析结果如图4.30和4.31所示，高污染时段在图中以红框示意。20日—21日晚各污染源贡献大致稳定。21日晚19时起污染迅速积累，至22时达到污染峰值，二次硝酸盐占比大幅升高，SOA在质量浓度急剧升高的同时占比相对稳定，且在污染峰值之后占比快速下降。晚高峰机动车排放大量污染前体物，然而夜间缺少光照条件，且相对湿度较高（70%~80%），风向为弱南风，因此可能存在污染的液相化学生成途径。CO、NO$_x$等气态污染物质量浓度均有显著升高，表明气象条件静稳，有利于污染的生成。22日凌晨污染有所缓解，其后22日—24日期间风向交替出现偏北风和南风，温度和相对湿度整体处于较高水平，有利于污染的形成与积累，这期间二次硝酸盐贡献整体较高。24日午后起受较强的东偏南风气团影响，污染过程结束，二次硝酸盐占比下降，具有区域背景老化特征的二次硫酸盐相对贡献上升，来自沿海的船舶排放相对贡献也有所上升。24日午后—26日上午，风向整体为南风，有利于污

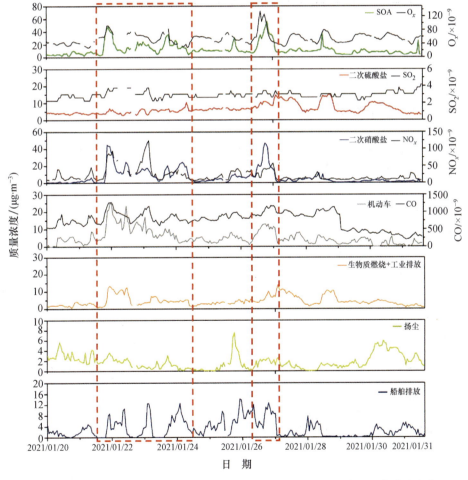

图 4.30　2021年1月20日—31日PM$_{2.5}$源贡献与有关气态污染物质量浓度变化

染扩散。26日上午至夜间的污染过程同样伴随二次硝酸盐贡献占比的大幅升高，与21日晚相比，26日污染过程NO_x的升高幅度相对较低，但O_x的质量浓度出现大幅升高，表明存在较严重的臭氧污染，大气氧化性较强，导致SOA和二次硝酸盐光化学生成增强。27日凌晨后扩散条件转好，至30日污染程度均相对较轻。28日夜间起受冷空气影响污染进一步缓解，此时来自区域的生物质燃烧+工业排放相对贡献上升，扬尘的贡献也逐渐升高。

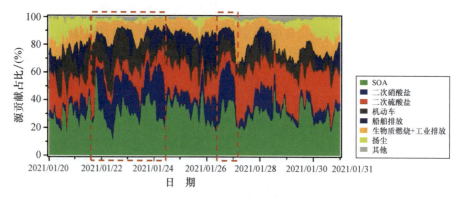

图4.31 2021年1月20日—31日$PM_{2.5}$来源构成的变化

4.4.6 本项目资助发表代表性论文（按时间倒序）

(1) Yan R H, Peng X, Lin W, et al. Trends and challenges regarding the source-specific health risk of $PM_{2.5}$-bound metals in a Chinese megacity from 2014 to 2020. Environmental Science & Technology, 2022, 56(11): 6996-7005.

(2) Huang X F, Cao L M, Tian X D, et al. Critical role of simultaneous reduction of atmospheric odd oxygen for winter haze mitigation. Environmental Science & Technology, 2021, 55(17): 11557-11567.

(3) Su C P, Peng X, Huang X F, et al. Development and application of a mass closure $PM_{2.5}$ composition online monitoring system. Atmospheric Measurement Techniques, 2020, 13(10): 5407-5422.

(4) Zhu Q, Huang X F, Cao L M, et al. Improved source apportionment of organic aerosols in complex urban air pollution using the multilinear engine (ME-2). Atmospheric Measurement Techniques, 2018, 11(2): 1049-1060.

(5) Huang X F, Zou B B, He L Y, et al. Exploration of $PM_{2.5}$ sources on the regional scale in the Pearl River Delta based on ME-2 modeling. Atmospheric Chemistry and Physics, 2018, 18(16): 11563-11580.

参考文献

[1] 唐孝炎. 大气环境化学. 北京：高等教育出版社，2006.

[2] Dzepina K，Arey J，Marr L C，et al. Detection of particle-phase polycyclic aromatic hydrocarbons in Mexico City using an aerosol mass spectrometer. International Journal of Mass Spectrometry，2007，263(2)：152-170.

[3] Turpin B J，Saxena P，Andrews E. Measuring and simulating particulate organics in the atmosphere: Problems and prospects. Atmospheric Environment，2000，34(18)：2983-3013.

[4] Weber R J，Orsini D，Daun Y，et al. A particle-into-liquid collector for rapid measurement of aerosol bulk chemical composition. Aerosol Science and Technology，2001，35(3)：718-727.

[5] Du H，Kong L，Cheng T，et al. Insights into summertime haze pollution events over Shanghai based on online water-soluble ionic composition of aerosols. Atmospheric Environment，2011，45(29)：5131-5137.

[6] 董华斌，曾立民. 一种在线测量大气中气态氨和颗粒相铵离子浓度的方法. 北京大学学报（自然科学版），2007，43(6)：816-821.

[7] Jimenez J L，Canagaratna M R，Donahue N M，et al. Evolution of organic aerosols in the atmosphere. Science，2009，326(5959)：1525-1529.

[8] Zhang Q，Jimenez J L，Worsnop D R，et al. A case study of urban particle acidity and its influence on secondary organic aerosol. Environmental Science & Technology，2007，41(9)：3213-3219.

[9] Aiken A C，Decarlo P F，Kroll J H，et al. O/C and OM/OC ratios of primary, secondary, and ambient organic aerosols with high-resolution time-of-flight aerosol mass spectrometry. Environmental Science & Technology，2008，42(12)：4478-4485.

[10] Decarlo P F，Dunlea E J，Kimmel J R，et al. Fast airborne aerosol size and chemistry measurements above Mexico City and central Mexico during the MILAGRO campaign. Atmospheric Chemistry and Physics，2008，8(14)：4027-4048.

[11] Xu W，Croteau P，Williams L，et al. Laboratory characterization of an aerosol chemical speciation monitor with $PM_{2.5}$ measurement capability. Aerosol Science and Technology，2017，51(1)：69-83.

[12] Tsuji K，Nakano K，Takahashi Y，et al. X-ray spectrometry. Analytical Chemistry，2012，84(2)：636-668.

[13] 黄正旭，高伟，董俊国，等. 实时在线单颗粒气溶胶飞行时间质谱仪的研制. 质谱学报，2010，31(6)：331-336+341.

[14] 付怀于，闫才青，郑玫，等. 在线单颗粒气溶胶质谱 SPAMS 对细颗粒物中主要组分提取方法的研究. 环境科学，2014，35(11)：4070-4077.

[15] Hallquist M, Wenger J C, Baltensperger U, et al. The formation, properties and impact of secondary organic aerosol: Current and emerging issues. Atmospheric Chemistry and Physics, 2009, 9(14): 5155-5236.

[16] Drinovec L, Močnik G, Zotter P, et al. The "dual-spot" Aethalometer: An improved measurement of aerosol black carbon with real-time loading compensation. Atmospheric Measurement Techniques, 2015, 8(5): 1965-1979.

[17] Hansen A D A, Rosen H, Novakov T. The aethalometer — An instrument for the real-time measurement of optical absorption by aerosol particles. Science of the Total Environment, 1984, 36: 191-196.

[18] Schwarz J P, Gao R S, Fahey D W, et al. Single-particle measurements of midlatitude black carbon and light-scattering aerosols from the boundary layer to the lower stratosphere. Journal of Geophysical Research: Atmospheres, 2006, 111: D16207.

[19] Bauer J J, Yu X Y, Cary R, et al. Characterization of the sunset semi-continuous carbon aerosol analyzer. Journal of the Air & Waste Management Association, 2009, 59(7): 826-833.

[20] Sun J Y, Zhang Q, Canagaratna M R, et al. Highly time- and size-resolved characterization of submicron aerosol particles in Beijing using an aerodyne aerosol mass spectrometer. Atmospheric Environment, 2010, 44(1): 131-140.

[21] Takegawa N, Miyakawa T, Watanabe M, et al. Performance of an aerodyne aerosol mass spectrometer(AMS) during intensive campaigns in China in the summer of 2006. Aerosol Science and Technology, 2009, 43(3): 189-204.

[22] Xiao R, Takegawa N, Kondo Y, et al. Formation of submicron sulfate and organic aerosols in the outflow from the urban region of the Pearl River Delta in China. Atmospheric Environment, 2009, 43(24): 3754-3763.

[23] Huang X F, He L Y, Hu M, et al. Highly time-resolved chemical characterization of atmospheric submicron particles during 2008 Beijing Olympic Games using an aerodyne high-resolution aerosol mass spectrometer. Atmospheric Chemistry and Physics, 2010, 10(18): 8933-8945.

[24] 张雅萍, 杨帆, 汪明明, 等. 运用单颗粒气溶胶质谱技术研究上海大气重金属(Zn, Cu)污染. 复旦学报(自然科学版), 2010, 49(1): 51-59+65.

[25] Bi X, Zhang G, Li L, et al. Mixing state of biomass burning particles by single particle aerosol mass spectrometer in the urban area of PRD, China. Atmospheric Environment, 2011, 45(20): 3447-3453.

[26] Ng N L, Herndon S C, Trimborn A, et al. An aerosol chemical speciation monitor(ACSM) for routine monitoring of the composition and mass concentrations of ambient aerosol. Aerosol Science and Technology, 2011, 45(7): 780-794.

[27] Zhang Y, Tang L, Croteau P L, et al. Field characterization of the $PM_{2.5}$ aerosol chemical

speciation monitor: Insights into the composition, sources, and processes of fine particles in eastern China. Atmospheric Chemistry and Physics, 2017, 17(23): 14501-14517.

[28] Tremper A H, Font A, Priestman M, et al. Field and laboratory evaluation of a high time resolution X-ray fluorescence instrument for determining the elemental composition of ambient aerosols. Atmospheric Measurement Techniques, 2018, 11(6): 3541-3557.

[29] Jeong C H, Wang J M, Hilker N, et al. Temporal and spatial variability of traffic-related $PM_{2.5}$ sources: Comparison of exhaust and non-exhaust emissions. Atmospheric Environment, 2019, 198: 55-69.

[30] Ji D, Cui Y, Li L, et al. Characterization and source identification of fine particulate matter in urban Beijing during the 2015 Spring Festival. Science of the Total Environment, 2018, 628-629: 430-440.

[31] Furger M, Minguillón M C, Yadav V, et al. Elemental composition of ambient aerosols measured with high temporal resolution using an online XRF spectrometer. Atmospheric Measurement Techniques, 2017, 10(6): 2061-2076.

[32] 雷建容, 云龙, 苏翠平, 等. 深圳城市大气$PM_{2.5}$中金属元素的在线测量与来源特征. 环境科学学报, 2019, 39(1): 80-85.

[33] Sandradewi J, Prevot A S H, Szidat S, et al. Using aerosol light absorption measurements for the quantitative determination of wood burning and traffic emission contributions to particulate matter. Environmental Science & Technology, 2008, 42(9): 3316-3323.

[34] Su Y, Sofowote U, Debosz J, et al. Multi-Year continuous $PM_{2.5}$ measurements with the federal equivalent method SHARP 5030 and comparisons to filter-based and TEOM measurements in Ontario, Canada. Atmosphere, 2018, 9(5): 191.

[35] Okazaki K, Wiener R W, Willeke K. Isoaxial aerosol sampling: Nondimensional representation of overall sampling efficiency. Environmental Science & Technology, 1987, 21(2): 178-182.

[36] 崔维娅, 杨桂林. 风机扩散筒最佳扩散角的计算. 流体机械, 1994, 24(9): 23-26.

[37] Vallius M, Ruuskanen J, Pekkanen J. Comparison of multivariate source apportionment of urban $PM_{2.5}$ with chemical mass closure. Boreal Environment Research, 2008, 13(4): 347-358.

[38] Huang X F, Zou B B, He L Y, et al. Exploration of $PM_{2.5}$ sources on the regional scale in the Pearl River Delta based on ME-2 modeling. Atmospheric Chemistry and Physics, 2018, 18(16): 11563-11580.

[39] 袁超, 王韬, 高晓梅, 等. 大气$PM_{2.5}$在线监测仪对SO_4^{2-}、NO_3^-和NH_4^+的测定评价. 环境化学, 2012, 31(11): 1808-1815.

[40] 胡伟伟. 我国典型大气环境下亚微米有机气溶胶来源与二次转化研究. 北京: 北京大学博士学位论文, 2012.

[41] 彭杏, 刘贵荣, 郑俊, 等. 采矿扬尘源成分谱化学组分特征研究. 环境污染与防治, 2016,

38(1): 36-40.

[42] Taylor S R, Mclennan S M. The geochemical evolution of the continental crust. Reviews of Geophysics, 1995, 33(2): 241-265.

[43] He L Y, Huang X F, Xue L, et al. Submicron aerosol analysis and organic source apportionment in an urban atmosphere in Pearl River Delta of China using high-resolution aerosol mass spectrometry. Journal of Geophysical Research: Atmospheres, 2011, 116: D12304.

[44] Watson J G, Chow J C, Lu Z, et al. Chemical mass balance source apportionment of PM_{10} during the Southern California Air Quality Study. Aerosol Science and Technology, 1994, 21(1): 1-36.

[45] Moore J W, Semmens B X. Incorporating uncertainty and prior information into stable isotope mixing models. Ecology Letters, 2008, 11(5): 470-480.

[46] Cao J J, Lee S C, Chow J C, et al. Spatial and seasonal distributions of carbonaceous aerosols over China. Journal of Geophysical Research: Atmospheres, 2007, 112: D22S11.

[47] Liao K, Chen Q, Liu Y, et al. Secondary organic aerosol formation of fleet vehicle emissions in China: Potential seasonality of spatial distributions. Environmental Science & Technology, 2021, 55(11): 7276-7286.

[48] Cao L M, Huang X F, Li Y Y, et al. Volatility measurement of atmospheric submicron aerosols in an urban atmosphere in southern China. Atmospheric Chemistry and Physics, 2018, 18(3): 1729-1743.

[49] Su C P, Peng X, Huang X F, et al. Development and application of a mass closure $PM_{2.5}$ composition online monitoring system. Atmospheric Measurement Techniques, 2020, 13(10): 5407-5422.

[50] Huang D D, Zhu S H, An J Y, et al. Comparative assessment of cooking emission contributions to urban organic aerosol using online molecular tracers and aerosol mass spectrometry measurements. Environmental Science & Technology, 2021, 55(21): 14526-14535.

[51] Xu W Q, Han T T, Du W, et al. Effects of aqueous-phase and photochemical processing on secondary organic aerosol formation and evolution in Beijing, China. Environmental Science & Technology, 2017, 51(2): 762-770.

第 5 章　长三角排放清单的优化集成与综合校验

赵瑜[1]，王海鲲[1]，张洁[2]，马宗伟[1]，刘倩[2]，夏思佳[2]

[1]南京大学，[2]江苏省环境科学研究院

大气复合污染的有效应对依赖于准确的源排放资料。针对中国大气污染源的排放特征已开展了大量研究，但一些关键源的排放清单仍很不全面、不确定性较高，有关排放清单的研究仍较分散，缺乏系统性的集成和校验。

本研究在长三角复合污染来源复杂的背景下，针对区域尺度排放清单的优化、集成和评估校验开展研究，改善了特定源的排放表征方法，有效提升和证实了排放清单的准确性。首先，基于详细的本地化数据，"自下而上"改进了长三角地区电力行业、VOCs工业排放源、农业源等特定源的排放表征方法和结果，并结合高分辨率空气质量模拟证实了排放清单的改进对提升模拟效果的作用。其次，基于多元观测和高分辨率空气质量模拟，"自上而下"校验了长三角典型区域 BC 和 NO_x 排放清单。最后，通过多空间尺度、多数据来源和多表征方法排放清单的比较和检验，集成和整合了长三角区域排放清单，并将其应用于排放控制效果评估和二次污染生成研判中。

5.1　研究背景

中国大气污染形势严峻，尤其在经济发达和工业密集的地区，城市和农村复杂排放源共同作用、互相影响，以 $PM_{2.5}$ 和 O_3 为标志的区域性大气复合污染问题日益突出，严重灰霾污染事件频繁出现[1-4]。空气质量的改善依赖于对大气复合污染机制的正确认识和对污染过程的有效应对，而对污染的认识和应对又依赖于准确的源排放资料。因此，大气污染物排放清单的构建已成为当前中国空气质量管理中最为迫切的任务之一。近年来，研究者已针对全国及重点地区开展大气污染物排放清单研究[5-9]。基于逐渐完善的源分类体系和日趋详细的排放源信息与现场测

试数据,中国排放清单相比于早期针对亚洲的排放结果[10,11],其适用性和可靠性得到了明显改善和提升。但在区域和局地尺度,受数据来源或表征方法的局限,现有清单对污染物排放水平和时空分布特征的研究不确定性依然较大,排放清单准确性有待进一步提高。

中国长三角地区经济和能源消耗增长迅速,大气污染问题尤为突出。前期研究结果表明中国东部各省份 SO_2 和 NO_x 排放超过全国的 30%,BC 和 OC 排放量超过 25%[12]。因此,长三角乃至中国东部地区极高的人为源排放强度是导致区域灰霾和大气复合污染的重要原因,燃煤、石油化工等排放源对长三角典型城市空气质量产生重要影响[13,14]。尽管现有针对长三角的排放清单研究实现了高分辨率的时空分布表征,但不同清单的结果存在明显差异,且这些差异的来源及其对空气质量模拟的影响尚未得到充分的分析和评估。因此,在当前大气复合污染严重的背景下,以准确定量长三角污染物排放为目标,开展排放清单的优化、集成和不确定性分析,并基于观测和模拟对区域排放清单进行综合校验,具有重要的科学和政策意义。

5.1.1 "自下而上"的区域排放清单建立方法和比较

现有研究在全球、大洲、全国和区域等多个空间尺度均对长三角大气污染物的排放特征进行了表征。全球排放清单一般采用排放因子法建立,典型代表为 EDGAR(Emission Database for Global Atmospheric Research)[15]。针对亚洲地区,Streets 等[10]基于跨太平洋输送和化学演变计划(Transport and Chemical Evolution over the Pacific Mission,TRACE-P)建立了 2000 年亚洲排放清单;基于对 TRACE-P 清单方法的改进与修正,Zhang 等[16]建立了支持大陆化学传输实验-B 阶段(Intercontinental Chemical Transport Experiment-Phase B,INTEX-B)亚洲人为源排放清单;Ohara 等[11] 和 Kurokawa 等[8]分别估算了 1980—2020 年和 2000—2008 年亚洲区域的污染物排放(Regional Emission Inventory in Asia,REAS)。在全国尺度,2012 年清华大学开发了中国地区多尺度动态排放清单数据库 MEIC(Multi-resolution Emission Inventory for China,http://www.meicmodel.org/),与之前的研究(TRACE-P、INTEX-B 和 REAS)相比更多集成了重点行业(电力和水泥)的排放信息。近年来,Huang 等[5]、Fu 等[7]和李莉[17]建立了直接针对长三角的高分辨率排放清单。由于建立方法和数据来源不同,多套清单在长三角的排放表征结果存在明显差异。例如,工业源污染控制技术应用率和去除效率等关键参数的取值差别导致国家尺度清单(MEIC)对 SO_2、NO_x 和一次颗粒物的排放估算结果高于区域清单[7,17]。上述差异及其主要来源并未在区域尺度得到充分评估,不同研究的结果难以有效融合并达到提升排放清单质量的目的。

由于区域尺度排放清单对排放表征和时空分布的精度提出了更高要求,现有清单针对特定排放源的表征方法存在局限性。例如,对于农业源 NH_3 排放清单,常用的排放因子法一般用统一或借鉴欧洲的排放因子计算 NH_3 排放,但 NH_3 排放强烈依赖于当地环境状况,如土壤酸碱度和环境温度[18],因此基于排放因子法的 NH_3 清单可能会造成冬季高估而夏季低估[19]。除建立方法存在缺陷外,部分排放源高精度的关键信息尚未充分整合。例如,连续在线监测数据的应用对局地尺度污染物排放表征及空气质量模拟的改善具有重要作用[20],但还较少被科学地用于区域排放清单编制[21]。在排放清单不确定性评估方面,全国尺度排放清单经历了专家估计[10,16]和蒙特卡罗(Monte Carlo)定量模拟[22]的阶段;但针对区域尺度,在排放表征方法和数据来源都有所改进的情况下,其不确定性分析方法并未得到实质改善,概率密度确定的合理性和蒙特卡罗模拟的细致程度没有得到有效提升。

5.1.2 基于观测和传输模式的区域排放清单校验

研究者通过分析不同大气化学成分观测水平之间的关系建立排放约束,评估排放特征,如 BC 与 CO 的关系[23-26],或 VOCs 与 CO 的关系[27];部分研究进一步基于 BC 排放和环境浓度近似线性的假设对排放水平进行修正[25,28,29]。上述研究多针对较大空间尺度(通常是全国)的排放水平进行校验;由于高时空分辨率排放清单和加密观测数据相对缺乏,对区域尺度排放时空分布表征的校验还较为薄弱。相比于地面观测,卫星观测具有广阔的空间覆盖面和较高的时间分辨率信息,已被应用于大型点源气态污染物的排放特征分析,通过计算基于柱浓度(vertical column density, VCD)观测的排放负荷,评价排放估计和变化规律的可靠性[30]。

化学传输模式已被应用于排放清单的校验和评估中。例如,Zhang 等[31]使用更新前后的美国国家排放清单进行东南部地区的 $PM_{2.5}$ 和 O_3 模拟,证实基于改善后排放清单的模拟结果与观测更加接近。Kim 等[20]研究证实,相比于美国国家环境保护局的默认排放资料,采用连续在线监测的 NO_x 排放信息模拟获得的 NO_2 浓度与卫星观测结果更加吻合。在城市尺度,Timmermans 等[32]发现使用局地排放清单模拟获得的巴黎 NO_2 和 PM_{10} 浓度与观测一致性更好。在亚洲,Han 等[33]比较了 INTEX-B、CAPSS(Clean Air Policy Support System)和 REAS 清单的模拟结果,发现与 REAS 相比,INTEX-B 模拟的中国地区 NO_2 柱浓度与卫星观测值更加接近。然而,在区域或局地尺度,中国排放清单的模式校验相对较少,并且除了排放总量外,几乎没有对排放空间分布和化学组分分配优化引起的模拟效果改善进行评估,导致对污染的来源和生消机制的认识存在局限。Yin 等[34]对比了珠三角 VOCs 排放清单更新前后的模拟 O_3 浓度,发现降低 VOCs 排放量及空间分布的不确定性能够有效改善模拟的准确度。在长三角地区,耦合地面观测、卫星观测和化学传输模式,对排放清单进行综合校验和评估的工作依然相当缺乏。

部分研究者发展逆向模式优化典型污染物的排放表征[35,36],能够降低"自下而上"排放清单建立过程中的主观性。由于该方法不直接修正排放的表征方法和参数,因此在排放优化过程中将模拟与观测的偏差完全归咎于排放清单的不确定性。然而,除排放外,模式和观测的不确定性对结果也存在影响。例如,不同研究者借助观测和空气质量模拟校验中国东部人为源 NO_x 排放清单,在对排放高估或低估的判断上会得出相悖的结论[37,38]。这些结果表明进一步开展排放清单校验,厘清排放-模拟-观测验证体系中的不确定性来源具有重要意义。

5.2 研究目标与研究内容

在长三角区域复合污染来源复杂的背景下,本研究针对区域尺度典型地区排放清单的优化、集成和校验开展研究,改善特定源的排放表征过程和方法,降低表征结果不确定性,有效提升和证实排放清单准确性。

5.2.1 研究目标

从排放清单建立过程、可靠性评估与校验、多尺度和多方法数据集成与应用三方面有效提升区域排放清单的质量和准确度,为进一步明确长三角复合污染的来源与控制机制提供科学依据。

5.2.2 研究内容

1. "自下而上"排放清单改进

针对长三角典型区域,基于在线监测数据改进电力行业排放清单;基于对污染源的实地调研与测试,改进 VOCs 排放清单;基于对农业活动过程的表征,改进农业源 NH_3 排放清单。在上述基础上,使用化学传输模式 CMAQ(Community Multiscale Air Quality)评估"自下而上"排放清单改进对模拟效果的影响。

2. "自上而下"排放清单校验

基于地面观测,结合 CMAQ 和多元线性回归模型,校验长三角典型区域 BC 排放清单并评估不同先验排放清单对结果的影响;基于卫星观测,结合 CMAQ 和非线性迭代法,校验长三角典型区域 NO_x 排放清单并评估校验前后 NO_x 排放清单对 O_3 模拟的影响。

3. 改进排放清单的集成和应用

通过对多空间尺度、多数据来源和多表征方法的排放清单的比较、集成，提炼和整合包含农业、工业、电力、民用、交通行业的长三角区域完整排放清单，并将集成获得的长三角区域排放清单应用于排放控制效果评估和二次污染生成研判中。

5.3 研究方案

本研究将排放表征、多手段观测和化学传输模式模拟相结合，研究方案细分为以下四方面加以说明，技术路线如图5.1所示。

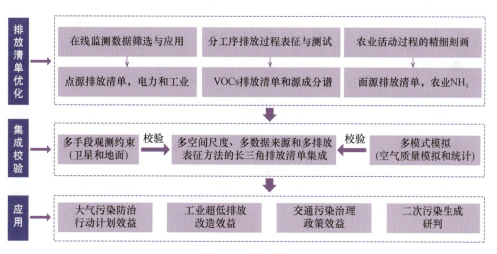

图 5.1 技术路线

1. 特定源排放清单优化

对于点源排放清单，特别是电力和工业排放清单，通过多渠道收集并整合在线连续排放监测系统数据和环境统计信息等基础数据资料，并基于数据统计和质量平衡等方法确定在线监测浓度数据的筛选与补充方法。

对于 VOCs 排放清单，通过文献调研与企业信息调查，确定对合成橡胶、醋酸纤维、聚醚、醋酸乙烯、乙烯、丁辛醇、环氧丙烷、聚乙烯和乙二醇 9 类化工产品生产过程进行排放特征测试，并结合文献调研对源谱进行修订。

对于农业源 NH_3 排放清单，针对化肥施用过程的表征，考虑温度、施肥率、土壤酸碱度和施肥方式对 NH_3 挥发的影响，对基础排放因子进行校正；针对畜禽养殖过程的表征，按照排泄物状态，基于物质流法和环境温度计算排放因子。

2. 排放清单观测校验与化学传输模拟校验

对于 BC，基于 BC 排放与浓度呈线性响应关系的假设，利用地面观测校正基于传输模式获得的不同排放源对 BC 的浓度贡献，并将校正因子应用于 BC 相应源项的排放校正。

对于 NO_x，以 OMI 卫星观测的对流层柱浓度为约束，发展基于 CMAQ 模式的非线性迭代校验方法，假设 NO_x 排放与 NO_2 垂直柱浓度之间的关系呈动态的非线性相关，对长三角 NO_x 排放量进行校验。

3. 多尺度排放清单对比与耦合集成

深入调研目前大气化学研究领域广泛使用的全球、大洲、全国在降尺度后对长三角大气污染物排放的表征方法、数据来源和结果，详细比较多尺度排放清单排放水平、时空分布和化学物种分配的差异及主要来源。

通过对多尺度排放清单建立方法、排放源分类标准、活动水平信息来源、时空分配原则与结果等的详细比较，建立不同尺度清单各类污染物排放在污染源类型和空间尺度的映射关系，实现长三角综合排放清单的有效集成。

4. 排放控制效果评估

对于大气污染防治行动计划效益，通过结合地面观测数据、卫星遥感数据、气象数据和土地利用数据，构建卫星遥感反演模型，获得 0.1°分辨率 $PM_{2.5}$ 卫星遥感反演数据，评估减排措施对 $PM_{2.5}$ 污染变化的影响。

对于工业超低排放改造效益，基于融合在线监测数据的燃煤电厂排放清单编制方法，预测不同达标排放情景下中国燃煤电厂污染物排放量，并使用 CMAQ 评估超低排放政策对长三角地区空气质量改善的影响。

对于交通污染治理政策效益，在系统梳理中国近二十年道路机动车排放特征和交通污染控制政策的基础上，使用建立的改进排放清单，定量分析交通污染治理政策的环境和健康效益。

对于二次污染生成研判，基于改进的 NO_x 排放清单，使用 CMAQ 模拟评估 O_3 及二次离子（SNA，包括 SO_4^{2-}、NO_3^-、NH_4^+）生成对前体物控制的敏感性，探究污染成因和潜在的控制方法。

5.4 主要进展与成果

5.4.1 "自下而上"排放清单改进

1. 在线监测数据融合

以往燃煤电厂排放清单的建立方法存在排放因子动态更新慢、本地化测试不足、在线监测数据评估不充分等局限性。为弥补这些问题,本研究基于对在线监测数据的整合、评估和筛选,优化了燃煤电厂排放清单的建立方法,并为在线监测数据在排放清单编制和优化中的应用提供了思路。在此基础上,结合 CMAQ 验证了融合在线监测数据建立的大气污染物排放清单对模拟表现的提升,为燃煤电厂相关污染控制政策制定提供了更加可靠的科学依据。

(1) 电力行业在线监测数据融合

本研究发展了一套融合在线监测数据的燃煤电厂排放清单编制方法。通过多渠道收集并整合了中国燃煤电厂典型污染物高时间分辨率的在线连续排放监测系统(CEMS)数据和环境统计信息等基础数据资料,并基于数据统计和质量平衡等方法确定了在线监测浓度数据的筛选与补充方法,进而"自下而上"地建立了中国燃煤电厂排放清单。

本研究共收集了 1039 个排放口的 CEMS 数据,涵盖了监测时间、监测点位、烟气流量、运行状态、污染物(SO_2、NO_x 和 PM)的实时监测浓度及基准氧含量折算浓度。基于 CEMS 数据和此前建立的基准清单(BEI),分别采用两种方法建立 2015 年中国燃煤电厂排放清单,即改进排放清单[updated emission inventory,分别命名为 UEI(A) 和 UEI(B)]。二者的差异在于烟气排放量的来源不同:UEI(A)基于污染物在线监测排放浓度和环境统计资料中的烟气排放量计算污染物排放量;UEI(B)则基于各燃煤电厂耗煤量及理论烟气体积计算烟气排放量,再结合污染物在线监测浓度进一步估算。

CEMS 数据已用于电力部门排放的监督和管理,但该系统的运行状态和数据质量仍值得商榷。本研究基于质量平衡法和数学统计方法对在线监测浓度数据进行筛选:先删去 CEMS 浓度数据中的系统异常值,包括 0 值、负值以及在非正常运行状态(停产或维修状态等)下的监测值;在此基础上,通过对极端疏漏和极端严格排放控制情况下各污染物去除效率进行假设,分别计算出污染物排放浓度的理论最高值和最低值,并依据该参考浓度筛除不合理的 CEMS 浓度值。

将本研究建立的更符合实际排放情况的燃煤电厂排放清单 UEI(B) 与以往电力部门排放清单结果进行比较,结果如图 5.2 所示。MEIC、Xia 等[9]以及 Zhao 等[39]均采用传统排放因子法建立电厂排放清单(未融合 CEMS 数据),这些研究结果显示 SO_2、NO_x 和 PM 排放量占全国排放总量的比例分别从 2006 年的 48%~53%、31%~36% 和 8% 下降到 2015 年的 22%~28%、14%~21% 和 5%~6%。在融合 CEMS 数据的 2015 年 UEI(B) 中,三种污染物的相应比例分别显著下降至 8%、7% 和 1%,且随着排放控制政策的全面实施(情景 1 和情景 2 分别指燃煤电厂全部达到国家标准 GB 13223—2011 和超低排放政策要求的情况),排放比例进一步下降。这一结果表明,融合在线监测数据后能够更加合理地评估中国近年来针对电力行业开展控制带来的污染物排放削减成效。

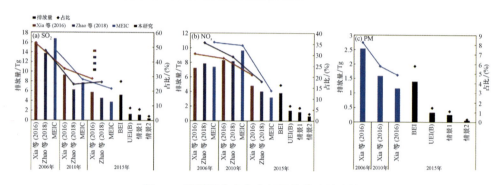

图 5.2　不同研究中电力部门排放清单比较

(2) 工业源排放量及空间分配改进对模拟效果的影响

本研究以长三角典型区域为例,将发展的在线监测数据融合方法应用到省级层面,结合污染物普查、环境统计、大型工业企业的现场调研资料及行业统计年鉴中的精细化数据,建立了高精度人为源大气污染物排放清单,并使用改进的蒙特卡罗模拟框架量化了排放清单的不确定性。在此基础上,利用 CMAQ 和地面观测数据分别评估了国家尺度(MEIC)、区域尺度[7]长三角排放清单以及本研究建立的省级排放清单的模拟表现,以及工业源排放量及空间分配改进对模拟效果的影响。

通过比较省级(本研究)、区域[7]和国家尺度(MEIC)排放清单中 SO_2 排放在长三角典型城市南京的空间分布,发现 MEIC 降尺度后难以准确获得区域内排放量的变化规律,同时该排放清单在城区存在大面积的高值排放;对于南京城区,区域排放清单的 SO_2 排放量明显高于省级排放清单。虽然区域排放清单中存在部分大型排放源(包括电厂、水泥和钢铁)作为点源估算,但是由于数据可获得性的限制,对于中小型工业企业的排放只能按城市的 GDP 分布进行空间分配;而基于详细基础资料建立的省级排放清单能够更准确地进行中小型工业企业的污染物排放量化和空间分配,与实际情况更加接近。

本研究融合企业具体信息改进了基于蒙特卡罗模拟的排放清单不确定性分析方法。对于排放因子,相关参数包括常规参数和企业特异性参数。常规参数是指在某一技术或燃料类型下保持稳定或略有变化的参数,其概率分布函数根据 Zhao 等人[12, 22]的相关研究和最新的测量数据确定;企业特异性参数是指相互独立且不同企业之间可能差异很大的参数,其概率分布函数基于收集的信息综合处理生成。研究发现,相较于国家排放清单,省级 SO_2 排放清单的不确定性大大降低。图 5.3 比较了国家和省级排放清单中江苏省电力行业 SO_2 排放量估计概率分布。基于机组收集的信息,电厂排放估算的准确性得到提升。另外,由于每个电厂关键参数均被假设具有独立的概率密度分布,因此误差补偿机制有效降低了行业层面的排放估算不确定性。

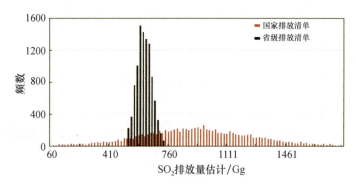

图 5.3　国家和省级排放清单中江苏省电力行业 SO_2 排放量估计概率分布

图 5.4 反映了利用不同排放清单模拟的 SO_2 浓度与观测浓度的时间序列变化。当源排放输入为国家排放清单和长三角区域排放清单时,SO_2 的模拟浓度在部分时段出现显著高于观测浓度的超高值。例如,2012 年 10 月 9 日 20 时,区域排放清单在玄武湖、瑞金路和中华门站点的 SO_2 模拟浓度分别高达 550 $\mu g \cdot m^{-3}$、477 $\mu g \cdot m^{-3}$ 和 476 $\mu g \cdot m^{-3}$,比观测值(分别为 33 $\mu g \cdot m^{-3}$、12 $\mu g \cdot m^{-3}$ 和 14 $\mu g \cdot m^{-3}$)高出 16~40 倍;国家排放清单在玄武湖、瑞金路和中华门站点的 SO_2 模拟浓度分别为 205 $\mu g \cdot m^{-3}$、246 $\mu g \cdot m^{-3}$ 和 228 $\mu g \cdot m^{-3}$,比观测值高出 6~20 倍;而省级排放清单在上述三个站点的 SO_2 模拟浓度分别为 59 $\mu g \cdot m^{-3}$、76 $\mu g \cdot m^{-3}$ 和 50 $\mu g \cdot m^{-3}$,虽然仍高于观测值,但与另外两份排放清单的模拟结果相比,准确度已有较大提升,从而证实了工业源排放量及空间分配的改进对提升模拟效果的作用。

2. VOCs 排放源谱改进

VOCs 排放源谱的质量直接影响 VOCs 排放清单的准确性。为提高源谱准确性,本研究通过多种途径获取了长三角本地污染源特征信息,对典型行业进行了实

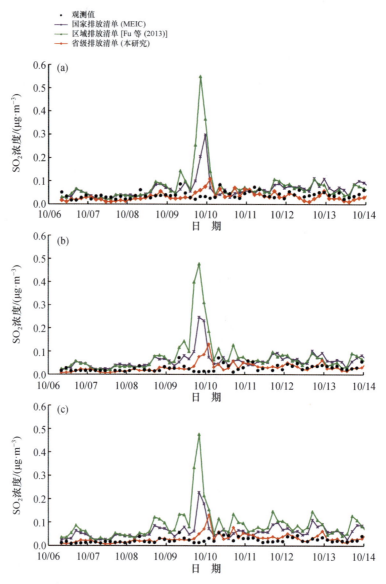

图 5.4 2012 年 10 月 6—14 日期间，不同排放清单在玄武湖(a)、瑞金路(b)和中华门(c)站点的 SO_2 模拟浓度与观测浓度的时间序列变化

地采样和测试,并结合文献调研对源谱进行修订,更好地反映了 VOCs 排放的组分特征。在此基础上,建立了高精度、分组分的 VOCs 排放清单,并基于 CMAQ 模式证实了 VOCs 排放源谱优化对 O_3 模拟的改进。

(1) VOCs 排放清单化学组分变化

本研究通过文献调研与企业信息调查,确定了对合成橡胶、醋酸纤维、聚醚、醋酸乙烯、乙烯、丁辛醇、环氧丙烷、聚乙烯和乙二醇 9 类化工产品生产过程进行排放特征测试。以不锈钢采样罐作为容器,连接不同附件分别对企业有组织废气排放及无组织废气排放进行采样,共采集56个样品,并参考美国国家环境保护局发布的 EPA 分析方法 PAMS 和 TO-14,采用气相色谱-质谱对废气样品进行分析。通过对测试数据进行处理,得到不同化工产品生产及不同排放类型的源谱共14种,其中有组织源谱9种,无组织源谱5种。

本研究基于实地测试和文献结果更新了长三角区域 VOCs 源谱数据库,并对更新前后江苏省 VOCs 排放进行了组分分解。图 5.5 给出了源谱更新前后排放均在 10 t 以上的 445 种组分(占总排放的 99.6% 以上)的排放结果。部分组分,如乙酸乙酯、苯、甲苯、二甲苯和乙苯的排放绝对值有较大变化(超过10 000 t)。乙酸乙酯排放增加主要是由于更新后的源谱中涂料制造排放采用了国内测试结果,高于国际源谱数据库(SPECIATE)中乙酸乙酯的比例;苯排放量减少主要源于本地化炼焦测试文献结果的使用;甲苯排放减少主要源于对建筑涂料使用、汽车喷涂、涂料制造源谱的更新;二甲苯和乙苯排放增加主要源于对炼焦、涂料及油墨生产、摩托车排放源谱的更新。

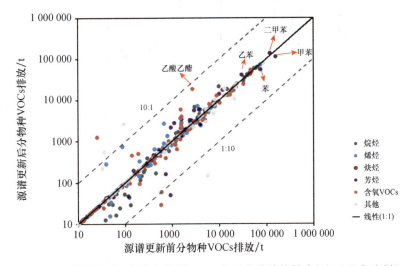

图 5.5　源谱更新对江苏省人为源 VOCs 分组分排放的影响(以 2010 年为例)

(2) VOCs 排放源谱改进对 O_3 模拟效果的影响

为评价源谱更新对空气质量模拟的影响,将更新源谱前后的 2010 年江苏省人为源 VOCs 分组分排放结果转化为空气质量模型常用的化学机制 CB05、SAPRC99 组分,如图 5.6 所示。变化相对较大的组分包括 CB05 机制的 ALDX 组分以及 SAPRC99 机制的 OLE1 组分。ALDX 对应的 VOCs 物种为含 3 个碳原子以上的醛类,本研究更新的印刷油墨和汽车喷涂的源谱中该部分比例更高是造成差异的主要原因;OLE1 组分排放增大则源于建筑涂料源谱的更新。

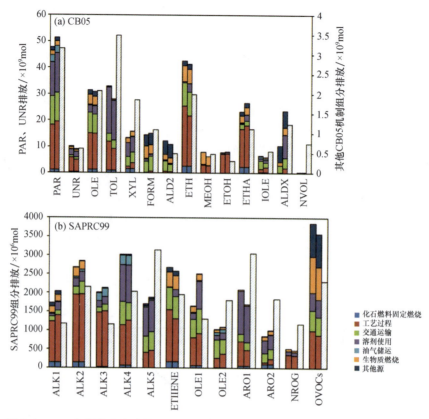

图 5.6　2010 年江苏省人为源 VOCs 化学机制 CB05(a)、SAPRC99(b)组分排放比较
（每一组分的 3 个柱形中，左侧为本研究源谱更新前结果，中间为本研究源谱更新后结果，右侧为 MEIC 结果）

图 5.7 比较了典型月份（1、4、7、10 月）观测数值和模拟数值的日一小时最大 O_3 浓度。除 MEIC 模拟的 4 月结果外，大多数情况下模拟得到的一小时最大 O_3 浓度低于观测结果。由于长三角地区 O_3 生成以 VOCs 控制或 VOCs 与 NO_x 共同控制为主，上述结果说明改进的省级排放清单对 VOCs 排放仍有一定程度的低估。省级排放清单 4 个典型月的模拟数值与观测数值的归一化平均误差（NME）为 26%～38%，除 7 月外，均低于 MEIC 的结果（29%～59%），这一对比证明了 VOCs 源谱优化对提升 O_3 模拟效果的作用。

3. 农业源 NH_3 排放清单改进

目前，农业源 NH_3 排放清单存在极大不确定性，本研究针对化肥施用源和畜禽养殖源，使用农业活动过程表征法"自下而上"地建立了长三角地区人为源 NH_3 排放清单，为长三角区域尺度空气质量模拟提供了最新的 NH_3 排放数据。结合 CMAQ 和卫星观测，验证了农业源 NH_3 排放清单改进对 NH_3 柱浓度模拟效果的提升作用，从而有效降低了区域尺度 NH_3 排放清单的不确定性。

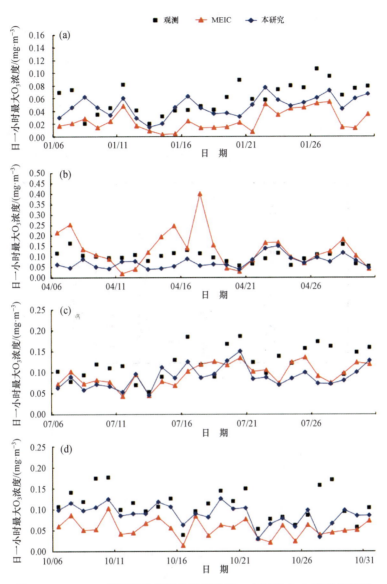

图 5.7　1、4、7、10 月不同排放清单模拟的日一小时最大 O_3 浓度和观测数值的比较

(1) 改进前后农业源 NH_3 排放清单比较

本研究综合国内外已有研究成果,建立了长三角地区 NH_3 排放清单。其中,针对 NH_3 最大的贡献源,即农业源(包括化肥施用源和畜禽养殖源),分别采用排放因子法(E1)和农业活动过程表征法(E2)进行估算,最终得到两套长三角地区 NH_3 排放清单。针对化肥施用过程的表征,考虑温度、施肥率、土壤酸碱度和施肥方式对 NH_3 挥发的影响,对基础排放因子进行校正。针对畜禽养殖(粪便管理)过程的表征,按照排泄物状态(液态和固态),基于物质流法和环境温度计算排放因子。

长三角地区两套 NH₃ 排放清单结果对比如图 5.8 所示，可见农业源占总 NH₃ 排放的 74%～84%。排放因子法估算的排放总量约是农业活动过程表征法的 1.6 倍，其中排放因子法估算的农业源排放量约为农业活动过程表征法的 2 倍。排放因子法建立的清单中，上海、江苏、浙江和安徽排放总量分别为 44 500 t、791 900 t、270 100 t 和 658 200 t；农业活动过程表征法建立的清单中，这些地区的排放总量分别为 33 200 t、496 500 t、147 200 t 和 389 900 t。江苏和安徽的农业发达，NH₃ 排放在长三角地区占比分别为 44.87%～46.54% 和 37.30%～36.55%。

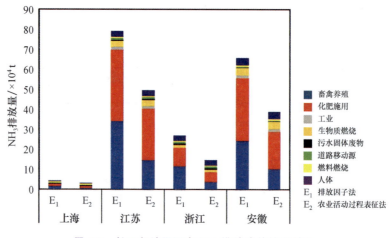

图 5.8　长三角地区两套 NH₃ 排放清单结果对比

研究进一步获得了化肥施用源、畜禽养殖源和总排放量的空间分布，结果表明，两套清单的空间分布特征总体相似，NH₃ 排放高值区集中在安徽北部以及江苏盐城、徐州等地。两套清单中化肥施用源和畜禽养殖源空间分布的差异主要源于农业活动过程表征法更加细致地考虑了环境条件对 NH₃ 挥发率的影响。

（2）农业源 NH₃ 排放清单改进对柱浓度模拟效果的影响

本研究利用卫星观测资料评估 NH₃ 排放清单对 NH₃ 柱浓度的模拟表现。分析基于两种方法建立的 NH₃ 排放清单 2014 年 4 个典型月 NH₃ 柱浓度模拟结果，发现排放因子法建立的 4 个月清单 NH₃ 柱浓度模拟结果均高于农业活动过程表征法；且高值区较为一致，主要集中在安徽北部和江苏北部。两套清单的 NH₃ 柱浓度模拟结果与 IASI-NH₃ 卫星观测数据对比结果如表 5.1 所示。1 月和 10 月两套清单 NH₃ 柱浓度模拟月均值都高于观测值，4 月和 7 月模拟值均低于观测值，可能来源于排放量时间分配误差，以及 WRF 模型温度模拟在 1 月和 10 月存在高估，4 月和 7 月存在低估。从长三角地区整体空间分布吻合程度看，1 月和 10 月农业活动过程表征法建立的清单模拟 NH₃ 柱浓度空间分布与卫星数据吻合更好，其 NMB、NME 和 r 都优于排放因子法，可能是由于农业活动过程表征法更充分地考虑了区域环境因素对 NH_3 排放的影响,优化了排放及模拟浓度的空间分布结果。

表5.1 NH_3柱浓度模拟结果与IASI-NH_3卫星观测数据对比(月均值,单位:10^{15} mol·cm^{-2})

参数	1月		4月		7月		10月	
	排放因子法	农业活动过程表征法	排放因子法	农业活动过程表征法	排放因子法	农业活动过程表征法	排放因子法	农业活动过程表征法
NMB/(%)	77.02	4.29	28.49	−59.12	12.19	−34.12	29.46	−1.77
NME/(%)	83.83	37.54	65.80	60.07	43.93	51.91	46.38	43.17
$r(p<0.01)$	0.38	0.42	0.50	0.51	0.68	0.64	0.50	0.55
模拟均值	14.09	8.30	5.88	3.40	6.79	4.87	10.00	7.61
卫星均值	7.96		7.54		10.23		7.72	

5.4.2 "自上而下"排放清单校验

1. 基于地面观测约束的 BC 排放清单校验

本研究基于化学传输模式和地面观测约束,发展了多元线性回归的 BC 排放清单校验方法,有效提升了长三角典型城市群的 BC 排放清单的准确性,为进一步改善 BC 排放清单提供了思路和科学依据。此外,本研究结合 CMAQ 评估了不同先验排放清单对结果的影响,结果表明即使初始清单存在较大差异,校验后的结果在排放总量、空间分布及模拟表现方面仍将趋于一致,证实了校验方法的稳健性,为建立和完善科学的 BC 排放清单评估及校验体系提供了有效支持。

(1) BC 排放清单校验

本研究以长三角苏南城市群为例,使用高时间分辨率的地面观测数据,结合 CMAQ 和多元线性回归模型,对 BC 主要排放源的排放量进行了校验。

基于 BC 排放与浓度呈线性响应关系的假设,利用地面观测校正基于传输模式获得的不同排放源对 BC 的浓度贡献,并将校正因子应用于 BC 相应源项的排放校正。具体计算公式如下:

$$C = \beta_1 C_{电厂} + \beta_2 C_{工业} + \beta_3 C_{民用} + \beta_4 C_{交通} + \varepsilon \tag{5.1}$$

$$E = \beta_1 E_{电厂} + \beta_2 E_{工业} + \beta_3 E_{民用} + \beta_4 E_{交通} \tag{5.2}$$

式中,C 是地面观测站点的 BC 逐小时观测浓度;$C_{电厂}$、$C_{工业}$、$C_{民用}$ 和 $C_{交通}$ 分别是苏南地区电厂、工业、民用和交通源 BC 排放对地面站点处 BC 模拟浓度的贡献值;$\beta_1 \sim \beta_4$ 为校正因子;ε 是统计模型的残差;E 是基于"自上而下"校验方法得到的苏南地区 BC 排放量;$E_{电厂}$、$E_{工业}$、$E_{民用}$ 和 $E_{交通}$ 分别是苏南地区电厂、工业、民用和交通源初始的"自下而上"BC 排放量。

苏南地区"自下而上"BC 排放清单(JS-"自下而上")和校验得到的"自上而下"BC 排放清单(JS-"自上而下")中不同排放源的 BC 月排放量和年排放量如图 5.9 所示。2015 年苏南地区 JS-"自下而上"的 BC 排放量为 27 000 t,其中,电厂、工业、民用和交通源的排放量分别为 180 t、17 700 t、3800 t 和 5300 t。工业源是 JS-"自下而上"中的主要排放源,占 BC 年排放总量的 66%。JS-"自上而下"的 BC 总排放量为 13 400 t,比 JS-"自下而上"下降了 50%,其中工业源下降 67%,交通源下降 32%。这一结果表明"自下而上"的排放清单受排放源信息及时性和全面性不足的制约,难以充分考虑近年来污染控制措施对排放的影响;而基于地面观测约束和传输模式的多元线性回归校验方法能够较好地反映由于控制措施实施导致的各行业排放量削减情况。

图 5.9 苏南地区 JS-"自下而上"(左柱)和 JS-"自上而下"(右柱)中
不同排放源的 BC 月排放量和年排放量
(由于电厂 BC 排放量过少,故在图中无法显示)

图 5.10 为 JS-"自下而上"、JS-"自上而下"和 MEIC"自下而上"排放清单(MEIC-"自下而上")中不同排放源 BC 排放和 BC 总排放量的季节性变化,用月排放量占年总排放量的比例表示。三份清单中民用源的季节性变化差异最大,JS-"自上而下"民用源的最大与最小月排放量的比值为 4.01,与 MEIC-"自下而上"(4.00)更为接近,约是 JS-"自下而上"(1.13)的 4 倍。JS-"自下而上"、JS-"自上而下"和 MEIC-"自下而上"中最大与最小月总排放量的比值分别为 1.05、1.88 和 1.29,JS-"自上而下"的季节性变化最为显著[图 5.10(b)]。由于苏南地区冬季没有集中供暖,能源统计资料无法反映分散式家庭燃料使用情况,这可能导致"自下而上"排放清单对民用源有所低估。

(2) 不同先验排放清单对结果的影响

本研究分别使用 MEIC-"自下而上"和 JS-"自下而上"作为先验清单,评估在多元线性回归模型中先验清单的差异对结果的影响。

以 2015 年 4 月为例,JS-"自下而上"和 MEIC-"自下而上"的 BC 排放量如图 5.11 所示。结合空间分布可知,JS-"自下而上"中苏南地区 BC 排放量比 MEIC-"自下而上"低 21%,且两者的空间分布有较大差异。这是由两份清单建立和空间

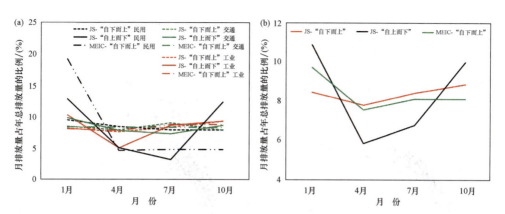

图 5.10 JS-"自下而上"、JS-"自上而下"和 MEIC-"自下而上"排放清单中不同排放源 BC 排放(a)和 BC 总排放量(b)的季节性变化

分配过程中所依赖的底层数据之间的差异造成的。例如,MEIC-"自下而上"采用的排放因子、去除效率等关键参数均为区域平均水平,可能无法反映苏南地区的实际情况;MEIC-"自下而上"以人口或 GDP 为权重因子对工业源排放进行空间分配,可能导致其对工业点源排放的低估和城区排放的高估。尽管两套清单存在明显差异,但经多元线性回归校验后(JS-"自上而下"和 MEIC-"自上而下"),两者排放总量和空间分配的差异都大幅度缩小,证明了本研究发展的校验方法受初始排放清单建立过程中的不确定性影响较小。

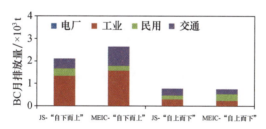

图 5.11 2015 年 4 月 JS-"自下而上"、MEIC-"自下而上"、JS-"自上而下"和 MEIC-"自上而下"的 BC 排放量

(由于电厂 BC 排放量过少,故在图中无法显示)

图 5.12 为基于不同尺度排放清单在郊区和城区的 BC 模拟浓度散点图。两份排放清单在郊区和城区得到的模拟浓度线性回归斜率分别为 1.10 和 1.60,同时,两个站点的相关系数 R^2 分别为 0.81 和 0.40,表明这两份初始清单在郊区模拟的差异比在城区小。经校验后,无论在城区还是郊区,两份清单模拟差异都显著减小,回归斜率分别为 0.96 和 1.08,R^2 也分别提高至 0.94 和 0.87,再次证明了本研究校验后的 BC 排放结果(及其模拟表现)受初始排放清单的影响较小。

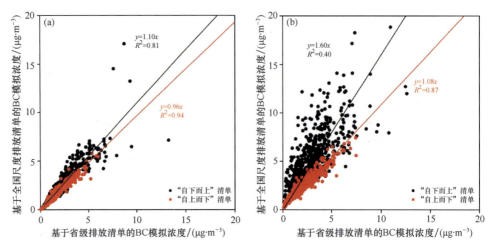

图 5.12 基于省级(本研究)和全国尺度排放清单(MEIC)在郊区(a)和城区(b)的 BC 模拟浓度对比

2. 基于卫星观测约束的 NO_x 排放清单校验

NO_x 参与大气二次颗粒物和 O_3 的生成,是重要的大气活性成分。本研究基于卫星观测约束,使用逆向模式表征方法对长三角地区 NO_x 的排放量及时空分布进行校验,有效提升了 NO_x 排放清单的准确性;使用 CMAQ 模拟,验证了校验后的 NO_x 排放清单对地面 O_3 模拟效果的改进。

(1) NO_x 排放清单校验

本研究以 OMI 卫星观测的对流层柱浓度为约束,发展基于 CMAQ 模式的非线性迭代校验方法,对长三角地区 NO_x 排放量进行校验。非线性迭代法假设 NO_x 排放与 NO_2 垂直柱浓度之间的关系呈动态的非线性相关:

$$E_t = E_a \left(1 + \frac{\Omega_o - \Omega_a}{\Omega_o} \beta \right) \tag{5.3}$$

式中,E_t 和 E_a 分别表示"自上而下"和初始 NO_x 排放;Ω_o 和 Ω_a 分别表示观测和模拟的 NO_2 垂直柱浓度;β 是模拟的 NO_2 垂直柱浓度对一定比例 NO_x 排放变化的响应系数。

图 5.13 给出了长三角地区 1、4、7、10 月"自下而上"和"自上而下"NO_x 排放量对比。"自上而下"NO_x 月均排放量为 260.0 Gg,其中 1 月排放量最低(204.8 Gg),10 月排放量最高(313.8 Gg)。"自上而下"NO_x 排放量在四个季节都低于"自下而上"的结果,平均减少了 24%,这可能是由于"自下而上"排放清单未能充分反映在长三角地区实施的污染控制措施对 NO_x 排放量的影响。

通过分析长三角地区 1、4、7、10 月"自上而下"和"自下而上"NO_x 排放量的空间分布差异,发现"自下而上"排放清单主要在人口和工业经济较为密集的排放高值区(长三角中东部)存在高估,而在浙江省南部地区存在低估。造成长三角中东

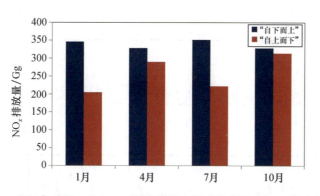

图 5.13　长三角地区 1、4、7、10 月"自下而上"和"自上而下"NO_x 排放量对比

部地区排放高估的主要原因可能是"自下而上"排放清单未能充分考虑针对工业污染源的排放控制措施；对浙江南部地区排放低估可能主要源于对部分排放源空间变化的信息未能及时加以更新或修订。

（2）校验前后 NO_x 排放清单对 O_3 模拟的影响

本研究基于 CMAQ 模式评估了校验前后 NO_x 排放清单对 O_3 模拟的影响。图 5.14 展示了长三角地区 2016 年 1、4、7、10 月基于"自下而上"和"自上而下"NO_x 排放清单的 O_3 模拟结果与观测值对比。总体来看，基于"自上而下"NO_x 排放清单的 O_3 模拟表现在大部分月优于"自下而上"的模拟结果，其中 1 月份的 O_3 模拟结果改善最明显，其 NMB 和 NME 分别从 －43.9% 和 48.8% 变为 12.8% 和 40.0%。基于"自上而下"NO_x 排放清单在 7 月的 O_3 模拟准确程度有所下降，这可能是因为除 NO_x 排放的不确定性外，夏季 O_3 模拟更加受到 VOCs 排放准确性和空气质量模型化学机制完善程度的影响。

5.4.3　改进排放清单的集成和应用

1. 改进排放清单集成

目前，中国大气污染源清单的研究较分散，缺乏系统性的集成和校验。本研究通过多空间尺度、多数据来源和多排放表征方法的排放清单的比较、集成，提炼和整合了包含农业、工业、电力、民用和交通源的长三角区域排放清单，并已有研究进行了对比，分析了不同清单产生差异的原因。

（1）排放清单集成

本研究基于 5.4.1 节中对各行业排放清单建立方法的改进和多来源排放信息的集成，建立了 2017 年长三角地区 0.05°×0.05° 人为源清单，大类行业包括农业、工业、电力、民用和交通源，污染物种类包括 CO_2、SO_2、NO_x、CO、VOCs、NH_3、总悬浮颗粒物（TSP）、PM_{10}、$PM_{2.5}$、BC 和 OC。

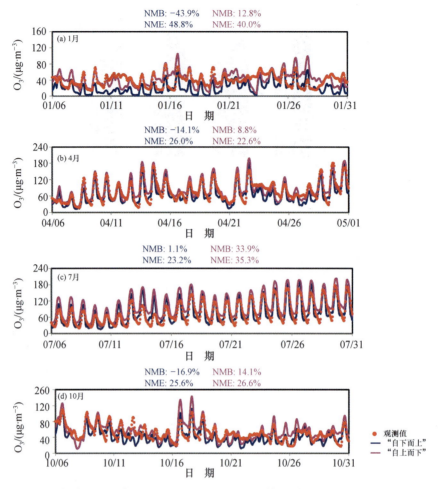

图 5.14　长三角地区 2016 年 1(a)、4(b)、7(c)、10 月(d)基于"自下而上"和"自上而下"NO_x 排放清单的 O_3 模拟结果与观测值对比

针对农业源,化肥施用源和畜禽养殖源使用本研究发展的农业活动过程表征法进行排放估算,其他源使用排放因子法进行估算。针对工业源,使用排放因子法进行清单编制。特别对于钢铁行业,烧结工序 SO_2 排放量采用物料衡算法。其他工序(炼铁、炼焦)采用污染源普查动态更新时该设备选取的 SO_2 排放系数;如无法获取,则根据《工业污染源产排污系数手册》中炼铁行业烧结工序和炼铁工序的产排污因子,结合企业的实际生产设施规模加以确定。针对电力行业,使用本研究发展的在线监测数据融合方法进行排放清单编制。对于缺失在线监测数据的燃煤电厂,采用该电厂所在省市类似规模机组的在线监测浓度样本均值,结合电厂活动水平估算排放量。针对民用源,生物质燃烧源使用本研究发展的约束法进行估算,其他源使用排放因子法进行估算。针对交通源,非道路移动源中农业机械使用本研究发展的基于实际机械使用需求的方法进行估算,其他非道路移动源和道路移动

源使用排放因子法进行估算。机动车的污染物排放过程与发动机性能、油品性质和运行状态等车辆信息均有关系,参考《城市大气污染源排放清单编制技术指南》中推荐的各类型排放系数进行核算。对于 VOCs 源谱,化工行业使用本研究发展的长三角区域化工行业 VOCs 排放源谱;对于其他行业,通过调研长三角区域本地源谱测试文献和 SPECIATE 源谱数据库,对不同来源的源谱进行含氧 VOCs 校正,得到 VOCs 排放源谱。

表 5.2 给出了 2017 年长三角不同地区大气污染物的分部门排放。由于道路交通密集、人口数量庞大、工业水平发达,江苏成为长三角地区排放最高的省份,主要大气污染物 CO、NH_3、NO_x、$PM_{2.5}$、SO_2、VOCs 的排放量依次为 11 903 000 t、470 000 t、1 306 000 t、460 000 t、409 000 t 和 1 354 000 t,在长三角总排放量中的占比依次为 43%、48%、40%、37%、32% 和 40%。安徽相应大气污染物的排放量依次为 7 296 000 t、328 000 t、773 000 t、482 000 t、428 000 t 和 591 000 t,在长三角总排放量中的占比依次为 27%、34%、23%、38%、33% 和 18%。浙江相应大气污染物的排放量依次为 6 812 000 t、144 000 t、780 000 t、258 000 t、387 000 t 和 1 098 000 t,在长三角总排放量中的占比依次为 25%、15%、24%、21%、30% 和 33%。上海相应大气污染物的排放量依次为 1 374 000 t、34 000 t、422 000 t、54 000 t、62 000 t 和 319 000 t,在长三角总排放量中的占比依次为 5%、3%、13%、4%、5% 和 9%。

表 5.2 2017 年长三角不同地区大气污染物的分部门排放(单位:10^4 t)

地区	部门	CO	NH_3	NO_x	$PM_{2.5}$	SO_2	VOCs
江苏	农业	0.0	40.8	0.0	0.0	0.0	0.0
	工业	916.6	2.6	36.9	30.6	20.8	99.0
	电力	49.3	1.4	26.3	3.6	12.3	2.6
	民用	97.1	1.4	1.0	8.5	3.7	11.9
	交通	127.2	0.8	66.4	3.3	4.1	21.9
安徽	农业	0.0	28.6	0.0	0.0	0.0	0.0
	工业	515.2	2.1	30.7	33.7	30.0	37.9
	电力	30.1	0.3	8.9	3.2	7.8	0.2
	民用	101.9	1.3	1.6	9.3	2.3	12.1
	交通	82.4	0.5	36.1	2.0	2.7	8.9
浙江	农业	0.0	12.5	0.0	0.0	0.0	0.0
	工业	487.2	0.3	17.4	11.6	27.2	84.7
	电力	40.3	0.3	11.5	3.5	5.4	0.3
	民用	76.9	0.7	0.8	7.8	1.3	9.0
	交通	76.8	0.6	48.3	2.9	4.8	15.8

续表

地区	部门	CO	NH_3	NO_x	$PM_{2.5}$	SO_2	VOCs
上海	农业	0.0	3.0	0.0	0.0	0.0	0.0
	工业	87.9	0.1	3.4	2.4	4.8	26.8
	电力	10.3	0.1	3.0	0.5	0.7	0.1
	民用	1.4	0.0	0.2	1.2	0.1	1.4
	交通	37.8	0.2	35.6	1.3	0.6	3.6

对于CO、$PM_{2.5}$、SO_2和VOCs，工业源贡献最大，占比依次为73%、62%、64%和74%，表明工业源依然是这些大气污染物的主要来源；农业源贡献了87%的NH_3排放；由于电厂和工业锅炉脱硝效率的提高，交通源成为NO_x排放的最主要来源，且占比超过了50%。

(2) 排放清单对比

本研究将集成的长三角地区排放清单和已有研究（MEIC及An等[40]）进行对比，并分析了差异产生的原因。表5.3比较了2017年本研究和其他研究中估算的长三角地区主要大气污染物排放量。由于部分工业点源信息缺失，MEIC低估了SO_2排放量；本研究针对电力行业融合了在线监测数据，提升了排放因子的准确性，估算的燃煤电厂SO_2排放因子较传统排放因子下降了78%，因此本研究的SO_2估算结果低于An等[40]。近年来，部分基于卫星观测的研究已证实以往基于传统排放因子法的研究高估了NO_x排放，这是因为相关研究未考虑电力行业和工业锅炉中脱硝控制措施对NO_x去除效率的提升。本研究基于在线监测及实际调研数据更新了脱硝效率，估算的NO_x排放低于MEIC结果。对于VOCs，本研究对排放因子进行了详细的文献调研并根据本地情况加以选取，建立了更为可靠的本地化VOCs排放因子库，被细化到不同工艺过程的排放因子普遍低于以往研究使用的排放因子；通过对重点化工企业进行调研并进行有机废气采样及实验室分析，改进了VOCs排放源谱，进一步提高了VOCs估算结果的准确性。上述改进导致本研究的VOCs排放估算结果低于MEIC和An等[40]的结果。本研究使用的机动车和工程机械的保有量、燃料类型、排放标准数据获取自本地的车管所、生态环境局统计报告以及各地区统计年鉴，数据覆盖率较高，导致交通源$PM_{2.5}$排放估算结果高出MEIC结果0.5倍；An等[40]比本研究多考虑了扬尘源的贡献，因此$PM_{2.5}$估算结果高于本研究。农业源NH_3排放估算大多采用传统排放因子法，本研究采用农业活动过程表征法，考虑了不同过程对施肥量的影响，根据温度和施肥方式修正了NH_3在不同季节的挥发率，估算结果低于传统排放因子法。

表 5.3　2017 年本研究和其他研究中估算的长三角地区主要大气污染物排放量(单位: 10^4 t)

地区	研究	SO_2	NO_x	CO	VOCs	$PM_{2.5}$	NH_3
长三角	本研究	129	328	2738	336	125	98
	MEIC	114	375	1956	553	103	115
	An 等(2021)[40]	144	294	3849	487	158	247
上海	本研究	6	42	137	32	5	3
	MEIC	17	35	119	68	5	3
	An 等(2021)[40]	6	25	139	42	6	5
江苏	本研究	41	131	1190	135	46	47
	MEIC	47	159	819	213	39	53
	An 等(2021)[40]	62	117	1731	206	58	109
浙江	本研究	39	78	681	110	26	14
	MEIC	28	87	378	167	15	16
	An 等(2021)[40]	34	68	704	148	31	36
安徽	本研究	43	77	730	59	48	33
	MEIC	22	95	640	105	44	44
	An 等(2021)[40]	42	87	1275	91	65	96

2. 长三角排放清单的应用

本研究将集成得到的长三角区域排放清单应用到大气污染防治行动计划效益、工业超低排放改造效益、交通污染治理政策效益评估和二次污染生成研判中,加深了人们对环境政策实施效果的认知,为制定长三角复合污染的控制策略提供了科学依据。

(1) 大气污染防治行动计划效益评估

本研究结合地面观测 $PM_{2.5}$ 数据、气溶胶光学厚度数据、气象数据以及土地利用数据,开发了能反映时空变异特征的中国 $PM_{2.5}$ 卫星遥感反演两层级高级统计模型,并采用十折交叉验证(cross validation,CV)法对模型预测能力及潜在的过度拟合现象进行评估,最终获得 2004—2017 年全国范围 0.1°×0.1°分辨率 $PM_{2.5}$ 卫星遥感反演数据集。在此基础上,结合中国大气污染防治行动计划期间大气污染物的减排情况,评估了大气污染物减排措施对中国 $PM_{2.5}$ 污染变化的影响。

表 5.4 为《大气污染防治行动计划》目标完成情况的评估,结果表明,京津冀、长三角和珠三角地区卫星反演得到的 $PM_{2.5}$ 浓度平均值分别降低了 36.9%、37.1%和 14.0%,2017 年北京年均 $PM_{2.5}$ 浓度为 44.67 μg·m^{-3}。将卫星反演结果与各地区的改善目标进行对比后发现,京津冀、长三角均实现了减排目标,珠三角虽然未能完成,但非常接近目标。尽管如此,各地区的污染水平仍高于世界卫生组织空气质量第 1 级中期目标水平和国家环境空气质量标准 NAAQS(均高于 35 μg·m^{-3})。根据官方发布的《大气污染防治行动计划》评估结果,京津冀、珠三角、长三角 $PM_{2.5}$ 浓度分

别下降了 39.6%、34.3%、27.7%,2017 年北京的年均 $PM_{2.5}$ 为 58 μg·m^{-3}。研究发现,与卫星遥感影像直接获取的 $PM_{2.5}$ 浓度相比,人口加权平均后的数据更接近官方结果。造成这一现象的主要原因是官方在绩效评估中使用的是地面监测数据,由于观测站点空间分布具有不均匀性,大多数站点集中在人口稠密的城市地区,只有少部分站点位于农村地区。

表 5.4 《大气污染防治行动计划》目标完成情况

地区	减排目标	官方评估结果	卫星反演 $PM_{2.5}$ 平均浓度			卫星反演 $PM_{2.5}$ 人口加权平均浓度		
			2013 年/(μg·m^{-3})	2017 年/(μg·m^{-3})	下降比例/(%)	2013 年/(μg·m^{-3})	2017 年/(μg·m^{-3})	下降比例/(%)
京津冀	25%	39.6%	76.01	47.98	36.9	100.91	60.97	39.6
长三角	20%	34.3%	66.60	41.87	37.1	71.98	46.45	35.5
珠三角	15%	27.7%	45.15	38.84	14.0	49.96	40.37	19.2
北京	控制在 60 μg·m^{-3}	58 μg·m^{-3}	68.20	44.67	34.5	82.69	55.07	33.4

本研究进一步以长三角典型城市南京为对象,利用 OMI 卫星数据验证了改进排放清单的年际变化和空间分布,基于 CMAQ 分析了源排放和气象条件对 $PM_{2.5}$ 浓度的影响,并在此基础上评估了城市减排效果。

图 5.15 为 OMI 卫星观测的长三角不同地区 NO_2 柱浓度以及本研究估算的南京 NO_x 排放量的年际相对变化(以 2010 年为基准)。2012—2016 年南京 NO_x 排放量有明显的下降趋势,这与 OMI 观测的南京地区 NO_2 柱浓度年际变化趋势非

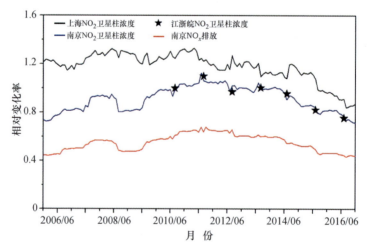

图 5.15 OMI 卫星观测的长三角不同地区 NO_2 柱浓度以及
本研究估算的南京 NO_x 排放量的年际相对变化

常吻合,该结果一方面表明了本研究建立的排放清单的可靠性,另一方面也说明近年来城市对 NO_x 排放的控制措施非常有效,大型点源(电厂、钢铁厂和水泥厂等)和移动源 NO_x 的排放量在此期间明显下降。尽管如此,上海和南京的 NO_2 柱浓度均显著高于长三角江浙皖区域的平均水平,说明中国大型城市的污染物排放量绝对值依然高于周边地区,城市减排仍需加大力度。

本研究通过在 CMAQ 模拟中比较 SBOTH(同时考虑气象和源排放条件)、SMETEO(只考虑气象条件)和 SEMISS(只考虑源排放)三个情景下 $PM_{2.5}$ 的浓度变化,分析了源排放条件和气象条件对污染物浓度年变化的影响。图 5.16 为 2012 和 2016 年 1、4、7、10 月不同情景下 $PM_{2.5}$ 模拟浓度值,表 5.5 给出了 2012 与 2016 年 SBOTH、SMETEO 和 SEMISS 情景下以及观测的 $PM_{2.5}$ 浓度变化比例。SBOTH 情景下 4、7、10 月模拟浓度和地面观测浓度下降比例基本一致,模拟值(地面观测值)分别下降了 8%(18%)、10%(28%)和 60%(71%)。1月份下降比例相差较大的原因主要是 2012 年 1 月地面观测国控点数据质量相对偏低且数据量相较于其他月份较少。对比 SEMISS 情景和 SBOTH 情景可以发现,在气象条件不变的条件下,排放量的削减明显降低了大气中的 $PM_{2.5}$ 浓度;对比 SMETEO 情景和 SBOTH 情景可以发现,在源排放不变的情况下,不同月份气象条件对 $PM_{2.5}$ 浓度的影响存在差异。

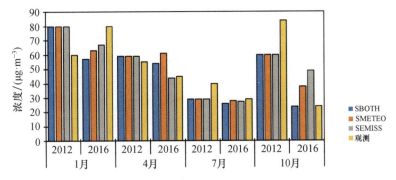

图 5.16 2012 和 2016 年 1、4、7、10 月不同情景下 $PM_{2.5}$ 模拟浓度值

表 5.5 2012 与 2016 年 SBOTH、SMETEO 和 SEMISS 情景下以及观测的 $PM_{2.5}$ 浓度变化比例

比较项目	1月	4月	7月	10月
SBOTH	−29%	−8%	−10%	−60%
SMETEO	−21%	5%	−3%	−37%
SEMISS	−16%	−22%	−5%	−18%
观测	33%	−18%	−28%	−71%

由表 5.5 可知,1 月 SEMISS 情景下 $PM_{2.5}$ 浓度降低了 16%,同时 SMETEO 情景下 $PM_{2.5}$ 浓度降低了 21%,表明相较于 2012 年 1 月,2016 年 1 月的气象条件和

源排放条件均有利于 $PM_{2.5}$ 浓度降低。在同时考虑气象条件和源排放削减的 SBOTH 情景下,1 月 $PM_{2.5}$ 浓度降低了 29%。4 月在 SEMISS 情景下,$PM_{2.5}$ 浓度减少了 22%,SMETEO 情景下 $PM_{2.5}$ 浓度升高了 5%,说明 4 月的气象条件不利于 $PM_{2.5}$ 浓度削减,在气象和排放的共同作用下,$PM_{2.5}$ 浓度在 4 月降低了 8%。7 月气象条件对 $PM_{2.5}$ 浓度的贡献为-3%,说明 2012 年 7 月气象条件与 2016 年 7 月气象条件相差较小,而源排放量的削减则有利于 $PM_{2.5}$ 浓度的降低,在该情景下 $PM_{2.5}$ 浓度降低了 5%,最终导致 SBOTH 情景下 $PM_{2.5}$ 浓度降低了 10%。2016 年 10 月的 $PM_{2.5}$ 浓度较 2012 年 10 月降低了 60%,主要是由于 10 月源排放条件和气象条件均有利于 $PM_{2.5}$ 浓度削减,SEMISS 和 SMETEO 情景下 $PM_{2.5}$ 浓度分别降低了 18% 和 37%,同时也可以看出气象条件是 10 月 $PM_{2.5}$ 浓度下降的主要原因。总体而言,除 10 月外,2012—2016 年源排放量的削减是城市 $PM_{2.5}$ 浓度变化的主要原因,证明城市大气污染物排放控制对颗粒物污染改善具有显著成效。

(2) 工业超低排放改造效益评估

本研究基于融合在线监测数据的燃煤电厂排放清单编制方法,预测了不同达标排放情景下中国燃煤电厂污染物排放量,并使用 CMAQ 评估了超低排放政策对长三角地区空气质量改善的影响。

本研究设定了现行排放标准(情景 1,假设燃煤电厂实现基于 GB 13223—2011 的达标排放)、超低排放政策达标排放情景(情景 2,假设燃煤电厂实现基于超低排放政策的达标排放)、电厂排放置零情景(情景 3)以及燃煤电厂和工业锅炉排放同时实现超低排放达标的情景(情景 4)。在情景 2 中,长三角地区人为源 SO_2、NO_x 和 PM 的总排放量分别为 1557 Gg、3578 Gg 和 2720 Gg,与现有排放量相比分别仅下降了 7%、4% 和 1%;在情景 3 中,SO_2、NO_x 和 PM 总排放量较现状排放量分别下降了 11%、7% 和 2%。由于电厂排放占比较小,即使将电厂的排放量全部降为零所带来的人为源排放总量的变化也不明显。进一步考虑工业锅炉实现超低达标排放,即在情景 4 中,SO_2、NO_x 和 PM 的总排放量分别为 501 Gg、2711 Gg 和 1442 Gg,较现状排放量分别下降了 70%、27% 和 48%,可见对电厂和工业同时实现超低达标排放能大幅减少污染物的排放。

基于不同排放情景的长三角地区空气质量模拟研究结果表明,相较于现有排放情况,情景 2 下 4 个模拟月份的长三角地区 SO_2、NO_2、O_3 和 $PM_{2.5}$ 的月均模拟浓度变化幅度均小于 7%,绝对值变化均小于 1 μg·m^{-3}。一次污染物 SO_2 和 NO_2 的浓度变化较 O_3 和 $PM_{2.5}$ 更为明显,其中 SO_2 和 NO_2 模拟浓度与现行排放相比分别下降了 2.7%~6.1% 和 2.0%~2.9%,O_3 上升了 0.8%~2.2%,$PM_{2.5}$ 下降幅度为 0.1%~1.3%。情景 3 中 SO_2 模拟浓度在现有排放基础上的下降比例为 4.3%~12.1%,略高于情景 2 中的下降比例,但其余三种污染物的浓度变化仍不明显。与现有排放情况相比,若同时考虑电厂和工业的超低排放达标(情景 4),SO_2、NO_2 和 $PM_{2.5}$ 模拟浓度分别下降 1.5~2.0 $\mu g \cdot m^{-3}$、2.5~3.7 $\mu g \cdot m^{-3}$ 和 4.6~6.5 $\mu g \cdot m^{-3}$,下降比例分别为 32.9%~64.1%、16.4%~22.8% 和 6.2%~21.6%。这是因为长三角地区工业污染物排放量占比大,对其进行削减会引起污染物排放总量的明显下降。对于 O_3,其大气浓度会上升 0.8~4.8 $\mu g \cdot m^{-3}$,变化比例为 2.6%~14.0%。O_3 浓度上升可能是由于长三角大部分地区属于 VOCs 控制区,但本研究的达标情景中仅削减了 NO_x 排放而未对 VOCs 排放加以控制,因此为改善区域 O_3 污染严重的问题,需对 NO_x 和 VOCs 进行协同控制。

本研究针对情景 2 和情景 4,分析了不同达标情景下污染物模拟浓度相较于现状排放模拟结果的下降比例空间分布。当燃煤电厂均实现超低排放达标时,长三角地区 SO_2、NO_2、O_3 和 $PM_{2.5}$ 浓度变化比例较小,普遍低于 10%;由于 O_3 和 $PM_{2.5}$ 受二次生成影响较大,一次排放量变化造成的二者浓度值变化幅度更小,基本在 5% 以下。污染物浓度变化在长三角地区呈现出较明显的高值区,如 SO_2 模拟浓度变化幅度在安徽中部和北部以及江苏中部和南部较高。上海市区 NO_2 模拟浓度变化幅度较低,可能是因为现有排放情况模拟的该地区 NO_2 浓度较高;与之对应,上海作为 O_3 低值区,O_3 模拟浓度变化幅度较高。若同时考虑对工业锅炉的超低排放达标,长三角地区污染物模拟浓度与现有排放模拟结果相比呈现出明显变化。整个区域内 SO_2 模拟浓度的下降幅度基本在 40% 以上,NO_2 模拟浓度的下降幅度在 25% 以上,$PM_{2.5}$ 浓度变化的空间分布与其前体物 SO_2 和 NO_2 比较相似,在整个长三角区域内的变化幅度均较高。

通过分析情景 2 和情景 4 下长三角地区 $PM_{2.5}$ 年均环境浓度下降量,发现若只控制燃煤电厂排放,可以相对明显地降低安徽和苏北地区火电厂所在地及周围的 $PM_{2.5}$ 环境浓度,最高可下降约 0.5 $\mu g \cdot m^{-3}$;若同时管控燃煤电厂和工业园排放,可以相对大幅降低沿长江工业园所在地及周围的 $PM_{2.5}$ 环境浓度,最高下降量超过 10 $\mu g \cdot m^{-3}$。因此,多污染源协同控制对于空气质量改善更为有效。进一步考虑健康影响可知,情景 2 和情景 4 下分别能避免 305 和 10 651 人早逝,下降比例分别为 0.16% 和 5.50%;健康影响的地区差异不明显,避免死亡人数高值出现在南京、无锡、上海等人口密集地区。由此可知,排放控制对整个控制区域有相对平衡且正面的健康影响。

(3) 交通污染治理政策效益评估

本研究在系统梳理中国近二十年道路机动车排放特征和交通污染治理政策的基础上,使用建立的改进排放清单,定量分析了交通污染治理政策的环境和健康效益。道路交通是城市大气污染的主要来源,中国从 20 世纪 90 年代末开始逐步加强对机动车排放的控制,投入了巨大的人力和财力,逐步建立了"车-油-路"一体化的交通污染治理体系。这些措施对于改善空气质量、提升公众健康的效果如何，一直是政府和公众关注的问题。

本研究融合政策情景分析、交通排放模型、空气质量模拟、健康风险模型等交叉学科方法与数据，评估了 1998—2015 年间中国道路交通污染治理政策对机动车污染物排放、环境空气质量和人群健康的影响。以 NO_x 为例，道路交通污染治理政策对不同类型机动车排放量的影响如图 5.17 所示（虚线左边的深色条代表不同类型机动车的行驶里程对排放量增长的影响，虚线右边的浅色条代表道路交通污染治理政策对减排的影响），机动车类型包括重型卡车、轻型卡车、中型及重型乘用车、轻型乘用车、摩托车、出租车和公交车。2005—2010 年，道路交通污染治理政策对重型卡车 NO_x 减排影响最大（−86.1%），随后是轻型乘用车（−69.5%）；2010—2015 年，道路交通污染治理政策对轻型乘用车 NO_x 减排影响最大（−94.4%），随后是重型卡车（−45.1%）；2005—2015 年道路交通污染治理政策对其他类型机动车 NO_x 减排影响不大。总体而言，2005—2015 年机动车 NO_x 排放持续上升，未来需要加强对除重型卡车和轻型乘用车以外的其他类型机动车的排放控制。

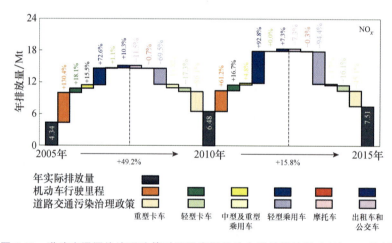

图 5.17　道路交通污染治理政策对不同类型机动车排放量的影响（以 NO_x 为例）

研究发现，中国近年来实施的以提升机动车排放标准为主的道路交通污染治理政策带来了巨大的环境与健康效益。如果没有采取治理措施，中国道路机动车在 1998—2015 年期间的累积排放量将是现实排放量的 2～3 倍，2015 年全国人口加权的 $PM_{2.5}$ 和 O_3 年均浓度将比现实水平分别高出 11.7 $\mu g \cdot m^{-3}$ 和 17.8 $\mu g \cdot m^{-3}$。机动车污染治理使得全国由于空气污染引起的死亡人数减少约 51 万，且主要集中在长三角（约占 25%）、京津冀等人口稠密的城市地区。

通过分析机动车污染治理政策对大气 $PM_{2.5}$ 污染影响的空间分布，发现在长三角地区，若没有实施机动车污染治理措施，2015 年 $PM_{2.5}$ 浓度将比实际浓度高 16 $\mu g \cdot m^{-3}$。相较于京津冀地区大气环境效益集中在中心城区的特征，长三角地区多中心的城市发展规划,使得政策带来的大气环境效益在空间上分布比较均匀。

(4) 二次污染生成研判

本研究基于改进的 NO_x 排放清单,使用 CMAQ 模拟评估了 O_3 和 SNA 生成对前体物控制的敏感性,探究了污染成因和潜在的控制方法。

为评估长三角地区 O_3 生成对前体物控制的敏感性,本研究基于 2016 年 4 月改进的 NO_x 排放清单,针对 O_3 前体物 VOCs 和 NO_x 设置了 8 个排放变化敏感性分析情景。表 5.6 汇总了不同情景中长三角地区 O_3 模拟浓度变化比例。整体而言,当只削减 VOCs 排放时,O_3 浓度会降低,且下降比例随着减排比例增加而增大,说明削减 VOCs 排放是控制长三角地区 O_3 污染的有效途径。与之相反,当只降低 NO_x 排放,或 NO_x 削减比例等于或大于 VOCs 削减比例时,O_3 平均浓度会上升,表明长三角地区 NO_x 对 O_3 有较强的滴定效应。当 NO_x 排放降低 30%、VOCs 排放降低 60% 时,O_3 浓度下降 2.1%,说明 VOCs 排放削减比例达到 NO_x 排放的两倍时能够降低长三角地区 O_3 浓度。因此,为了有效减少长三角地区 O_3 污染,在制定控制对策时需谨慎考虑 NO_x 和 VOCs 排放的削减比例。

表 5.6 不同情景中长三角地区 O_3 模拟浓度变化比例

情景	VOCs 排放不变	−30%VOCs 排放	−60%VOCs 排放
NO_x 排放不变	—	−8.9%	−19.5%
−30%NO_x 排放	14.2%	7.1%	−2.1%
−60%NO_x 排放	23.7%	19.8%	14.5%

为评估长三角地区 SNA 生成对前体物控制的敏感性,本研究基于 2016 年 1 月改进的 NO_x 排放清单,针对 SNA 前体物 NO_x、NH_3 和 SO_2 设置了 4 个排放变化敏感性分析情景。表 5.7 汇总了不同情景中长三角地区 SNA 模拟浓度变化比例。整体而言,大多数情景下 SNA 总浓度呈下降态势,说明削减 SNA 前体物排放可以有效控制 SNA 污染。但是,相对于前体物的下降比例(30%),SNA 的下降比例较小。当 NH_3 排放或三种前体物排放同时下降 30% 时,SNA 的下降比例最高,两种情景下分别下降了 11.7% 和 12.4%,说明合理降低 NH_3 排放是最有效的控制长三角地区冬季 SNA 污染的手段。但是,当 NO_x 或 SO_2 排放单独削减 30% 时,SNA 浓度变化不明显,这意味着需要对前体物排放削减做出更大努力才能进一步降低 SNA 浓度。

表 5.7 不同情景中长三角地区 SNA 模拟浓度变化比例

情景	NO_3^-	NH_4^+	SO_4^{2-}	SNA
−30%NO_x 排放	−3.3%	−1.2%	3.8%	−1.0%
−30%NH_3 排放	−16.3%	−14.5%	−0.6%	−11.7%
−30%SO_2 排放	2.0%	0.2%	−2.4%	0.5%
−30%(NO_x、NH_3 和 SO_2)排放	−15.5%	−15.5%	−4.0%	−12.4%

5.4.4 本项目资助发表论文（按时间倒序）

(1) Zhao Y, Huang Y W, Xie F, et al. The effect of recent controls on emissions and aerosol pollution at city scale: A case study for Nanjing, China. Atmospheric Environment, 2021, 246: 1-12.

(2) Zhang Y, Zhao Y, Gao M, et al. Air quality and health benefits from ultra-low emission control policy indicated by continuous emission monitoring: A case study in the Yangtze River Delta region, China. Atmospheric Chemistry and Physics, 2021, 21: 6411-6430.

(3) Yang Y, Zhao Y, Zhang L, et al. Improvement of the satellite-derived NO_x emissions on air quality modeling and its effect on ozone and secondary inorganic aerosol formation in the Yangtze River Delta, China. Atmospheric Chemistry and Physics, 2021, 21: 1191-1209.

(4) Zhao Y, Yuan M, Huang X, et al. Quantification and evaluation of atmospheric ammonia emissions with different methods: A case study for the Yangtze River Delta region, China. Atmospheric Chemistry and Physics, 2020, 20: 4275-4294.

(5) Zhang J, Liu L, Zhao Y, et al. Development of a high-resolution emission inventory of agricultural machinery with a novel methodology: A case study for Yangtze River Delta region. Environmental Pollution, 2020, 266: 115075.

(6) Wu R R, Zhao Y, Zhang J, et al. Variability and sources of ambient volatile organic compounds based on online measurements in a suburban region of Nanjing, eastern China. Aerosol and Air Quality Research, 2020, 20: 606-619.

(7) Wang Y T, Zhao Y, Zhang L, et al. Modified regional biogenic VOC emissions with actual ozone stress and integrated land cover information: A case study in Yangtze River Delta, China. Science of the Total Environment, 2020, 727: 1-12.

(8) Wang H K, He X J, Liang X Y, et al. Health benefits of on-road transportation pollution control programs in China. Proceedings of the National Academy of Sciences of the United States of America, 2020, 117: 25370-25377.

(9) Shao Y C, Ma Z W, Wang J H, et al. Estimating daily ground-level $PM_{2.5}$ in China with random-forest-based spatiotemporal kriging. Science of the Total Environment, 2020, 740: 139761.

(10) Liu R Y, Ma Z W, Liu Y, et al. Spatiotemporal distributions of surface ozone levels in China from 2005 to 2017: A machine learning approach. Environment International, 2020, 142: 105823.

(11) Chen D, Zhao Y, Zhang J, et al. Characterization and source apportionment of aerosol light scattering in a typical polluted city in the Yangtze River Delta, China. Atmospheric Chemistry and Physics, 2020, 20: 10193-10210.

(12) Zhu G, Hu W H, Liu Y F, et al. Health burdens of ambient $PM_{2.5}$ pollution across

Chinese cities during 2006—2015. Journal of Environmental Management, 2019, 243: 250-256.

(13) Zhao X F, Zhao Y, Chen D, et al. Top-down estimate of black carbon emissions for city cluster using ground observations: A case study in southern Jiangsu, China. Atmospheric Chemistry and Physics, 2019, 19: 2095-2113.

(14) Zhang Y, Bo X, Zhao Y, et al. Benefits of current and future policies on emissions of China's coal-fired power sector indicated by continuous emission monitoring. Environmental Pollution, 2019, 251: 415-424.

(15) Yang Y, Zhao Y, Zhang L, et al. Evaluating the methods and influencing factors of satellite-derived estimates of NO_x emissions at regional scale: A case study for Yangtze River Delta, China. Atmospheric Environment, 2019, 219: 1-12.

(16) Yang Y, Zhao Y. Quantification and evaluation of atmospheric pollutant emissions from open biomass burning with multiple methods: A case study for Yangtze River Delta region, China. Atmospheric Chemistry and Physics, 2019, 19: 327-348.

(17) Ma Z W, Liu R Y, Liu Y, et al. Effects of air pollution control policies on $PM_{2.5}$ pollution improvement in China from 2005 to 2017: A satellite-based perspective. Atmospheric Chemistry and Physics, 2019, 19: 6861-6877.

(18) Chen D, Zhao Y, Lyu R, et al. Seasonal and spatial variations of optical properties of light absorbing carbon and its influencing factors in a typical polluted city in Yangtze River Delta, China. Atmospheric Environment, 2019, 199: 45-54.

(19) Zhao Y, Xia Y M, Zhou Y D. Assessment of a high-resolution NO_x emission inventory using satellite observations: A case study of southern Jiangsu, China. Atmospheric Environment, 2018, 190: 135-145.

(20) Zhou Y D, Zhao Y, Mao P, et al. Development of a high-resolution emission inventory and its evaluation and application through air quality modeling for Jiangsu Province, China. Atmospheric Chemistry and Physics, 2017, 17: 211-233.

(21) Zhao Y, Zhou Y D, Qiu L P, et al. Quantifying the uncertainties of China's emission inventory for industrial sources: From national to provincial and city scales. Atmospheric Environment, 2017, 165: 207-221.

(22) Zhao Y, Mao P, Zhou Y D, et al. Improved provincial emission inventory and speciation profiles of anthropogenic non-methane volatile organic compounds: A case study for Jiangsu, China. Atmospheric Chemistry and Physics, 2017, 17: 7733-7756.

(23) Yu W X, Liu Y, Ma Z W, et al. Improving satellite-based $PM_{2.5}$ estimates in China using Gaussian processes modeling in a Bayesian hierarchical setting. Scientific Reports, 2017, 7: 7048.

(24) Zhong H, Zhao Y, Muntean M, et al. A high-resolution regional emission inventory of atmospheric mercury and its comparison with multi-scale inventories: A case study of Jiangsu, China. Atmospheric Chemistry and Physics, 2016, 16: 15119-15134.

参考文献

[1] Andersson A, Deng J J, Du K, et al. Regionally-varying combustion sources of the January 2013 severe haze events over eastern China. Environmental Science & Technology, 2015, 49: 2038-2043.

[2] Sun L, Xia X G, Wang P C, et al. Surface and column-integrated aerosol properties of heavy haze events in January 2013 over the North China Plain. Aerosol and Air Quality Research, 2015, 15: 1514-1524.

[3] Wang H L, An J L, Shen L J, et al. Mechanism for the formation and microphysical characteristics of submicron aerosol during heavy haze pollution episode in the Yangtze River Delta, China. Science of the Total Environment, 2014, 490: 501-508.

[4] Wang M Y, Cao C X, Li G S, et al. Analysis of a severe prolonged regional haze episode in the Yangtze River Delta, China. Atmospheric Environment, 2015, 102: 112-121.

[5] Huang C, Chen C H, Li L, et al. Emission inventory of anthropogenic air pollutants and VOC species in the Yangtze River Delta region, China. Atmospheric Chemistry and Physics, 2011, 11: 4105-4120.

[6] Zheng J Y, Yin S S, Kang D W, et al. Development and uncertainty analysis of a high-resolution NH_3 emissions inventory and its implications with precipitation over the Pearl River Delta region, China. Atmospheric Chemistry and Physics, 2012, 12: 7041-7058.

[7] Fu X, Wang S X, Zhao B, et al. Emission inventory of primary pollutants and chemical speciation in 2010 for the Yangtze River Delta region, China. Atmospheric Environment, 2013, 70: 39-50.

[8] Kurokawa J, Ohara T, Morikawa T, et al. Emissions of air pollutants and greenhouse gases over Asian regions during 2000—2008: Regional emission inventory in Asia (REAS) version 2. Atmospheric Chemistry and Physics, 2013, 13: 11019-11058.

[9] Xia Y M, Zhao Y, Nielsen C P. Benefits of China's efforts in gaseous pollutant control indicated by the bottom-up emissions and satellite observations 2000—2014. Atmospheric Environment, 2016, 136: 43-53.

[10] Streets D G, Bond T C, Carmichael G R, et al. An inventory of gaseous and primary aerosol emissions in Asia in the year 2000. Journal of Geophysical Research: Atmospheres, 2003, 108: 8809.

[11] Ohara T, Akimoto H, Kurokawa J, et al. An Asian emission inventory of anthropogenic emission sources for the period 1980—2020. Atmospheric Chemistry and Physics, 2007, 7: 4419-4444.

[12] Zhao Y, Zhang J, Nielsen C P. The effects of recent control policies on trends in emissions

[13] Cheng Z, Wang S, Fu X, et al. Impact of biomass burning on haze pollution in the Yangtze River delta, China: A case study in summer 2011. Atmospheric Chemistry and Physics, 2014, 14: 4573-4585.

[14] Zhao Y, Qiu L P, Xu R Y, et al. Advantages of city-scale emission inventory for urban air quality research and policy: The case of Nanjing, a typical industrial city in the Yangtze River Delta, China. Atmospheric Chemistry and Physics, 2015, 15: 12623-12644.

[15] Muntean M, Jassens-Maenhout G, Song S J, et al. Trend analysis from 1970 to 2008 and model evaluation of EDGARv4 global gridded anthropogenic mercury emissions. Science of the Total Environment, 2014, 494: 337-350.

[16] Zhang Q, Streets D G, Carmichael G R, et al. Asian emissions in 2006 for the NASA IN-TEX-B mission. Atmospheric Chemistry and Physics, 2009, 9: 5131-5153.

[17] 李莉. 典型城市群大气复合污染特征的数值模拟研究. 上海: 上海大学博士学位论文, 2013.

[18] Kirk G, Nye P H. A model of ammonia volatilization from applied urea. V. The effects of steady-state drainage and evaporation. Journal of Soil Science, 1991, 42: 103-113.

[19] Huang X, Song Y, Li M M, et al. A high-resolution ammonia emission inventory in China. Global Biogeochemical Cycles, 2012, 26: GB1030.

[20] Kim S W, Heckel A, Frost G J, et al. NO_2 columns in the western United States observed from space and simulated by a regional chemistry model and their implications for NO_x emissions. Journal of Geophysical Research: Atmospheres, 2009, 114: D11301.

[21] Liu F, Zhang Q, Tong D, et al. High-resolution inventory of technologies, activities, and emissions of coal-fired power plants in China from 1990 to 2010. Atmospheric Chemistry and Physics, 2015, 15: 13299-13317.

[22] Zhao Y, Nielsen C P, Lei Y, et al. Quantifying the uncertainties of a bottom-up emission inventory of anthropogenic atmospheric pollutants in China. Atmospheric Chemistry and Physics, 2011, 11: 2295-2308.

[23] Han S, Kondo Y, Oshima N, et al. Temporal variations of elemental carbon in Beijing. Journal of Geophysical Research: Atmospheres, 2009, 114: D23202.

[24] Verma R L, Sahu L K, Kondo Y, et al. Temporal variations of black carbon in Guangzhou, China, in summer 2006. Atmospheric Chemistry and Physics, 2010, 10: 6471-6485.

[25] Kondo Y, Oshima N, Kajino M, et al. Emissions of black carbon in East Asia estimated from observation at a remote site in the East China Sea. Journal of Geophysical Research: Atmospheres, 2011, 116: D16201.

[26] Wang Y X, Wang X, Kondo Y, et al. Black carbon and its correlation with trace gases at a rural site in Beijing: Top-down constraints from ambient measurements on bottom-up emis-

sions. Journal of Geophysical Research: Atmospheres, 2011, 116: D24304.

[27] Wang M, Shao M, Chen W, et al. A temporally and spatially resolved validation of emission inventories by measurements of ambient volatile organic compounds in Beijing, China. Atmospheric Chemistry and Physics, 2014, 14: 5871-5891.

[28] Fu T M, Cao J, Zhang X, et al. Carbonaceous aerosols in China: Top-down constraints on primary sources and estimation of secondary contribution. Atmospheric Chemistry and Physics, 2012, 12: 2725-2746.

[29] Wang X, Wang Y X, Hao J M, et al. Top-down estimate of China's black carbon emissions using surface observations: Sensitivity to observation representativeness and transport model error. Journal of Geophysical Research: Atmospheres, 2013, 118: 1-15.

[30] Zhang Q, Streets D G, He K B. Satellite observations of recent power plant construction in Inner Mongolia, China. Geophysical Research letters, 2009, 36: L15809.

[31] Zhang Y, Wang W, Wu S Y, et al. Impacts of updated emission inventories on source apportionment of fine particle and ozone over the southeastern US. Atmospheric Environment, 2014, 88: 133-154.

[32] Timmermans R M A, Denier van der Gon H A C, Kuenen J J P, et al. Quantification of the urban air pollution increment and its dependency on the use of down-scaled and bottom-up city emission inventories. Urban Climate, 2013, 6: 44-62.

[33] Han K M, Lee S, Chang L S, et al. A comparison study between CMAQ-simulated and OMI-retrieved NO_2 columns over East Asia for evaluation of NO_x emission fluxes of IN-TEX-B, CAPSS, and REAS inventories. Atmospheric Chemistry and Physics, 2015, 15: 1913-1938.

[34] Yin S, Zheng J, Lu Q, et al. A refined 2010-based VOC emission inventory and its improvement on modeling regional ozone in the Pearl River Delta region, China. Science of the Total Environment, 2015, 514: 426-438.

[35] Ghude S D, Kulkarni S H, Jena C, et al. Application of satellite observations for identifying regions of dominant sources of nitrogen oxides over the Indian Subcontinent. Journal of Geophysical Research: Atmospheres, 2013, 118: 1075-1089.

[36] Gu D, Wang Y, Smeltzer C, et al. Anthropogenic emissions of NO_x over China: Reconciling the difference of inverse modeling results using GOME-2 and OMI measurements. Journal of Geophysical Research: Atmospheres, 2014, 119: 7732-7740.

[37] Wang Y X, McElroy M B, Martin R V, et al. Seasonal variability of NO_x emissions over East China constrained by satellite observations: Implications for combustion and microbial sources. Journal of Geophysical Research: Atmospheres, 2007, 112: D06301.

[38] Zhao C, Wang Y H. Assimilated inversion of NO_x emissions over East Asia using OMI NO_2 column measurements. Geophysical Research Letters, 2009, 36: L06805.

[39] Zhao B, Zheng H T, Wang S X, et al. Change in household fuels dominates the decrease in

PM$_{2.5}$ exposure and premature mortality in China in 2005—2015. Proceedings of the National Academy of Sciences of the United States of America, 2018, 115: 12401-12406.

[40] An J Y, Huang Y W, Huang C, et al. Emission inventory of air pollutants and chemical speciation for specific anthropogenic sources based on local measurements in the Yangtze River Delta region, China. Atmospheric Chemistry and Physics, 2021, 21: 2003-2025.

第6章 中国大气污染排放清单和源解析的综合集成研究

张强[1]，郑玫[2]，郑君瑜[3]，耿冠楠[1]，武娜娜[1]，刘悦[2]，
张天乐[2]，黄志炯[4]，巫玉杞[4]，饶思杰[4]，沙青娥[4]

[1]清华大学，[2]北京大学，[3]香港科技大学(广州)，[4]暨南大学

识别污染来源对于研究和治理中国的大气复合污染问题有重要意义。尽管科学界针对中国大气污染来源已做了大量研究，但这些研究较为分散，结果不确定性较大且缺乏可比性。本研究从多角度横向对比了国内外已有的中国污染源排放清单相关研究，结合排放清单半定量不确定性分析和层次分析法，建立了前体物排放清单编制的质量评估方法框架，为规范排放清单编制、提高排放清单质量、推动排放清单业务化应用提供了方法参考；构建了基于源分类的排放因子不确定性数据集，突破了排放清单不确定性定量分析的数据瓶颈，推动不确定性分析方法在我国排放清单研究中的应用和推广；构建了基于地面观测、卫星遥感观测、大气化学模式、一维高斯模型的多维综合校验体系，评估不同排放清单的排放总量、时间趋势及空间分布等，系统分析了中国排放清单不确定性的主要来源；开发了多尺度排放清单再分析与数据共享平台，包含排放源映射、化学物种映射、空间网格匹配、时空维度耦合等模块，能够将不同源分类、物种组分和时空分辨率的排放清单按照一定的数据优先级耦合生成格式统一的排放清单再分析数据产品，从而解决了多源异构排放清单的数据融合与共享难题。此外，本研究收集了国内外多家单位研发的多套排放清单数据，将其集成为中国高精度污染源排放清单，并分析了我国大气污染物排放变化的主要驱动因素，进一步基于近地面多种$PM_{2.5}$化学组分的高时间分辨率在线观测，利用受体模型解析了北京地区$PM_{2.5}$和BC的来源及动态变化趋势，同时通过将受体模型与排放清单、空气质量模型相结合，构建了集成多种源解析技术的方法体系。通过上述工作，本研究系统提升了人们对中国大气污染来源的科学认识。

6.1 研究背景

近几十年来,随着中国经济的迅猛发展,能源消耗快速增长,人为源污染物的排放量不断增加,中国正面临着巨大的环境压力。以 $PM_{2.5}$ 为代表的空气复合污染已成为中国最严重的区域环境问题之一,灰霾、光化学烟雾等以二次污染物为主的复合污染频繁发生,对环境和人体健康造成巨大危害。区域性、复合型已成为中国发达地区大气污染的主要特征,日益严重的空气污染问题引起了科学家和决策者的极大关注。

在空气复合污染研究中,排放清单和来源解析是识别污染来源的主要技术方法。排放源的定量问题是大气化学和气候变化研究领域的关键问题,因此高质量的排放清单是模式研究的基础。国际全球大气化学(IGAC)计划将排放表征、数值模拟和外场观测并列为国际大气化学前沿发展的三大核心研究领域。构建一套完整、准确的中国大气污染排放清单对于掌握中国大气污染负荷、识别污染主要来源、评估大气污染的环境效应等具有重要的科学意义,也是探究大气复合污染的应对机制、制定污染控制策略的根本依据。而大气 $PM_{2.5}$ 源解析工作是追溯 $PM_{2.5}$ 来源和污染成因的重要手段,是科学、有效地开展颗粒物污染防治的基础和前提,也是制定环境空气质量达标规划和重污染天气应急预案的重要依据。

6.1.1 中国排放清单研究现状

1. 清单编制

针对中国地区的排放清单研究始于 20 世纪 90 年代初。早期的研究独立而分散,多针对 SO_2、NO_x 等与区域酸雨污染问题相关的大气成分[1,2]。21 世纪初,美国阿贡国家实验室的科学家 David Streets 建立了第一个覆盖亚洲的大气污染物综合排放清单,首次基于统一的方法和活动水平数据估算了亚洲地区多种污染物的排放量,即著名的 TRACE-P 清单[3]。这一排放清单数据在大气化学和气候变化领域得到了广泛的应用和充分的验证。针对 TRACE-P 清单的综合评估结果表明,该清单具有一定的准确度,可以反映中国大气污染物的排放特征,但也存在很多问题,主要体现为:① 对于排放源识别精度不够,与中国复杂的排放源构成特征相比有较严重的缺失,导致计算结果不确定性很高;② 采用固定参数进行排放量计算,不能反映中国技术更替迅速的特点;③ 网格化清单的空间分辨率低,不能满足高精度模拟需求等[4,5]。

此后,研究者以技术为切入点,考察不同技术对污染物排放的影响,并以此为依据对复杂排放源进行梳理和细致分类,确定了适合中国特点的源分类,构建了基于技术的动态排放清单方法学[6-9],并针对我国的重点排放源开展了一系列本地排放因子测试工作,提高了清单中排放因子的本土化率和数据质量[10-15]。同时研发了针对区域复杂源的多尺度嵌套、高时空分辨率的排放清单技术,使排放清单的空间分辨率可达 1 km×1 km,时间分辨率可达 1 h;开发了化学物种分配功能,可满足国内外主要化学机制空气质量模型的需求。最终大幅度提高了排放清单的空间和化学物种精度,使得区域排放清单能够直接应用于模式,初步解决了中国区域排放清单的模式适用性问题[16,17]。

目前,中国排放清单估算依然具有较大的不确定性。中国污染排放源具有技术水平跨度大、构成复杂的特点,用于排放计算的活动水平和排放因子信息相对不完整,使得排放量估算的不确定度较大。例如,BC 等成分的排放清单不确定度可达 100%以上;国家尺度排放清单的研究精度相对较粗,多在省一级的单位上进行计算,缺乏以区县为基础的高分辨率数据,难以支持区域-城市尺度的多重网格嵌套模拟;缺少本地化的污染源挥发性有机物和颗粒物源谱资料,导致排放总量向化学物种分配时会引入额外的误差,影响大气化学模式模拟结果和排放源解析结果。

另外,中国排放研究分散而独立,对中国大气污染物排放源的共识尚未形成。目前,排放清单研究在不同课题组独立展开,如清华大学(MEIC)、北京大学[18-22]、南京大学[23-25]等研究单位都分别建立了中国污染物排放清单。不同的研究在排放源分类、计算参数选取、时空分配方法等方面均存在差异,排放结果之间缺乏可比性,且不同的研究结果在主要污染物的排放总量、部门分布等方面也存在差异,缺乏对中国排放源的统一认识。

2. 排放校验

近年来,国内外研究者针对中国地区的排放开展了一系列研究,常用的研究方法是利用地面观测资料、卫星遥感观测资料,以及上述资料与模式的结合等。基于地面观测数据校验清单的基本原理是以大气化学模式为连接纽带,实现从先验排放清单到大气污染物浓度的转换,通过模拟浓度与实际浓度的比较评估清单精度[26];或者通过反向模式将大气污染物实际观测浓度转化为后验排放,直接与前置清单比较,评估排放精度[27]。

基于卫星遥感观测校验排放清单是近年兴起的热门研究领域[28]。卫星遥感技术与传统地面观测技术相比,主要优势在于数据覆盖度高、空间分辨率高、时间序列长,能够在不同空间和时间尺度上对排放清单进行校验。早期利用卫星遥感观测校验排放清单的方法通常通过模式模拟柱浓度,再分析其与实际观测柱浓度的比较偏差[29];或者应用反向模式,从观测柱浓度出发约束前置清单的不确定性[30]。这些方法利用大气化学模式建立排放与柱浓度的线性关系,进一步反演得到基于卫星遥感观测的污染物排放量和时空分布,并与排放清单进行比较。近年来,发展出了利用二维高斯拟合直接反演排放的新方法[31-34]。该方法采用过采样插值技术构建高分辨率柱浓度分布,在此基础上模拟排放源周围污染物扩散烟羽,进而建立一维或二维高斯扩散模型,反演污染源排放。随着卫星数据精度的提高,利用卫星数据校验排放的方法可望得到进一步发展。

6.1.2 中国颗粒物源解析研究现状

我国颗粒物源解析工作始于20世纪80年代,至今已经历了40多年的发展历史。总体而言,颗粒物源解析研究方法主要包括受体模型法、排放清单法和空气质量模型法。受体模型法通过对大气颗粒物环境样品和排放源样品中对源有指示作用的化学示踪物进行分析,识别受体的源类并确定各类源对受体的定量贡献[35,36];排放清单法通过调查和统计不同源类的排放因子和活动水平,确定各类源的贡献率;空气质量模型法将气象条件、污染源排放状况以及大气化学过程结合起来,评估不同源类和污染物在三维空间的分布和贡献。

自20世纪60年代Blifford和Meeker提出受体模型的概念以来,受体模型得到了不断的改进与发展。如今,受体模型主要包括化学质量平衡模型(CMB)和因子分析法(FA),后者主要包括正定矩阵因子分解法(PMF)、主成分分析法(PCA)、多元线性模型(ME-2和UNMIX)等方法。受体模型的不确定性主要源于大气$PM_{2.5}$采集和化学成分测量的不确定性、源谱的共线性(即不同排放源可能有相似的源谱)以及对二次来源是否正确判定等[37]。因此,不同研究者探讨了如何结合多种模型来降低颗粒物源解析方法的不确定性问题[38-42]。

由于我国大气$PM_{2.5}$污染来源复杂,特别在重污染事件中,$PM_{2.5}$浓度与来源可发生快速变化,传统的离线监测手段已不能满足实时监测大气$PM_{2.5}$变化特征的需求,因此新型在线监测仪器和在线源解析技术近年来受到广泛关注。在线源解析技术是指通过在线监测仪器,实时监测多种颗粒物的化学组分信息,并将这些化学组分信息与受体模型相结合,开展高时间分辨率的颗粒物源解析。目前采用在线监测仪器开展高时间分辨率在线源解析主要有两种方法:一种是基于在线重金属分析仪Xact等在线设备的多仪器联合监测方法,该方法综合了多种$PM_{2.5}$组分(如金属、水溶性离子、EC、OC和BC)在线监测仪器的数据,能够量化解析$PM_{2.5}$的来源与贡献;另一种是通过获取高时间分辨率$PM_{2.5}$化学组分质谱信息,结合受体模型或其他聚类方法,实现颗粒物的定量或半定量源解析,代表性仪器包括气溶胶质谱仪、气溶胶化学组分监测仪、气溶胶飞行时间质谱仪和单颗粒气溶胶质谱仪等。

近年来，基于排放清单—化学传输模型的源解析方法也获得了广泛应用，可以模拟不同空间和时间尺度范围内 $PM_{2.5}$ 和其各组分浓度，以及 $PM_{2.5}$ 来源的时空变化。污染物从源排放后，经历各种大气物理、化学过程，该方法可估算各类源对受体点位 $PM_{2.5}$ 的定量贡献。由于这类模型同时考虑了颗粒物及其气态前体物，因而可区分一次源和二次源，并可判断污染源区及其贡献。近年来，国内多个研究团队已利用基于三维空气质量模型（如 CAMx、CMAQ 等）或化学传输模型（如 WRF-Chem、GEOS-Chem 等）的源解析方法开展了不同地区 $PM_{2.5}$ 的源解析工作[43-46]。

总之，现有多种源解析方法，具有各自的优缺点和不确定性，但缺乏对比与融合。不同研究小组侧重于使用单一的源解析方法，解析出的源类也不尽相同，需要对解析结果的准确性以及可比性进行全面评估。

6.2　研究目标与研究内容

对排放源完整、准确的认识对于理解中国的大气复合污染问题具有重要的意义。我国亟须开展对全国大气污染物排放现状的集成研究。本研究通过方法和数据比对、不确定性分析、观测校验、综合集成等手段，一方面评估了各类排放清单的精度和不确定性，建立了一套集成科学界共识、具备各方面代表性的排放清单；另一方面建立了一套集成多种技术的源解析方法体系，提供了可靠准确的大气 $PM_{2.5}$ 源解析结果。

6.2.1　研究目标

（1）通过对多尺度排放清单横向对比和不确定性分析，多角度分析现有排放清单的特征与差异，识别和量化中国排放清单建立过程中的主要不确定性来源。

（2）在对国内外已有的中国大气污染排放清单相关研究进行详细比对的基础上，利用大气化学模式模拟、地面观测数据约束和卫星遥感资料反演等多种手段，综合校验不同排放清单的估算精度、排放变化趋势及空间分布等，系统分析中国排放清单不确定性的主要来源。

（3）以 MEIC 模型为研究平台，集成已有排放清单工作中的优势部分，结合清单不确定性来源分析，对 MEIC 模型的方法和计算参数进行改进，建立多尺度清单耦合机制，集成现有中国、城市尺度排放清单数据，建立一套集各家之长的中国大气污染源综合排放清单。利用集成清单剖析中国主要大气污染物来源，多角度分析排放变化的主要驱动因素，为我国开展大气复合污染研究提供核心基础数据支撑。

（4）通过地面观测，开展基于受体模型源解析方法的集成与解析结果校验，建立一套集成受体模型、排放清单、空气质量模型等多种技术的源解析方法体系，提高人们对大气 $PM_{2.5}$ 来源认识的准确性。

6.2.2 研究内容

1. 中国排放清单研究比较和不确定性分析

本研究收集了现有全球或亚洲排放清单、国家尺度排放清单、重点区域和主要城市高分辨率排放清单，从排放源分类、排放总量、部门分担率、时空分布等多个方面开展不同清单的横向对比研究；综合目前国内已开展的本地化排放因子测试研究结果，分类整理国内外权威排放因子数据库（如 AP-42、EEA、EMEP、IIASA），在大量数据梳理工作的基础上，建立基于排放源分类的排放因子定量不确定性分析数据集，识别国内外排放因子不确定性差异明显的排放源；综合运用定性和定量分析手段，量化区域排放清单不确定性；运用专家判断法、趋势对比分析法等评估方法，针对排放清单进行包括可靠性、精细程度和合理性在内的质量评估，综合分析排放清单编制过程和采用的数据，评估排放清单的源分类、时空特征和物种信息，检验排放清单评价实际排放情况的准确程度，初步构建适合不同尺度大气污染源排放清单的质量评估体系；开展广东省 2017 年排放清单质量评估，包括排放清单的定量不确定性分析、排放总量和时空分布特征的合理性评估等。

2. 基于多维观测数据资料的中国排放清单校验

本研究建立了结合地面观测、卫星遥感观测、大气化学模式、一维高斯模型的多维综合校验体系，对中国地区排放清单进行校验。将不同来源的排放清单输入大气化学模式，将模拟得到的污染物浓度与地面观测数据进行对比，评估不同空间分配方式的排放清单在不同空间分辨率下的模拟准确性，揭示了清单点源化率对排放空间精度的重要影响；对比了基于不同排放数据模拟浓度的时间变化趋势，评估了不同排放情景对中国近期污染控制政策的捕捉能力。基于对流层观测仪（the TROPOspheric Monitoring Instrument，TROPOMI）柱浓度和改进的一维高斯模型，反演中国城市 NO_x 排放量，并据此评估引入工业点源对排放清单空间分布的改进效果。

3. 中国主要大气污染物排放清单集成及驱动力解析

本研究构建了多尺度排放清单耦合技术方法，包含排放源映射、化学物种映射、空间网格匹配、时间尺度统一、时空维度耦合等，解决了多源异构排放清单难以融合的难题。基于大数据和云计算技术开发了多尺度排放清单再分析与数据共享平台（简称"清单共享平台"，网址为 http://meicmodel.org），该平台能够将不同源分类、物种组分和时空分辨率的排放清单按照一定的数据优先级耦合生成格式统一的排放清单再分析数据产品。清单共享平台收集了清华大学、北京大学、南京大学、暨南大学等多家科研单位开发的排放清单数据产品,涵盖全国尺度排放清单、区域尺度排放清单、重点行业和关键污染物排放清单,并集成了一套中国高时空分辨率排放清单数据集。本研究依托清单共享平台共享了多家科研单位研发的多套排放清单数据,系统分析了中国主要大气污染物来源,通过耦合排放清单模型和指数分解方法,定量分解了经济水平增长、污染末端治理、能源结构转型、经济结构优化等因素对中国主要大气污染物排放的长期影响。

4. 受体模型与排放清单-空气质量模型源解析技术的集成

本研究在位于北京的北京大学固定监测站对大气 $PM_{2.5}$ 的化学组分(金属、水溶性离子、EC、OC 和 BC)进行了长时间(2016—2019 年)高时间分辨率(1 h)的连续观测,建立了丰富的多组分观测资料数据库;使用 PMF 受体模型对北京大气 $PM_{2.5}$ 及其关键化学组分的来源进行了定量解析,揭示了北京大气 $PM_{2.5}$ 及 BC 组分的来源与变化趋势;通过将 PMF 受体模型和 MEIC 排放清单、CMAQ 空气质量模型等方法相结合,探究了污染物大气浓度与排放量的变化趋势,以及污染过程中颗粒物来源与区域传输的关系。此外,本研究对当前中国颗粒物源解析的主要方法进行了系统性梳理和回顾,总结了中国颗粒物污染来源研究的最新成果。同时,研究团队积极促进国内源解析领域多家机构研究学者间的学术交流,组织颗粒物源解析研究交流会,推动了多种源解析技术的交叉与融合。

6.3 研究方案

(1) 收集和对比多尺度的中国排放清单,多角度分析现有排放清单的差异,整理国内外多来源的排放因子,建立排放因子定量不确定性分析数据库,据此构建多尺度排放清单质量评估与排放清单不确定性分析技术体系,以识别和量化中国排放清单建立过程中的主要不确定性来源。

(2) 构建综合地面观测、卫星遥感观测、大气化学模式和一维高斯模型等的多维综合校验体系,从排放总量、时间趋势、空间精度、点源(电厂或城市)准确性等多角度对中国排放清单开展评估和校验,揭示清单点源化率对排放空间精度的重要影响。

(3) 收集多种排放清单的优势部分,以改进和补充 MEIC 清单;构建多源多尺度排放清单耦合同化技术方法,实现中国多尺度排放清单的集成,生成高精度的中国集成清单,建立多尺度排放清单再分析与共享平台,并向学界共享;定量大气污染物排放与各类经济活动之间的响应和反馈关系,分析多种因素对中国人为源排放变化的影响。

(4)利用受体模型对北京大气 $PM_{2.5}$ 进行高时间分辨率源解析,并建立一套集成受体模型、排放清单与空气质量模型等多种技术的源解析方法,提高源解析结果的准确性和方法的全面性。

6.4 主要进展与成果

6.4.1 中国排放清单比较和不确定性分析

1. 中国排放清单调研与比较

我国学者对排放清单的研究起步相对较晚,许多工作是随着我国区域大气污染问题的出现及认识的深入而展开的。自 20 世纪 80 年代末至 90 年代,我国大气污染以煤烟型污染和酸雨污染为主,因此大部分排放清单主要关注电厂、民用和重点行业等能源燃烧部门的 SO_2、NO_x、PM_{10} 和粉尘排放,以及农业部门的 NH_3 排放,少数涉及扬尘和生物质燃烧等。这些排放清单多数利用国家、部门及各省市统计年鉴公布的数据,以及各行业部门的统计信息,采用国外的排放因子(如 AP-42 排放因子库),建立"自上而下"的国家尺度排放清单,空间分辨率往往较为粗糙,多为省级、100 km×100 km 或者 1°×1°左右,清单结果也主要服务于国家污染物总量控制,甚少用于空气质量模型相关研究。随着我国大气复合污染问题的日渐突出,排放清单逐步引起了研究学者和管理部门的重视,大气污染排放清单研究迅速发展。如图 6.1 所示,自 2000 年以来我国发表的排放清单文献迅速增加。在表征方法、污染源和污染物覆盖、基础数据质量、校验与评估等方面均有长足提升,能够支撑不同尺度 $PM_{2.5}$ 和 O_3 污染前体物排放清单的建立,基本满足不同区域和尺度的二次污染防控需求。

本研究选取了多尺度典型污染物排放清单,从排放源分类、物种组分、排放总量和趋势、部门分担率、时空分布等方面开展横向对比研究,为我国排放清单数据质量评价提供支撑,以加深对我国排放现状的认识。本研究提取了全球或亚洲排放清单的中国部分,并收集了国家尺度排放清单和重点区域高分辨率排放清单,具体包括:① 全球尺度排放清单 EDGAR v5.0[47,48]。EDGAR 是全球人为源大气污染物和温室气体排放数据库,它基于国际能源机构(International Energy Agency,简称 IEA)和英国石油公司(British Petroleum,简称 BP)等的统计数据及与政府间气候变化专门委员会(Intergovernmental Panel on Climate Change,简称 IPCC)一

图 6.1 中国 1992—2021 年大气污染排放清单文献统计，以及城市和区域/省级尺度文献占比

致的方法学建立，排放源分类较粗，活动水平和排放因子的数据来源有限，且忽略了本地化的参数信息，对中国的排放表征精度较低。EDGAR v5.0 提供了年尺度的国家排放量和 0.1°×0.1° 的逐月网格化排放数据。与 EDGAR v4.3.2 相比，EDGAR v5.0 的主要改进包括更新了各排放源的小时分配廓线，提高了排放的时间精度[48]；使用全球人类居住层数据集（Global Human Settlement Layer，简称 GHSL）对与人口相关的排放源进行空间分配；基于 Platts 数据库和本地政策法规，更新了中国在内的多个地区电力部门的技术分布、排放因子和末端控制措施等。② 亚洲尺度排放清单 REAS v3.2[49-51]。REAS v1.11 是第一份基于统一方法学构建的涵盖历史、现在及未来排放情景的亚洲排放清单，覆盖 1980—2003 年、2010 年和 2020 年的排放；REAS v2.1 提供 2000—2008 年的排放，开始关注排放控制措施实施对排放因子的影响，在此期间中国的排放快速增加；REAS v3.2 定量了 1950—2015 年亚洲地区的排放，从中国分省统计年鉴中获取了各省活动水平，收集了最新文献中的排放因子和排放控制信息，更新了时空分配参数，提高了中国地区的排放精度。③ 全国尺度排放清单 MEIC v1.3[52,53] 和 MEIC-HR。MEIC 是 2010 年开发的高分辨率大气污染物及 CO_2 排放模型，基于该模型开发的多尺度排放清单是目前应用最为广泛的中国大气污染源排放数据产品。MEIC 模型搭建了覆盖约 800 种人为污染源的排放源分类体系，开发了融合本土化信息的排放因子数据库和时空分配参数动态数据库，可及时动态地提供覆盖中国的 0.25°×0.25° 逐月排放数据并对接大气化学传输模式。MEIC v1.0 于 2012 年开发完成，提供 1990—2010 年的排放；MEIC v1.2 对排放计算参数进行了系统修正，并更新至 2012 年；MEIC v1.3 考虑了《大气污染防治行动计划》的影响，覆盖的时间范围为 2008—2017 年。MEIC-HR 以 MEIC 为框架，引入了大量工业基础设施开发位置，

极大改善了排放的空间分布。④ 区域尺度的长三角排放清单 YRD(the Yangtze River Delta emission inventory)和珠三角排放清单 PRD(the Pearl River Delta emission inventory)。其中,2017 年 YRD 融合了高分辨率多源环境数据信息,改进了特定部门排放表征的方法,大幅度提升了排放的精细化定量表征水平,空间分辨率为 0.05°×0.05°。YRD 基于污染源在线监测数据计算电力行业排放;开展 VOCs 源谱现场测试,改进了分物种 VOCs 排放清单;集成高分辨率气象、土壤和施肥状况等,改进了氮肥施用源的 NH_3 排放,使用分过程物质流平衡方法改进了畜禽养殖源的 NH_3 排放;集成了卫星观测、实地调研和土壤类型等数据,改进了农业机械源排放清单的编制方法。2017 年 PRD 基于多源数据和大数据方法改善了排放清单建立过程,广泛收集了本地化的计算参数,包括纳入上万个点源数据以提高重点工序关键参数的准确性、耦合本地化的排放因子和 VOCs 源谱以提高其他排放计算参数的代表性、更新时空分配参数数据库以提高时空精度等。

EDGAR、REAS、MEIC、YRD 和 PRD 均包含了 9 种常规污染物,即 SO_2、NO_x、CO、NMVOC(非甲烷挥发性有机物)、NH_3、PM_{10}、$PM_{2.5}$、BC 和 OC,但温室气体涵盖情况不同,具体表现为:在 EDGAR 中提供了 CO_2、CH_4 和 N_2O 的排放,REAS、MEIC 和 MEIC-HR 中仅包含 CO_2 的排放,而 YRD 和 PRD 均未涉及温室气体。另外,各清单中 VOCs 物种的覆盖形式也有差异,EDGAR 依据全球排放组织(Global Emissions Initiative,简称 GEIA)的惯用分类将 VOCs 分为 25 类不同化学结构和活性的物种,REAS 将 NMVOC 分为 19 个类别,MEIC 给出了 5 种化学机制物种(CBIV、CB05、SAPRC99、SAPRC07、RADM2)的排放,YRD 和 PRD 分别提供了 CB05 和 SAPRC07 的排放。各清单的排放源分类差异显著,EDGAR、REAS、MEIC、YRD 和 PRD 分别包含 27、12、813、29 和 25 类排放源。其中,EDGAR 依据 IPCC 发布的温室气体排放清单指南对排放源进行分类[54,55],REAS 的排放源分类方式也十分粗糙,均无法体现我国排放源细致复杂的构成。MEIC 根据部门/行业、燃料/产品、燃烧/工艺技术、末端控制技术构建了统一的排放源分类体系,能细致地反映中国排放源极其复杂多样的行业组成、燃料和产品种类、工艺类型和排放控制措施。尽管 MEIC 排放源分类十分细致,但未计算露天生物质燃烧、扬尘、海运船舶和航空等污染源。对于同一排放过程,不同排放清单中的分类方式也不尽相同,例如,PRD 将工业燃烧源作为独立部门进行计算,而 YRD 将工业燃烧与工艺过程产生的排放合并提供。为了便于后续的比较研究,我们将各清单划分为六大部门,包括电力、工业、民用、交通、农业和溶剂使用。

图 6.2 和图 6.3 对比了国际清单(EDGAR、REAS)与 MEIC 对 1990—2017 年我国 9 种常规污染物逐年排放量和 2015 年部门分担率的估算情况。为了使各排放清单之间可比,本研究以 MEIC 为基准,剔除了国际清单中 MEIC 未计算的排放

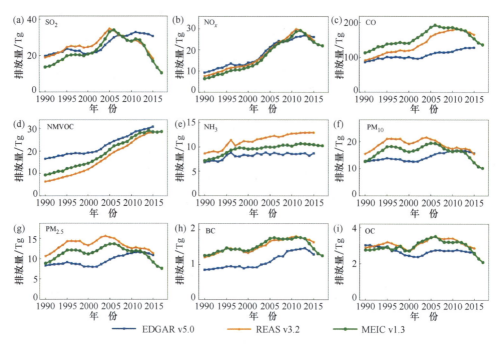

图 6.2　EDGAR v5.0、REAS v3.2、MEIC v1.3 对 1990—2017 年我国 9 种常规污染物逐年排放量估算情况

源,例如,EDGAR 中的航空、道路扬尘、燃料的非能源使用、废水处理和土壤直接排放等,REAS 中的人体活动等。总体而言,国际清单与 MEIC 差异明显,主要由国际清单源分类粗糙或计算参数来源和准确性有限导致。这里以硫氮尘和 NMVOC 为例进行分析:① SO_2 和 NO_x。EDGAR、REAS 和 MEIC 均能捕捉到 1990 年以来 SO_2 和 NO_x 先上升后下降的趋势,但三者的年排放量、排放年变化率及达峰年份均存在差异。从 1990—2015 年,EDGAR、REAS 和 MEIC 中 SO_2 排放量的范围分别为 19.7~32.8 Tg、18.4~34.8 Tg 和 13.6~34.0 Tg。其中,1990—2006 年 SO_2 的年均变化率分别为+3%、+5%、+9%,2006—2015 年为+0.3%、-6%、-6%。三者的 SO_2 峰值分别出现在 2011 年、2005 年和 2006 年。EDGAR 未充分考虑中国近年来脱硫政策的实施,尤其是工业部门的烟气脱硫等,因此严重高估了 SO_2 的排放量。2015 年 EDGAR 给出的 SO_2 排放量仍高达 30.7 Tg,比 MEIC 高 81%,其中工业部门贡献了二者总差异的 81%。2015 年 REAS 给出的 SO_2 排放量比 MEIC 高 9%,电力和民用部门分别贡献了二者差异的 51% 和 43%。REAS 中电力部门的能源消耗量基于 CARMA 和 WEPP 数据库估算,与 MEIC 从中国国家统计局(http://www.stats.gov.cn/)获取的能源数据相比存在一定的高估。2015 年 REAS 给出的电力部门 CO_2 排放量比 MEIC 高 39% 也印证了二者活动水平的差异。但总体而言,REAS 收集了文献中的排放因子和去除效率,对中国 SO_2 排放

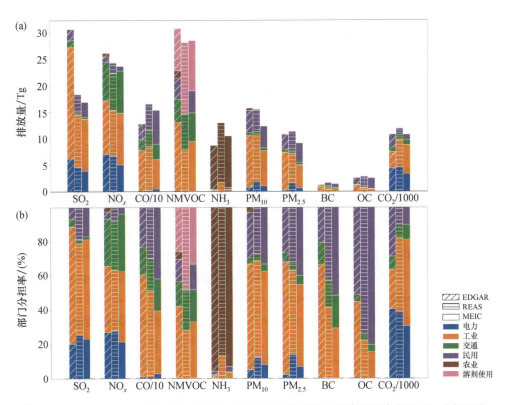

图 6.3 EDGAR v5.0、REAS v3.2、MEIC v1.3 对 2015 年我国 9 种常规污染物和 CO_2 分部门排放估算情况：排放量(a)、部门分担率(b)

量和变化趋势的刻画与 MEIC 更为一致。1990—2015 年，EDGAR、REAS 和 MEIC 的 NO_x 排放量范围分别为 8.9~26.4 Tg、7.6~29.9 Tg 和 6.4~29.2 Tg。其中，1990—2012 年 NO_x 年均变化率分别为 +9%、+13%、+16%，2010—2015 年分别为 -0.3%、-6%、-6%。三者的 NO_x 的峰值分别出现在 2013 年、2011 年和 2012 年。三者对 NO_x 排放量估算的一致性明显优于 SO_2。② 颗粒物。EDGAR、REAS 和 MEIC 中颗粒物排放年变化大致呈双峰分布。从 2000 年起，三者 $PM_{2.5}$ 排放峰值分别出现在 2011 年(11.6 Tg)、2004 年(15.6 Tg)、2006 年(13.6 Tg)，PM_{10} 与之类似；EDGAR 的 BC 排放量在 2013 年达到峰值，而 REAS 和 MEIC 的 BC 排放情况一直十分接近，均在 2006 年和 2011 年达到峰值；EDGAR 的 OC 排放量在 2011 年达到峰值(2.8 Tg)，REAS 和 MEIC 则在 2006 年达到峰值(3.5 Tg)。分析 2015 年的部门分担情况，可见 EDGAR 相对 MEIC 的 PM_{10} 高估主要由工业部门导致，占比达 88%，REAS 对 PM_{10} 高估量的 66% 由工业部门贡献。由于 EDGAR 和 REAS 工业部门 CO_2 排放量均低于 MEIC，推测二者均低估了工业部门 PM_{10} 的排放控制情况。EDGAR 对 $PM_{2.5}$ 的高估及 REAS 对其他 3 种颗粒物的高估原因与之类似。③ NMVOC。近年来中国经济快速增长且缺乏对 NMVOC 的有效控制，NMVOC

总量呈持续增长态势。EDGAR、REAS 和 MEIC 均捕捉到 1990—2015 年 NMVOC 的逐年增加,年均增长率分别为 3％、14％、8％。2015 年部门分担情况显示 3 份清单的 NMVOC 都主要由工业源和溶剂使用贡献,在 EDAGR 中两项的贡献率分别为 42％和 26％,在 REAS 中贡献率分别为 28％和 48％,在 MEIC 中贡献率均为 33％。各清单 NMVOC 的差异由源分类体系、活动水平和排放因子共同造成。MEIC 纳入了本地源谱测试结果,提高了 NMVOC 排放表征精度,但仍有一些部门的 NMVOC 排放因子依赖于美国国家环境保护局发布的大气污染物排放因子和欧洲环境署指导手册等,未来需要开展更多实测以减小不确定性。

图 6.4 和图 6.5 对比了 2017 年 MEIC 与区域清单(YRD、PRD)主要污染物分部门累积排放量和部门分担情况。总体而言,国内清单的排放估算结果相对一致,但仍存在差异,主要由区域清单计算的排放源种类更全面、排放计算参数的数据来源更广泛或本地化程度更高、采用了基于过程的排放表征方法等因素造成。① 与 YRD 对比。MEIC 电力和工业部门 NO_x 排放量分别为 0.7 Tg 和 1.5 Tg,为 YRD 的 2.4 和 1.6 倍,这与 YRD 更真实地量化了长三角地区的电力脱硝效率并实测了电厂和锅炉的 NO_x 排放因子有关[56,57]。YRD 补充了沿江沿海船舶排放,弥补了 MEIC 仅计算内河船舶排放的缺陷,YRD 比 MEIC 船舶 NO_x 排放量高 0.3 Tg,约占二者交通源 NO_x 差异的 55％。MEIC 的 CO 排放量比 YRD 高 27％,主要由民

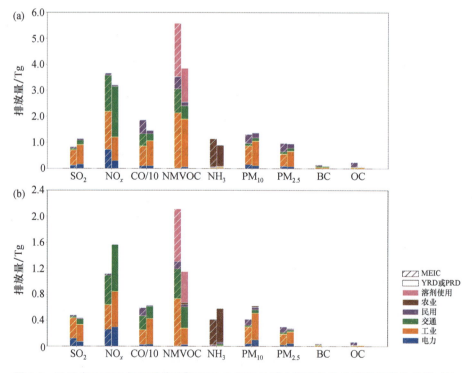

图 6.4 2017 年 MEIC 与区域清单[YRD(a)、PRD(b)]主要污染物分部门累积排放量对比

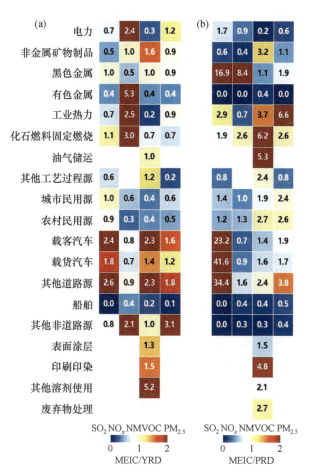

图 6.5 2017 年 MEIC 与区域清单[YRD(a)、PRD(b)]主要污染物部门分担情况对比

用生物质燃烧源存在高估导致。MEIC 的 NMVOC 排放量比 YRD 高 45%，二者差异的 44% 由溶剂使用源贡献。由图 6.5 可见，MEIC 表面涂层、印刷印染和其他溶剂使用的 NMVOC 排放量分别为 YRD 的 1.3、1.5 和 5.2 倍，这与 YRD 采用了更精细准确的计算参数有关。YRD 综合了各地市统计年鉴、行业协会统计数据和溶剂表观消费量，对溶剂使用源的活动水平进行了完善，同时基于文献调研和实测对 NMVOC 的廓线进行了本地化修正，提高了估算精度。MEIC 氮肥施用源的 NH_3 排放为 YRD 的 2 倍，与 YRD 改进了 NH_3 排放的估算方法有关。MEIC 针对 4 种化肥使用固定排放因子计算 NH_3 排放，而 YRD 使用基于过程的方法计算 NH_3 排放，即针对 7 种化肥和 16 种农作物，考虑了施肥方法、土壤酸碱度和气象因素等对排放因子的影响，提高了估算精度。② 与 PRD 对比。MEIC 的 NO_x 排放量比 PRD 低 29%，其中非道路源、非金属矿物制品分别贡献了二者差异的 45% 和 40%，这与 PRD 基于 AIS 数据详细计算了船舶排放且补充了陶瓷排放有关。MEIC 的 NMVOC 排放量约为 PRD 的 1.8 倍，其中工业源和溶剂使用源分别贡献

了二者差异的 49% 和 35%。PRD 溶剂使用源的排放因子有 50% 来自实测,且优先基于原材料而非产品计算工业 VOCs 排放,大大降低了排放估算的不确定性。例如,对于印刷设备清洗等对 NMVOC 排放贡献较大的排放源,MEIC 和 PRD 的排放因子分别为 1000 g·kg^{-1} 和 850 g·kg^{-1},对石油炼制,二者的排放因子分别为 2.76 g·kg^{-1} 和 1.82 g·kg^{-1}。MEIC 的农业 NH_3 排放比 PRD 低 29%,其中氮肥施用和畜禽养殖分别贡献了二者差异的 40% 和 49%。MEIC 的 PM_{10} 排放量比 PRD 低 33%,主要由工业源低估导致。

为了对比时间变化,这里以 EDGAR 和 MEIC 为例,剖析国内外清单对时间刻画的差异。EDGAR 的时间廓线均以能源经济与合理能源使用研究所(Institute of Energy Economics and Rational Energy Use,简称 IER)的数据库为基础。对于电力和工业源,EDGAR 从中国国家统计局收集了月发电量,依据 IER 数据库中的产量、能源使用和温度等定义工业源的廓线。EDGAR 可反映冬季和夏季高电力需求带来的高排放态势,但其月廓线不随省份变化,且重点工业行业的月分配系数稳定在 0.08 左右,各月差异甚微。MEIC 从中国国家统计局收集了逐年分省火力发电量和产品产量,与 EDGAR 相比,MEIC 的月波动更加明显,真实表征了各行业分省尺度上的月变化,如水泥行业生产旺季和淡季导致的排放波动等。对于道路源,EDGAR 的廓线来自 IER 数据库,对中国地区的蒸发排放采用均分方式,其他过程的排放变化平稳。MEIC 基于环境温度、湿度和海拔等数据计算了分省机动车逐月启动和蒸发排放因子,将其作为月分配参数,有效提高了表征精度。对于氮肥施用和畜禽养殖,EDGAR 使用均分廓线,MEIC 则考虑了气象和施肥状况等因素对排放月变化的影响。对于民用源,二者均基于采暖度日数分配,但 MEIC 在区县尺度上建模,而 EDGAR 对中国地区使用统一廓线。

为了对比空间分布,这里以 SO_2 为例,分析不同清单的空间分布特征和规律。在 MEIC 中,我国 SO_2 排放高值区为北部、中南部、东部,排放量分别为 2.4 Tg、2.2 Tg 和 2.1 Tg。在 EDGAR 中,我国 SO_2 的排放热点区域为东部、中南部、北部,排放量分别为 5.4 Tg、4.8 Tg 和 2.5 Tg,再次印证了 EDGAR 低估了中国东部地区的 SO_2 控制进程。对于城市人口较多或工业 GDP 较高的省份,如江苏省、广东省和山东省,EDGAR 对 SO_2 的排放高估更加明显,可能与 EDGAR 将工业排放分配到网格时主要依赖城市人口有关。REAS 中 SO_2 的热点区域为中南部、西南、东部和北部,排放量分别为 2.6 Tg、2.5 Tg、2.1 Tg 和 2.0 Tg。REAS 相对于 MEIC 的排放高估主要由电力和民用源贡献(94%),与 REAS 对电力部门活动水平高估及民用源 SO_2 排放因子高估有关。因此,对于贵州省和山西省等电力和民用源排放量大或占比高的省份,REAS 的估算误差较大。

2. 中国排放因子不确定性数据集的建立与应用

本研究根据我国排放清单分类体系,收集整理了国内外的排放因子数据,结合珠三角本地和其他地方收集到的排放源测试数据,参考美国 AP-42 排放因子定量不确定性分析方法和相关排放清单输入参数不确定性量化方法,对各污染源排放因子开展定量不确定性分析,获取了排放因子的均值、不确定性概率分布,以及 95％置信水平下的不确定性范围,据此构建了基于统一量化方法和源分类的排放因子不确定性数据集。

排放因子不确定性数据集的建立遵循与源分类匹配原则,国内数据优先和测试数据优先原则,灵活性、信息完整性和代表性原则。图 6.6 展示了排放因子不确定性数据集的构建流程。先利用文献调研的方法,收集国内外发布的排放因子测试数据、文献发表数据、指南或手册推荐值,以及 EPA、AP-42、EEA、EMEP、GAINS、IIASA 和 IPCC 国家温室气体等国外权威排放因子数据库中的排放因子,还有 MOVES、IVE 等排放因子模型的估算结果。然后,对收集的排放因子数据进行预处理,包括根据大气污染物排放源分类体系对筛选后的排放因子数据进行分类处理;整理排放因子数据的数值单位、原始文献引用、研究区域、建立时间等信息;根据排放因子的原始引用文献,删除具有同一来源的重复排放因子数据;开展排放因子的质量保证和质量控制(QA/QC)工作,综合考虑排放因子数据的测试方法是否科学合理、样本数量是否足够、数据之间有无明显差异等影响因素,筛选出适合作为不确定性分析的高质量排放因子数据;根据每个排放源分类下获取的排放因子数量和类型,采用差异化的方法量化每个排放源分类排放因子的不确定性;采用专家判断的方法,根据对国内排放源测试现状、排放特征和技术水平差异等的认识,判断量化的排放因子不确定性是否合理,如果不确定性量化过程所采用的排放因子存在较为明显的地域代表性缺陷(如主要来自国外),还需要对排放因子不

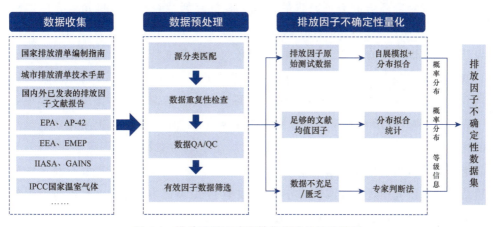

图 6.6 排放因子不确定性数据集的构建流程

确定性进行人工修正。在此基础上,最终建立基于排放源分类的排放因子不确定性数据集。本研究重点以电厂排放源、VOCs工业溶剂使用源和道路移动源为例对排放因子的不确定性进行详细分析与介绍。

为了构建排放因子不确定性数据集,本研究收集了4万多条涵盖不同排放源和污染物的排放因子,通过数据QA/QC处理后,筛选出35 000个基于实际测试和可靠文献来源的排放因子,其中65%的排放因子是通过国内本土源排放测试建立的。根据以上描述的方法对不同排放源排放因子的不确定性进行定量分析,进而建立基于源分类的排放因子不确定性数据集。该数据集共计478条排放因子不确定性信息,包含11类一级排放源,62类二级排放源和139个三级排放源。数据集包含SO_2、NO_x、$PM_{2.5}$、PM_{10}、NH_3、VOCs、CO、BC和OC共9种常规污染物,以及部分生产工艺的燃料含硫量、灰分含量和污染物去除效率等。图6.7是不同排放源的排放因子不确定性信息数量统计结果。

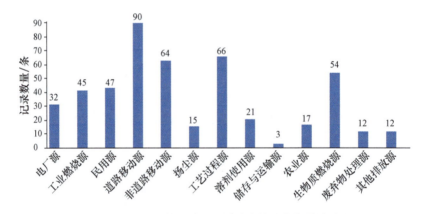

图6.7 不同排放源的排放因子不确定性信息数量统计结果

本研究重点以VOCs溶剂使用源为例,分析讨论污染源排放因子的不确定性,以及对后续污染源排放表征改进的建议。有机溶剂是一类以有机物为介质的溶剂,广泛存在于涂料、黏合剂、油漆和清洁剂等工业生产和日常生活中。溶剂使用源是当前我国主要的VOCs排放源,其排放过程异常复杂。多个过程都可以排放VOCs,且排放特征受到原辅料类型、生产工艺、废气收集和处理方法等因素的影响。VOCs作为O_3的关键前体物,其污染排放成为工业源污染物排放控制的重要一环,是目前研究学者和管理部门关注的重点。美国国家环境保护局建立了统一的测试规范,进行了大量的源类测试工作,编制了多污染物排放因子手册AP-42,并依据测试数量将排放因子质量分为A~E共5个等级,但缺乏定量不确定性分析结果。本研究通过文献调研的方法,共收集了52篇国内外相关文献和清单编制指南的研究成果,优先选取与本土化的研究对象、生产工艺、地区相匹配的近期研究结果,并且结合本研究相关实地调查,分析了汽车制造、船舶制造、电子设备制造、机械设备制造、家具制造、印刷、金属制品、塑料制品等行业基于产品产量和溶剂类型的溶剂使用源 VOCs 排放因子不确定性(表 6.1 和表 6.2)。

在基于产品产量的排放因子中,印刷(-95%,402%)、塑料制品(-93%,357%)、皮革制品(-92%,342%)、木材加工制品(-96%,424%)、家用溶剂使用(-98%,356%)和建筑涂料使用(-98%,499%)的排放因子不确定性最为明显。这些行业的产品生产工艺都十分复杂,并且不同环节或者技术使用的原辅料也存在明显差异。总体上,基于产品产量的排放因子不确定性高于基于溶剂类型的排放因子不确定性,前者的不确定性平均为-80%～250%,部分行业的排放因子不确定性甚至达到 400% 以上,与之相比,后者的不确定性平均为-50%～100%。原因是基于溶剂类型的排放因子在建立时考虑了不同产品的生产工艺和原料类型对排放特征的影响,降低了可变性这一维度的不确定性来源。在今后的实际调研和测试中,建议排放清单建立研究应全方面考虑排污环节、挥发性原辅料在生产过程中所占比例等信息,并对水性涂料(油墨)多开展排放实测,以降低排放因子的不确定性。相较于基于溶剂类型的排放因子,基于产品产量的排放因子并未区分不同溶剂类型的影响,忽略了生产过程不同有机溶剂和洗涤溶液等的使用比例、原辅料信息等数据之间的差异,不确定性相对较为突出。因此,在表征溶剂使用源排放清单时,如果能够获取各行业溶剂及辅料使用量,应该优先使用基于原辅料的表征方法进行计算,在不能获取相关信息的情况下才考虑使用基于产品产量的表征方法进行补充,以降低溶剂使用源排放清单的不确定性。

表 6.1 基于产品产量的溶剂使用源 VOCs 排放因子及其不确定性

行业	单位	分布类型	参数 1	参数 2	均值	不确定性范围
汽车制造	kg·辆$^{-1}$	对数正态分布	3.31	0.67	34.21	(-79%,198%)
船舶制造	t·艘$^{-1}$	韦伯分布	9.21	0.61	1.07	(90%,230%)
电子设备制造	kg·m^{-2}	对数正态分布	-2.85	0.78	0.08	(-84%,241%)
机械设备制造	kg·件$^{-1}$	对数正态分布	-0.71	0.30	0.52	(-46%,71%)
家具制造	kg·件$^{-1}$	韦伯分布	2.28	1.32	1.17	(-77%,100%)
印刷	kg·L^{-1}	对数正态分布	-1.44	1.17	0.47	(-95%,402%)
金属制品	kg·件$^{-1}$	韦伯分布	8.33	1.50	1.42	(-32%,124%)
塑料制品	kg·t^{-1}	对数正态分布	0.85	1.07	4.20	(-93%,357%)
织物印染	kg·m^{-2}	韦伯分布	2.49	27.86	24.71	(-74%,90%)
木材加工制品	kg·m^{-2}	对数正态分布	-5.29	1.24	0.01	(-96%,424%)
家电涂装	kg·件$^{-1}$	对数正态分布	-1.54	0.49	0.24	(-66%,130%)
皮革制品	kg·t^{-1}	对数正态分布	-1.17	1.03	0.52	(-92%,342%)
制鞋	kg·双$^{-1}$	韦伯分布	2.03	0.02	0.02	(-82%,114%)
玩具制造	kg·t^{-1}	对数正态分布	5.40	0.86	320.82	(-87%,272%)
家用溶剂使用	kg·人$^{-1}$	韦伯分布	0.62	0.96	0.53	(-98%,356%)
建筑涂料使用	kg·年$^{-1}$·人$^{-1}$	对数正态分布	-1.41	1.45	0.70	(-98%,499%)

表 6.2　基于溶剂类型的溶剂使用源 VOCs 排放因子及其不确定性

行业	溶剂类型	分布类型	参数 1	参数 2	均值/(kg·t^{-1})	不确定性范围
汽车制造	溶剂型涂料	伽马分布	41.19	0.07	597.72	(−28%,33%)
	水性涂料	对数正态分布	3.93	0.44	56.4	(−62%,116%)
	不分类	伽马分布	8.63	0.01	598.29	(−55%,77%)
船舶制造	溶剂型涂料	对数正态分布	6.16	0.28	492.15	(−44%,65%)
	水性涂料	韦伯分布	4.58	51.39	46.95	(−51%,46%)
	不分类	对数正态分布	6.31	0.39	591.17	(−56%,98%)
电子设备制造	溶剂型油墨	对数正态分布	6.3	0.23	560.07	(−38%,52%)
	水性油墨	对数正态分布	5.18	0.38	190.41	(−56%,96%)
	不分类	韦伯分布	1.54	598.4	539.1	(−89%,158%)
机械设备制造	溶剂型涂料	对数正态分布	6.24	0.2	523.2	(−34%,46%)
	水性涂料	韦伯分布	4.93	414.12	379.65	(−48%,42%)
	不分类	韦伯分布	2.89	688.88	614.18	(−68%,76%)
家具制造	溶剂型涂料	韦伯分布	10.34	622.96	593.6	(−26%,19%)
	水性涂料	对数正态分布	5.17	0.2	178.71	(−33%,44%)
	不分类	韦伯分布	2.31	574.16	508.75	(−77%,98%)
印刷	油性油墨	韦伯分布	3.92	609.68	552.63	(−57%,54%)
	水性油墨	韦伯分布	4.23	82.79	75.38	(−54%,50%)
	不分类	伽马分布	2.16	570.45	505.88	(−79%,106%)
金属制品	溶剂型涂料	对数正态分布	6.13	0.22	470.59	(−37%,50%)
	水性涂料	对数正态分布	4.8	0.35	129.42	(−53%,88%)
	不分类	韦伯分布	2.32	648.87	575.65	(−76%,97%)
塑料制品	溶剂型涂料	对数正态分布	6.13	0.25	472.03	(−41%,58%)
	水性涂料	对数正态分布	5.11	0.45	182.97	(−63%,120%)
	不分类	对数正态分布	6	0.6	481.45	(−73%,169%)

3. 2017 年广东省排放清单不确定性

依据所搜集的活动数据翔实程度,在建立的排放因子数据集里挑选适合广东省实际排放特征的排放因子,综合多种估算方式建立广东省 2017 年区域排放清单。广东省 2017 年 SO_2、NO_x、CO、PM_{10}、$PM_{2.5}$、BC、OC、$VOCs$、NH_3 污染物排放量分别为 411 kt、1427 kt、5974 kt、709 kt、316 kt、23 kt、55 kt、1193 kt 和 543 kt,相应的不确定性范围分别是 −17%~20%、−25%~28%、−30%~39%、−45%~60%、−43%~62%、−53%~116%、−54%~160%、−34%~50% 和 −50%~86%。

如图 6.8 所示,将本研究建立的 2017 年广东省区域清单和前人开发的 2012 年广东省排放清单的排放量及其不确定性结果进行比较。结果显示,与 2012 年广东省排放清单不确定结果相比,2017 年排放清单污染物的不确定性范围有所下降,而且其不确定性范围的正负偏差较为均匀。其中,BC、CO、VOCs 和 NO$_x$ 排放量的不确定性范围与 2012 年相比,分别降低了 51%、17%、17% 和 12%。这些污染物排放量不确定性下降的原因可能是:① 估算方法的改进,如溶剂使用源、移动源和生物质燃烧源估算方法的更新提高了排放估算的准确性;② 排放源分类和活动水平数据的细化;③ 本地化排放因子的完善和应用。基于本研究构建的排放因子数据集选取合适的排放因子进行估算,有助于减少排放因子的不确定性。此外,2017 年排放清单也有一些污染物不确定性大于 2012 年的结果,例如,2017 年 SO$_2$ 排放量的不确定性范围为 -17%~20%,而 2012 年仅为 -11%~11%。但这并不意味着 2012 年的排放清单 SO$_2$ 估算结果更可靠,造成这种现象的可能原因是,随着电厂和工业源等大排放源的污染物排放及其不确定性降低,剩余的难测排放源(如移动源)等的排放及其不确定性将对总体的不确定性产生更大影响。因此,未来的排放清单研究和现场测试应更多关注这类排放源。总的来说,随着数据质量的提高和排放量估算方法的更新,2017 年广东省排放清单的不确定性结果在一定程度上更加可靠。

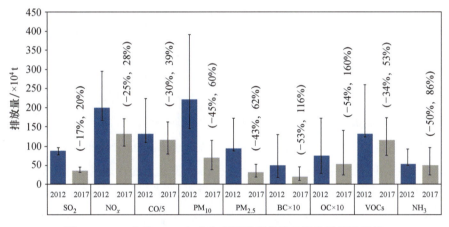

图 6.8 2012 年和 2017 年广东省区域清单排放量及其不确定性

4. 大气污染源排放清单编制质量评估方法框架建立

随着我国 PM$_{2.5}$ 和 O$_3$ 污染协同防控的不断推进,前体物排放清单编制已经陆续成为各城市大气环境管理部门的日常工作。建立业务化的排放清单编制工作机制和流程能够保证前体物排放清单编制的制度化、程序化、规范化。然而,受认知和技术水平以及数据质量差异的影响,不同科研和管理人员建立的前体物排放清单质量存在差异。对前体物排放清单编制质量进行评估是规范化排放清单编制、提高排放清单质量、推动排放清单业务化应用的重要前提,也是当前管理部门使用排放清单的需求。目前仅有美国国家环境保护局在 2016 年发布了《生命周期排放清单数据质量评估指南》以及少数研究中初步探讨了排放清单质量评估的内容,成体系的排放清单质量评估方法尚未建立。为此,本研究借鉴排放清单半定量不确定性分析和层次分析法,提出了我国开展前体物排放清单编制的质量评估思路(图6.9)。排放清单质量评估方法的建立需要经过大量的审核、讨论和优化,本研究只是一个初步探索,具体方法和案例参见本课题组出版的《排放源清单与大气化学传输模型的不确定性分析》(2022)一书。

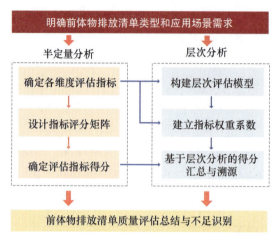

图6.9　前体物排放清单编制的质量评估思路

前体物排放清单的质量体现在多个方面,不同类型的排放清单质量均可从基础数据质量、清单精细程度、清单结果合理性和排放清单编制规范性这4个维度进行评估。① 基础数据质量决定了排放清单的精细程度、不确定性和表征结果的合理性,是影响排放清单质量的决定性因素。基础数据质量分析重点是评估数据来源的权威性、可靠性、完整性以及在时空和技术层面上的代表性。② 精细程度量化是评估排放清单是否满足应用的需求,其重点评估内容包括源分类和污染物的精细程度、表征方法适合度、时空分辨率、点源化率、时效性和动态更新频率等。③ 排放清单合理性是指排放清单对实际排放情况的反映程度,需要结合多种清单校验手段从排放总量、时空特征、源结构和不确定性分析等角度进行评估。④ 排放清单编制的规范性是保证排放清单质量的基础,重点评估内容包括排放清单编制流程是否完整、编制过程中涉及的资料是否存档且可追溯、清单报告内容是否记录完整等。

考虑到排放清单类型和应用场景多样、编制工作涉及多方面数据和内容,排放清单质量评估方法必须具备完整性、客观性、可行性和灵活性的特点。完整性要求评估指标能较为全面地体现排放清单质量的多个维度;客观性要求评估过程尽可能降低人为主观因素,选取的评估指标和评估标准应容易定量化或分级;可行性是指在众多影响排放清单编制质量的因素中选取具有代表性、容易分级的评估指标;

灵活性要求评估方法能够胜任不同类型和不同应用需求的排放清单质量评估。因此,定义各维度的评估指标、量化评估指标得分以及综合分析是开展排放清单质量评估的关键。

为了保证质量评估方法的可行性和完整性,需要采用具有代表性、容易评级的影响因素作为评估指标。例如,精细程度可以采用源分类的精细程度、污染物的覆盖面、表征方法的适合度、时空分辨率、点源化率、时效性和动态更新频率作为评估指标。这些指标相对容易定量化和划分评级。另外,为了提高各项维度评估的定量化程度,评估指标也可以是多层次的。例如,基础数据来源质量的一级评估指标可考虑活动水平、排放因子及相关参数、时空分配因子和成分谱,二级评估指标可采用数据来源、数据完整性、地域代表性、年份代表性、技术代表性等。

为了保证质量评估的客观性,可借鉴排放清单半定量不确定性分析方法,如数据质量指数 DQI、评分谱系 NUSAP 等,对每个维度的评估指标建立起相对应的评分矩阵。根据评分矩阵,采用专家判断方法对各个维度每一层级评估指标进行打分评定。

最后,如图 6.10,根据排放清单编制工作评估指标体系结构,为了保证质量评估的灵活性,可采用层次分析法,由下到上逐层计算各层次评估指标的得分,形成排放清单质量的综合评分。层次分析法是由 Satty 等人提出的一种定量与定性相结合的多目标决策分析与评估方法,其最主要的特点是能根据不同应用场景对排放清单质量的要求,通过两两对比同一层次的所有评估指标,建立各层级评估指标的判断矩阵,赋予各层级评估指标权重系数,使质量评估方法能够根据应用场景进行差异化计算。此外,层次分析法也能根据评估指标的层次关系,识别影响最终质量评分的关键指标。

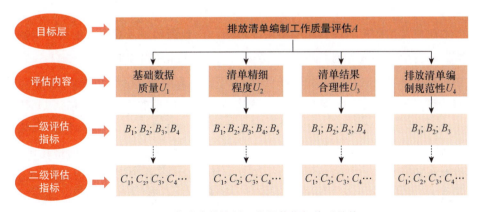

图 6.10 排放清单编制工作评估指标体系结构

6.4.2 基于多维观测数据资料的中国排放清单校验

1. 排放清单校验方法

本研究基于地面观测、卫星遥感、大气化学模式和高斯模型，建立了可用于评估清单总体精度、时间趋势和空间分布的排放清单综合校验体系（图6.11）。具体方法主要是将不同排放清单输入同一大气化学模式中，通过对比模拟浓度与地面观测数据的一致性，评估清单对排放总量和时空分布的表征；将各清单的排放量与地面或卫星观测的污染物浓度直接对比，评估清单对时间变化趋势的刻画。尽管该方法忽略了气象对从污染物排放到浓度转化过程的影响，但可在一定程度上为清单精度评估提供参考。使用高斯模型拟合不同风向下基于卫星观测的污染物浓度分布，可反演大点源排放，校验清单对点源排放量的表征精度。该方法不依赖大气化学模式和先验清单，从另一个视角提供了清单质量参照依据。

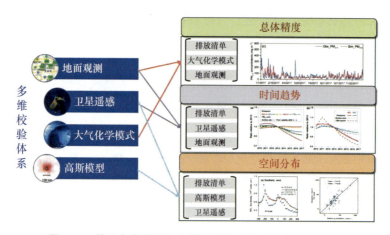

图6.11 基于多维观测和多模型的排放清单综合校验体系

本研究使用的观测资料和模型系统包括：① 地面和卫星观测。地面污染物观测数据来自中国环境监测总站（http://www.cnemc.cn/，引用时间2024-11-14），其建立的城市环境空气质量监测网截至2017年已覆盖全部338个地级以上城市，包含的站点个数达1436个，涵盖135个清洁对照点。使用的卫星观测包括OMI和TROPOMI。本研究从DOMINO v2产品获取了OMI NO_2对流层柱浓度[58]，依据云辐射百分数小于0.3等条件剔除了数据质量较差的像素并进行了网格化，空间分辨率为0.25°×0.25°，时间分辨率为逐日。从OMI v3获得了大气边界层SO_2柱含量，该产品利用主成分分析算法提供基于"最佳像素"的L3级数据，空间分辨率为0.25°×0.25°，时间分辨率为逐日。TROPOMI的空间分辨率相对OMI显著改善，达到3.5 km×7 km（2019年8月升级到5.5 km×3.5 km），信噪比也提高了

1~5倍,大大提高了观测数据的质量和可靠性,为城市尺度的环境问题研究提供了更先进的数据源。本研究使用的 TROPOMI NO_2 对流层柱浓度来自官方 TM5-MP-DOMINO 1.0.0 版本 L2 级数据(http://www.temis.nl/airpollution/no2col/data/tropomi/,引用时间 2024-11-14)。② 大气化学模式和高斯模型。本研究采用 WRF3.9 和 CMAQ5.2 作为空气质量模拟评估系统,模型的具体配置可参照已发表的研究成果[59-61]。本研究中使用的城市 NO_x 排放反演方法为适用于中国污染背景的一维高斯模型[33]。该模型以前人工作为基础[31],以静风条件下 NO_2 浓度的空间分布代表 NO_x 排放源的分布,解决了原有模型无法刻画非孤立排放源的问题,使其适用于复杂污染背景下的排放源反演;以有风条件下 NO_2 空间分布相对静风条件的变化表征 NO_2 在大气中的存活过程,为求解生命周期提供了可能;使用静风条件下的 NO_2 浓度拟合排放负荷,进而根据质量守恒原理定量排放强度。

2. 中国人为源排放清单评估校验

(1) 时间趋势校验

为了评估各清单的年变化趋势,本研究收集了 2010—2017 年主要污染物的卫星和地面观测浓度。2013 年中国政府颁布的《大气污染防治行动计划》等措施有效地控制了污染物排放,带来了显著的空气质量效益[62]。通过分析所有清单和观测数据均有效的年份,发现与 2013 年相比,2015 年 SO_2、NO_2 和 $PM_{2.5}$ 地面观测浓度分别下降了 37%、11% 和 24%,卫星观测浓度下降了 48%、24% 和 18%(图 6.12)。EDGAR 中 SO_2、NO_2 和 $PM_{2.5}$ 相应年份的排放量分别降低了 4%、3% 和 6%,REAS 的变率分别为 −17%、−13% 和 −10%,MEIC 则为 −33%、−14% 和 −19%。尽管排放量和污染物浓度之间的关系受气象条件、大气传输和化学反应等多种因素的共同影响,二者之间可能出现不一致的年变率,但与 EDGAR 和 REAS 相比,MEIC 的年变化趋势与卫星和地面观测最吻合,能有效捕捉近年来

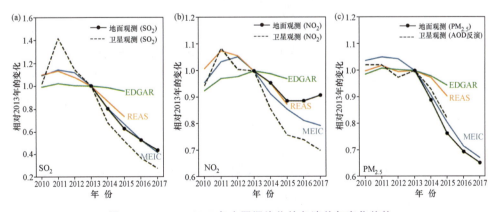

图 6.12 2010—2017 年主要污染物的各清单年变化趋势

SO_2、NO_2 和 $PM_{2.5}$ 排放量的持续下降趋势和变率。总体而言,EDGAR 严重低估了中国的污染控制进程,MEIC 对本地政策的把控最为精准,从而对排放年变化表征更精准,REAS 介于两者之间。

(2) 空间分布校验

应用一维高斯模型,本研究共反演出 70 个中国城市的 NO_x 生命周期和排放强度。高空间分辨率和高信噪比可以增加筛选出有效像素的可能性,且与 OMI 等仪器相比能更好地刻画 NO_2 浓度的空间变化[63,64],提高反演结果满足约束条件的可能性。由于反演城市 NO_x 生命周期和排放强度的关键在于保证排放源周围的 NO_2 浓度分布有较强梯度,而本研究与以往工作[33]相比成功反演出更多城市的 NO_x 排放情况,因而印证了高质量的观测数据可有效改善 NO_x 排放反演效果。我们反演的城市 NO_x 生命周期的范围为 1.0~9.3 h,与文献中的研究结果相符[31,33,56,65]。图 6.13 展示了按区域分布的 70 个城市 NO_x 排放强度反演结果,其中,排放强度最高的城市是珠三角城市群,高达 331 mol·s^{-1},强度最低的城市是梧州市,仅 2 mol·s^{-1}。东北地区、华东地区、华中地区、华北地区、华南地区、西北地区和西南地区的城市平均 NO_x 排放强度分别为 25 mol·s^{-1}、37 mol·s^{-1}、58 mol·s^{-1}、81 mol·s^{-1}、49 mol·s^{-1}、13 mol·s^{-1} 和 6 mol·s^{-1}。尽管模型无法反演特定区域所有城市的 NO_x 排放强度,但该均值仍能在一定程度上表征华北等 NO_x 热点区域。

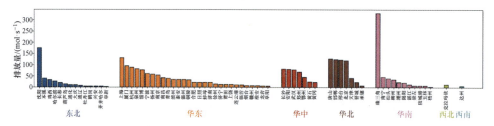

图 6.13　基于 2018 年 2 月—2019 年 2 月对流层 NO_2 柱浓度和一维高斯模型反演的 70 个城市 NO_x 排放强度

为了基于卫星反演的城市 NO_x 排放强度评估 MEIC 和 MEIC-HR 的精度,这里计算了两个清单中各城市排放中心周围 40 km×40 km 排放的加和,空间范围与反演 NO_2 排放负荷时的积分区间一致。图 6.14(a)和(b)展示了基于 TROPOMI 对流层 NO_2 柱浓度反演的 70 个城市的 NO_x 排放量与 MEIC 及 MEIC-HR 相应城市排放量的对比。结果表明,与 MEIC 相比,MEIC-HR 城市尺度 NO_x 排放量与卫星反演结果的一致性更好,相关系数分别为 0.79 和 0.86。MEIC-HR 对城市排放表征的改善与点源化率有关,对于点源化率较高(>60%)的城市,MEIC-HR 和 MEIC 与卫星反演结果之间的均方根误差 RMSE 分别为 26.0 mol·s^{-1} 和 43.9 mol·s^{-1},

归一化平均误差 NME 分别为 44.6% 和 65.4%。图 6.14(c) 和 (d) 进一步分析了两个清单与卫星反演结果之间的相关性随点源化率的变化。当点源化率相对较低(<40%)时,由于 MEIC-HR 和 MEIC 的排放量相差较小,因此二者与卫星反演结果对比的表现相当。当点源化率从 40% 增加到 80% 以上时,在同一点源化率范围内,MEIC-HR 与卫星反演结果之间的 RMSE 和 NME 均低于 MEIC,且差异逐渐变大,表明随着点源化率提高,MEIC-HR 相对 MEIC 的空间精度改善越来越明显。对于点源化率较高的城市,若将真实排放情况与工业 GDP 之间的关系解耦,代用参数与排放量线性相关的假设,则会带来更大的偏差。综上所述,与基于代用参数的排放清单相比,高分辨率的排放清单能更好地表征排放的真实空间分布,尤其对于工业设施排放占比高的城市更是如此。提高排放清单的点源化率可有效避免空间代用参数导致的误差,对于提高排放清单的精度至关重要。

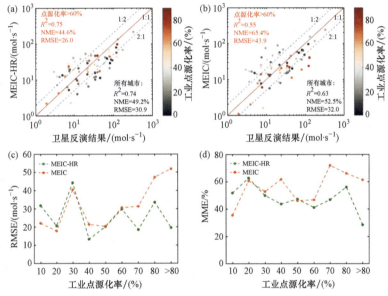

图 6.14 基于本研究反演的 70 个城市的 NO_x 排放量校验 MEIC-HR(a) 和 MEIC(b),以及两个清单与卫星反演结果之间的相关性随点源化率的变化(c)(d)

[(a)(b) 中散点的不同颜色代表点源化率的变化,这里计算了所有城市及点源化率大于 60% 的城市的统计参数,包括相关系数 R、均方根误差 REMS、归一化平均误差 NME。实线和两条虚线分别代表斜率为 1.0、0.5 和 2.0]

(3) 整体精度校验

本研究将基于不同清单的 WRF-CMAQ 模拟浓度与地面观测值进行对比,以评估排放清单的整体精度。研究对比的区域涉及 74 个重点城市、京津冀、长三角和珠三角地区,评估的量化指标包括相关系数 R、相对偏差 MB 和均方根误差 RMSE 等。图 6.15 展示了国际清单(EDGAR、REAS)与 MEIC 作为排放输入时模拟效果与地

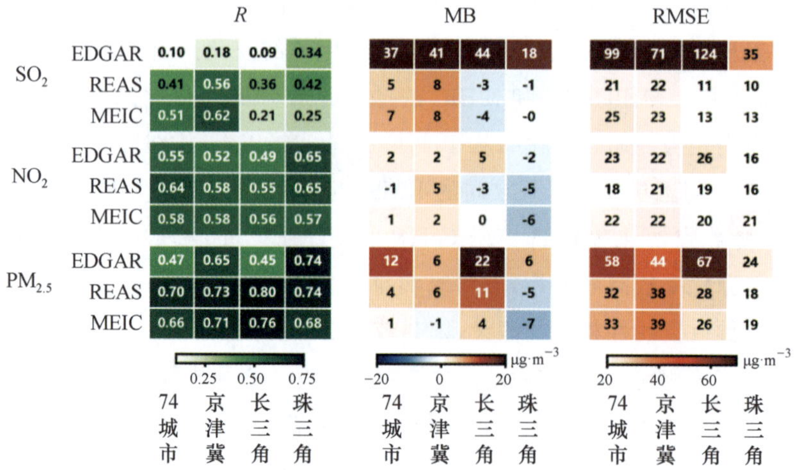

		R				MB				RMSE			
SO_2	EDGAR	0.10	0.18	0.09	0.34	37	41	44	18	99	71	124	35
	REAS	0.41	0.56	0.36	0.42	5	8	-3	-1	21	22	11	10
	MEIC	0.51	0.62	0.21	0.25	7	8	-4	-0	25	23	13	13
NO_2	EDGAR	0.55	0.52	0.49	0.65	2	2	5	-2	23	22	26	16
	REAS	0.64	0.58	0.55	0.65	-1	5	-3	-5	18	21	19	16
	MEIC	0.58	0.58	0.56	0.57	1	2	0	-6	22	22	20	21
$PM_{2.5}$	EDGAR	0.47	0.65	0.45	0.74	12	6	22	6	58	44	67	24
	REAS	0.70	0.73	0.80	0.74	4	6	11	-5	32	38	28	18
	MEIC	0.66	0.71	0.76	0.68	1	-1	4	-7	33	39	26	19

图 6.15 EDGAR、REAS 和 MEIC 作为排放输入时模拟的 SO_2、NO_2 和 $PM_{2.5}$ 浓度与地面观测值的对比

(统计指标包括相关系数 R、平均偏差 MB、均方根误差 RMSE，对比的区域包括 74 城市、京津冀、长三角和珠三角)

面观测值的对比，从图中可见 EDGAR 严重高估了 SO_2 的排放，使重点区域的 MB 和 RMSE 分别高达 44 $\mu g \cdot m^{-3}$ 和 124 $\mu g \cdot m^{-3}$，并最终导致对 $PM_{2.5}$ 模拟浓度的明显高估，MB 和 RMSE 分别高达 22 $\mu g \cdot m^{-3}$ 和 67 $\mu g \cdot m^{-3}$。图 6.16(a)和(b)将 EDGAR 和 MEIC 的模拟值按分省工业 GDP 进行着色，结果显示对于工业 GDP 较高的省份，EDGAR 相对 MEIC 的模拟效果更差，二者的 MB 分别为 27.6 $\mu g \cdot m^{-3}$ 和 -0.6 $\mu g \cdot m^{-3}$，RMSE 分别为 41 $\mu g \cdot m^{-3}$ 和 9 $\mu g \cdot m^{-3}$，说明 EDGAR 严重高估了工业较发达省份的排放。REAS 和 MEIC 的模拟效果总体接近，MEIC 对 SO_2、NO_2 和 $PM_{2.5}$ 的平均模拟偏差略优于 REAS，表现为 MEIC 的平均偏差范围分别为 $-4 \sim 8$ $\mu g \cdot m^{-3}$、$-6 \sim 2$ $\mu g \cdot m^{-3}$、$-7 \sim 4$ $\mu g \cdot m^{-3}$，而 REAS 为 $-3 \sim 8$ $\mu g \cdot m^{-3}$、$-5 \sim 5$ $\mu g \cdot m^{-3}$、$-5 \sim 11$ $\mu g \cdot m^{-3}$。将二者模拟值按电力和民用排放进行着色，结果显示对于分省电力和民用排放较高的省份，MEIC 的模拟效果明显优于 REAS，两者 SO_2 模拟浓度的平均偏差分别为 -1.7 $\mu g \cdot m^{-3}$ 和 -6.5 $\mu g \cdot m^{-3}$，证明 REAS 对电力和民用排放较高省份的 SO_2 估算偏差更大[图 6.16(c)和(d)]。图 6.17 展示了 MEIC 与区域清单作为排放输入时模拟效果与地面观测值的对比。对于前体物 SO_2，MEIC 的平均偏差高达 22 $\mu g \cdot m^{-3}$，均方根误差高达 43 $\mu g \cdot m^{-3}$，而区域清单的最大值分别为 14 $\mu g \cdot m^{-3}$ 和 34 $\mu g \cdot m^{-3}$。区域清单对前体物的更佳表征进一步使得其对 $PM_{2.5}$ 的模拟优于 MEIC，区域清单和 MEIC 与地面观测值的相关系数分别为 $0.69 \sim 0.77$、$0.65 \sim 0.72$，平均偏差范围分别为 $-4 \sim 5$ $\mu g \cdot m^{-3}$、$-2 \sim 10$ $\mu g \cdot m^{-3}$。总之，大气化学模式模拟结果表明，基于 MEIC 的模拟效果优于国际清单，反映了国际清单排放计算参数来源和准确性有限导致的排放总量和

时空分布的表征偏差；区域清单模拟效果优于 MEIC，反映了区域清单采用本地化的计算参数和基于过程的排放模型等带来的排放表征精度提升。

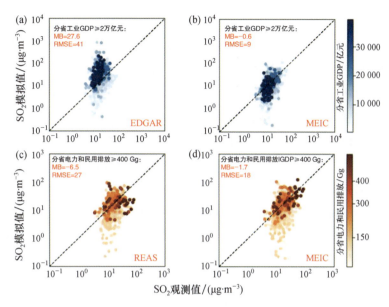

图 6.16　分省 SO_2 模拟值与观测值对比

[(a)的输入清单为 EDGAR，(b)的输入清单为 MEIC，两图点的颜色差异表示分省工业 GDP 的多少；(c)的输入清单为 REAS，(d)的输入清单为 MEIC，两图点的颜色差异表示分省电力和民用排放量的差异]

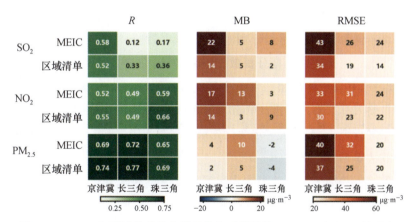

图 6.17　MEIC 和区域清单作为排放输入时模拟的 SO_2、NO_2 和 $PM_{2.5}$ 浓度与地面观测值的对比

(统计指标包括相关系数 R、平均偏差 MB、均方根误差 RMSE，对比的区域包括京津冀、长三角和珠三角)

6.4.3 中国主要大气污染物排放清单集成及驱动力解析

近年来,各科研单位建立的中国多尺度排放清单数据产品为开展科学研究和支持空气质量决策提供了基础。然而,由于我国排放源种类分布的复杂性,采用详细的基础信息和统一的方法学开展兼顾空间范围、排放源和物种覆盖度及时空精度的排放清单研究十分困难。排放清单耦合集成通过融合已有研究的优势部分,能快速构建具备多方面代表性的排放清单。因此,开展对中国大气污染物排放现状的集成研究以建立集众家之长的中国大尺度高精度排放清单十分重要。然而,各单位建立的清单存在多方面差异,导致了多源数据融合过程的复杂性。例如,各数据产品的格式多样,包括点源、面源或网格等,需要标准化的格式来实现无缝衔接。不同清单的排放源分类和化学物种非常不一致,需要合理分解或归并至标准排放部门。另外,由于各清单使用的排放源谱存在差异且缺少将 NMVOC 总量二次匹配至机制物种的统一规则,因此分配至机制物种的过程存在较大的不确定性,该误差会进一步传递到大气化学模式模拟中。总之,到目前为止,缺少实现多源异构排放清单有效融合的可靠模型工具。

1. 多源异构排放清单耦合模型的构建

为了解决上述问题,本研究开发了多源异构排放清单耦合模型,通过建立排放数据标准交换格式、标准源分类、化学物种匹配技术和时空维度耦合机制,实现了不同排放清单数据的复杂融合。

为了将不同源分类、物种组分和时空分辨率的排放清单按照一定的优先级耦合生成格式统一的排放清单再分析数据产品,本研究建立了多尺度排放清单耦合模型(图 6.18),并基于该模型开发了多尺度排放清单再分析与数据共享平台。其基本原理是输入标准格式的排放清单,将其映射至标准的排放源和化学物种,并在时空维度上进行统一,最后按一定的优先级实现时空维度耦合,进而得到格式统一的标准排放清单再分析资料。

模型的输入数据主要包括多源多尺度排放清单和配置文件。如图 6.19,本研究对点源、面源、网格等复杂多样的排放数据设计了标准交换格式,针对文件格式、排放源分类、时空分辨率、排放物种和排放量单位均作了规定,以便无缝对接后续的耦合过程。例如,针对点源排放,可支持四级源分类的 csv 文件,时间分辨率包括年、月和小时,涉及 9 种常规物种和 CO_2,排放量单位为 t。排放配置文件设定了输出数据的空间范围和分辨率、时间分辨率、投影方式、物种和 VOC 化学机制。另外,也给定了清单耦合的优先级顺序,即针对特定的城市、污染源、物种应优先取用哪一份清单。其中,空间范围覆盖全中国,投影方式包括经纬度投影和兰勃特投

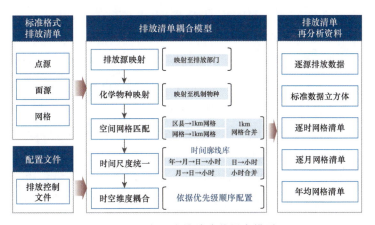

图 6.18 多尺度排放清单耦合模型

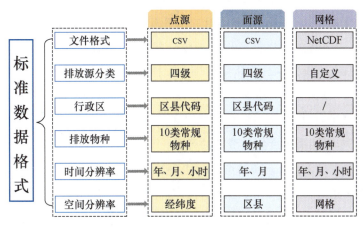

图 6.19 排放清单标准交换格式

影,物种涵盖 9 种常规污染物,VOCs 化学机制包含 CBIV、CB05、SAPRC07、SAPRC99 和 RADM2 共 5 种。

排放清单耦合模型涉及排放源映射、化学物种映射、空间网格匹配、时间尺度统一和时空维度耦合 5 个步骤。① 排放源映射。《城市大气污染源排放清单编制技术指南》中建立了包括"部门/行业—燃料/产品—燃烧/工艺技术—末端控制技术"的四级排放源分类体系,本研究将前两级,即"部门/行业—燃料/产品"作为标准排放源,共 88 类。由于点源和面源排放清单直接按四级源分类体系格式提供,因此不需要映射至标准排放源,而网格清单的标准格式并未规定排放源种类,因此需将原始部门映射至标准排放源,并在标准排放源上完成后续的耦合工作。② 化学物种映射。模型中的化学物种映射仍使用 MEIC 模型的化学物种分配框架,以实现从 NMVOC 和 PM 向机制物种的转换。其中,NMVOC 分配框架的基础是本研究团队开发的合成源谱库[17],该谱库融合了国内 VOCs 化学成分谱测试结果和国外 SPECIATE v4.5 数据库,且对 OVOC 排放进行了源谱修正,大大提高了源谱的本地化率。模型将逐源 NMVOC 匹配至 CBIV、CB05、SAPRC07、SAPRC99 和 RADM2 共 5 种重要化学机制涉及的物种,实现了在物种维度与大气化学模式的衔接,提高了模式模拟的准确性。③ 空间网格匹配。模型针对点源、面源和网格数据格式设计了相应的空间网格匹配技术。点源数据可直接依据经纬度信息定位到网格,面源数据根据 MEIC 模型在区域和网格层面调研、收集和评价的排放清单空间分配参数库进行分配。基本原则是假设排放与空间代用参数线性相关,先将省级排放分配至区县,进而从区县分配至网格。例如,对于工业部门,根据分省工业 GDP 将各省排放分配至区县,再依据城市人口分配到网格,最后将大于 1 km×1 km 的网格排放统一至 1 km×1 km 分辨率。④ 时间尺度统一。当输入排放数据与目标时间分辨率不一致时,需要利用本研究建立的时间廓线库进行分配。例如,为了满足大气化学模式模拟的需求,需将各清单统一至小时尺度。其中,年尺度排放包括年至月、月至天、天至小时三步分配,月尺度排放包括月至天和天至小时两步分配,逐日排放包括日至小时一步分配,逐时排放无须分配。⑤ 时空维度耦合。按照优先级配置文件中指定的排放源种类、时空分辨率、物种组分和排放清单优先级顺序,以城市和标准排放源为基本单位,将时空尺度统一的排放清单数据进行时空维度耦合,即可生成格式统一的逐源标准数据立方体。

2. 2017 年中国高精度集成清单的开发

为了生成中国高精度集成清单,这里以 MEIC-HR 为基础,利用长三角和珠三角排放清单替换相应的区域排放。除此以外,优先使用中国氨排放清单表征 NH_3 排放,同时引入中国露天生物质燃烧排放清单和东亚船舶排放清单补充 MEIC-HR 中的缺失源。依据 6.4.1 和 6.4.2 小节中相关内容,MEIC 的整体精度优于 EDGAR 和 REAS 等国际清单,可在满足物种和空间覆盖度的前提下,避免由国际清单排放因子更新不及时等造成的偏差,从而实现对我国人为源排放现状的合理表征。为了解决由 MEIC 严重依赖人口等空间代用参数造成的空间分布偏差问题,MEIC-HR 以 MEIC 为框架基础,通过引入海量点源将空间分辨率从 0.25°×0.25°提高至 1 km×1 km 水平,因此本研究将 MEIC-HR 作为集成清单的底层基础数据。而长三角、珠三角等区域清单的引入,则通过坚实的基础数据和先进的排放表征方法大大提高了重点区域的人为源表征精度。本地化的排放因子、VOCs 源谱数据、时空分配参数及上万个点源数据使得区域清单对我国重点区域的排放总量和时空精度有更好的代表性。而中国氨排放清单以基于过程的模型为基础开发,能更好地捕捉不同施肥条件和粪便管理阶段的氨排放,进而提高关键物种排放的准确性。由于我国排放源构成十分复杂多样,尽管 MEIC-HR 通过建立四级源分类体系较为全面地计算了我国的排放源,但仍存在对部分排放源的遗漏问题,而中国露天生物质燃烧排放清单和东亚船舶排放清单的引入在一定程度上弥补了该缺陷。

表 6.3 总结了用于集成的各清单基本信息。应用开发的排放清单耦合模型，将各清单的排放源匹配至按"部门/行业—燃料/产品"划分的标准排放源，将时间尺度统一至月，空间尺度统一至 $0.1°×0.1°$，然后按照中国氨排放清单、东亚船舶排放清单、中国秸秆露天燃烧清单、中国露天生物质燃烧排放清单、长三角大气污染物排放清单、珠三角排放清单、MEIC-HR 的优先级顺序进行时空维度耦合，最终生成 2017 年 $0.1°×0.1°$ 的中国高分辨率排放清单产品(图 6.20)。

表 6.3 用于耦合生成中国高分辨率排放清单的各清单基本信息

名称(开发团队)	部门	物种	时间范围/年	时间分辨率	空间范围	空间分辨率
中国氨排放清单(北京大学)	畜禽养殖、氮肥施用、露天生物质燃烧、秸秆利用、城市废弃物处理、汽油交通源、柴油交通源、工业源、其他农业源	NH_3	1980—2017	月	中国大陆	$0.1°×0.1°$
东亚船舶排放清单(清华大学)	海运船舶	SO_2、NO_x、CO、NMVOC、$PM_{2.5}$、BC、OC	2017	年	东亚	$0.1°×0.1°$
中国秸秆露天燃烧清单(北京工业大学)	秸秆	SO_2、NO_x、CO、NMVOC、NH_3、PM_{10}、$PM_{2.5}$、BC、OC	2017	日	中国大陆	$0.1°×0.1°$
中国露天生物质燃烧排放清单(北京大学)	森林、灌木、草原、秸秆	SO_2、NO_x、CO、NMVOC、NH_3、PM_{10}、$PM_{2.5}$、BC、OC	1980—2017	日	中国大陆	$0.1°×0.1°$
长三角大气污染物排放清单(南京大学、上海市环境科学研究院、江苏省环境科学研究院)	29类	SO_2、NO_x、CO、NMVOC、NH_3、PM_{10}、$PM_{2.5}$、BC、OC	2017	年	长三角	$0.1°×0.1°$
珠三角排放清单(暨南大学)	25类	SO_2、NO_x、CO、NMVOC、NH_3、PM_{10}、$PM_{2.5}$、BC、OC	2017	月	珠三角	$0.05°×0.05°$
MEIC-HR(清华大学)	2676类	SO_2、NO_x、CO、NMVOC、NH_3、PM_{10}、$PM_{2.5}$、BC、OC	2012—2018	月	中国大陆	约 1 km×1 km

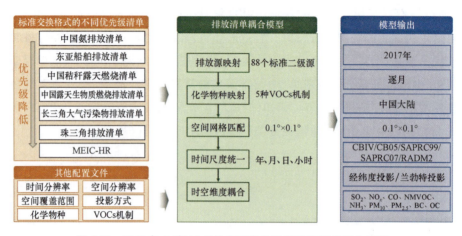

图 6.20　2017 年 0.1°×0.1°的中国高分辨率排放清单耦合框架

3. 中国主要大气污染物排放趋势及驱动力解析

图 6.21 展示了 2000—2017 年间中国主要大气污染物（SO_2、NO_x 和一次 $PM_{2.5}$）排放量变化情况。2017 年全国 SO_2 排放量为 $1.05×10^7$ t，NO_x 排放量为 $2.198×10^7$ t，一次 $PM_{2.5}$ 排放量为 $7.62×10^6$ t。2000—2017 年间，中国 SO_2 排放量减少 $1.087×10^7$ t，降幅为 51%；一次 $PM_{2.5}$ 排放量减少 $3.51×10^6$ t，减排幅度为 32%。同一时期，全国 NO_x 排放量增加了 $1.016×10^7$ t，涨幅为 86%。2000—2005 年间，电力、工业、民用和交通四大部门的 SO_2、NO_x 和一次 $PM_{2.5}$ 浓度均出现明显上涨，反映出这一时期活动水平的快速提高同时又缺乏有效的末端控制技术。由于对这 3 种大气污染物的排放控制主要从 2005 年开始，因此后续对排放量变化的讨论主要集中在 2005—2017 年间。

2017 年，电力和工业两部门的 SO_2 排放量均低于 2005 年的水平。电力行业在 2005 年贡献了全国 49% 的 SO_2 排放，且在 2005—2017 年间减排 89%，是 SO_2 减排的主要推动部门。自 2006 年起，中国政府强制要求燃煤发电机组安装烟气脱硫设备（flue-gas desulphurization），同时全国范围内推行的节能减排推动了高效率发电机组对老旧机组的替代，两项政策共同作用为电力行业带来了可观的 SO_2 减排效益。电力部门大规模的 SO_2 减排导致工业部门对 SO_2 排放的贡献持续升高。2005 年，工业部门贡献了全国 42% 的 SO_2 排放，这一数值在 2010 年升高到了 61%，且至 2017 年的贡献比例仍为 57%。2010 年后，环保政策的加严推动工业锅炉安装烟气脱硫设备，同时能源替代降低了工业锅炉的燃煤消耗量，两项措施共同减少了工业部门的 SO_2 排放量。由于民用和交通部门的 SO_2 排放对排放总量的贡献较小，因此这两个部门的 SO_2 排放增加对总体的排放变化趋势影响有限。

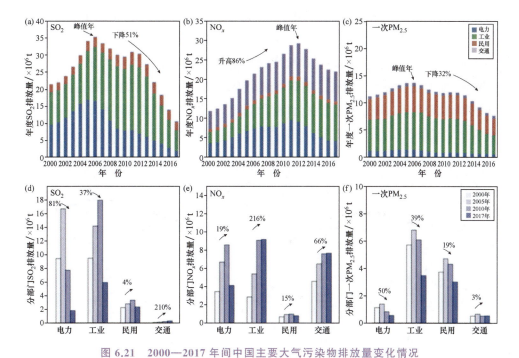

图 6.21　2000—2017 年间中国主要大气污染物排放量变化情况

[(a)~(c)分别为 SO_2、NO_x 和一次 $PM_{2.5}$ 的总体排放变化情况,(d)~(f)分别为 3 种污染物的部门排放量变化情况。(a)~(c)中的数字反映了 2000—2017 年间排放总量的变化情况,(d)~(f)中的数字则反映了该时段分部门排放量的变化幅度]

2000—2017 年间,工业和交通部门的 NO_x 排放量均出现了显著增加,涨幅分别为 216% 和 66%;与此同时,电力和民用部门的 NO_x 排放量也出现一定程度的增长,涨幅为 19% 和 15%。2005—2017 年间,工业部门的 NO_x 排放量增加了 3.78×10^6 t,涨幅达到 69%;工业部门对 NO_x 排放量的贡献由 28% 增加到了 42%。工业锅炉和工业供热行业的活动水平在研究时段内迅速提高,同时又缺乏有效的脱硝设施,是导致工业部门 NO_x 排放量增加的主要驱动因素。机动车保有量的增加是交通部门 NO_x 排放量上升的主要驱动因素。电力部门发电量的快速增加是促进该部门在 2000—2017 年间 NO_x 排放量增加的主要因素,但得益于 2010 年之后电力部门大规模安装脱硝设施,这一时期电力部门的 NO_x 排放量下降了 51%。2010—2017 年间电力部门的减排是这一时期 NO_x 排放总量降低并完成《大气污染防治行动计划》目标的主要驱动因素。严格的大气污染物排放控制政策同样带来一次 $PM_{2.5}$ 的减排。随着排放标准的加严,2005—2017 年间,全国一次 $PM_{2.5}$ 排放量降低了 44%。这一减排主要由工业和电力部门新装和升级除尘设备,以及农村民用部门的生物质燃料替代贡献。

本研究采用对数平均迪氏指数分解法(LMDI)对中国大气污染物排放量变化的社会经济驱动因素进行了分解,以解析我国污染物排放变化背后的主要驱动因素。图 6.22 展示了 2002—2017 年间中国主要大气污染物 SO_2、NO_x 和一次 $PM_{2.5}$ 排放量变化(黑色曲线)以及四种主要社会经济驱动因素对排放趋势的影响。在这 16 年间,经济增长(红色曲线)是排放增加的主要驱动力,而末端控制政策(蓝色曲线)有效地抑制了排放的增长。能源气候政策(旨在改变能源结构和提高能源效率的政策,绿色曲线)和经济结构变化(橙色曲线)也有助于排放的削减,但在早年间影响相对有限,在最后一个时段(2012—2017 年)这两项的贡献明显增加。

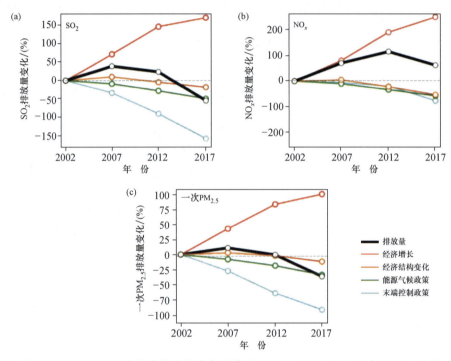

图 6.22　2002—2017 年间中国主要大气污染物 SO_2(a)、NO_x(b)和一次 $PM_{2.5}$(c)排放量变化以及四种主要社会经济驱动因素对排放趋势的影响

2002—2007 年间,由于经济活动快速增长以及污染控制政策的相对薄弱,SO_2、NO_x 和一次 $PM_{2.5}$ 的排放量均呈现上升趋势,分别增加了 38.9%、70.4% 和 11.1%。尽管末端控制政策在一定程度上抑制了 SO_2 和一次 $PM_{2.5}$ 排放量的增长,但由于缺乏对 NO_x 的有效控制措施,NO_x 的排放量迅速增加。这个阶段能源气候政策的影响相对有限,我国的煤炭消耗量不断增加,且煤炭消耗占一次能源的比例也在不断上升。2007—2012 年间,经济活动增长、末端控制政策和能源气候政策的影响持续增加,SO_2 和一次 $PM_{2.5}$ 的排放总量分别下降了 11.0% 和 10.3%,主要得益于更为有效的末端控制政策。此外,经济结构变化也对排放削减产生了一定的影响,促使排放出现拐点。然而,尽管 2010 年实施了针对 NO_x 排放的控制政策,加严了电厂的 NO_x 排放标准,但 2012 年之前脱硝设备安装未有效落实,使得 2007—2012 年间 NO_x 排放量增加了 26.5%。在最近一个时段(2012—2017 年),

随着《大气污染防治行动计划》的实施,污染末端控制和能源结构转型措施力度显著加强,使得这时期SO_2、一次$PM_{2.5}$和NO_x的排放量分别下降了63.2%、35.8%和24.8%。

6.4.4 受体模型与排放清单-空气质量模型源解析技术的集成

1. 大气$PM_{2.5}$及其关键化学组分的高时间分辨率源解析

本研究通过位于北京的北京大学观测站现场观测,获得大气$PM_{2.5}$化学组分数据(金属元素、水溶性离子、EC、OC、BC),利用PMF受体模型定量解析了$PM_{2.5}$与BC的高时间分辨率(1 h)来源特征,并探究了不同来源的时间变化趋势(2016—2019年)。

如图6.23(a)所示,2016—2019年北京$PM_{2.5}$的主要来源是二次源,占35%~46%。一次排放源中,机动车源对$PM_{2.5}$的贡献最高,观测期间年均占比保持在20%左右,其次是生物质燃烧源,占14%~22%。2016—2019年间,各类来源的$PM_{2.5}$绝对浓度均有所降低,尤其是燃煤源,其绝对浓度和相对占比下降最为显著,从9.63 $\mu g \cdot m^{-3}$(15%)下降至1.37 $\mu g \cdot m^{-3}$(4%)。然而,对于二次源,尽管其绝对浓度降低了,但相对贡献却有所增长,从2016年的37%增长至2019年的46%。

BC是$PM_{2.5}$的关键组分之一,对空气质量、人体健康和全球气候变化都具有重要影响。如图6.23(b)所示,2016—2019年,机动车源是北京BC的主要来源,其次是生物质燃烧源与工业源。观测期间,机动车源BC的相对贡献呈现逐年上升的趋势,由2016年的40%增加至2019年的53%。此外,老化BC源和工业源的相对占比也有所增长,在2019年分别达到15%和14%。与此相反,燃煤源对BC的贡献在4年间有显著下降,2016年燃煤源的BC占比为24%,约为2019年占比的5倍。生物质燃烧源的相对贡献在4年间变化较小,年均贡献保持为10%~15%。

上述源解析结果表明,北京燃煤控制政策卓有成效,燃煤排放对$PM_{2.5}$和BC的贡献均显著降低,但是仍有必要严格控制机动车排放,以进一步降低BC等污染物的浓度。

2. 受体模型与空气质量模型的集成研究

在对北京$PM_{2.5}$和BC进行受体模型源解析的基础上,本研究进一步结合CMAQ空气质量模型,探究了区域传输对北京不同来源$PM_{2.5}$和BC的贡献。

研究使用CMAQ模型模拟了北京2017年冬季和2018年冬季$PM_{2.5}$和BC的源区特征,源区设置为北京(本地)、天津、保定、廊坊、唐山、沧州、河北北部、河北南部、山东、河南以及其他区域。研究发现,PMF受体模型解析的北京$PM_{2.5}$的二次源占比与CMAQ模拟的$PM_{2.5}$本地(北京)贡献比例呈反相关关系,皮尔逊相关系

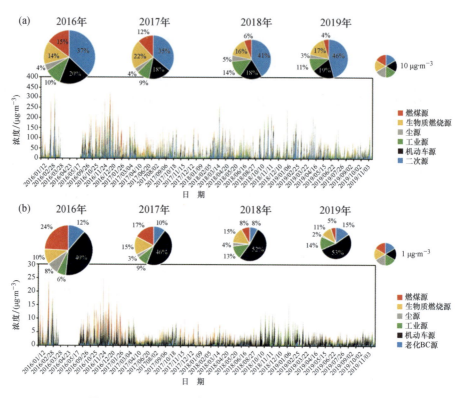

图 6.23 2016—2019 年北京 PM$_{2.5}$（a）及 BC(b)来源变化

（饼图表示年均来源占比，蓝色代表 PM$_{2.5}$ 二次源或老化 BC 源，黑色为机动车源，绿色为工业源，灰色为尘源，黄色为生物质燃烧源，红色为燃煤源）

数分别为 -0.46（2017 年冬季）和 -0.56（2018 年冬季），表明北京二次源 PM$_{2.5}$ 主要由区域传输贡献，而非本地形成。此外，研究发现南方区域的传输贡献与 PM$_{2.5}$ 二次源的相关性更好，如山东（相关系数为 0.52 和 0.45）、河南（相关系数为 0.39 和 0.48）、河北南部（相关系数为 0.40 和 0.39）。与此同时，唐山、天津等东部和东南部区域传输与北京 PM$_{2.5}$ 二次源占比的相关系数在 2017—2018 年间有明显升高，分别从 0.09 和 0.09 升高至 0.23 和 0.25。因此，需要对上述区域的二次源前体物进行控制，以降低北京的 PM$_{2.5}$ 污染。

为进一步分析不同传输类型下 BC 源结构的变化，本研究将 CMAQ 模型模拟的 11 个源区划分为 6 种传输类型，分别为本地（北京）、西南近距离传输（保定）、西南远距离传输（河北南部及河南）、东部近距离传输（廊坊、天津及唐山）、东南远距离传输（沧州和山东）、北部及远距离传输（河北北部及其他地区）。图 6.24 展示了 6 种传输类型下 BC 各类源的贡献及浓度。

从 BC 浓度来看，西南远距离及东南远距离传输下北京 BC 的浓度最高，是本地和北部及远距离传输下 BC 浓度的 3 倍以上。这表明，对北京 BC 的控制需要关

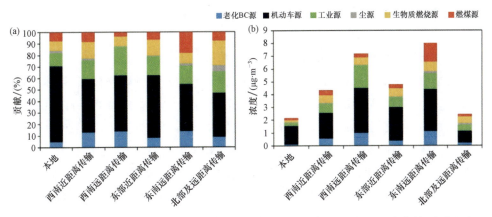

图 6.24 6 种传输类型(本地、西南近距离传输、西南远距离传输、东部近距离传输、东南远距离传输、北部及远距离传输)下 BC 各类源的贡献(a)及浓度(b)

注对西南及东南远距离地区的区域防控,特别是京津冀外的山东、河南地区。从 BC 源结构来看,本地类型以机动车源为主,平均占比为 66%,这时老化 BC 源的贡献最低(5%)。西南近距离及西南远距离传输类型下老化 BC 源的贡献明显升高,可达 13%~14%。西南近距离传输类型中,燃煤源的贡献较大(8%),西南远距离传输类型中,工业源的占比增加,约为 25%。东部近距离类型的源结构与北京本地较为接近,原因可能是天津、廊坊等城市的能源结构与北京类似。东南远距离传输类型下,燃煤源的贡献明显高于其他传输类型,可达 18%;同时老化 BC 源的贡献相比于东部近距离传输类型也有所增加(14%)。北部及远距离传输类型下,尘源及生物质燃烧源的贡献高于其他传输类型,分别为 6%和 21%。

3. 受体模型与排放清单的集成研究

近年来,北京地区实施了一系列大气污染防治措施,这些措施显著改变了 BC 的排放水平和污染特征。为评估污染控制成效、探究 BC 排放源的动态变化趋势,本研究将基于观测的受体模型 BC 源解析结果与 BC 排放清单进行对比分析。

本研究中使用的 BC 排放清单来自 MEIC,该清单基于"自下而上"的方法构建了包含电力、工业、民用和交通四类源的 BC 排放清单。将 PMF 受体模型解析的机动车源、工业源、燃煤源分别与 MEIC 排放清单中的交通源、工业+电力源、民用源相对应,图 6.25 展示了 2016 年—2017 年 PMF 受体模型与 MEIC 排放清单中(北京地区)不同源类 BC 浓度和排放量的月均值。

如图 6.25(a)所示,观测 BC 浓度与北京地区 BC 总排放量在 2016—2017 年的变化趋势较为一致。2017 年的观测 BC 浓度以及总排放量总体呈现下降的趋势,但 MEIC 排放清单显示当年冬季 BC 排放量有所增加,而观测 BC 浓度仍呈现下降趋势,可能是由于 2017 年冬季气象条件有利于大气污染物的扩散,进而导致 BC 观测浓度有所下降。不同源类的对比结果显示,民用源 BC 排放量与燃煤源 BC 浓度的比对结果最好,相关系数可达 0.72,二者在 2016—2017 年间均有明显下降,表明政策控制对于降低民用源 BC 排放量和燃煤源 BC 浓度具有显著影响。

排放清单中的交通源与受体模型解析的机动车源 BC 具有相似的年际变化,在 2016—2017 年间呈现下降趋势,但可能是受到机动车排放因子不确定性的影响,排放清单中交通源 BC 排放量的月变化幅度较小。排放清单的工业+电力源排放与受体模型的工业源 BC 浓度变化趋势比对结果较差,二者仅在 2016 年冬季的相关性较高。在北京清洁空气行动计划的管控下,北京关停了大量不达标的污染工厂,其管控力度在 2016—2017 年间尤其明显[59],因此 2017 年受体模型所解析的工业源 BC 可能受到本地排放和区域传输的共同影响,这在一定程度上可能导致受体模型与排放清单比对的差异。总体来看,PMF 受体模型与 MEIC 排放清单在民用源以及交通源的变化趋势上具有较好的一致性,表明基于观测的受体模型源解析结果能与排放清单进行相互验证和补充。

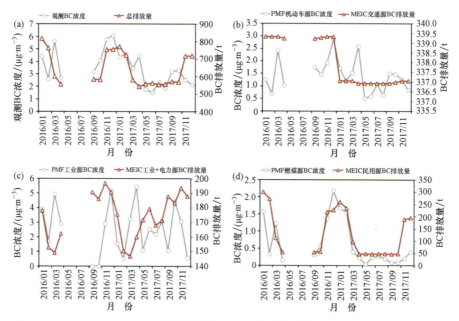

图 6.25　2016—2017 年 PMF 受体模型与 MEIC 排放清单中不同源类 BC 浓度和排放量的月均值

本研究结合多种源解析方法分析了北京地区 $PM_{2.5}$ 及 BC 的来源及其变化趋势,既可以帮助人们认识近年来北京的大气 $PM_{2.5}$ 及其关键化学组分的来源变化信息,也可以为后续的源解析技术集成研究提供方法学上的借鉴和参考。

6.4.5　本项目资助发表论文(按时间倒序)

(1) Yang X, Zheng M, Liu Y, et al. Exploring sources and health risks of metals in Beijing $PM_{2.5}$: Insights from long-term online measurements. Science of the Total Environment, 2022, 814: 151954.

(2) Liu X, Zheng M, Liu Y, et al. Intercomparison of equivalent black carbon(eBC) and elemental carbon(EC) concentrations with three-year continuous measurement in Beijing, China. Environmental Research, 2022, 209: 112791.

(3) Zhao H, Geng G, Liu Y, et al. Reduction of global life expectancy driven by trade-related transboundary air pollution. Environmental Science & Technology Letters, 2022, 9(3): 212-218.

(4) Liu J, Tong D, Zheng Y, et al. Carbon and air pollutant emissions from China's cement industry 1990—2015: Trends, evolution of technologies, and drivers. Atmospheric Chemistry and Physics, 2021, 21(3): 1627-1647.

(5) Zheng B, Zhang Q, Geng G, et al. Changes in China's anthropogenic emissions and air quality during the COVID-19 pandemic in 2020. Earth System Science Data, 2021, 13(6): 2895-2907.

(6) Yan C, Ma S, He Q, et al. Identification of $PM_{2.5}$ sources contributing to both brown carbon and reactive oxygen species generation in winter in Beijing, China. Atmospheric Environment, 2021, 246: 118069.

(7) Wu N, Geng G, Yan L, et al. Improved spatial representation of a highly resolved emission inventory in China: Evidence from TROPOMI measurements. Environmental Research Letters, 2021, 16(8): 084056.

(8) Yan L, Zheng B, Geng G, et al. Evaporation process dominates vehicular NMVOC emissions in China with enlarged contribution from 1990 to 2016. Environmental Research Letters, 2021, 16(12): 124036.

(9) Zheng B, Cheng J, Geng G, et al. Mapping anthropogenic emissions in China at 1 km spatial resolution and its application in air quality modeling. Science Bulletin, 2021, 66(6): 612-620.

(10) Huang Z, Zhong Z, Sha Q, et al. An updated model-ready emission inventory for Guangdong Province by incorporating big data and mapping onto multiple chemical mechanisms. Science of the Total Environment, 2021, 769: 144535.

(11) Zhang L, Huang Z, Yu F, et al. Road type-based driving cycle development and application to estimate vehicle emissions for passenger cars in Guangzhou. Atmospheric Pollution Research, 2021, 12(8): 101138.

(12) 王毓铮, 黄志炯, 肖笑, 等. 珠三角典型城市大气污染减排措施的$PM_{2.5}$改善评估研究. 环境科学学报, 2021, 41(7): 2530-2539.

(13) Cheng J, Tong D, Liu Y, et al. Air quality and health benefits of China's current and upcoming clean air policies. Faraday Discussions, 2021, 226: 584-606.

(14) Sha Q, Zhu M, Huang H, et al. A newly integrated dataset of volatile organic compounds(VOCs) source profiles and implications for the future development of VOCs profiles in China. Science of the Total Environment, 2021, 793: 148348.

(15) Geng G, Zheng Y, Zhang Q, et al. Drivers of $PM_{2.5}$ air pollution deaths in China 2002—2017. Nature Geoscience, 2021, 14(9): 645-650.

(16) Liu Y, Wang Y, Cao Y, et al. Impacts of COVID-19 on black carbon in two representative regions in China: Insights based on online measurement in Beijing and Tibet. Geophysical Research Letters, 2021, 48(11): e2021GL092770.

(17) Liu J, Zheng Y, Geng G, et al. Decadal changes in anthropogenic source contribution of $PM_{2.5}$ pollution and related health impacts in China, 1990—2015. Atmospheric Chemistry and Physics, 2020, 20(13): 7783-7799.

(18) Jin Y, Yan C, Sullivan A P, et al. Significant contribution of primary sources to water-soluble organic carbon during spring in Beijing, China. Atmosphere, 2020, 11(4): 395.

(19) Zheng M, Yan C, Zhue T. Understanding sources of fine particulate matter in China. Philosophical Transactions of the Royal Society A, 2020, 378: 20190325.

(20) Tong D, Cheng J, Liu Y, et al. Dynamic projection of anthropogenic emissions in China: Methodology and 2015—2050 emission pathways under a range of socio-economic, climate policy, and pollution control scenarios. Atmospheric Chemistry and Physics, 2020, 20(9): 5729-5757.

(21) Yan C, Zheng M, Desyaterik Y, et al. Molecular characterization of water-soluble brown carbon chromophores in Beijing, China. Journal of Geophysical Research: Atmospheres, 2020, 125(15): e2019JD032018.

(22) Zhang Y, Zhang Q, Yao Z, et al. Particle size and mixing state of freshly emitted black carbon from different combustion sources in China. Environmental Science & Technology, 2020, 54(13): 7766-7774.

(23) Zhang Q, Zheng Y, Tong D, et al. Drivers of improved $PM_{2.5}$ air quality in China from 2013 to 2017. Proceedings of the National Academy of Sciences of the United States of America, 2019, 116(49): 24463-24469.

(24) Sha Q, Lu M, Huang Z, et al. Anthropogenic atmospheric toxic metals emission inventory and its spatial characteristics in Guangdong province, China. Science of the Total Environment, 2019, 670: 1146-1158.

(25) Li M, Zhang Q, Zheng B, et al. Persistent growth of anthropogenic non-methane volatile organic compound(NMVOC) emissions in China during 1990—2017: Drivers, speciation and ozone formation potential. Atmospheric Chemistry and Physics, 2019, 19(13): 8897-8913.

(26) Peng L, Zhang Q, Yao Z, et al. Underreported coal in statistics: A survey-based solid

fuel consumption and emission inventory for the rural residential sector in China. Applied Energy, 2019, 235: 1169-1182.

(27) Wu R, Liu F, Tong D, et al. Air quality and health benefits of China's emission control policies on coal-fired power plants during 2005—2020. Environmental Research Letters, 2019, 14(9): 094016.

(28) 王肖丽, 余宇帆, 黄志炯, 等. 基于实地调研的广东省工业 VOC 排放清单改进研究. 环境科学学报, 2019, 39(4): 1013-1024.

(29) Zheng B, Zhang Q, Davis S J, et al. Infrastructure shapes differences in the carbon intensities of Chinese cities. Environmental Science & Technology, 2018, 52(10): 6032-6041.

(30) Zheng B, Tong D, Li M, et al. Trends in China's anthropogenic emissions since 2010 as the consequence of clean air actions. Atmospheric Chemistry and Physics, 2018, 18(19): 14095-14111.

(31) 李言顺, 郑逸璇, 刘梦瑶, 等. 卫星遥感反演京津冀地区 2011—2017 年氮氧化物污染变化. 环境科学学报, 2018, 38(10): 3797-3806.

(32) 秦雨, 张强, 李鑫, 等. 中国燃煤电厂大气污染物排放的健康影响特征. 环境科学, 2018, 39(12): 5289-5295.

参考文献

[1] Akimoto H, Narita H. Distribution of SO_2, NO_x and CO_2 emissions from fuel combustion and industrial activities in Asia with $1°×1°$ resolution. Atmospheric Environment, 1994, 28 (2): 213-225.

[2] 王文兴, 王玮, 张婉华, 等. 我国 SO_2 和 NO_x 排放强度地理分布和历史趋势. 中国环境科学, 1996, 16(3): 161-167.

[3] Streets D G, Bond T C, Carmichael G R, et al. An inventory of gaseous and primary aerosol emissions in Asia in the year 2000. Journal of Geophysical Research: Atmospheres, 2003, 108(D21): 8809.

[4] Carmichael G R, Tang Y, Kurata G, et al. Evaluating regional emission estimates using the TRACE-P observations. Journal of Geophysical Research: Atmospheres, 2003, 108 (D21): 8810.

[5] Streets D G, Zhang Q, Wang L, et al. Revisiting China's CO emissions after the Transport and Chemical Evolution over the Pacific (TRACE-P) mission: Synthesis of inventories, atmospheric modeling, and observations. Journal of Geophysical Research: Atmospheres, 2006, 111: D14306.

[6] Zhang Q, Streets D G, Carmichael G R, et al. Asian emissions in 2006 for the NASA INTEX-B mission. Atmospheric Chemistry and Physics, 2009, 9(14): 5131-5153.

[7] Lei Y, Zhang Q, He K B, et al. Primary anthropogenic aerosol emission trends for China, 1990—2005. Atmospheric Chemistry and Physics, 2011, 11(3): 931-954.

[8] Zheng B, Huo H, Zhang Q, et al. High-resolution mapping of vehicle emissions in China in 2008. Atmospheric Chemistry and Physics, 2014, 14(18): 9787-9805.

[9] Liu F, Zhang Q, Tong D, et al. High-resolution inventory of technologies, activities, and emissions of coal-fired power plants in China from 1990 to 2010. Atmospheric Chemistry and Physics, 2015, 15(23): 13299-13317.

[10] Yao Z, Wang Q, He K, et al. Characteristics of real-world vehicular emissions in Chinese cities. Journal of the Air & Waste Management Association, 2007, 57(11): 1379-1386.

[11] Zhi G, Chen Y, Feng Y, et al. Emission characteristics of carbonaceous particles from various residential coal-stoves in China. Environmental Science & Technology, 2008, 42(9): 3310-3315.

[12] Li X, Wang S, Duan L, et al. Carbonaceous aerosol emissions from household biofuel combustion in China. Environmental Science & Technology, 2009, 43(15): 6076-6081.

[13] Zhao Y, Wang S, Nielsen C P, et al. Establishment of a database of emission factors for atmospheric pollutants from Chinese coal-fired power plants. Atmospheric Environment, 2010, 44(12): 1515-1523.

[14] Shen G, Xue M, Chen Y, et al. Comparison of carbonaceous particulate matter emission factors among different solid fuels burned in residential stoves. Atmospheric Environment, 2014, 89: 337-345.

[15] Shen X, Yao Z, Zhang Q, et al. Development of database of real-world diesel vehicle emission factors for China. Journal of Environmental Sciences, 2015, 31: 209-220.

[16] Wang S, Zheng J, Fu F, et al. Development of an emission processing system for the Pearl River Delta regional air quality modeling using the SMOKE model: Methodology and evaluation. Atmospheric Environment, 2011, 45(29): 5079-5089.

[17] Li M, Zhang Q, Streets D G, et al. Mapping Asian anthropogenic emissions of non-methane volatile organic compounds to multiple chemical mechanisms. Atmospheric Chemistry and Physics, 2014, 14(11): 5617-5638.

[18] Chen Y, Wang R, Shen H, et al. Global mercury emissions from combustion in light of international fuel trading. Environmental Science & Technology, 2014, 48(3): 1727-1735.

[19] Shen H, Huang Y, Wang R, et al. Global atmospheric emissions of polycyclic aromatic hydrocarbons from 1960 to 2008 and future predictions. Environmental Science & Technology, 2013, 47(12): 6415-6424.

[20] Wang R, Tao S, Balkanski Y, et al. Exposure to ambient black carbon derived from a unique inventory and high-resolution model. Proceedings of the National Academy of Sciences, 2014, 111(7): 2459-2463.

[21] Huang Y, Shen H, Chen H, et al. Quantification of global primary emissions of $PM_{2.5}$,

PM$_{10}$, and TSP from combustion and industrial process sources. Environmental Science & Technology, 2014, 48(23): 13834-13843.

[22] Huang Y, Shen H, Chen Y, et al. Global organic carbon emissions from primary sources from 1960 to 2009. Atmospheric Environment, 2015, 122: 505-512.

[23] Zhao Y, Wang S, Duan L, et al. Primary air pollutant emissions of coal-fired power plants in China: Current status and future prediction. Atmospheric Environment, 2008, 42(36): 8442-8452.

[24] Zhao Y, Nielsen C P, Lei Y, et al. Quantifying the uncertainties of a bottom-up emission inventory of anthropogenic atmospheric pollutants in China. Atmospheric Chemistry and Physics, 2011, 11(5): 2295-2308.

[25] Zhao Y, Zhang J, Nielsen C P. The effects of recent control policies on trends in emissions of anthropogenic atmospheric pollutants and CO_2 in China. Atmospheric Chemistry and Physics, 2013, 13(2): 487-508.

[26] Wang S, Xing J, Chatani S, et al. Verification of anthropogenic emissions of China by satellite and ground observations. Atmospheric Environment, 2011, 45(35): 6347-6358.

[27] Kondo Y, Oshima N, Kajino M, et al. Emissions of black carbon in East Asia estimated from observations at a remote site in the East China Sea. Journal of Geophysical Research: Atmospheres, 2011, 116: D16201.

[28] Streets D G, Canty T, Carmichael G R, et al. Emissions estimation from satellite retrievals: A review of current capability. Atmospheric Environment, 2013, 77: 1011-1042.

[29] Wang S W, Zhang Q, Streets D G, et al. Growth in NO$_x$ emissions from power plants in China: Bottom-up estimates and satellite observations. Atmospheric Chemistry and Physics, 2012, 12(10): 4429-4447.

[30] Martin R V, Jacob D J, Chance K, et al. Global inventory of nitrogen oxide emissions constrained by space-based observations of NO_2 columns. Journal of Geophysical Research: Atmospheres, 2003, 108(D17): 4537.

[31] Beirle S, Boersma K F, Platt U, et al. Megacity emissions and lifetimes of nitrogen oxides probed from space. Science, 2011, 333(6050): 1737-1739.

[32] Fioletov V E, McLinden C A, Krotkov N, et al. Estimation of SO_2 emissions using OMI retrievals. Geophysical Research Letters, 2011, 38(21): L21811.

[33] Liu F, Beirle S, Zhang Q, et al. NO$_x$ lifetimes and emissions of cities and power plants in polluted background estimated by satellite observations. Atmospheric Chemistry and Physics, 2016, 16(8): 5283-5298.

[34] Wang S, Zhang Q, Martin R Z, et al. Satellite measurements oversee China's sulfur dioxide emission reductions from coal-fired power plants. Environmental Research Letters, 2015, 10(11): 114015.

[35] 郑玫, 张延君, 闫才青, 等. 中国PM$_{2.5}$来源解析方法综述. 北京大学学报(自然科学版),

2014, 50(6): 1141-1154.

[36] Zhang Y, Cai J, Wang S, et al. Review of receptor-based source apportionment research of fine particulate matter and its challenges in China. Science of the Total Environment, 2017, 586: 917-929.

[37] 张延君, 郑玫, 蔡靖, 等. $PM_{2.5}$ 源解析方法的比较与评述. 科学通报, 2015, 60: 109-121.

[38] Schauer J J, Rogge W F, Hildemann L M, et al. Source apportionment of airborne particulate matter using organic compounds as tracers. Atmospheric Environment, 2007, 41: 241-259.

[39] Zheng M, Cass G R, Schauer J J, et al. Source apportionment of $PM_{2.5}$ in the southeastern United States using solvent-extractable organic compounds as tracers. Environmental Science & Technology, 2002, 36(11): 2361-2371.

[40] Zheng M, Cass G R, Ke L, et al. Source apportionment of daily fine particulate matter at Jefferson Street, Atlanta, GA, during summer and winter. Journal of the Air & Waste Management Association, 2007, 57(2): 228-242.

[41] Marmur A, Park S K, Mulholland J A, et al. Source apportionment of $PM_{2.5}$ in the southeastern United States using receptor and emissions-based models: Conceptual differences and implications for time-series health studies. Atmospheric Environment, 2006, 40(14): 2533-2551.

[42] Marmur A, Mulholland J A, Russell A G. Optimized variable source-profile approach for source apportionment. Atmospheric Environment, 2007, 41(3): 493-505.

[43] Li L, An J Y, Zhou M, et al. Source apportionment of fine particles and its chemical components over the Yangtze River Delta, China during a heavy haze pollution episode. Atmospheric Environment, 2015, 123: 415-429.

[44] Li X, Zhang Q, Zhang Y, et al. Source contributions of urban $PM_{2.5}$ in the Beijing-Tianjin-Hebei region: Changes between 2006 and 2013 and relative impacts of emissions and meteorology. Atmospheric Environment, 2015, 123: 229-239.

[45] Wang Y, Li L, Chen C, et al. Source apportionment of fine particulate matter during autumn haze episodes in Shanghai, China. Journal of Geophysical Research: Atmospheres, 2014, 119(4): 1903-1914.

[46] Wang L, Wei Z, Wei W, et al. Source apportionment of $PM_{2.5}$ in top polluted cities in Hebei, China using the CMAQ model. Atmospheric Environment, 2015, 122: 723-736.

[47] Crippa M, Guizzardi D, Muntean M, et al. Gridded emissions of air pollutants for the period 1970—2012 within EDGAR v4.3.2. Earth System Science Data, 2018, 10(4): 1987-2013.

[48] Crippa M, Solazzo E, Huang G, et al. High resolution temporal profiles in the Emissions Database for Global Atmospheric Research. Scientific Data, 2020, 7(1): 121.

[49] Ohara T, Akimoto H, Kurokawa J, et al. An Asian emission inventory of anthropogenic

emission sources for the period 1980—2020. Atmospheric Chemistry and Physics, 2007, 7(16): 4419-4444.

[50] Kurokawa J, Ohara T, Morikawa T, et al. Emissions of air pollutants and greenhouse gases over Asian regions during 2000—2008: Regional Emission inventory in ASia(REAS) version 2. Atmospheric Chemistry and Physics, 2013, 13(21): 11019-11058.

[51] Kurokawa J, Ohara T. Long-term historical trends in air pollutant emissions in Asia: Regional Emission inventory in ASia(REAS) version 3. Atmospheric Chemistry and Physics, 2020, 20(21): 12761-12793.

[52] Li M, Liu H, Geng G, et al. Anthropogenic emission inventories in China: A review. National Science Review, 2017, 4(6): 834-866.

[53] Zheng B, Tong D, Li M, et al. Trends in China's anthropogenic emissions since 2010 as the consequence of clean air actions. Atmospheric Chemistry and Physics, 2018, 18(19): 14095-14111.

[54] Houghton JT, Meira Filho LG, Lim B et al. Revised 1996 IPCC Guidelines for National Greenhouse Gas Inventories. Bracknell: UK Meteorological Office, 1996.

[55] Eggleston H S, Buendia L, Miwa K, et al. 2006 IPCC Guidelines for National Greenhouse Gas Inventories. Hayama, Kanagawa: Institute for Global Environmental Strategies, 2006.

[56] Zhao Y, Xia Y, Zhou Y. Assessment of a high-resolution NO_x emission inventory using satellite observations: A case study of southern Jiangsu, China. Atmospheric Environment, 2018, 190: 135-145.

[57] Sha T, Ma X, Jia H, et al. Exploring the influence of two inventories on simulated air pollutants during winter over the Yangtze River Delta. Atmospheric Environment, 2019, 206: 170-182.

[58] Boersma K F, Eskes H J, Dirksen R J, et al. An improved tropospheric NO_2 column retrieval algorithm for the Ozone Monitoring Instrument. Atmospheric Measurement Techniques, 2011, 4(9): 1905-1928.

[59] Cheng J, Su J, Cui T, et al. Dominant role of emission reduction in $PM_{2.5}$ air quality improvement in Beijing during 2013—2017: A model-based decomposition analysis. Atmospheric Chemistry and Physics, 2019, 19(9): 6125-6146.

[60] Cheng J, Tong D, Liu Y, et al. Comparison of current and future $PM_{2.5}$ air quality in China under CMIP6 and DPEC emission scenarios. Geophysical Research Letters, 2021, 48(11): e2021GL093197.

[61] Cheng J, Tong D, Liu Y, et al. Air quality and health benefits of China's current and upcoming clean air policies. Faraday Discussions, 2021, 226: 584-606.

[62] Zhang Q, Zheng Y, Tong D, et al. Drivers of improved $PM_{2.5}$ air quality in China from 2013 to 2017. Proceedings of the National Academy of Sciences of the United States of America, 2019, 116(49): 24463-24469.

[63] Griffin D, Zhao X, McLinden C A, et al. High-resolution mapping of nitrogen dioxide with TROPOMI: First results and validation over the Canadian oil sands. Geophysical Research Letters, 2019, 46(2): 1049-1060.

[64] Wang C, Wang T, Wang P, et al. Comparison and validation of TROPOMI and OMI NO_2 observations over China. Atmosphere, 2020, 11(6): 636.

[65] Valin L C, Russell A R, Cohen R C. Variations of OH radical in an urban plume inferred from NO_2 column measurements. Geophysical Research Letters, 2013, 40(9): 1856-1860.

[66] 刘悦. 北京黑碳气溶胶来源及其变化特征. 北京: 北京大学博士学位论文, 2021.

第7章 中国大气复合污染综合数据共享平台研发

郑玫[1],张天乐[1],向雅馨[1],唐晓[2],王一楠[2],朱江[2],耿冠楠[3],张强[3],刘颖君[1],叶春翔[1],王玉莹[4,5],晏星[4],韦晶[4],陈颖军[6],安刚[7],卓流艺[7],陆涛[7],闫才青[8]

[1]北京大学,[2]中国科学院大气物理研究所,[3]清华大学,[4]北京师范大学,[5]南京信息工程大学,[6]复旦大学,[7]中科三清科技有限公司,[8]山东大学

中国大气污染影响范围广,来源和成因复杂,是国际上大气污染和化学研究的热点领域。国家自然科学基金委员会重大研究计划"中国大气复合污染的成因与应对机制的基础研究"资助了76个研究项目,针对大气复合污染的成因、关键化学过程和物理过程等开展了深入研究,积累了丰富的科研和业务数据。为了科学总结和推广这些研究成果,使其持续地产生广泛影响,本项目收集整合了重大研究计划产出的各类数据,进行科学分类和集成,形成了一个具有国际标准、可持续更新的中国大气复合污染综合数据库,包含八大数据模块和271个子数据集。该项目顺利建成了中国大气复合污染综合数据共享平台(China Air Pollution Data Center,CAPDC),提供数据的存储、检索和下载服务,并支持数据可视化、项目信息查询以及中英文切换等特色功能,为相关研究提供了坚实的数据支撑。

7.1 研究背景

7.1.1 研究意义

近几十年来,中国经济实现了飞速增长,而经济繁荣的同时也带来了大气复合污染治理领域前所未有的严峻挑战。我国以大气 $PM_{2.5}$ 为代表的污染物不仅浓度高、覆盖区域广,而且具有污染来源多样、重污染事件持续时间长等特点[1,2]。为应对大气复合污染这一难题,我国在2012年新增了 $PM_{2.5}$ 标准,并修改了 O_3 标准,先后制订和实施了多项侧重于基础研究和新兴技术的大型研究计划。这些计划所产

出的重要研究成果和珍贵科学数据,支撑了我国大气复合污染的治理政策和措施的制定,产生了举世瞩目的成绩和效果[3]。

其中,国家自然科学基金委员会"中国大气复合污染的成因与应对机制的基础研究"重大研究计划(以下简称"重大研究计划")积累了大量涵盖不同时空尺度的大气污染物观测数据、污染源排放清单、重要大气物理化学参数等研究数据,开发了一系列新测量技术。在大气污染物观测方面,重大研究计划所资助的项目多次在京津冀、珠三角、长三角等地区开展了不同类型的外场观测实验,获得了气溶胶理化特性、大气廓线、边界层参数、云微物理参数等丰富的数据[4,5]。

为使这些研究成果在国内外产生长远、重要的作用,建立一个全面的大气复合污染数据库和共享平台至关重要。该平台将科学、定量、完整地收集已有科研数据,形成高质量、跨学科的大气污染综合数据库,供国内外科研工作者共享使用。这将有助于刻画中国大气复合污染状况及其治理变化过程,为今后的研究计划构思和项目申请提供指导和数据支撑,并将积极推动大气污染领域的国际合作。

7.1.2 国内外研究现状

1. 国内外地球科学领域数据库

在地球科学领域,围绕特定研究范围或针对某一科学问题建立专题数据库,集成地基、空基、天基观测产生的各类数据产品,通过资源共享平台发布,已成为高效传播地球科学资源、提高数据利用率、促进国际交流合作的有效途径。

国外已建立的具有广泛影响力、与大气研究相关的数据库包括:美国能源部支持的大气辐射量测计划(Atmospheric Radiation Measurement,ARM)、美国航空航天局(NASA)等机构建立的地球观测系统(Earth Observation System,EOS)等。ARM数据库(http://www.arm.gov/)集成了全球多个站点的观测资料,包括固定站点观测(涵盖大气状态、辐射、气溶胶、云等类别),以及可移动设备在全球不同地区的短期强化观测(如GoAmazon观测实验)。EOS则建立了观测时间长达10年以上的地球参量(包括大气辐射、气溶胶、云、水汽等)数据库,该数据库成为推动全球大气污染研究和气候模式改进的关键资源。国际上的成功案例表明,建立国际认可的、可分享的数据库是充分发挥观测数据科学价值的重要途径。

近年来,我国也在积极推进地学领域数据库的建设,数据共享平台的数量和服务水平在不断提高。2019年6月,中国科学技术部、财政部联合发布了首批经过优化调整的20个国家科学数据中心,包括国家地球系统科学数据中心、国家生态科学数据中心、国家气象科学数据中心、国家海洋科学数据中心、国家青藏高原科学数据中心等多个数据共享平台。以国家地球系统科学数据中心为例,该数据中心包含大气、海洋、陆地表层等不同圈层的数据产品,但针对大气污染的相关数据资源仍有丰富与完善的空间。

针对大气污染领域,近年来我国也建立了多个相关数据平台,但这些平台所提供的数据大多侧重于特定的数据类型,如排放清单(如清华大学建立的中国多尺度排放清单模型 MEIC,http://www.meicmodel.org/index.html 以及北京大学和南方科技大学共同建立的 GEMS 全球温室气体与大气污染物排放清单,https://gems.sustech.edu.cn/home)、源谱(如中国科学院建立的我国 $PM_{2.5}$ 排放源谱数据库,http://www.sourceprofile.org.cn,南开大学建立的大气污染源谱数据库 SPAP,http://www.nkspap.com:9091/Login.aspx),以及气溶胶观测网(SONET,http://www.sonet.ac.cn/index.php)。此外,北京大学等单位依托国家重点研发计划项目建立了中国东部大气环境数据库与分析共享服务网,该网站收集整理了部分超级站和国家空气质量监测站的观测数据,以及部分气象数据和大气遥感产品等。总体而言,近年来国内在大气污染数据平台的建设方面取得了一定进展,但平台数据资源的丰富性和应用效果与国外知名的高质量数据中心相比,仍存在一定差距,亟须建立一个数据类型多样化、用户体验良好并能持续不断更新的中国大气复合污染数据库。

2. 重大研究计划产生的主要数据类型

"中国大气复合污染的成因与应对机制的基础研究"重大研究计划共资助了 76 个项目,这些项目产出了丰富的排放源数据、观测数据、同化数据、实验室测量参数数据等。此外,重大研究计划还资助了一系列新测量技术及源解析技术的研发。

(1) 排放源数据

准确认识排放源是大气污染研究的基础,排放源数据也是模式模拟的关键输入信息。排放源的研究包括对主要一次污染物及气态前体物排放清单的编制,以及对排放源样品化学成分谱的精细化表征。在重大研究计划的支持下,我国研究者在不同空间尺度上,利用多种方法开展了排放清单编制工作,产生了数套排放清单数据产品。这些排放清单数据产品覆盖全国范围以及典型区域,既包含全部门排放源,又区分了不同行业,同时涵盖传统统计数据与实时大数据。然而,不同项目构建的排放清单数据在时空分辨率、行业分类、污染物类别、技术方法等方面存在一定差异,难以进行互相验证和结合。因此,建立一个集成的全国排放清单数据集,对开展大气复合污染来源及成因研究至关重要。

(2) 外场观测数据及多源同化数据

基于地基、空基、天基技术对气溶胶、边界层特性等进行直接观测是认识大气污染的重要方法,观测手段包括外场实验、卫星遥感观测和地面站观测等。近年来,我国进行了大量大气污染观测工作,获取了丰富的观测数据。然而,由于各个外场观测实验所使用的仪器设备存在差异,数据类型复杂多样,数据格式与数据说明缺乏统一规范,因而目前外场观测数据通常只在项目内部实现有限共享,亟须建立一个统一、集成的外场观测数据集,促进数据的广泛共享和综合利用。

(3) 实验室测量参数

实验室研究所提供的各类污染物热力学与反应动力学数据是认识大气污染形成机理的重要基础。重大研究计划资助了大量基础性实验室研究,包括气相反应、液相反应、非均相反应,以及不同相态污染物的物理化学性质研究等,获得了具有我国特色的、针对大气复合污染的多种重要参数,包括气相反应速率常数、非均相摄取系数、二次有机气溶胶产率等。然而,这些宝贵的基础数据分散发表于不同期刊文章中,未整合形成数据集。将这些实验室数据规范地分类汇总、提供详尽的适用条件说明,将极大地提升这些参数的使用效率。

(4) 源解析技术与新测量技术

在大气 $PM_{2.5}$ 重污染事件中,颗粒物浓度与组分随时间会发生快速变化,因此获取实时动态的来源变化信息对污染控制至关重要。重大研究计划支持了动态在线源解析技术的开发,如"京津冀大气颗粒物动态源解析关键影响因子评估与综合校验""大气有机颗粒物在线源解析与动态定量方法体系建立"等研究项目[6-9],但目前还没有对这些项目研发的源解析新技术进行直接的对比研究。

在测量技术方面,重大研究计划重点支持了大气污染物测量领域中新型光谱技术、质谱技术等的开发和应用。未来针对不同测量技术的深入了解和综合评估,将使人们对新技术的适用范围有更好的认识,并促进技术的市场化。

7.1.3 小结

综上所述,近年来我国在大气污染治理领域取得了显著且重大的改善效果,亟须集成在此期间开展的各类研究项目所产生的科学认识和数据成果。本项目旨在建立一个针对我国大气复合污染研究的综合数据库,所建立数据库的先进性与独特性体现在以下三个方面:

(1) 所建立的数据库是跨学科的、完备的、高质量的,致力于打破学科和相关数据库的壁垒,提供多类数据的便捷下载服务。

(2) 数据库中观测数据的时段覆盖了中国治理大气复合污染的重要执行期。这些数据可以表征中国大气复合污染的变化趋势,定量反映出大气污染治理的成效,对分析和评估大气复合污染的治理效果具有重要的参考价值。

(3) 中国大气污染治理的案例是大规模的,也是独具特色的,由此产生的数据库是国家和人类的宝贵资源,具有重要的国际参考价值。

7.2 研究目标与研究内容

7.2.1 研究目标

（1）形成国际、国内可广泛应用的、高质量的中国大气复合污染数据库。集成经质量校验、格式统一规范的大气复合污染数据集，包括中国大气污染源清单数据集、源谱数据集、外场观测数据集、卫星观测数据集、大气污染物同化再分析数据集、实验室测量数据集等。总结在重大研究计划支持下所建立的新测量技术、源解析技术等系列研究成果。

（2）建立中国大气复合污染综合数据共享平台，提供数据储存、检索和下载服务，并提供数据在线可视化、中英双语切换等特色功能。

7.2.2 研究内容

1. 数据收集

项目针对重大研究计划产出的大气污染源清单、同化再分析、外场观测、卫星观测、实验室测量、源谱等多种类型数据，进行全面调研、筛选和整理，主要内容包括：建立多源大气复合污染科学数据的分类标准，涵盖各类型数据的定义、数据源、数据格式等；制定各类数据的元数据标准，包括数据标题、数据描述、数据属性、数据生成过程等；规范数据说明文档的格式与内容，确保数据使用者能够全面了解数据的特征、适用范围等；制定数据共享的规范与流程，包括数据上传、审核、发布、下载等环节的标准化操作。

2. 数据集建立

将收集的数据进行集成与规范化：集成大气复合污染源排放、外场观测、实验室研究、地面与卫星遥感观测等元数据和高级产品；建立不同来源数据的整合集成技术，包括数据格式转换、质量控制等；构建结构明晰、格式规范统一的大气污染源清单、同化再分析、外场观测、卫星观测、实验室测量和源谱等数据集，确保各类数据的结构完整性和可读性。

对重大研究计划支持下所建立的新测量技术与源解析技术进行收集汇总，根据统一的格式撰写技术报告，报告内容包括科学背景、技术原理、质量保证与控制、应用示范、技术创新点、进一步研发与商业推广计划等。

3. 大气复合污染综合数据共享平台建立

设计并开发一个用户界面友好的大气复合污染综合数据共享平台：实现数据的即时检索、下载和在线可视化展示功能，提升数据的可获取性；针对不同类型用户，提供定制化的数据分析工具和服务，满足多样化需求；明确数据共享的机制和知识产权保护政策，促进数据的有序开放；建立可持续的数据更新机制，确保数据库内容的时效性和完整性。

根据以上研究内容，项目将构建起一个功能完备、服务高效的大气复合污染数据共享平台，为国内外研究人员和管理部门提供全面、便捷的数据支撑。

7.3 研究方案

本项目研究方案主要包括以下两部分：

（1）梳理重大研究计划的多源数据成果，根据数据类型建立规范化的数据收集格式和标准，积极联系各研究团队，通过协作方式开展数据收集工作。对收集的数据进行分类整理和标准化处理，形成结构化的数据集。

（2）针对不同类型数据集的特点，构建开放式的数据共享平台，为各类数据集提供详细的元数据描述、在线检索和下载服务，开发数据可视化功能，实现所见即所得，提高数据利用的便捷性。

7.3.1 数据收集方案

第一，与重大研究计划支持项目的负责人取得联系，征求项目负责人的数据分享意愿，统一获取项目所产出的数据与技术的详细信息，对数据进行评估与归类，将项目产出的数据分为污染源清单、同化再分析、外场观测、卫星观测、实验室测量与源谱 6 个数据集类型，以及新测量技术与源解析技术两类技术报告。

第二，经专家评估与讨论，分别制定适用于污染源清单、外场观测、实验室测量等不同类别数据的收集格式与模板，制定数据说明文档、数据共享规范等标准文件。

第三，开展全面、多次的数据收集工作，确保收集重大研究计划所产出的所有可供分享的数据与技术信息。此外，本项目还积极收集了非重大研究计划所产出的高质量大气复合污染数据产品。

7.3.2 数据集建立方案

1. 污染源清单数据

在对中国污染源清单数据获得充分认识后,建立适合于中国排放特征的污染源清单数据同化方法,实现污染源清单源数据的标准化入库、共享和后续的持续更新完善。项目定义了污染源清单数据基本要素和标准,包括部门分类、物种信息、时间范围、空间范围、时间分辨率、空间分辨率、投影方式和数据格式等。依据污染源清单标准交换格式,对点源、面源和网格等不同格式的数据进行标准化收集。依托重大研究计划支持的一系列关于污染源清单建立和校验的项目,以及其他基金资助的项目,在清华大学、北京大学、南京大学和暨南大学等多家研究机构的共同努力下,构建了 10 个污染源清单数据产品,形成覆盖多尺度、重点源和关键物种的排放清单数据库。通过在平台上开放共享,提升人们对中国排放源的认识水平,为大气复合污染研究提供核心基础数据支持。

2. 同化再分析数据

本项目的主要目标之一是更新与发展中国大气污染再分析数据集和同化系统,同化融合海量多源观测数据,增加 BC、OC、SO_4^{2-}、NO_3^- 和 NH_4^+ 等大气复合污染关键组分的再分析产品。建立再分析数据集的动态更新机制,采用多种方法校验评估数据集的精度,形成我国长时间序列(2013—2022 年)、高时空分辨率(15 km×15 km 和 1 h)、持续更新的大气复合污染再分析数据集,定量刻画 2013 年以来中国大气污染状况及其治理变化过程。

(1) 更新多组分、高时空分辨率的再分析数据集

为满足用户对大气复合污染高时空分辨率网格化再分析数据的需求,项目团队利用自主研发的区域空气质量模式(Nested Air Quality Prediction Modeling System,NAQPMS)和大气化学资料同化系统(Chemical Data Assimilation System,ChemDAS),对已有再分析数据集进行更新,获得变量种类更多、覆盖时段更广(2013—2022 年)的大气复合污染再分析数据集。

基于优化的排放源、气象场数据和其他关键同化配置,采用大气化学资料同化系统开展大气复合污染资料再分析,将中国环境监测站常规监测的 6 种污染物(O_3、$PM_{2.5}$、SO_2、NO_2、CO、PM_{10})和组分观测网的气溶胶组分数据(BC、OC、SO_4^{2-}、NO_3^- 和 NH_4^+ 等),以及本项目集成的多源观测数据同化融合到区域空气质量模式中,建立包括 6 种常规污染物及 BC、OC、SO_4^{2-}、NO_3^- 和 NH_4^+ 等大气复合污染关键组分浓度的高时空分辨率同化数据集(全国范围,15 km×15 km 和 1 h 分辨率)。

(2)再分析数据集的多重校验与精度评估

为充分验证和评估再分析数据集中不同污染物在不同地区、不同污染情形下的不确定性,项目采用交叉验证、独立验证和同类数据集比较等方法对数据集进行验证和精度评估。具体步骤包括:

第一,采用交叉验证和独立验证方法对再分析数据集进行验证:交叉验证是将观测数据集分成多个子集,在同化时保留部分数据子集,用于验证再分析数据在未同化观测区域的精度;独立验证则是利用中国科学院气溶胶观测网等独立观测数据,对再分析数据进行验证。

第二,对比我国大气复合污染再分析数据集与国外再分析数据集:收集整理国外已发布的大气化学再分析数据集,如欧洲中期天气预报中心的 CAMS 大气化学再分析数据集等,比较不同数据集在表征中国大气复合污染方面的性能和精度。

3. 外场观测数据

整合不同项目来源的外场观测数据有助于提高数据产品的时间和空间覆盖范围,并延长序列长度。数据整合过程包括规范不同项目来源的同类数据的数据单位、时间标准、数据精度、数据表示方法、缺测数据处理方式以及不同要素间的转换等。

外场观测实验所使用的设备种类繁多,而数据分类又是数据集成与共享的关键步骤。外场观测数据主要分为两类:一类是仪器观测的原始数据,即元数据;另一类是原始数据经处理后的数据产品。原始观测数据可根据仪器名称进行分类后提供给用户,而数据产品则采用以下三级分类方法进行分类:① 大气状态参量、气溶胶参量、云特性参量及其他参量;② 以气溶胶参量为例,细分为物理化学特性、光学和辐射特性及其他气溶胶参量;③ 以光学和辐射特性为例,进一步细分为气溶胶吸收系数、气溶胶散射系数、气溶胶消光系数等。数据集同时提供数据说明文档,建立数据产品清单与数据文件间的对应关系,便于用户快速获取所需的观测信息及观测数据。

4. 卫星观测数据

基于卫星遥感资料可以定量反演大气气溶胶光学厚度、近地表颗粒物浓度及大气痕量气体种类等多种大气参数,该方法是研究大时空尺度下大气污染物浓度变化及污染物区域传输的重要手段。项目组收集并整合了重大研究计划产出的卫星观测数据集,同时也收集了重大研究计划外的高质量卫星观测数据集。

为方便用户了解与使用项目所收集的卫星遥感数据,项目组制定了统一的卫星观测数据收集标准与数据说明文档。在收集卫星遥感元数据时,对传感器名称、光谱通道设置、卫星过境时间、重访周期、空间分辨率、经纬度范围等数据描述信息进行详细说明。数据说明文档包括卫星遥感数据的来源、光谱分辨率、时空分辨率、数据处理方法及文件读取方法等信息。卫星观测数据产品的数据格式以 NetCDF 类型为主。

5. 源谱数据

本项目收集和总结了可获取的源谱数据,统一规范各源谱数据的格式,并从源类别(如机动车源、尘源、燃煤源、生物质燃烧源、工业源等)、燃料类别(如生物质、煤炭、重油、汽油、柴油等)、化学物种(如 EC、OC、水溶性离子、金属元素、有机物单体等),以及空间范围等不同维度对现有 $PM_{2.5}$ 源谱数据进行了分类整理。针对每类源谱,收集有机物种和无机物种的实测浓度及其不确定性,并收集各物种的检测限、分析仪器、分析原理、平行性、源采样方法、数据提供者及相关文献成果等信息。为对源谱数据进行质量控制,需确保源谱中的主要物种,尤其是源标识性物种的浓度显著高于检测限。

6. 实验室测量数据

实验室测量数据以规范化的表格形式进行收集。项目组设计了两类表格,分别用于收集化学反应参数与大气物种的物化性质参数。对于化学反应参数,表格所收集的信息包括反应物信息(各反应物的中文名称、化学表达式和相态),反应动力学参数(如均相反应速率常数、非均相或多相反应的摄取系数),产物信息(可为具体化学物种)和产率(可为数值或表达式)。对于物化性质参数,表格所收集的信息包括参数类型(如蒸气压)、化学物种信息(中文名称和化学表达式)以及参数详情(如数据形式、单位、不确定度等)。

由于不同实验条件下测量所得的参数可能存在较大差异,因此项目组收集了详尽的测量条件信息(如温度、湿度、反应物浓度范围等)、测量方法信息(如反应器类型、测量仪器等)和参数发表信息[如已发表论文的名称、数字对象标识符(DOI)等]。收集后的数据将经过缺失信息检查、数据格式规范(如反应物与生成物的命名、动力学参数的表达格式和单位等)以及与已发表文章的一致性查验等数据质量控制环节。

平台将分类展示实验室测量参数集,其中化学反应参数细分为气相反应、液相反应和非均相反应等,每类反应参数又可按反应物进行细分。考虑到不同实验室的实验条件以及实验室与实际大气条件之间的差异,平台提供的实验室测量参数不仅包含测量数值和测量误差,还包括详尽的测量条件、测量方法、数据来源等辅助信息,便于专业程度不同的用户甄别相应参数的适用范围,尤其是不同来源的同一参数。数据平台支持根据目标反应物、生成物、反应类型等进行搜索,例如,可搜索到不同反应的二次有机气溶胶产率,并能够以表格形式呈现搜索结果,从而方便用户进行数据对比。

7. 技术评估报告

(1) 新测量技术

新测量技术主要分为光谱技术、质谱技术和集成技术等类别。新测量技术评估报告筛选的主要标准是技术在原理或测量指标上具有显著创新性或优于市场主流技术。新测量技术评估报告的重要内容为仪器质控和应用,为确保评估报告的科学性和客观性,本项目团队与新测量技术项目负责人共同建立了评估报告模板。

本项目将收集相关信息并形成评估报告,报告内容包括6个部分:① 科学背景;② 技术原理;③ 质量保证与控制(如标定、仪器比对、QA/QC 手册);④ 应用示范;⑤ 技术创新点;⑥ 进一步研发与商业推广计划。

(2) 源解析技术

针对重大研究计划开发的源解析技术,本项目按照不同原理进行分类收集,如基于质谱的源解析技术、基于常规组分和新型组分的源解析技术、基于质量重构的源解析技术,以及基于同位素的源解析技术等。通过与源解析技术开发者的沟通交流,项目组梳理了各种方法的具体原理、技术平台、校验方法、应用案例等信息,并基于这些信息,最终形成了完整的源解析技术评估报告。报告模板与新测量技术报告模板一致,主要包括6个部分。

7.3.3 大气复合污染数据平台的设计

基于集成的大气复合污染数据库,本项目建立了规范的数据共享机制和可持续更新机制,设计并开发了一个用户界面友好、支持数据即时下载和可视化的大气复合污染数据平台,形成了一个开放、高效且具有国际影响力的大气复合污染综合数据中心。该数据平台从数据角度定量刻画了中国大气污染状况及其治理变化过程,为我国大气复合污染的持续改善以及其他国家的大气复合污染治理提供了科学参考。本项目的技术路线如图 7.1 所示。

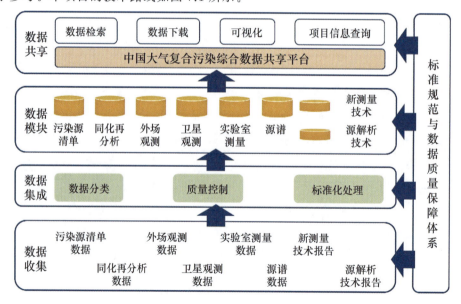

图 7.1　数据收集、集成与共享平台建设技术路线

7.4 主要进展与成果

7.4.1 重大研究计划数据收集

在项目前期(2020年)与进行中(2021—2023年)通过多次沟通讨论数据汇总与集成方案,每年召开数据汇总与协调工作会议10~20次,调研重大研究计划资助的各个项目的数据产出情况,商讨数据收集、质控与集成方案、平台建设方案等问题。项目召开的数据汇总与协调工作会议信息如图7.2所示。

重大研究计划共资助了76个项目,其中包括重点项目46项、培育项目21项、集成项目6项和战略项目3项,具体情况如表7.1所示。在项目执行期间,本项目组面向重大研究计划的各项目负责人进行了5轮数据调查与收集工作,最终向数

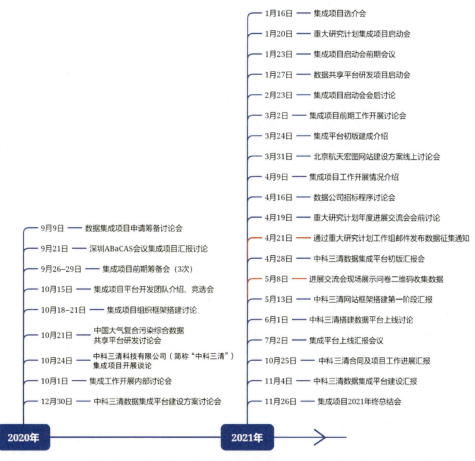

图7.2 项目召开的数据汇总与协调工作会议(蓝线)及5轮针对重大研究计划全体项目的数据调查与收集工作(红线)信息

图 7.2　项目召开的数据汇总与协调工作会议(蓝线)及 5 轮针对重大研究计划全体项目的数据调查与收集工作(红线)信息(续)

据平台上传了 57 个项目的数据,未能上传数据的项目包括战略项目、集成项目、科普型项目和模式模拟项目等。根据数据调研情况,所有数据被划分为八大数据模块,并在制定了各模块的数据收集标准后,统一收集不同模块的数据,最终所收集的数据总量超过 2 TB。不同类别的数据所采用的集成方法有所不同,具体情况详见 7.4.2 小节。

表 7.1　重大研究计划资助项目(76 项)

序号	项目名称	项目号	负责人	项目类别
1	中国大气复合污染的成因与应对机制的基础研究学术交流活动及项目工作计划实施	91544000	朱彤	战略项目
2	中国大气复合污染的成因与应对机制的基础研究学术交流活动及项目工作计划实施	91844000	朱彤	战略项目
3	中国大气复合污染的成因与应对机制的基础研究学术交流活动及项目工作计划实施	92144000	朱彤	战略项目
4	中国大气污染排放源清单和来源解析的综合集成研究	91744310	张强	集成项目
5	多尺度大气物理过程与大气复合污染的相互影响机制研究	91744311	廖宏	集成项目
6	中国大气复合污染生成的关键化学过程集成研究	91844301	胡敏	集成项目
7	我国东部超大城市群大气复合污染成因外场综合协同观测研究	92044301	丁爱军	集成项目

续表

序号	项目名称	项目号	负责人	项目类别
8	大气复合污染模拟和预报预测集成研究	92044302	王自发	集成项目
9	中国大气复合污染综合数据共享平台研究	92044303	郑玫	集成项目
10	HONO在大气NO光氧化过程中的形成和农田土壤排放	91544211	牟玉静	重点项目
11	对流层臭氧卫星与地基激光雷达精确遥感方法研究	91544212	刘诚	重点项目
12	华北地区大气氮氧化物非均相化学及其对大气氧化性和区域空气污染的影响	91544213	王韬	重点项目
13	大气复合污染条件下新粒子生成和增长机制及其环境影响	91544214	胡敏	重点项目
14	光化学反应活跃区森林挥发性有机物的组成特征、二次污染成因及贡献研究	91544215	王伯光	重点项目
15	静稳型重污染过程的大气边界层机理与模式应用研究	91544216	张宏昇	重点项目
16	气溶胶与边界层相互作用及其对近地面大气污染的影响研究	91544217	李占清	重点项目
17	大气超细颗粒物凝结增长动态过程在线分析关键技术及机理研究	91544218	刘建国	重点项目
18	近几十年我国冬季强霾事件的变化特征以及排放和气候的分别贡献	91544219	廖宏	重点项目
19	液相氧化二次有机气溶胶生成机制及其对长三角雾霾生消与空气质量的影响	91544220	盖鑫磊	重点项目
20	基于数值模式的二次有机气溶胶形成机制研究及其在京津冀地区的应用	91544221	安俊岭	重点项目
21	建立基于排放-交通二维动态大数据的重点区域高分辨率机动车排放清单	91544222	吴烨	重点项目
22	单细颗粒物的捕获、悬浮、控制、老化过程及其理化性质的精确测量	91544223	张韫宏	重点项目
23	基于单颗粒成分分析的气溶胶物理化学综合表征体系	91544224	杨新	重点项目
24	长三角大气氧化性：定量表征与化学机理开发	91544225	陆克定	重点项目
25	京津冀大气颗粒物动态源解析关键影响因子评估与综合验证	91544226	高健	重点项目
26	大气复合污染形成过程中的多相反应机制研究	91544227	葛茂发	重点项目
27	过氧自由基关键化学过程及其对大气氧化性和细粒子生成的影响研究	91544228	张为俊	重点项目
28	天气和边界层变化中长三角秋冬季霾过程的观测和模拟研究	91544229	朱彬	重点项目
29	长三角城市细颗粒物和臭氧的垂直分布、理化耦合及其天气效应	91544230	王体健	重点项目

续表

序号	项目名称	项目号	负责人	项目类别
30	长三角典型城市空气污染与大气边界层相互作用机制的观测与模拟研究	91544231	丁爱军	重点项目
31	基于AMDAR及综合观测数据研究大气边界层结构变化与重污染过程相互影响	91544232	程水源	重点项目
32	中国大气污染物对云和辐射的影响及其气候效应研究	91644211	张华	重点项目
33	重污染期间二次硫酸盐不同化学过程来源的定量识别	91644212	宋宇	重点项目
34	中国典型区域大气新粒子化学组成及形成机制研究	91644213	王琳	重点项目
35	二次有机气溶胶的界面反应及其在灰霾形成中的作用机制	91644214	杜林	重点项目
36	东部地区半挥发性有机物对二次有机气溶胶生成贡献的数值模拟与验证	91644215	王雪梅	重点项目
37	大气复合污染海量多源观测同化与集合预报方法研究	91644216	朱江	重点项目
38	华北地区大气化学/气溶胶-辐射-气象相互作用机制及其对大气复合污染的影响	91644217	韩志伟	重点项目
39	基于"外场实验室"的颗粒物表/界面多相反应研究	91644218	王俏巧	重点项目
40	大气有机颗粒物的在线源解析与动态定量方法体系建立	91644219	黄汝锦	重点项目
41	长三角排放清单的优化集成与综合校验	91644220	赵瑜	重点项目
42	气候变化背景下光化学活跃区大气氧化性演变对近地面臭氧污染的影响研究	91644221	袁自冰	重点项目
43	气候变化对大气复合污染的影响过程与机制	91644222	刘绍臣	重点项目
44	青藏高原大气动力、热力过程对中国东部大气污染时空变异影响的机理	91644223	徐祥德	重点项目
45	对流输送和闪电对大气成分垂直分布的影响及其机理研究	91644224	银燕	重点项目
46	我国华北地区大气复合污染与气候变化的相互作用研究	91644225	董文杰	重点项目
47	冬春季四川盆地西南涡活动对大气复合污染影响与机制研究	91644226	王式功	重点项目
48	$PM_{2.5}$近质量闭合在线集成测量与实时源解析	91744202	黄晓锋	重点项目
49	高时间分辨率大气细颗粒物动态来源解析与综合校验方法体系的研究	91744203	陈颖军	重点项目
50	大气活性卤素化合物反应机制及其对大气氧化性和二次污染物的影响	91744204	王炜罡	重点项目
51	重污染天气细颗粒物表/界面多相反应与老化机制研究	91744205	付洪波	重点项目

续表

序号	项目名称	项目号	负责人	项目类别
52	大气复合污染背景下含氮化合物的闭合观测与模拟研究	91744206	林伟立	重点项目
53	重污染天气下二次气溶胶的垂直分布、生成机制和数值模拟研究	91744207	孙业乐	重点项目
54	气溶胶与天气气候相互作用对我国冬季强霾污染的影响	91744208	汪名怀	重点项目
55	异常气候现象对我国雾霾影响程度和机制的研究	91744209	龚山陵	重点项目
56	珠三角大气颗粒相有机胺的形成和演化机制	91544101	毕新慧	培育项目
57	海盐气溶胶对沿海地区大气复合污染影响的数值模拟研究	91544102	樊琦	培育项目
58	霾发生期间硫酸盐和硝酸盐形成的大气化学机制：^{17}O 同位素示踪	91544103	谢周清	培育项目
59	大气 HONO 垂直分布特征及其形成机制研究	91544104	秦敏	培育项目
60	同步辐射光电离质谱技术研究 C3 Criegee 中间体宏观反应动力学	91544105	刘付轶	培育项目
61	京津冀地区挥发性有机物源清单建立与校验	91544106	谢绍东	培育项目
62	机动车排放二次转化的实验研究和模拟方法	91544107	陈琦	培育项目
63	燃煤源微细颗粒物的生成机理及排放因子研究	91544108	谭厚章	培育项目
64	四川盆地特殊地形背景下气溶胶污染时空分布与天气气候影响相关机理	91544109	赵天良	培育项目
65	渤海区域船舶多污染物排放清单研究	91544110	刘欢	培育项目
66	红外光谱研究气溶胶颗粒爆发式增长与环境相对湿度的相关性	91644101	庞树峰	培育项目
67	生物质燃烧二次有机气溶胶的生成模拟及特征研究	91644102	何建辉	培育项目
68	二次有机气溶胶液相生成机制和化学过程的碳氮稳定同位素研究	91644103	章炎麟	培育项目
69	城市大气颗粒物不同粒径多环芳烃的分布特征及其单体稳定碳同位素溯源的研究	91644104	胡健	培育项目
70	长三角生物质燃烧的三维特征解析及对区域霾形成的过程研究	91644105	黄侃	培育项目
71	矿质颗粒物对硫酸盐形成的促进效应及可溶性过渡金属的作用：实验室基础研究	91644106	唐明金	培育项目
72	城市大气 NO_3 自由基和 N_2O_5 的夜间化学过程研究	91644107	胡仁志	培育项目
73	基于大气氧化中间态物种的大气 HO_x 自由基来源和活性研究	91644108	李歆	培育项目
74	基于毛细管接口光电离质谱的大气纳米颗粒物化学组分测量新方法研究	91644109	唐小锋	培育项目
75	华北典型区域生物质燃烧排放清单建立与校验	91644110	周颖	培育项目
76	以准确、生动的方式科学传播基金委重大研究计划大气复合污染的最新研究成果	91744101	唐孝炎	培育项目

7.4.2 八大数据集模块的规范化与集成

模块一：清单数据集

(1) 排放清单数据收集

项目采用统一的排放清单数据收集格式,针对点源、面源、网格等不同格式的排放数据设计了数据交换标准,制定了用于清单收集的规范化形式。对文件格式、排放源分类、时空分辨率、污染物种类和排放量单位均作了规定,以便进行各清单比对分析并无缝对接后续的集成过程。针对点源排放,可支持四级源分类的 csv 文件,需要提供污染源所在位置的经纬度坐标及对应的区县代码,时间分辨率包括年、月和小时,涉及 9 种常规物种和 CO_2,排放量的单位为 t;针对面源排放,可支持四级源分类的 csv 文件,需要提供污染源所在位置的区县代码,时间分辨率包括年和月,涉及 9 种常规物种和 CO_2,排放量的单位为 t;针对网格数据,支持四级源分类的 NetCDF 文件,源分类可以根据需求进行自定义编辑,需要提供网格的分辨率和中心点坐标,时间分辨率包括年、月和小时。

本项目基于重大研究计划支持项目和其他相关项目,按照上述排放清单标准格式和规范,收集了全国尺度的中国多尺度排放清单 MEIC 和中国高分辨率大气污染物集成清单;区域尺度则收集了长三角大气污染物排放清单;针对重点源,则收集了东亚船舶排放清单、京津冀高分辨率机动车排放清单、中国秸秆露天燃烧清单;针对关键物种,则收集了中国半/中等挥发性有机化合物网格化排放清单、中国人为氯排放清单、京津冀地区人为源 VOCs 排放清单、中国高分辨率城市绿地天然源排放清单。各排放清单的所属项目、排放源分类、污染物物种、时空范围及分辨率等初始信息如表 7.2 所示。

(2) 清单数据集简介

中国多尺度排放清单 MEIC：由清华大学自 2010 年起开发,提供自 1990 年至今的中国空气污染物和 CO_2 月度排放量,分辨率为 $0.25°\times0.25°$。该数据集满足了相关工作者对及时、准确估算大气排放量的需求,已被国内外研究机构广泛采用。MEIC 通过多种策略改进排放估算参数,包括对约 800 个行业中的排放源进行分类,基于技术演替和大数据驱动的方法进行动态排放特征描述,以及采用本地化排放因子数据库等。MEIC 分别通过引入机组级数据、县级排放估算值和广泛的家庭调查,对电力、道路和民用源的排放估算进行了改进。此外,MEIC 构建了从年到月、日和小时的时间分配廓线库,从省到区县再到网格的空间分配参数库,以及涉及 5 种机制(CB-Ⅳ、CB05、SAPRC-07、SAPRC-99 和 RADM2)的 NMVOC 物种分配框架数据库,以支持适用于模式模拟的网格化排放清单的开发[10,11]。该数据集在本项目建立的数据平台上通过网站链接的方式进行共享。

表 7.2 本项目收集的各排放清单信息，包括所属项目、清单名称（负责人）、排放源分类、污染物物种、时空范围及分辨率

类别	所属项目	清单名称（负责人）	部门	物种	时间范围/年	时间分辨率	空间范围	空间分辨率
重大研究计划资助项目	中国大气污染排放清单和来源解析的综合集成研究	中国高分辨率大气污染物集成清单（张强）	电力、工业、民用、交通、农业、溶剂使用、生物质燃烧、船舶	SO_2、NO_x、CO、NMVOC、NH_3、PM_{10}、$PM_{2.5}$、BC、OC	2017	月	中国大陆	$0.1°×0.1°$
	长三角排放清单的优化集成与综合校验	长三角大气污染物排放清单（赵瑜）	电力、工业、民用、交通、农业5个部门及29个子部门	SO_2、NO_x、CO、NMVOC、NH_3、PM_{10}、$PM_{2.5}$、BC、OC	2017	年	长三角	$0.1°×0.1°$
	渤海区域船舶多污染物排放清单研究	东亚船舶排放清单（刘欢）	海运船舶	SO_2、NO_x、CO、NMVOC、$PM_{2.5}$、BC、OC	2017	年	东亚	$0.1°×0.1°$
	建立基于排放-交通二维动态大数据的重点区域高分辨率机动车排放清单	京津冀高分辨率机动车排放清单（吴烨）	货车、重型客车、轻型客车	NO_x、CO、$PM_{2.5}$	2017	月	京津冀	$0.01°×0.01°$
	华北典型区域生物质燃烧排放清单建立与校验	中国秸秆露天燃烧清单（周颖）	秸秆	SO_2、NO_x、CO、NMVOC、NH_3、PM_{10}、$PM_{2.5}$、BC、OC	2017	日	中国大陆	$0.1°×0.1°$
	东部地区半挥发性有机物对二次有机气溶胶生成贡献的数值模拟验证	中国半/中等挥发性有机化合物网格化排放清单（王书肖）	工业、民用、交通、电厂、生物质燃烧和船舶	SVOCs、IVOCs	2016	月	中国大陆	$27\ km×27\ km$
	海盐气溶胶对沿海地区大气复合污染影响的数值模拟研究	中国人为氯排放清单（樊茜）	煤炭燃烧和垃圾焚烧	HCl、Cl_2	2012、2014	年	中国大陆	$0.25°×0.25°$
	京津冀地区挥发性有机物源清单建立与校验	京津冀地区人为源VOCs排放清单（谢绍东）	移动源、工艺过程源、溶剂使用源、生物质燃烧源、化石燃料固定燃烧源	VOCs	2013	年	京津冀	$3\ km×3\ km$

续表

类别	所属项目	清单名称(负责人)	部门	物种	时间范围/年	时间分辨率	空间范围	空间分辨率
其他项目资助	气溶胶与天气气候相互作用对我国冬季强霾污染的影响	中国高分辨率城市绿地天然源排放清单(汪名怀、尚阳)	城市绿地天然源	异戊二烯、萜烯等 VOCs	2015—2019	小时	中国大陆	27 km×27 km
	/	中国多尺度排放清单(MEIC)(张强)	电力、工业、民用、交通、农业5个部门及22个子部门	SO_2、NO_x、CO、NMVOC、NH_3、PM_{10}、$PM_{2.5}$、BC、OC	1990—2020	月	中国大陆	0.25°×0.25°

中国高分辨率大气污染物集成清单：该清单是由 MEIC 团队联合多家科研机构共同开发的全国 2017 年 0.1°×0.1°分辨率排放清单。在对现有排放清单进行比较、不确定性分析和综合评估校验的基础上，以 MEIC 模型为研究平台，集成已有排放清单中的优势部分，对 MEIC 模型的方法和参数进行了改进。同时通过排放源映射、化学物种映射、空间网格匹配、时间尺度统一，将不同清单的源分类、物种组分和时空分辨率归一化，实现了多尺度高分辨率排放清单与 MEIC 全国尺度排放清单的耦合，并进一步整合了其他排放清单研究结果，补充了 MEIC 清单中缺失的排放源信息（如生物质开放燃烧等），最终形成了一套集各家之长的中国高分辨率大气污染物集成清单[12-18]。

长三角大气污染物排放清单：由南京大学、上海市环境科学研究院与江苏省环境科学研究院共同开发，空间分辨率为 0.1°×0.1°。与 MEIC 相比，2017 年长三角大气污染物排放清单对排放量的估算更为准确。这一改进归功于长三角大气污染物排放清单采用了更新的、符合本地化特征的排放因子，并基于现场调查和观测，大大提高了各计算参数的可靠性。长三角大气污染物排放清单利用当地调查和分段式工业过程方法获得的设施级信息，增强了其对工业排放量和空间分布的拟合精度，不再依赖于静态和过时的平均排放因子。长三角大气污染物排放清单还考虑了农业过程中的气象和土地利用条件等因素，从而可以更准确地估算 NH_3 排放的季节和空间分布。通过对在用机械的调查，该清单捕捉了非道路移动机械的季节性排放变化。此外，开发人员还开展了实地调查以确定谷物秸秆比例和家庭燃烧比例，从而进一步量化了生物质燃料炉灶的污染物排放量；基于当前和先前研究中的多仪器采样和分析结果，更新了 $PM_{2.5}$ 和 NMVOC 物种分配廓线，满足了模拟 $PM_{2.5}$ 化学成分和 O_3 的需求[19-25]。

东亚船舶排放清单：由清华大学开发，提供东亚地区 2017 年船舶源的污染物排放信息，空间分辨率为 0.1°×0.1°。清单使用高精度船舶自动识别系统确定船舶的活动特征，并考虑了不同运行模式、船型和发动机类型对排放因子的影响。高精度船舶自动识别系统提供详细的船舶活动信息，包括海上移动服务标识、经纬度和实际速度等，有效提高了船舶排放表征精度[15,26]。

京津冀高分辨率机动车排放清单：由清华大学开发，提供京津冀地区 2017 年逐月机动车源污染物排放信息，空间分辨率为 0.01°×0.01°。清单融合了城际公路网监测数据和城市内部拥堵指数数据，利用机器学习算法和传统交通需求模型对交通流数据进行了全路网路段级别模拟，耦合基于大样本测试数据的京津冀本地化排放因子模型对常规大气污染物排放量进行了核算[27-29]。

中国秸秆露天燃烧清单：由北京工业大学开发，提供中国大陆 2017 年逐日秸秆露天燃烧源污染物排放信息，空间分辨率为 0.1°×0.1°。清单通过融合卫星数据、土地利用数据、物候数据、统计资料和实地调研等多源数据进行研发,并通过不确定性分析、数值模拟-环境观测-数学优化耦合、外场实测等手段进行了多角度评估校验[17,30]。

中国半/中等挥发性有机化合物网格化排放清单:由暨南大学开发,通过不同来源半/中等挥发性有机化合物与一次有机气溶胶排放比值的实测数据构建,提供2016年中国半/中等挥发性有机化合物网格化排放数据,空间分辨率为27 km×27 km。清单共覆盖6个主要排放来源,包括工业、民用、交通、电厂、生物质燃烧和船舶。通过蒙特卡罗模拟方法估算的排放清单不确定性为$-66\%\sim153\%$。此排放清单可作为数值模型的输入数据,用于进一步研究半/中等挥发性有机化合物对二次有机气溶胶和$PM_{2.5}$浓度的影响,从而有助于制定有效的空气污染防治策略[31]。

中国人为氯排放清单:由中山大学开发,提供中国2012和2014年人为氯排放数据,空间分辨率为$0.25°\times0.25°$。该清单基于人为活动水平数据采用排放因子方法建立,旨在为区域空气质量模拟提供活性氯物种(HCl和Cl_2)的基础输入数据,提高模型对活性氯物种和大气氧化性的模拟效果。清单涵盖两种类型的燃烧排放源(煤炭燃烧和垃圾焚烧),其中煤炭燃烧排放包括火电、工业、民用和其他煤炭燃烧过程,垃圾焚烧排放主要指垃圾焚烧站焚烧过程[32,33]。

京津冀地区人为源VOCs排放清单:由北京大学开发,基于人为活动水平数据采用排放因子方法建立,空间分辨率为3 km×3 km,旨在为京津冀地区VOCs总量控制提供数据支持,并为空气质量模拟提供基础输入数据。清单提供2013年京津冀地区人为源VOCs排放网格数据,部门包括移动源、工艺过程源、溶剂使用源、生物质燃烧源、化石燃料固定燃烧源等[34-36]。

中国高分辨率城市绿地天然源排放清单:由中国海洋大学开发,基于两套土地覆盖类型数据(分辨率分别为10 m×10 m和500 m×500 m),结合区域模式的小时气象数据,通过天然源排放通量估算模型MEGAN模拟包括异戊二烯、萜烯等在内的150余种天然源VOCs排放量。清单提供中国2015—2019年逐小时城市绿地天然源VOCs网格化排放数据,空间分辨率为27 km×27 km[37,38]。

模块二:同化再分析数据集

同化再分析数据集的建立主要包括以下内容:① 收集并更新重大研究计划已有的中国大气污染再分析数据集CAQRA,将数据集的时间范围由原来的2013—2018年更新至2013—2022年;② 基于排放源反演方法构建2013—2022年中国高分辨率$PM_{2.5}$组分模拟浓度数据集CAQRA-aerosol;③ 利用交叉验证、独立验证和国内外再分析数据集比较等方法,验证本项目构建的CAQRA及CAQRA-aerosol数据集的精度,并探讨观测数据站点变迁对再分析数据集构建的影响。本项目构建的数据同化融合算法提供了一种计算上更加经济的再分析方法,并能取得与集合卡尔曼滤波相匹配的精度,推动了同化再分析方法的发展,未来可直接应用于更高分辨率再分析数据集的制作。同时,本项目构建的常规污染物和$PM_{2.5}$组分数据集在人体健康、大气污染、气候变化及生态环境领域都具有广泛的应用潜力。

(1) 重大研究计划已有大气污染再分析数据集的收集与更新

项目组完成了重大研究计划已有再分析数据集 CAQRA(2013—2018 年,15 km×15 km、1 h 分辨率)的收集与上传[39],并基于中国科学院大气物理研究所自主研制的大气化学资料同化系统,完成了已有 CAQRA 数据集的更新(从 2018 年更新至 2022 年)与验证,得到了我国近 10 年来 6 项常规污染物浓度的时空变化。

表 7.3 和表 7.4 总结了 2019—2022 年不同污染物再分析数据同化站点验证结果和验证站点交叉验证结果统计参数。验证结果表明,再分析数据在表征我国地面污染物浓度和变化特征方面具有高精度的再现能力。在同化站点的小时尺度上,各污染物小时浓度再分析数据的 RMSE 分别为 10.2 $\mu g \cdot m^{-3}$($PM_{2.5}$)、19.1 $\mu g \cdot m^{-3}$(PM_{10})、6.1 $\mu g \cdot m^{-3}$(SO_2)、10.0 $\mu g \cdot m^{-3}$(NO_2)、200.0 $\mu g \cdot m^{-3}$(CO)及 14.0 $\mu g \cdot m^{-3}$(O_3)。在验证站点的小时尺度上,各污染物的 RMSE 分别为 13.3 $\mu g \cdot m^{-3}$($PM_{2.5}$)、24.5 $\mu g \cdot m^{-3}$(PM_{10})、7.7 $\mu g \cdot m^{-3}$(SO_2)、12.4 $\mu g \cdot m^{-3}$(NO_2)、300.0 $\mu g \cdot m^{-3}$(CO)及 17.2 $\mu g \cdot m^{-3}$(O_3)。同时,再分析数据在日均和月均尺度上也具有更好的表现。整体而言,更新的再分析数据集可以在不同时间尺度上较好地表征我国近地面 6 项常规大气污染物浓度的变化。

表 7.3 2019—2022 年不同污染物再分析数据同化站点验证结果统计参数

时间分辨率	统计参数	$PM_{2.5}$	PM_{10}	SO_2	NO_2	CO	O_3
小时	R^2	0.93	0.9	0.69	0.85	0.82	0.95
	MBE/($\mu g \cdot m^{-3}$)	−1.2	−3.6	−0.3	−1.9	−100.0	−1.7
	NMB/(%)	−2.4	−4.8	3.9	−6.2	−7.2	−1.9
	RMSE/($\mu g \cdot m^{-3}$)	10.2	19.1	6.1	10.0	200.0	14.0
日均	R^2	0.94	0.93	0.6	0.89	0.85	0.95
	MBE/($\mu g \cdot m^{-3}$)	−0.6	−3.1	0.3	−1.7	−100.0	−1.9
	NMB/(%)	−0.8	−4.0	10.2	−5.5	−7.3	−2.0
	RMSE/($\mu g \cdot m^{-3}$)	7.9	14.5	6.0	7.1	200.0	10.4
月均	R^2	0.95	0.94	0.74	0.94	0.89	0.98
	MBE/($\mu g \cdot m^{-3}$)	−0.7	−3.2	0.3	−1.8	−100.0	−1.8
	NMB/(%)	−1.0	−4.1	10.2	−5.6	−7.4	−1.9
	RMSE/($\mu g \cdot m^{-3}$)	4.4	9.2	3.3	5.1	100.0	6.6

注:统计参数包括线性回归决定系数 R^2、平均偏差误差 MBE、归一化平均偏差 NMB、均方根误差 RMSE。

表 7.4 2019—2022 年不同污染物再分析数据验证站点交叉验证结果统计参数

时间分辨率	统计参数	$PM_{2.5}$	PM_{10}	SO_2	NO_2	CO	O_3
小时	R^2	0.87	0.84	0.55	0.77	0.73	0.92
	MBE/($\mu g \cdot m^{-3}$)	−1.1	−4.4	0.2	−2.3	−100.0	−1.8
	NMB/(%)	−1.7	−5.7	10.5	−7.7	−9.4	−1.7
	RMSE/($\mu g \cdot m^{-3}$)	13.3	24.5	7.7	12.4	300.0	17.2
日均	R^2	0.91	0.89	0.52	0.84	0.79	0.92
	MBE/($\mu g \cdot m^{-3}$)	−0.6	−3.9	0.7	−2.1	−100.0	−1.9
	NMB/(%)	−0.2	−4.9	16.6	−7.1	−9.4	−1.9
	RMSE/($\mu g \cdot m^{-3}$)	9.7	17.8	6.9	8.6	200.0	12.3
月均	R^2	0.92	0.91	0.68	0.91	0.85	0.96
	MBE/($\mu g \cdot m^{-3}$)	−0.7	−3.9	0.7	−2.2	−100.0	−1.9
	NMB/(%)	−0.3	−5.0	16.6	−7.1	−9.5	−1.8
	RMSE/($\mu g \cdot m^{-3}$)	5.6	11.3	4.1	6.2	200.0	8.0

注：统计参数包括线性回归决定系数 R^2、平均偏差误差 MBE、归一化平均偏差 NMB、均方根误差 RMSE。

(2) 中国高分辨率 $PM_{2.5}$ 组分模拟浓度数据集的建立

由于全国尺度和长时间气溶胶组分观测数据的缺乏，我们难以通过直接同化气溶胶组分观测数据来构建气溶胶组分再分析数据集，因此，本项目基于集合卡尔曼滤波发展了一个多污染物源反演系统。该系统通过同化气溶胶组分前体物的观测数据来约束前体物排放清单[40]，并利用高分辨率数值模拟手段重构 2013—2022 年我国气溶胶组分的网格化浓度分布，具体技术路线如图 7.3 所示。

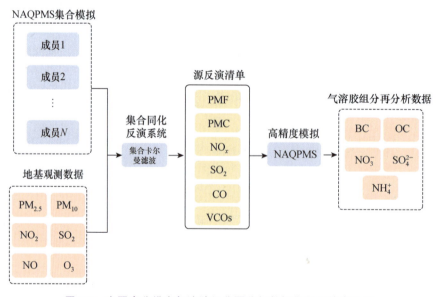

图 7.3 中国高分辨率气溶胶组分再分析数据集制作技术路线

基于反演清单,本项目利用数值模拟的方式对 2013—2022 年我国气溶胶组分浓度进行了 15 km×15 km 分辨率的重构,构建了一个基于源反演清单的 $PM_{2.5}$ 组分模拟浓度数据集 CAQRA-aerosol。该数据集包含 BC、OC、SO_4^{2-}、NO_3^- 和 NH_4^+ 共五类气溶胶组分的小时浓度数据。由于缺乏长时间全国尺度的组分观测数据,本项目使用中国环境监测总站华北地区组分观测网在 2016—2018 年两个采暖季期间的观测结果对同化数据产品进行了验证[41,42]。2016—2017 年采暖季和 2017—2018 年采暖季华北地区 $PM_{2.5}$ 组分日均浓度观测值与 CAQRA-aerosol 模拟值对比分别如图 7.4 和图 7.5 所示。由于 2016—2017 年采暖季 BC 数据缺测较多,因此未进行该时段 BC 浓度的对比。

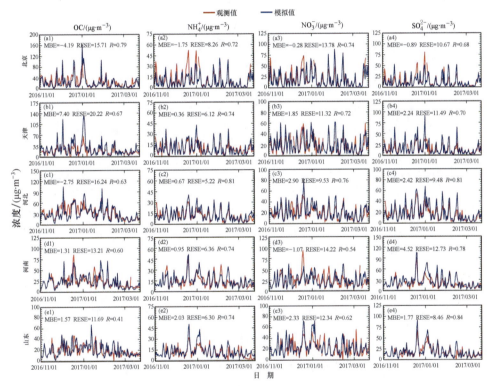

图 7.4　2016—2017 年采暖季华北地区 $PM_{2.5}$ 组分日均浓度观测值与 CAQRA-aerosol 模拟值对比:从上至下依次为北京、天津、河北、河南和山东不同区域的对比结果,从左至右依次为 OC、NH_4^+、NO_3^- 和 SO_4^{2-} 不同 $PM_{2.5}$ 组分的对比结果

对比结果表明,CAQRA-aerosol 能很好地表征我国华北地区 OC、BC、NH_4^+、NO_3^- 和 SO_4^{2-} 的浓度变化特征。在 2016—2017 年采暖季(图 7.4),OC、NH_4^+、NO_3^- 和 SO_4^{2-} 模拟结果与观测结果的 R 分别为 0.41~0.79、0.72~0.81、0.54~0.76 和 0.68~0.84,MBE 分别为 -4.19~7.40 $\mu g \cdot m^{-3}$、-1.75~2.03 $\mu g \cdot m^{-3}$、-1.07~2.90 $\mu g \cdot m^{-3}$ 和 -0.89~4.52 $\mu g \cdot m^{-3}$。在 2017—2018 年采暖季(图 7.5),

CAQRA-aerosol 同样取得了较好的模拟效果，OC、BC、NH_4^+、NO_3^- 和 SO_4^{2-} 模拟结果与观测结果的 R 分别为 0.54～0.71、0.38～0.60、0.75～0.86、0.49～0.82 和 0.61～0.87，MBE 分别为 -0.96～3.72 $\mu g \cdot m^{-3}$、-1.91～2.90 $\mu g \cdot m^{-3}$、-4.33～0.37 $\mu g \cdot m^{-3}$、-6.12～3.61 $\mu g \cdot m^{-3}$ 和 -3.32～-0.22 $\mu g \cdot m^{-3}$。

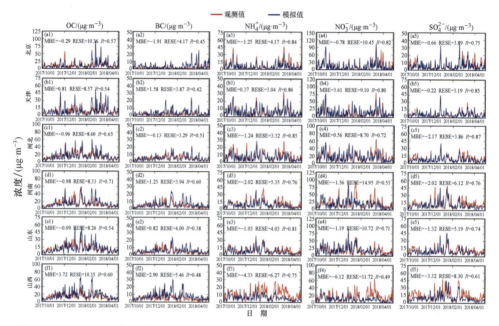

图 7.5　2017—2018 年采暖季华北地区 $PM_{2.5}$ 组分日均浓度观测值与 CAQRA-aerosol 模拟值对比：从上至下依次为北京、天津、河北、河南、山东和山西不同区域的对比结果，从左至右依次为 OC、BC、NH_4^+、NO_3^- 和 SO_4^{2-} 不同 $PM_{2.5}$ 组分的对比结果

除华北地区外，项目还收集了珠三角地区 2015—2016 年的组分观测数据，从而对 CAQRA-aerosol 数据集在我国不同地区的精度进行了验证。对比结果表明，不同物种组分数据与观测值的偏差为 -0.25～0.21 $\mu g \cdot m^{-3}$，RMSE 为 1.3～5.2 $\mu g \cdot m^{-3}$，说明 CAQRA-aerosol 数据集在珠三角地区也有较好的应用潜力。

除了与近地面组分观测浓度的对比验证外，项目还收集了 CAMSRA 数据集的近地表化学组分浓度数据，并与 CAQRA-aerosol 数据集进行了比较分析。如图 7.6 所示，将 2017—2018 年采暖季华北地区 $PM_{2.5}$ 组分观测数据与 CAMSRA 和 CAQRA-aerosol 数据集分别进行比较，结果表明 CAQRA-aerosol 数据与观测结果的相关性明显优于 CAMSRA。此外，相比于 CAQRA-aerosol，CAMSRA 数据集对于华北地区 BC 和 SO_4^{2-} 物种浓度存在明显高估，而对于 NH_4^+ 和 NO_3^- 物种浓度则存在明显低估。

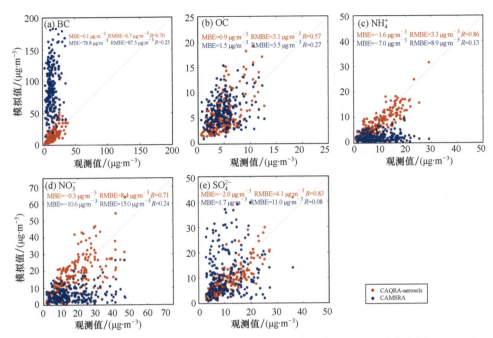

图 7.6　2017—2018 年采暖季华北地区 $PM_{2.5}$ 组分观测数据与 CAMSRA（蓝点）和 CAQRA-aerosols（红点）数据集对比

(3) 再分析数据集的校验及其与已有数据集的对比

① 地面观测网站点数变化对再分析数据集的影响。

同化系统中的地面观测站点数在全国观测网的不断建设和完善中会不断增加，例如，从 2013 年的 307 个站点增加到 2015 年的 1322 个站点。站点数的变化可能会使数据同化结果发生变化。为了评估观测站点数增加对再分析数据集的影响，本项目基于 2013—2018 年我国地面观测站的 $PM_{2.5}$ 和 O_3 逐小时浓度数据、NASA 社会经济数据和应用中心（SEDAC）提供的我国 2015 年人口数据，以及 MEIC 排放清单的 NO_x 和 VOCs 网格数据，评估了地面观测网格站点数变化对再分析数据集中 $PM_{2.5}$ 和 O_3 浓度变化趋势的影响[43]。

结果表明，虽然 2013—2018 年间我国空气质量观测站点增加了上千个，但这些新增站点对 $PM_{2.5}$ 全国平均浓度评估的影响相对较小，表明我国 $PM_{2.5}$ 污染具有很强的区域性。与全国平均浓度情况类似，在京津冀、长三角、珠三角、川渝、两湖（湖北、湖南）和汾渭平原 6 个城市群中，利用基准监测网（仅包括 2013 年初始的 307 个观测站点）和动态观测网（包括所有观测站点，总站点数目逐年变化）观测数据同化得到的 $PM_{2.5}$ 年均浓度下降趋势无明显差别，但浓度值存在不同程度的差异。在川渝、两湖和汾渭平原地区，基于动态观测网计算的 $PM_{2.5}$ 年均浓度低于基于基准观测网计算的 $PM_{2.5}$ 年均浓度；但在京津冀和长三角地区,基于动态观测网计算的 $PM_{2.5}$ 年均浓度高于基于基准观测网计算的 $PM_{2.5}$ 年均浓度;在珠三角地区,基于两个观测网计算得到的 $PM_{2.5}$ 年均浓度差异小于 $1\ \mu g \cdot m^{-3}$,可忽略不计。导致这种城市群间结果不同的可能原因是各城市群观测站点变迁情况存在差异。

与 $PM_{2.5}$ 不同,基于基准观测网和动态观测网计算得到的全国 O_3 浓度的变化趋势存在显著差异,甚至部分年份的趋势相反。2015 年,基于动态观测网计算得到的全国 O_3 浓度相对 2014 年出现明显下降,而基于基准观测网计算得到的同期变化趋势是轻微上升。同时,基于两个观测网计算得到的全国 O_3 浓度差异也十分显著,基于动态观测网计算得到的 O_3 浓度低于基于基准观测网计算得到的 O_3 浓度,差异达到 $1.4 \sim 5.1\ \mu g \cdot m^{-3}$,且最大差异出现在 2015 年。由此可见,动态观测网中的新增站点不但会使得基于两个观测网计算得到的 O_3 浓度变化在 2014—2015 年间呈现相反趋势,而且会使得基于动态观测网计算得到的全国 O_3 浓度低于基于基准观测网的计算结果。对于不同区域,结果显示除京津冀和珠三角地区外,动态观测网中的新增站点对川渝、两湖、汾渭平原和长三角地区的 O_3 平均浓度评估的影响都十分显著,因此需要充分考虑观测站点变迁对这些区域 O_3 浓度评估的影响。

② 对比多个数据集及它们对中国 O_3 浓度变化趋势评估的影响。

项目进一步开展了多个数据集的对比并研究了它们对中国 O_3 浓度变化趋势评估的影响,主要利用三类数据集——观测数据集、大气成分数据集 TAP 和再分析数据集 CAQRA,结合曼-肯德尔显著性检验和泰尔-森估计对中国暖季(4—9月)的 O_3 浓度变化趋势进行评估。

结果表明 TAP 和 CAQRA 数据集中 O_3_MDA8(O_3 日最大 8 小时滑动平均浓度)变化趋势的整体空间分布有相似之处,但也存在差异:如在华北和华东地区,两个数据集均表现出明显的 O_3 浓度上升趋势,特别是在安徽省,但是 O_3 浓度呈现下降趋势的地区分布不同。TAP 中仅在极小范围内呈现 O_3 浓度下降趋势,而 CAQRA 中呈现 O_3 浓度下降趋势的站点覆盖范围较广,占全部网格的 24%。从变化速率上看,TAP 和 CAQRA 的全国 O_3 变化速率均值分别为 $(2.53 \pm 0.93)\mu g \cdot m^{-3} \cdot a^{-1}$ 和 $(0.67 \pm 1.18)\mu g \cdot m^{-3} \cdot a^{-1}$,均表现出明显的上升趋势,但升高速率存在差异。在 6 个重点区域中,京津冀、汾渭平原和长三角地区在两个数据集中的 O_3 浓度上升趋势均高于全国平均水平,而川渝地区均低于各自数据集的全国平均水平。TAP 中 O_3 浓度上升趋势最明显的区域是长三角地区$[(3.54 \pm 1.59)\mu g \cdot m^{-3} \cdot a^{-1}]$,升高速率最低的是川渝地区$[(1.68 \pm 0.64)\mu g \cdot m^{-3} \cdot a^{-1}]$。CAQRA 中 O_3 上升趋势最明显的区域是汾渭平原$[(2.71 \pm 1.20)\mu g \cdot m^{-3} \cdot a^{-1}]$,升高速率最低的是川渝地区$[(0.56 \pm 0.84)\mu g \cdot m^{-3} \cdot a^{-1}]$。

通过曼-肯德尔检验方法对两个数据集的 O_3 浓度变化趋势进行显著性检验。结果表明，TAP 中大多数网格点 O_3 浓度均呈现出显著性上升趋势，而 CAQRA 中显著性上升趋势的网格点占比明显较低，并存在 O_3 浓度显著下降的网格点（图 7.7）。在 TAP 和 CAQRA 中，全国范围内 O_3 浓度具有显著性（$p<0.05$）变化趋势的网格点占比分别为 94.9% 和 30.8%，其中 O_3 浓度呈现显著增长趋势的网格点的占比分别为 94.9% 和 28.1%，呈现显著下降趋势网格点的占比分别为 0 和 2.7%。在 6 个子区域中，TAP 网格大部分呈现出 O_3 浓度显著（$p<0.05$）增长趋势，CAQRA 网格中呈现 O_3 浓度显著增长趋势的网格点占比较 TAP 少，其中 CAQRA 呈现 O_3 浓度显著增长趋势网格点占比最大的区域是汾渭平原（87.1%），占比最小的区域是珠三角地区（7.5%）。

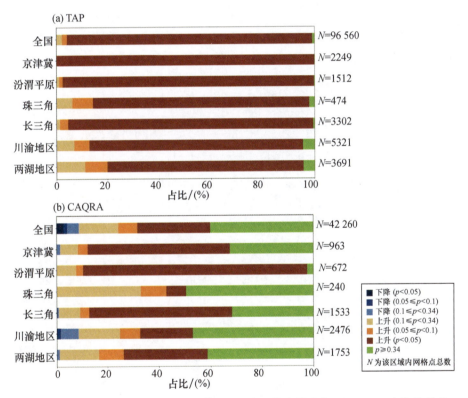

图 7.7　2015—2020 年 TAP（a）和 CAQRA（b）中网格点的全年 O_3_MDA8 变化趋势的曼-肯德尔显著性检验

模块三：外场观测数据集

外场观测模块收集了重大研究计划资助的 28 个项目共计 41 个站点的外场观测数据，数据量约 139 GB，数据观测时间范围为 2011—2021 年。观测站点主要位于人口密集的京津冀、长三角、珠三角、川渝地区等区域，涵盖了城市、郊区、农村、山地等环境类型。

外场观测数据具有站点分散、时空不连续、数据格式复杂等特点,因此本项目建立了完善的三级数据分类集成方法:数据一级分类＋数据二级分类＋变量名,最终形成了221个有效数据集,数据变量覆盖了大气环境研究中的多个关键领域。外场观测数据的一级分类包括:

(1) 云特性参量:具体指云的宏观物理特性,共5个数据集[44,45]。

(2) 大气状态参量:包括边界层大气状态参量,共8个数据集[45-47];近地面大气状态参量,共95个数据集[48-52];高层大气状态参量,共16个数据集[45,46,53]。

(3) 气溶胶参量:包括气溶胶光学和辐射特性,共11个数据集[54,55];气溶胶物理和化学特性,共77个数据集[45,48-50,54-62];气溶胶其他参量,共8个数据集[63,64]。

(4) 其他参量:共1个数据集[45]。

云的宏观物理特性变量主要包括云底高度、云边界和云垂直结构。大气状态参量和气溶胶参量的详细信息如图7.8所示,其他参量则主要包括质谱所测离子的质量亏损。

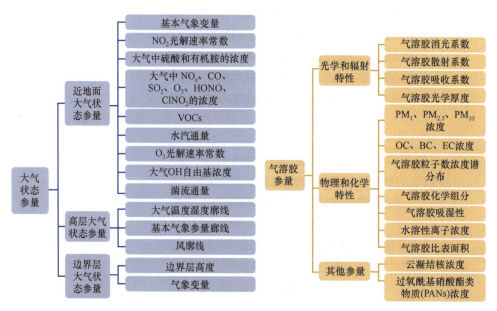

图7.8 大气状态参量和气溶胶参量所包含的观测变量信息

项目建立了完善的外场观测数据说明文件,提供详细的使用指南,包括数据来源、数据分类、采样站点、采样仪器、有效观测时间、数据类型、数据格式和数据使用方法。详细的数据说明文件便于用户更好地理解和应用数据。站点信息包括地理位置和周边环境,为用户提供观测站点的背景信息;采样仪器的说明详细介绍了使用的设备和仪器,确保用户了解数据的采集工具和方法;有效观测时间帮助用户了解数据的时间覆盖范围和时序特征;数据类型和格式的说明有助于用户在使用过程中避免误解和处理错误。

为规范数据集的分类和命名,本项目确保数据集的一级目录和二级目录具备一致的命名规则,并制定了站点命名规则,确保站点名称简洁、清晰。

模块四:卫星观测数据集

本项目收集了重大研究计划资助的 1 个项目产出的 1 个卫星观测数据集,该数据集由中国科学技术大学刘诚团队提供(项目号:91544212)。同时项目组收集了 9 个近地表常规大气污染物浓度卫星反演数据集,这些数据集由马里兰大学韦晶团队提供。10 个卫星观测数据集的数据量约为 200 GB。

(1)卫星观测 NO_2 柱浓度数据集

刘诚团队利用对流层观测仪(TROPOMI)进行观测,去除无效观测数据后,基于欧洲航天局 Sentinel-5P 卫星数据光谱(有效空间分辨率为 3.5 km×5.5 km),自主开发了包括光谱反演、对流层分离、辐射传输计算的全流程 NO_2 反演算法,得到了 2019—2022 年全球日均 NO_2 柱浓度分布数据。数据采用 NetCDF 文件格式存储并上传,包含纬度、经度、对流层 NO_2 柱浓度、整层 NO_2 柱浓度、重格点过程中生产的权重因子等参量[65]。

(2)中国高分辨率多物种长期大气污染物浓度数据集

本项目收集了非重大研究计划产出的 9 个中国高分辨率、高质量 $PM_{2.5}$、PM_1、PM_{10}、O_3、NO_2、SO_2、CO 数据集,时间分辨率为小时、日、月、年,空间分辨率为 10 km×10 km、5 km×5 km 或 1 km×1 km,数据集信息如表 7.5 所示。这些数据集基于大气物理模型或人工智能方法,发展和优化了大气参数定量化信息反演算法或模型,利用多源卫星传感器的优势,生产出多种高分辨率、高精度的大气参量卫星遥感产品,相关数据产品同时也被收集在中国高质量空气污染数据集(China High Air Pollutants,CHAP)中[66-72]。

表 7.5 中国大气污染物卫星观测数据集信息

组分	时间范围/年	时间分辨率	空间分辨率
$PM_{2.5}$	2000—2021	日、月、年	1 km×1 km
$PM_{2.5}$	2018	小时	5 km×5 km
PM_1	2014—2018	日、月、年	1 km×1 km
PM_{10}	2000—2021	日、月、年	1 km×1 km
O_3	2013—2020	日、月、年	10 km×10 km
NO_2	2019—2020	日、月、年	1 km×1 km
NO_2	2013—2020	日、月、年	10 km×10 km
SO_2	2013—2020	日、月、年	10 km×10 km
CO	2013—2020	日、月、年	10 km×10 km

模块五：实验室测量数据集

实验室测量数据集收集了重大研究计划产出的共计400余条实验室数据，所有数据均已发表。平台中的实验室数据分为物理化学性质和化学反应参数两大类，并进一步细分为6个数据集，包括潮解点与风化点[73]、吸湿性[74-88]、二次有机气溶胶产率[89-100]、非均相反应摄取系数[101-116]、气相反应速率常数[117-129]与液相反应速率常数[130-140]。此外，根据实验室参数的特点，本项目将数据集分为两级：一级数据为已发表的实验室参数汇总，二级数据为特邀专家针对特定参数的全面文献综述给出的建议值。在以上6个数据集中，潮解点与风化点为二级数据集。每个数据集均支持数据检索、查询、下载等多种功能。每条数据都包含详尽的测量条件、测量方法及数据来源等信息，便于不同专业程度的用户进行甄别和下载。

（1）5套一级数据集

通过整理重大研究计划资助的已发表实验室参数数据，项目组对所涉及的140余篇论文进行了分类。根据研究内容，将所含数据细分为吸湿性、气相反应速率常数、液相反应速率常数、非均相反应摄取系数和二次有机气溶胶产率5个小类。基于研究成果，从论文中提取了具体的400余条参数数据，作为数据共享平台的可检索条目。针对不同数据的特点，建立了相应的标准化采集模板，以便未来可以补充更多数据。考虑到不同实验条件下测量所得参数可能存在差异，采集模板不仅包括参数本身，还包含详尽的测量条件信息（如温度和湿度等）、测量方法信息（如反应器类型、测量仪器等）及参数发表信息（如论文DOI等），以便用户进行对比与溯源。

（2）1套二级数据集

项目在一级数据集之外，还邀请了参与重大研究计划的专家（如中国科学院广州地球化学研究所唐明金研究员），对常见无机盐的潮解点与风化点的文献值进行了汇总整理，并提出了推荐使用值，形成了1套二级数据集。

模块六：源谱数据集

源谱数据模块共汇集了5个重大研究计划资助项目所产出的源谱数据，涵盖燃煤源、生物质燃烧源、机动车源和工业源等源类，涉及的组分包括碳质组分、二次无机离子、金属元素、颗粒相有机物、VOCs、IVOCs、羰基化合物（CCs）及有机胺等[141-154]。5个重大研究计划资助项目所产出的源谱数据介绍如下：

源谱数据集一（项目名称：高时间分辨率大气细颗粒物动态来源解析与综合校验方法体系的研究），所产出的源谱数据包含工业燃烧源、工艺过程源、道路移动源、非道路移动源、民用燃烧源、生物质开放燃烧源与畜牧源等类别，测量的组分包括碳质组分、无机离子、元素、多环芳烃/正构烷烃、IVOCs、羰基化合物与有机胺等。源样品采集地点包含上海、河南、河北、山东、哈尔滨、渤海、黄海、东海等多个区域,采集时间主要为2017—2020年。数据集已去除无效数据,不确定性由标准偏差表示。

源谱数据集二(项目名称:长三角排放清单的优化集成与综合校验),所产出的源谱数据分为集成源谱与实测源谱两部分。集成源谱数据集中汇总了移动源、固定燃烧源、工艺过程源、溶剂使用源、储存运输源及其他来源的VOCs成分谱,实测源谱则主要汇集了工业源的VOCs成分谱。源样品采集地点主要在南京、苏州、南通等地区,采样时间为2014年、2018—2019年。

源谱数据集三(项目名称:气候变化背景下光化学活跃区大气氧化性演变对近地面臭氧污染的影响研究),主要提供挥发源VOCs的源谱信息,并探究了不同温度下VOCs的排放因子与排放浓度。数据包含不同温度下不同汽油挥发排放的总碳氢有机气体、C2~C12的烃类、TO-15醛酮类VOCs的排放因子,及不同温度下油性漆和水性漆挥发排放的C2~C12的烃类、TO-15醛酮类VOCs的排放浓度。观测地点为厦门、上海等地区,时间集中在2020年8月。

源谱数据集四(项目名称:燃煤源微细颗粒物的生成机理及排放因子研究),所提供的数据主要为工业源、燃煤源等排放颗粒物的去除效率。观测地点主要为西安、保定、白水等地区,观测时间集中在2017—2018年。

源谱数据集五(项目名称:生物质燃烧二次有机气溶胶的生成模拟及特征研究),主要测量了生物质燃烧源的源谱,所测量的组分包含碳质组分、无机离子、元素、颗粒相有机组分及VOCs等。源样品主要采集于西安,采集时间为2018年。

为使用户直观了解源谱数据的内容与适用性,本项目为每个源谱数据集制定了统一、规范的数据说明文件。这些文件提供了关于源谱数据集的详细信息,包括数据来源、数据类别、源类别、采样地点、采样仪器、测量组分及相应的方法、观测时间范围、数据文件类型、数据单位和相关文献等内容。同时,对数据质量控制方法和数据文件的使用方法也进行了详尽描述。

模块七:新测量技术报告

项目在确立了专家组-工作组协同下的工作组织框架后,完成了11项新测量技术评估报告(表7.6),以及NO_x、HONO和OH的实验室与外场比对工作[155-165]。

(1)确立工作组织框架

新测量技术评估拟以第三方评价的视角,促进新技术的研发与市场化,并对其进行详细介绍,因此首先需要确定新测量技术评估的标准体系和工作组织框架。本项目建立了由专家组和工作组协同运作的工作组织框架,其中,工作组负责技术报告的撰写及新测量技术比对实验的组织协调,专家组则负责确立新测量技术评估标准并审定评估报告。目前,新测量技术评估的标准包括两项:是否提供了优越的技术指标或新测量原理,以及是否通过实验室和外场比对实验进行验证。

(2) 确立新测量技术评估报告的核心内容

围绕新测量技术评估标准,技术报告着重总结了两方面的内容:一是新技术、新原理或新参数的提炼,二是新测量技术比对实验和市场化情况介绍。其中,新测量技术比对实验和市场化介绍部分提供了翔实的数据和图表,撰写标准参照专业SCI期刊的要求。截至本项目结题时,已完成了11项新测量技术评估报告的撰写、审核和网页展示。其中,光谱新技术7项,观测参数涵盖大气化学核心参数,包括自由基和活性氮氧化物,技术水平已达国际一流水平;质谱技术2项,主要围绕气溶胶监测,核心技术实现了全面国产化,仪器技术指标接近商业化仪器水平;集成技术2项,聚焦活性物种的地气交换通量和大气气溶胶动力学表征,为该领域研究提供了全新的测量方法。

模块八:源解析技术报告

重大研究计划资助项目中共有4项源解析技术相关课题(表7.6),因此源解析技术模块共收录了4项技术报告[8, 166-168]。所有报告的正文框架统一,包含:科学背景、技术原理、质量保证与控制、应用示范、技术创新点、进一步研究与商业推广计划、参考文献等部分。技术报告对相关项目中所应用的源解析技术进行了细致、系统的介绍与评估,为今后源解析研究提供了重要参考。

在上述八大数据集模块的构建过程中,为确保所采集数据的可靠性和准确性,项目组多次与各项目负责人沟通,确认了数据分类的规范性和合理性。每个数据集说明文件的英文均经过人工翻译和校对,确保翻译文本的准确性和专业性,最终形成了中英文对照版本的数据说明文件,为国际用户提供了易于理解的信息,使国际研究者能够深入理解并有效应用相关数据集,从而推动了科学界的国际交流。

表7.6 新测量技术与源解析技术信息

技术	分类	技术名称	负责人
新测量技术	光谱技术	腔衰荡光谱吸收技术测量夜间 NO_3 自由基和 N_2O_5	胡仁志
		激光诱导荧光法测量大气环境中 HO_x 自由基(中国科学院安徽光学精密机械研究所)	胡仁志
		激光诱导荧光法测大气环境中 HO_x 自由基(北京大学)	陆克定
		振幅调制腔增强 NO_2 分析仪	赵卫雄
		基于迭代算法的宽带腔增强吸收光谱测量 HONO 和 NO_2	秦敏
		大气 OH 反应活性测量仪	张为俊
		大气过氧自由基测量仪	张为俊
	质谱技术	真空紫外光电离气溶胶质谱仪	唐小锋
		微波放电流动管光电离质谱测过氧自由基	张为俊
	集成技术	大气超细颗粒物凝结增长动态过程在线分析关键技术及机理研究	刘建国
		开顶动态箱法测量农田土壤 HONO 交换通量	牟玉静

续表

技术	分类	技术名称	负责人
源解析技术	/	基于近质量闭合的实时源解析技术	黄晓锋
		大气有机颗粒物的在线源解析与动态定量方法体系	黄汝锦
		基于多元同位素、受体模型和空气质量模型融合的源解析方法学及结果检验优化技术	陈颖军
		基于常规组分和新型组分的源解析技术	高健

7.4.3 建立大气复合污染综合数据共享平台

本项目建立了中国大气复合污染综合数据共享平台，网址为 https://www.capdatabase.cn，集成并上传了前面介绍的重大研究计划产出的多类型数据，与国内外广大科技工作者共享。该平台主要包含首页、项目查询、数据资源下载、数据可视化、关于平台、开放统计、中英文切换、个人中心八大内容与功能，以及八大数据模块(图 7.9)。

1. 首页

平台首页直观地展示了数据平台所包含的主要内容。首页顶部设置了七大内容与功能的入口，展示了平台的标志与名称，并提供检索框以支持数据资源的搜索。首页左侧列有八大数据模块的链接，用户可点击跳转至相应模块的详细界面；中央展示了数据平台的概念图及其他数据集的可视化示例；右侧列出了平台上传的最新数据集，方便用户了解最新资源动态；下方则展示了重大研究计划支持项目数、数据集数量、数据容量、数据下载次数和平台访问次数等统计信息。

图 7.9 中国大气复合污染综合数据共享平台首页

同时，平台网站与八大数据模块均拥有独立的 DOI，DOI 前缀统一为 doi.org/10.12423/，完整 DOI 如表 7.7 所示。

表 7.7 中国大气复合污染综合数据共享平台与各数据模块的 DOI

序号	对象	DOI
1	平台网站	doi.org/10.12423/capdb_PKU.20200101
2	污染源清单数据	doi.org/10.12423/capdb_PKU.2023.EI
3	同化再分析数据	doi.org/10.12423/capdb_PKU.2023.DA
4	外场观测数据	doi.org/10.12423/capdb_PKU.2023.OB
5	卫星观测数据	doi.org/10.12423/capdb_PKU.2023.SAT
6	实验室测量数据	doi.org/10.12423/capdb_PKU.2023.LAB
7	源谱数据	doi.org/10.12423/capdb_PKU.2023.SOURCE
8	新测量技术	doi.org/10.12423/capdb_PKU.2023.TECH
9	源解析技术	doi.org/10.12423/capdb_PKU.2023.SA

经项目团队与设计师的讨论和共同努力,结合网站名称(CAP 首字母缩写)、共享数据理念(云空间、科技粒子)与数据助推环保概念(绿叶、水滴等环保元素),最终设计出两款平台徽标方案(图 7.10),以满足会议或报告等不同场景的需求。

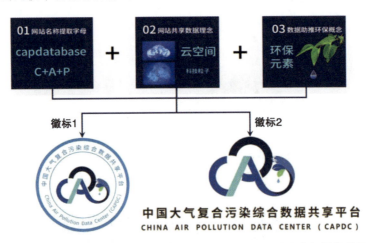

图 7.10 中国大气复合污染综合数据共享平台徽标设计方案与最终效果

2. 项目查询

平台设计了项目查询功能,以便用户准确、快捷地查找所需数据的项目信息。项目查询页展示了项目的具体信息,包括重大研究计划简介、项目展示、资讯动态和研究进展四个部分。重大研究计划简介部分介绍了本平台所依托的重大研究计划的背景;项目展示部分提供了对重大研究计划所支持的 70 余个项目的检索、数据上架状态查询、详细信息查看等功能;资讯动态部分提供了与重大研究计划及本平台相关的最新资讯信息;研究进展部分展示了重大研究计划资助的最新科学研究进展与成果。同时,项目简介界面与项目数据产品界面实现了双向链接,用户可双向访问。

3. 数据下载

数据下载部分提供污染源清单数据、同化再分析数据、外场观测数据、卫星观测数据、实验室测量数据、源谱数据、新测量技术和源解析技术八大数据模块的详细信息，并提供多种筛选方法，可下载相关数据与报告，不同模块已上架数据集情况如表7.8所示。

表7.8 八大模块数据集的数据量、数据集个数等基本情况

序号	数据类别	数据量	数据集个数	关联的项目个数
1	污染源清单数据	5 GB	10	11
2	同化再分析数据	1500 GB	4	3
3	外场观测数据	139 GB	221	28
4	卫星观测数据	200 GB	10	1
5	实验室测量数据	127 kB	6	8
6	源谱数据	4.03 MB	5	5
7	新测量技术	8.69 MB	11项技术	9
8	源解析技术	10 MB	4项技术	4

（1）污染源清单数据

本部分已共享10个数据集，包括中国高分辨率大气污染物集成清单、中国多尺度排放清单 MEIC（以链接形式共享）、东亚船舶排放清单、中国半/中等挥发性有机化合物网格化排放清单、中国秸秆露天燃烧清单、中国人为氯排放清单、长三角大气污染物排放清单、京津冀地区人为源 VOCs 排放清单、京津冀高分辨率机动车排放清单和中国高分辨率城市绿地天然源排放清单。目前在平台共享的清单覆盖多种时间（年、月、日、小时）和空间（亚洲、中国大陆、区域、城市）尺度，排放源类型包括人为源（工业、电力等）和自然源。除常规大气污染物（$PM_{2.5}$、PM_{10} 和 SO_2 等）外，平台还共享大气氯（Cl_2、HCl）和挥发性有机物等污染物排放清单。排放清单数据产品介绍页面展示了各清单的基本信息，包含相关项目名称、项目号、项目负责人、共享方式、数据集摘要、数据示例、引用论文与统计信息等内容，并包含数据提供团队的联系方式，便于用户快速获取数据产品相关信息。

（2）同化再分析数据

本部分包括4个数据集，即中国高分辨率大气污染再分析数据集、中国高分辨率 $PM_{2.5}$ 组分模拟浓度数据集、CAMS 全球再分析数据集（EAC4）与中国东部三大区域 $PM_{2.5}$ 反演浓度数据集。这些同化数据集的时间分辨率为小时或日，空间范围涵盖中国东部、中国或全球，数据包括常规大气污染物、地面气象要素和大气成分等。其中，CAMS 全球再分析数据集为非重大研究计划资助的数据集，仅提供数据集链接。其余3个数据集的界面提供相关项目名称、项目编号、项目负责人及联系

方式、共享方式、数据集摘要、基本信息、数据示例、引用论文和统计信息等内容。

中国高分辨率大气污染再分析数据集和中国高分辨率 $PM_{2.5}$ 组分模拟浓度数据集支持直接下载、筛选下载和地图下载等多种方式,用户可以根据时间范围、时间分辨率、地理位置等条件进行自定义下载。

(3) 卫星观测数据

本部分包含 10 个数据集,涵盖 PM_1、$PM_{2.5}$、PM_{10} 等颗粒物浓度,以及 O_3、SO_2、NO_2、CO 等污染气体浓度。每个数据集界面同样包含数据提供团队的联系方式等详细信息。

(4) 外场观测数据

本部分包含 221 个数据集,分为云特性参量、大气状态参量、气溶胶参量与其他参量等数据类别,可根据站点、地图范围等进行数据检索与筛选下载。数据集界面提供的信息包括对外场观测站点环境的介绍和观测仪器信息等。

(5) 实验室测量数据

本部分包含 6 个数据集,可分为物理化学性质和化学反应参数 2 个类别,进一步又可分为 5 个一级数据集和 1 个二级数据集。在数据集产品介绍页,用户可根据物种类别、反应条件、反应参量等信息检索相关数据,以便查找所需参量。针对一级数据,包含详尽的测量条件信息(如温度、湿度等)、测量方法信息(如反应器类型、测量仪器等)、源文献链接(如 DOI 等),便于用户甄别数据适用条件,实现文献溯源。针对二级数据,不仅给出了推荐值,还提供数据来源详情(关于该参数的文献汇总),可满足用户不同层次的需要。

(6) 源谱数据

本部分包含 5 个重大研究计划资助项目所产出的 5 个数据集,涵盖燃煤源、生物质燃烧源、机动车源和工业源等多种源类,包括碳质组分、水溶性离子、金属元素、颗粒相有机物、VOCs、IVOCs、羰基化合物和有机胺等化学组分。

(7) 新测量技术与源解析技术

新测量技术部分包含 7 份光谱技术报告、2 份质谱技术报告和 2 份集成技术报告,源解析技术部分包含 4 份源解析技术报告。报告格式统一、结构完整,介绍科学背景、技术原理、质量保证与控制、应用示范、技术创新点、进一步研发与商业推广计划、参考文献等内容,同时提供相关技术研发团队的联系方式、项目名称、项目号等信息。

4. 数据可视化

平台中的同化再分析、污染源清单、卫星观测等数据具备在线可视化功能。用户可以根据参数类型、时间范围、时间分辨率等条件筛选数据,然后选择进行数据静态可视化,查看某一时间节点内参数的空间分布,或通过轮播功能进行动态可视化,观察某段时间内参数的变化趋势。平台支持可视化产品的静图或动图下载,以所见即所得的方式,更直观地展示数据信息。

5. 关于平台

该部分包含各数据集简介、数据使用协议、平台联系方式等信息。数据使用协议详细规定了用户对数据的使用权限,用户使用本平台提供的数据产品之前,需仔细阅读并同意数据使用协议内容,协议具体信息如下:

(1) 在会议报告、论文发表等各种方式下使用本平台数据时,① 需致谢:"国家自然科学基金大气复合污染重大研究计划数据集成项目(项目号:92044303, https://www.capdatabase.cn)";② 发表论文时需引用数据提供者的相关研究成果。

(2) 用户通过本网站注册申请账号(https://www.capdatabase.cn/register)。账号注册仅支持单位邮箱,用户在线填写姓名、手机号、邮箱、所属单位及数据用途后,经平台管理员审批通过即可激活账户,开始下载平台的数据产品。

(3) 本平台提供的数据仅供非商业用途使用,未经本平台书面授权之前,任何单位和个人不得将数据用于商业用途。商业机构使用本平台数据的行为均被视为商业用途,需事先获得本平台团队授权(联系方式:wangtianxiao@pku.edu.cn)。

(4) 用户不得私自有偿、无偿向第三方转让本平台数据及账号,用户应自行承担因违反此要求而导致的责任。本平台保留追究上述行为人法律责任的权利。

(5) 用户在使用数据过程中需保证数据的完整性和独立性。未经本平台允许,任何用户不得将从平台获得的数据以原始形式或修改后的形式纳入其他数据产品或模型中。

同时,在用户进行数据下载时,平台也会通过弹窗的形式再次提醒用户致谢、引用相关项目与研究成果,充分保障数据提供者的权益。数据下载时的提示弹窗如图 7.11 所示。

图 7.11　中国大气复合污染综合数据共享平台数据下载时的提示弹窗

6. 中英文切换

本平台界面可进行中英文切换,各数据集介绍、数据使用说明和相关项目信息介绍等主要由数据提供团队进行英文翻译。平台的英文版界面可方便国外研究者访问、下载数据,提高了数据平台的国际影响力。

7. 个人中心

用户在个人中心板块可进行个人信息修改、查询数据申请与下载历史等。

8. 平台的硬件、软件布设及测试

为确保平台安全、稳定运行,本项目在硬件与软件方面设计如下:

(1) 平台硬件布设

项目组根据不同数据类型的特点预估了平台未来 5 年的数据存储需求,提出了合理的硬件部署方案,最终选择在中国科学院大气物理研究所(北京市朝阳区北辰西路 81 号院)布设平台硬件。项目组于 2022 年 4 月完成了对大气物理研究所机房环境的考察,并于 2022 年 7 月完成了硬件布设。为了确保平台的安全、稳定运行及长期可持续发展,项目制定了多种保障措施,具体包括:系统盘采用 RAID(独立磁盘冗余阵列)1 技术,确保单块系统盘出现故障时不影响系统正常使用;数据盘采用 RAID5 技术,保证单块数据盘出现故障时数据不会丢失;每台服务器配置 BMC(基板管理控制器)用于查看硬件运行状态,并在硬件出现问题时采集相关信息;禁用服务器操作系统的 root 远程登录;所有程序以普通用户身份运行;数据库采用主备架构,提供双重备份功能,确保数据安全;Redis 缓存服务采用 Sentinel 集群,保证服务不中断;加装预警监控软件,定期组织线下巡查,重点关注机房环境与数据安全;定期扫描数据服务器并进行安全加固。

(2) 平台软件开发

平台软件包括 3 个主要部分:大气复合污染资料与数据中心、大气复合污染数据共享服务平台和大气复合污染数据后台管理平台。大气复合污染资料与数据中心提供大气复合污染数据的集成接入、数据标准规范的建立、数据质量的稽核和数据存储格式的规范等服务,旨在为大气复合污染数据提供统一的规范标准,便于数据管理工作的持续进行。大气复合污染数据共享服务平台基于"用户账号-角色-权限"体系,依赖安全可靠的数据传输协议,为用户提供各种数据服务,可实现数据采集汇聚、质量控制、大数据管理、数据检索与引用、DOI 生成、安全策略等功能,并配有数据共享服务门户,支持数据的检索、下载、上传和可视化展示,提供中文和英文两种版本。大气复合污染数据后台管理平台包括用户管理、数据管理、角色管理等功能,持续支持新类型数据集的汇入与数据集来源的拓展。

本平台采用先进的软件与绘图技术,实现了多种功能,并可保证平台的稳定、流畅运行:

① 软件核心技术:

- 服务拆分与领域驱动设计(DDD):将系统按业务领域进行拆分,每个微服务专注于一个特定的业务领域,遵循领域驱动设计原则。
- 消息驱动架构:采用消息队列(如 Kafka 或 RabbitMQ)实现异步通信,以提高系统的可伸缩性和松耦合性,助力处理大规模请求并提升系统响应性。
- GraphQL 支持:引入 GraphQL 作为应用程序编程接口(API)层的一部分,使前端可以根据需求精确获取数据,减少过度获取和冗余数据的传输。
- 分布式跟踪和日志系统:使用集成的分布式追踪工具(如 Zipkin)监控微服务间的交互和性能,并利用集中化日志系统(如 ELK Stack)记录和分析系统日志,以便及时发现和解决问题。
- API 网关:引入 Spring Cloud Gateway 处理微服务的路由、负载均衡和安全性,简化客户端与微服务之间的通信。
- 持续集成和持续交付(CI/CD):使用 CI/CD 工具链,确保代码的持续集成、测试和交付,采用 Jenkins 实现自动化构建和部署流程。
- 服务网格:使用服务网格(如 Istio)提供强大的服务间通信控制、安全性和监控功能。
- 容错和熔断机制:引入熔断器(如 Hystrix)和容错机制,以防止微服务间故障传播,并提高系统鲁棒性。
- 大数据和分析支持:根据项目需求,引入大数据处理框架(如 Apache Spark)和数据分析工具,以从海量数据中提取有价值的信息。
- 反爬虫技术:建立包含已知爬虫 User-Agent 的列表并进行定期更新,同时通过检查其他请求头信息(如 Referer)综合判断是否为爬虫,以防止外部数据爬取和违规盗用。

② 绘图核心技术:

- 数据收集与准备:进行数据预处理,包括清洗、标准化和格式化,以便进一步分析。
- 插值算法:结合实用反距离加权(IDW)插值与径向基函数(RBF)插值方法。其中,IDW 适用于局部数据影响力较大的场景,算法简单且易于实现;RBF 则适合需要平滑插值曲面和全局数据影响的复杂场景。
- 地图绘制与数据可视化:使用 Matplotlib 绘制数据图表,并通过 Basemap 扩展库进行地理数据的可视化。
- 调整和优化:根据需求调整插值参数,如 RBF 的平滑因子和函数类型,以获得最佳结果,最终使平台数据能够以图表形式呈现,用于报告展示或进一步分析。

（3）平台内部测试与试运行

数据共享平台搭建完成后,项目团队对平台性能进行了多方面测试,确保平台功能完备、运行稳定。测试项目包括：

① 功能性测试：测试内容包括系统功能符合计划目标；所有业务流程测试通过,数据在业务流程中流转正确且畅通；系统与其他系统之间能够正常、准确地进行数据传递和功能调用；系统界面显示效果良好,无错别字,无样式错误；系统操作简单易用,用户体验良好；系统安全可靠、运行稳定、性能良好；故障单解决率为100%,没有遗留问题。

② 性能测试：评估软件在一定负载下的性能表现,包括响应时间、吞吐量等指标,均达到使用要求。在下载并发测试中,请求频率达到 3000 次/s,能够正常返回数据；在下载文件带宽测试中,支持 40 个任务同时下载,出口带宽测试为 513 Mb/s。

③ 安全性测试：检查软件的安全性,包括是否存在漏洞和是否能够抵抗常规攻击。本次测试涵盖了保密性、完整性、不可否认性、可核查性和真实性,并对 SQL 注入、跨站脚本攻击、登录请求的加密、会话管理、服务器配置、敏感信息泄露等安全漏洞进行了测试,未发现高危或中危级别漏洞。

④ 用户界面测试：评估软件用户界面是否清晰、易用,并符合用户期望。测试方法包括采用黑盒测试设计方法编写系统测试用例,具体包括边界值法、等价类划分法、错误推测法与场景法；采用手工和自动化（冒烟测试）相结合的方法进行测试。测试结果表明,用户界面性能基本达到项目预期。

⑤ 兼容性测试：确保系统在不同硬件平台、应用软件、操作系统和网络环境下能够正常运行,提高系统的适应性。测试对象包括 IE8、IE11、Firefox、Chrome、Edge 等浏览器,微软 Windows 7、8、10 等操作系统,以及 14 英寸（通常用屏幕对角线来度量显示器尺寸,一英寸等于 2.54 厘米）、21 英寸、23 英寸等不同大小的显示器。测试结果表明数据共享平台在不同浏览器环境中的界面显示和使用正常。

⑥ 可靠性测试：验证软件在持续运行时的可靠性和稳定性。对服务器进行长时间运行测试,结果显示服务器和系统均稳定、无异常。

⑦ 专家组审核：项目团队各模块数据负责人组建了专家组,对数据规范、页面设计、英文版内容等进行了审核测试,提出了大量宝贵意见,促进了平台的优化。

7.4.4 项目总结

本项目对"中国大气复合污染的成因与应对机制的基础研究"重大研究计划产出的污染源清单、同化再分析、外场观测、卫星观测、实验室测量、源谱等多类数据,以及新测量技术和源解析技术进行了全面收集汇总,在格式规范化与数据质量控制的基础上进行了数据集成,形成了结构明晰、格式统一、包含详细说明的271个数据集(含15份技术报告),数据集清单详见表7.9。

表7.9 中国大气复合污染综合数据共享平台集成数据集清单

数据集分类			时空范围或分辨率	项目号	数据集个数
外场观测数据(共221个数据集)	云特性参量	宏观物理特性(云底高度、云边界等)	宝山—上海	91544217	1
			忻州—山西		4
	大气状态参量	边界层大气状态参量(边界层高度、基本气象参量廓线等)	宝山—上海	91544217	1
			南郊—北京		1
			广州—广东		1
			忻州—山西		1
			雅安—四川	91544109	1
			成都—四川		2
			首都国际机场—北京	91544232	1
		近地面大气状态参量(基本气象参量、辐射、CO_2、O_3、NO_x、CO、SO_2、$HONO$、HNO_3、HO_2、OH、$PANs$、$VOCs$浓度等)	宝山—上海	91544217	2
			南郊—北京		2
			广州—广东		3
			忻州—山西		5
			大气物理研究所铁塔分部—北京	91544104	2
			淮南—安徽		2
			保定—河北		1
			北京大学—北京	9144206	6
			复旦大学—上海		2
			保定—河北		1
			南京—江苏		1
			中国环境科学研究院—北京	91544213	4
			南京—江苏		4
			保定—河北		4
			泰安—山东		4
			泰州—江苏	91544108	2
			南京—江苏	91544230	9
			上海超级站—上海		1
			合肥—安徽		1
			浙江—杭州		1
			深圳—广东	91544224	2
			南京—江苏	91644103	1
			大气物理研究所铁塔分部—北京	91744207	2
			北京大学—北京	91544107	2

续表

数据集分类		时空范围或分辨率	项目号	数据集个数
		泰州—江苏	91544225	19
		南京—江苏		2
		上海环境科学研究院站点—上海	91544220	2
		北京大学—北京	91544216	1
		深圳—广东	91644105	2
		韶关—广东	91544215	5
	高层大气状态参量（大气温度湿度廓线、风廓线等）	宝山—上海	91544217	2
		广州—广东		1
		忻州—山西		7
		邢台—河北		2
		南京—江苏	91644224	1
		淮南—安徽		1
		南京—江苏	91744206	1
		苏州—江苏		1
气溶胶参量	光学和辐射特性	宝山—上海	91544217	1
		南郊—北京		1
		广州—广东		1
		忻州—山西		1
		雅安—四川	91544109	1
		成都—四川		1
		大气物理研究所站点—北京	91644217	2
		南京—江苏	91544230	2
		合肥—安徽		1
	物理和化学特性（数谱分布、吸湿特征、新粒子成核和增长速率、BC、OC、水溶性离子、PM_1、$PM_{2.5}$、PM_{10}浓度等）	宝山—上海	91544217	3
		南郊—北京		4
		广州—广东		3
		忻州—山西		4
		深圳—广东	91744202	1
		韶关—广东	91544101	2
		广州—广东		3
		复旦大学—上海	91744206	1
		长江航测—武汉		1
		淮南—安徽		5
		南京—江苏		5
		苏州—江苏		3
		雅安—四川	91544109	1
		成都—四川		2
		甘孜藏族自治州—四川		1

续表

数据集分类			时空范围或分辨率	项目号	数据集个数
			大气物理研究所站点—北京	91644217	3
			保定—河北	91644218	2
			南京—江苏	91544230	7
			上海超级站—上海		3
			合肥—安徽		2
			杭州—浙江		3
			深圳—广州	91544224	2
			南京—江苏	91644103	2
			大气物理研究所铁塔分部—北京	91744207	1
			北京大学—北京	91544107	1
			泰州—江苏	91544225	2
			南京—江苏	91544220	2
			上海环境科学研究院站点—上海		1
			上海淀山湖观测站—上海	91644105	1
			深圳—广东		1
			韶山—广东	91544215	5
		气溶胶其他参数(云凝结核浓度、活化特性、$PM_{2.5}$碳同位素分布等)	宝山—上海	91544217	1
			南郊—北京		2
			广州—广东		1
			忻州—山西		1
			中国科学院大学怀柔校区—北京	91544103	1
			中国科学院地理科学与资源研究所—北京	91644104	2
	其他参数		复旦大学—上海	91744206	1
卫星观测数据(共10个数据集)	近地表颗粒物	PM_1	2020.02.01—2021.12.31,逐日,10 km×10 km	非重大研究计划资助	1
		PM_{10}	2000.01.01—2021.12.31,逐日,1 km×1 km		1
		$PM_{2.5}$	2000.01.01—2021.12.31,逐日,1 km×1 km		1
			2018.01.01—2018.12.31,逐小时,5 km×5 km		1

续表

数据集分类		时空范围或分辨率	项目号	数据集个数
	NO$_2$	2019.01.01—2020.12.31，逐日，3.5 km×5.5 km	91544212	1
		2019.01.01—2020.12.31，逐日，1 km×10 km		1
痕量气体		2013.01.01—2018.12.31，逐日，10 km×10 km	非重大研究计划资助	1
	O$_3$	2013.01.01—2020.12.31，逐日，10 km×10 km		1
	SO$_2$	2013.01.01—2020.12.31，逐日，10 km×10 km		1
	CO	2013.01.01—2020.12.31，逐日，10 km×10 km		1
污染源清单数据（共10个数据集）	中国多尺度排放清单	1990—2020年，逐月，0.25°×0.25°、0.5°×0.5°、1°×1°	非重大研究计划资助	1
	中国高分辨率大气污染物集成清单	2017年，逐月，0.1°×0.1°		1
	长三角大气污染物排放清单	2017年，逐年，0.1°×0.1°	91644220	1
	东亚船舶排放清单	2017年，逐年，0.1°×0.1°	91544110	1
	京津冀高分辨率机动车排放清单	2017年，逐月，0.01°×0.01°	91544222	1
	中国秸秆露天燃烧清单	2017年，逐日，0.1°×0.1°	91644110	1
	中国人为氯排放清单	2012年、2014年，逐年，0.25°×0.25°	91544102	1
	中国半/中等挥发性有机化合物网格化排放清单	2016年，逐月，27 km×27 km	91644215	1
	京津冀地区人为源VOCs排放清单	2013年，逐年，3 km×3 km	91544106	1
	中国高分辨率城市绿地天然源排放清单	2015—2019年，逐小时，27 km×27 km	91744208	1
同化再分析数据（共4个数据集）	中国高分辨率大气污染再分析数据集	2013.01.01—2022.12.31，逐小时，15 km×15 km	91644216	1
	中国高分辨率PM$_{2.5}$组分模拟浓度数据集	2013.01.01—2020.12.31，逐小时，15 km×15 km		1
	中国东部三大区域PM$_{2.5}$反演浓度数据集	1973.01.01—2018.12.31，逐日，区域平均	91644222	1
	CAMS全球再分析数据集（EAC4）	/	非重大研究计划资助	1

306

续表

数据集分类			时空范围或分辨率	项目号	数据集个数
实验室测量数据（共6个数据集）	物理化学性质	潮解点与风化点		92044303	1
		吸湿性		92044303、91544227	1
	化学反应参数	二次有机气溶胶产率		91544228、91644214	1
		非均相反应摄取系数		91544227、91544223、92044303、91744205	1
		气相反应速率常数		91544223、91544228、91644214	1
		液相反应速率常数		91544220、91644103、91644214	1
源谱数据（共5个数据集）	高时间分辨率大气细颗粒物		/	91744203	1
	长三角排放清单			91644220	1
	近地面臭氧污染			91644221	1
	燃煤源微细颗粒物			91544108	1
	生物质燃烧二次有机气溶胶			91644102	1
新测量技术（共11个数据集）	光谱技术（NO_3、N_2O_5、OH、HO_x等测量）			非重大研究计划资助	7
	质谱技术				2
	集成技术				2
源解析技术（共4个数据集）	$PM_{2.5}$近质量闭合的实时源解析			91744202	1
	大气有机颗粒物的在线源解析			91644219	1
	高时间分辨率大气细颗粒物动态源解析			91744203	1
	京津冀大气颗粒物动态源解析关键影响因子			91544226	1

此外，本项目设计并开发了国内首个中英双语的大气复合污染综合数据共享平台，提供上述数据集的存储、检索和下载服务。数据平台自2024年5月开放至今（截至2025年3月27日）持续稳定运行，吸引了来自中国、德国、英国、荷兰、奥地利等不同国家的近500位用户注册，数据累计下载次数达2万余次。

最后，本项目向"中国大气复合污染的成因与应对机制的基础研究"重大研究计划专家组致以诚挚的谢意，并对76个项目团队和平台各数据模块专家组的宝贵支持表示衷心的感谢！同时，我们特别感谢北京大学王天晓老师在项目管理工作方面的辛勤付出。

7.4.5 本项目资助发表论文（按时间倒序）

（1）Kong L, Tang X, Zhu J, et al. High-resolution simulation dataset of hourly $PM_{2.5}$ chemical composition in China(CAQRA-aerosol) from 2013 to 2020. Advances in Atmospheric Sciences, 2025, https://doi.org/10.1007/s00376-024-4046-5.

（2）He L K, Liu W L, Li Y T, et al. Wall loss of semi-volatile organic compounds in a Teflon bag chamber for the temperature range of 262-298 K: Mechanistic insight on temperature dependence. Atmospheric Measurement Techniques, 2024, 17(2): 755-764.

（3）Wu N N, Geng G N, Xu R C, et al. Development of a high-resolution integrated emission inventory of air pollutants for China. Earth System Science Data, 2024, 16: 2893-2915.

（4）Zheng M, Zhang T L, Xiang Y X, et al. A newly established air pollution data center in China. Advances in Atmospheric Sciences, 2024, https://doi.org/10.1007/s00376-024-4055-4.

（5）Cui M, Xu Y Y, Yu B B, et al. Characterization of carbonaceous matter emitted from residential coal and biomass combustion by experimental simulation. Atmospheric Environment, 2023, 293: 119447.

（6）Cui M, Xu Y Y, Zhang F, et al. Real-world characterization of carbonaceous substances from industrial stationary and process source emissions. Science of the Total Environment, 2023, 854: 158505.

（7）Huang X, Wang Y Y, Shang Y, et al. Contrasting the effect of aerosol properties on the planetary boundary layer height in Beijing and Nanjing. Atmospheric Environment, 2023, 308: 109861.

（8）Kong L, Tang X, Zhu J, et al. Unbalanced emission reductions of different species and sectors in China during COVID-19 lockdown derived by multi-species surface observation assimilation. Atmospheric Chemistry and Physics, 2023, 40(1): 6217-6240.

（9）Li Y T, Hou J, Wang Z K, et al. Phthalate levels in Chinese residences: Seasonal and regional variations and the implication on human exposure. National Science Open, 2023, 2: 20230011.

（10）Song X R, Wang Y Y, Huang X, et al. The impacts of dust storms with different transport pathways on aerosol chemical compositions and optical hygroscopicity of fine particles in the Yangtze River Delta. Journal of Geophysical Research: Atmospheres, 2023, 128(24): e2023JD039679.

（11）Wang Y X, Wang Y Y, Song X R, et al. The impact of particulate pollution control on aerosol hygroscopicity and CCN activity in North China. Environmental Research Letters, 2023, 18: 74028.

(12) Zhang T L, Zheng M, Sun X G, et al. Environmental impacts of three Asian dust events in the northern China and the northwestern Pacific in spring 2021. Science of the Total Environment, 2023, 859: 160230.

(13) 吴倩, 唐晓, 孔磊, 等. 基于机器学习算法对二次无机气溶胶模拟进行偏差订正. 环境科学学报, 2023, 43(4): 121-130.

(14) Liu Z Y, Chen Y J, Zhang Y, et al. Emission characteristics and formation pathways of intermediate volatile organic compounds from ocean-going vessels: Comparison of engine conditions and fuel types. Environmental Science & Technology, 2022, 56(18): 12917-12925.

(15) Liu Z Y, Feng Y L, Peng Y, et al. Emission characteristics and formation mechanism of carbonyl compounds from residential solid fuel combustion based on real-world measurements and tube-furnace experiments. Environmental Science & Technology, 2022, 56(22): 15417-15426.

(16) Luo H Y, Tang X, Wu H J, et al. The impact of the numbers of monitoring stations on the national and regional air quality assessment in China during 2013-18. Advances in Atmospheric Sciences, 2022, 39(10): 1709-1720.

(17) Luo X C, Tang X, Wang H Y, et al. Investigating the changes in air pollutant emissions over the Beijing-Tianjin-Hebei region in February from 2014 to 2019 through an inverse emission method. Advances in Atmospheric Sciences, 2022, 40(4): 601-618.

(18) Peng C, Chen L X D, Tang M J. A database for deliquescence and efflorescence relative humidities of compounds with atmospheric relevance. Fundamental Research, 2022, 2(4): 578-587.

(19) Wang Y Y, Hu R, Wang Q Y, et al. Different effects of anthropogenic emissions and aging processes on the mixing state of soot particles in the nucleation and accumulation modes. Atmospheric Chemistry and Physics, 2022, 22: 14133-14146.

(20) Wu N N, Geng G N, Qin X Y, et al. Daily emission patterns of coal-fired power plants in China based on multisource data fusion. ACS Environmental Au, 2022, 2(4): 363-372.

(21) Zhang R, Wang Y Y, Li Z Q, et al. Vertical profiles of cloud condensation nuclei number concentration and its empirical estimate from aerosol optical properties over the North China Plain. Atmospheric Chemistry and Physics, 2022, 22: 14879-14891.

(22) 宋雅婷, 唐晓, 孔磊, 等. 污染源反演对重点城市群夏季O_3模拟的改进效果评估. 气候与环境研究, 2022, 28(1): 61-73.

(23) 王瑶, 唐晓, 陈科艺, 等. 新冠疫情期间武汉空气质量变化的多维观测分析. 气候与环境研究, 2022, 27(6): 756-768.

参考文献

[1] Zheng M, Yan C Q, Zhu T. Understanding sources of fine particulate matter in China. Philosophical Transactions of the Royal Society A: Mathematical, Physical and Engineering Sciences, 2020, 378(2183): 20190325.

[2] Zhang Q, Jiang X J, Tong D, et al. Transboundary health impacts of transported global air pollution and international trade. Nature, 2017, 543: 705-709.

[3] Zhang Q, Zheng Y X, Tong D, et al. Drivers of improved $PM_{2.5}$ air quality in China from 2013 to 2017. Proceedings of the National Academy of Sciences of the United States of America, 2019, 116(49): 24463-24469.

[4] Li Z Q, Li C, Chen H, et al. East Asian Study of Tropospheric Aerosols and their Impact on Regional Climate(EAST-AIRC): An overview. Journal of Geophysical Research: Atmospheres, 2011, 116: D00K34.

[5] Zhu T. Air pollution in China: Scientific challenges and policy implications. National Science Review, 2017, 4(6): 800-800.

[6] He X, Wang Q Q, Huang X H H, et al. Hourly measurements of organic molecular markers in urban Shanghai, China: Observation of enhanced formation of secondary organic aerosol during particulate matter episodic periods. Atmospheric Environment, 2020, 240: 117807.

[7] Huang R J, Zhang Y L, Bozzetti C, et al. High secondary aerosol contribution to particulate pollution during haze events in China. Nature, 2014, 514(7521): 218-222.

[8] Su C P, Peng X, Huang X F, et al. Development and application of a mass closure $PM_{2.5}$ composition online monitoring system. Atmospheric Measurement Techniques, 2020, 13(10): 5407-5422.

[9] Wang Q Q, He X, Zhou M, et al. Hourly measurements of organic molecular markers in urban Shanghai, China: Primary organic aerosol source identification and observation of cooking aerosol aging. Acs Earth and Space Chemistry, 2020, 4(9): 1670-1685.

[10] Zheng B, Tong D, Li M, et al. Trends in China's anthropogenic emissions since 2010 as the consequence of clean air actions. Atmospheric Chemistry and Physics, 2018, 18(19): 14095-14111.

[11] Li M, Liu H, Geng G N, et al. Anthropogenic emission inventories in China: A review. National Science Review, 2017, 4(6): 834-866.

[12] Huang X, Li M M, Li J F, et al. A high-resolution emission inventory of crop burning in fields in China based on MODIS Thermal Anomalies/Fire products. Atmospheric Environment, 2012, 50: 9-15.

[13] Huang Z J, Zhong Z M, Sha Q G, et al. An updated model-ready emission inventory for Guangdong province by incorporating big data and mapping onto multiple chemical mechanisms. Science of the Total Environment, 2021, 769: 144535.

[14] Kang Y N, Liu M X, Song Y, et al. High-resolution ammonia emissions inventories in China from 1980 to 2012. Atmospheric Chemistry and Physics, 2016, 16(4): 2043-2058.

[15] Liu H, Fu M L, Jin X X, et al. Health and climate impacts of ocean-going vessels in East Asia. Nature Climate Change, 2016, 6(11): 1037-1041.

[16] Zheng B, Cheng J, Geng G N, et al. Mapping anthropogenic emissions in China at 1 km spatial resolution and its application in air quality modeling. Science Bulletin, 2021, 66(6): 612-620.

[17] Zhou Y, Zhang Y Y, Zhao B B, et al. Estimating air pollutant emissions from crop residue open burning through a calculation of open burning proportion based on satellite-derived fire radiative energy. Environmental Pollution, 2021, 286: 117477.

[18] Zhou Y D, Zhao Y, Mao P, et al. Development of a high-resolution emission inventory and its evaluation and application through air quality modeling for Jiangsu province, China. Atmospheric Chemistry and Physics, 2017, 17(1): 211-233.

[19] An J Y, Huang Y W, Huang C, et al. Emission inventory of air pollutants and chemical speciation for specific anthropogenic sources based on local measurements in the Yangtze River Delta region, China. Atmospheric Chemistry and Physics, 2021, 21(3): 2003-2025.

[20] Zhang Y, Bo X, Zhao Y, et al. Benefits of of current and future policies on emissions of China's coal-fired power sector indicated by continuous emission monitoring. Environmental Pollution, 2019, 251: 415-424.

[21] Zhang J, Liu L, Zhao Y, et al. Development of a high-resolution emission inventory of agricultural machinery with a novel methodology: A case study for Yangtze River Delta region. Environmental Pollution, 2020, 266: 115075.

[22] Zhao Y, Yuan M C, Huang X, et al. Quantification and evaluation of atmospheric ammonia emissions with different methods: A case study for the Yangtze River Delta region, China. Atmospheric Chemistry and Physics, 2020, 20(7): 4275-4294.

[23] Zhao Y, Mao P, Zhou Y D, et al. Improved provincial emission inventory and speciation profiles of anthropogenic non-methane volatile organic compounds: A case study for Jiangsu, China. Atmospheric Chemistry and Physics, 2017, 17(12): 7733-7756.

[24] Wang Y T, Zhao Y, Zhang L, et al. Modified regional biogenic VOC emissions with actual ozone stress and integrated land cover information: A case study in Yangtze River Delta, China. Science of the Total Environment, 2020, 727: 138703.

[25] Yang Y, Zhao Y. Quantification and evaluation of atmospheric pollutant emissions from open biomass burning with multiple methods: A case study for the Yangtze River Delta region, China. Atmospheric Chemistry and Physics, 2019, 19(1): 327-348.

[26] Liu H, Meng Z H, Lv Z F, et al. Emissions and health impacts from global shipping embodied in US-China bilateral trade. Nature Sustainability, 2019, 2(11): 1027-1033.

[27] Yang D Y, Zhang S J, Niu T L, et al. High-resolution mapping of vehicle emissions of atmospheric pollutants based on large-scale, real-world traffic datasets. Atmospheric Chemistry and Physics, 2019, 19(13): 8831-8843.

[28] Wu Y, Zhang S J, Hao J M, et al. On-road vehicle emissions and their control in China: A review and outlook. Science of the Total Environment, 2017, 574: 332-349.

[29] Zhang S J, Wu Y, Wu X M, et al. Historic and future trends of vehicle emissions in Beijing, 1998—2020: A policy assessment for the most stringent vehicle emission control program in China. Atmospheric Environment, 2014, 89: 216-229.

[30] Zhou Y, Xing X F, Lang J L, et al. A comprehensive biomass burning emission inventory with high spatial and temporal resolution in China. Atmospheric Chemistry and Physics, 2017, 17(4): 2839-2864.

[31] Wu L Q, Ling Z H, Liu H, et al. A gridded emission inventory of semi-volatile and intermediate volatility organic compounds in China. Science of the Total Environment, 2021, 761: 143295.

[32] Liu Y M, Fan Q, Chen X Y, et al. Modeling the impact of chlorine emissions from coal combustion and prescribed waste incineration on tropospheric ozone formation in China. Atmospheric Chemistry and Physics, 2018, 18(4): 2709-2724.

[33] Hong Y Y, Liu Y M, Chen X Y, et al. The role of anthropogenic chlorine emission in surface ozone formation during different seasons over eastern China. Science of the Total Environment, 2020, 723: 137697.

[34] Li J, Hao Y F, Simayi M, et al. Verification of anthropogenic VOC emission inventory through ambient measurements and satellite retrievals. Atmospheric Chemistry and Physics, 2019, 19(9): 5905-5921.

[35] Wu R R, Xie S D. Spatial distribution of ozone formation in China derived from emissions of speciated volatile organic compounds. Environmental Science & Technology, 2017, 51(5): 2574-2583.

[36] Wu R R, Bo Y, Li J, et al. Method to establish the emission inventory of anthropogenic volatile organic compounds in China and its application in the period 2008—2012. Atmospheric Environment, 2016, 127: 244-254.

[37] Ma M C, Gao Y, Ding A J, et al. Development and assessment of a high-resolution biogenic emission inventory from urban green spaces in China. Environmental Science & Technology, 2022, 56(1): 175-184.

[38] Ma M C, Gao Y, Wang Y H, et al. Substantial ozone enhancement over the North China Plain from increased biogenic emissions due to heat waves and land cover in summer 2017. Atmospheric Chemistry and Physics, 2019, 19(19): 12195-12207.

[39] Kong L, Tang X, Zhu J, et al. A 6-year-long(2013—2018) high-resolution air quality reanalysis dataset in China based on the assimilation of surface observations from CNEMC. Earth System Science Data, 2021, 13(2): 529-570.

[40] Wu H J, Tang X, Wang Z F, et al. Probabilistic automatic outlier detection for surface air quality measurements from the China National Environmental Monitoring Network. Advances in Atmospheric Sciences, 2018, 35(12): 1522-1532.

[41] 李飞, 唐晓, 王自发, 等. 基于京津冀高密度地面观测网络的大气污染物浓度地面观测代表性误差估计. 大气科学, 2019, 43(2): 277-284.

[42] Kong L, Tang X, Zhu J, et al. High-resolution simulation dataset of hourly $PM_{2.5}$ chemical composition in China(CAQRA-aerosol) from 2013 to 2020. Advances in Atmospheric Sciences, 2025, https://doi.org/10.1007/s00376-024-4046-5.

[43] Luo H Y, Tang X, Wu H J, et al. The impact of the numbers of monitoring stations on the national and regional air quality assessment in China during 2013-18. Advances in Atmospheric Sciences, 2022, 39: 1709-1720.

[44] Wang Q Y, Zhang H., Yang S, et al. An assessment of land energy balance over East Asia from multiple lines of evidence and the roles of the Tibet Plateau, aerosols, and clouds. Atmospheric Chemistry and Physics, 2022, 22(24): 15867-15886.

[45] Li Z Q, Wang Y, Guo J P, et al. East Asian Study of Tropospheric Aerosols and their Impact on Regional Clouds, Precipitation, and Climate (EAST-AIR$_{CPC}$). Journal of Geophysical Research: Atmospheres, 2019, 124(23): 13026-13054.

[46] Li Z Q, Guo J P, Ding A J, et al. Aerosol and boundary-layer interactions and impact on air quality. National Science Review, 2017, 4(6): 810-833.

[47] Huang X, Wang Y Y, Shang Y, et al. Contrasting the effect of aerosol properties on the planetary boundary layer height in Beijing and Nanjing. Atmospheric Environment, 2023, 308: 119861.

[48] Wang Y Y, Li Z Q, Wang Q Y, et al. Enhancement of secondary aerosol formation by reduced anthropogenic emissions during Spring Festival 2019 and enlightenment for regional $PM_{2.5}$ control in Beijing. Atmospheric Chemistry and Physics, 2021, 21(2): 915-926.

[49] Wu H, Li Z Q, Li H Q, et al. The impact of the atmospheric turbulence-development tendency on new particle formation: A common finding on three continents. National Science Review, 2020, 8(3): nwaa157.

[50] Wang Y X, Wang Y Y, Song X R, et al. The impact of particulate pollution control on aerosol hygroscopicity and CCN activity in North China. Environmental Research Letters, 2023, 18(7): 74028.

[51] Cui S J, Huang D D, Wu Y Z, et al. Chemical properties, sources and size-resolved hygroscopicity of submicron black-carbon-containing aerosols in urban Shanghai. Atmospheric Chemistry and Physics, 2022, 22(12): 8073-8096.

[52] Zhang C L, Wu G C, Wang H, et al. Regional effect as a probe of atmospheric carbon dioxide reduction in southern China. Journal of Cleaner Production, 2022, 340: 130713.

[53] Yan X, Liang C, Jiang Y, et al. A deep learning approach to improve the retrieval of temperature and humidity profiles from a ground-based microwave radiometer. IEEE Transactions on Geoscience and Remote Sensing, 2020, 58(12): 8427-8437.

[54] Jin X A, Li Z Q, Wu T, et al. Differentiating the contributions of particle concentration, humidity, and hygroscopicity to aerosol light scattering at three sites in China. Journal of Geophysical Research: Atmospheres, 2022, 127(24): e2022JD036891.

[55] Jin X A, Li Z Q, Wu T, et al. The different sensitivities of aerosol optical properties to particle concentration, humidity, and hygroscopicity between the surface level and the upper boundary layer in Guangzhou, China. Science of the Total Environment, 2022, 803: 150010.

[56] Wang Y Y, Li Z Q, Zhang R, et al. Distinct ultrafine-and accumulation-mode particle properties in clean and polluted urban environments. Geophysical Research Letters, 2019, 46(19): 10918-10925.

[57] Wang Y Y, Hu R, Wang Q Y, et al. Different effects of anthropogenic emissions and aging processes on the mixing state of soot particles in the nucleation and accumulation modes. Atmospheric Chemistry and Physics, 2022, 22(21): 14133-14146.

[58] 李占清, 王玉莹, 吴昊, 等. 中国超大城市综合实验: 京、沪、穗气溶胶理化和吸湿特性. 大气科学学报, 2023, 46(3): 441-452.

[59] Wu T, Li Z Q, Chen J, et al. Hygroscopicity of different types of aerosol particles: Case studies using multi-instrument data in megacity Beijing, China. Remote Sensing, 2020, 12(5): 785.

[60] Wang Y Y, Wang J L, Li Z Q, et al. Contrasting aerosol growth potential in the northern and central-southern regions of the North China Plain: Implications for combating regional pollution. Atmospheric Environment, 2021, 267: 118723.

[61] Wang X K, Hayeck N, Brüggemann M, et al. Chemical characteristics and brown carbon chromophores of atmospheric organic aerosols over the Yangtze River channel: A cruise campaign. Journal of Geophysical Research: Atmospheres, 2020, 125(16): e2020JD032497.

[62] Wu Y F, Li J W, Jiang C, et al. Spectral absorption properties of organic carbon aerosol during a polluted winter in Beijing, China. Science of the Total Environment, 2021, 755: 142600.

[63] He P Z, Alexander B, Geng L, et al. Isotopic constraints on heterogeneous sulfate production in Beijing haze. Atmospheric Chemistry and Physics, 2018, 18(8): 5515-5528.

[64] He P Z, Xie Z Q, Chi X Y, et al. Atmospheric $\Delta^{17}O(NO_3^-)$ reveals nocturnal chemistry dominates nitrate production in Beijing haze. Atmospheric Chemistry and Physics, 2018, 18

(19): 14465-14476.

[65] Zhang C X, Liu C, Chan K L, et al. First observation of tropospheric nitrogen dioxide from the Environmental Trace Gases Monitoring Instrument onboard the GaoFen-5 satellite. Light-Science & Applications, 2020, 9(1): 66.

[66] Wei J, Li Z Q, Lyapustin A, et al. Reconstructing 1-km-resolution high-quality $PM_{2.5}$ data records from 2000 to 2018 in China: Spatiotemporal variations and policy implications. Remote Sensing of Environment, 2021, 252: 112136.

[67] Wei J, Li Z Q, Cribb M, et al. Improved 1 km resolution $PM_{2.5}$ estimates across China using enhanced space-time extremely randomized trees. Atmospheric Chemistry and Physics, 2020, 20(6): 3273-3289.

[68] Wei J, Li Z Q, Xue W H, et al. The ChinaHighPM$_{10}$ dataset: Generation, validation, and spatiotemporal variations from 2015 to 2019 across China. Environment International, 2021, 146: 106290.

[69] Wei J, Li Z Q, Li K, et al. Full-coverage mapping and spatiotemporal variations of ground-level ozone (O_3) pollution from 2013 to 2020 across China. Remote Sensing of Environment, 2022, 270: 112775.

[70] He L Y, Wei J, Wang Y, et al. Marked impacts of pollution mitigation on crop yields in China. Earths Future, 2022, 10(11): e2022EF002936.

[71] Wei J, Liu S, Li Z Q, et al. Ground-level NO_2 surveillance from space across China for high resolution using interpretable spatiotemporally weighted artificial intelligence. Environmental Science & Technology, 2022, 56(14): 9988-9998.

[72] Wei J, Li Z Q, Wang J, et al. Ground-level gaseous pollutants (NO_2, SO_2, and CO) in China: Daily seamless mapping and spatiotemporal variations. Atmospheric Chemistry and Physics, 2023, 23(2): 1511-1532.

[73] Peng C, Chen L X D, Tang M J. A database for deliquescence and efflorescence relative humidities of compounds with atmospheric relevance. Fundamental Research, 2022, 2(4): 578-587.

[74] Wu F M, Wang N, Pang S F, et al. Hygroscopic behavior and fractional crystallization of mixed $(NH_4)_2SO_4$/glutaric acid aerosols by vacuum FTIR. Spectrochimica Acta Part A: Molecular and Biomolecular Spectroscopy, 2019, 208: 255-261.

[75] Ma S S, Yang M, Pang S F, et al. Hygroscopic growth and phase transitions of Na_2CO_3 and Mixed Na_2CO_3/Li_2CO_3 particles: Influence of Li_2CO_3 on phase transitions of Na_2CO_3 and formation of $LiNaCO_3$. Journal of Physical Chemistry A, 2020, 124(51): 10870-10878.

[76] Wu F M, Wang X W, Pang S F, et al. Hygroscopicity and mass transfer limit of mixed glutaric acid/$MgSO_4$/water particles. Spectrochimica Acta Part A: Molecular and Biomolecular Spectroscopy, 2021, 258: 119790.

[77] Yang P, Yang H, Wang N, et al. Hygroscopicity measurement of sodium carbonate, β-ala-

nine and internally mixed β-alanine/Na_2CO_3 particles by ATR-FTIR. Journal of Environmental Sciences, 2020, 87: 250-259.

[78] Wu F M, Wang X W, Pang S F, et al. Measuring hygroscopicity of internally mixed $NaNO_3$ and glutaric acid particles by vacuum FTIR. Spectrochimica Acta Part A: Molecular and Biomolecular Spectroscopy, 2019, 219: 104-109.

[79] Ma S S, Chen Z, Pang S F, et al. Observations on hygroscopic growth and phase transitions of mixed 1, 2, 6-hexanetriol/$(NH_4)_2SO_4$ particles: Investigation of the liquid-liquid phase separation(LLPS) dynamic process and mechanism and secondary LLPS during the dehumidification. Atmospheric Chemistry and Physics, 2021, 21(12): 9705-9717.

[80] Ma S S, Yang M, Pang S F, et al. Subsecond measurement on deliquescence kinetics of aerosol particles: Observation of partial dissolution and calculation of dissolution rates. Chemosphere, 2021, 264: 128507.

[81] Wang N, Cai C, He X, et al. Vacuum FTIR study on the hygroscopicity of magnesium acetate aerosols. Spectrochimica Acta Part A: Molecular and Biomolecular Spectroscopy, 2018, 192: 420-426.

[82] Wang L N, Cai C, Zhang Y H. Kinetically determined hygroscopicity and efflorescence of sucrose-ammonium sulfate aerosol droplets under lower relative humidity. Journal of Physical Chemistry B, 2017, 121(36): 8551-8557.

[83] Wang X W, Jing B, Tan F, et al. Hygroscopic behavior and chemical composition evolution of internally mixed aerosols composed of oxalic acid and ammonium sulfate. Atmospheric Chemistry and Physics, 2017, 17(20): 12797-12812.

[84] Wang N, Jing B, Wang P, et al. Hygroscopicity and compositional evolution of atmospheric aerosols containing water-soluble carboxylic acid salts and ammonium sulfate: Influence of ammonium depletion. Environmental Science & Technology, 2019, 53(11): 6225-6234.

[85] Shi X M, Wu F M, Jing B, et al. Hygroscopicity of internally mixed particles composed of $(NH_4)_2SO_4$ and citric acid under pulsed RH change. Chemosphere, 2017, 188: 532-540.

[86] Ren H M, Cai C, Leng C B, et al. Nucleation kinetics in mixed $NaNO_3$/glycerol droplets investigated with the FTIR-ATR technique. Journal of Physical Chemistry B, 2016, 120(11): 2913-2920.

[87] Ma S S, Yang W, Zheng C M, et al. Subsecond measurements on aerosols: From hygroscopic growth factors to efflorescence kinetics. Atmospheric Environment, 2019, 210: 177-185.

[88] Gao X Y, Zhang Y H, Liu Y. Temperature-dependent hygroscopic behaviors of atmospherically relevant water-soluble carboxylic acid salts studied by ATR-FTIR spectroscopy. Atmospheric Environment, 2018, 191: 312-319.

[89] Wang S Y, Du L, Tsona N T, et al. Effect of NO_x and SO_2 on the photooxidation of methylglyoxal: Implications in secondary aerosol formation. Journal of Environmental Sciences,

2020, 92: 151-162.

[90] Wang S Y, Tsona N T, Du L. Effect of NO_x on secondary organic aerosol formation from the photochemical transformation of allyl acetate. Atmospheric Environment, 2021, 255: 118426.

[91] Liu S J, Jiang X T, Tsona N T, et al. Effects of NO_x, SO_2 and RH on the SOA formation from cyclohexene photooxidation. Chemosphere, 2019, 216: 794-804.

[92] Liu S J, Tsona N T, Zhang Q, et al. Influence of relative humidity on cyclohexene SOA formation from OH photooxidation. Chemosphere, 2019, 231: 478-486.

[93] Jiang X T, Lv C, You B, et al. Joint impact of atmospheric SO_2 and NH_3 on the formation of nanoparticles from photo-oxidation of a typical biomass burning compound. Environmental Science: Nano, 2020, 7(9): 2532-2545.

[94] Xu L, Tsona N T, You B, et al. NO_x enhances secondary organic aerosol formation from nighttime γ-terpinene ozonolysis. Atmospheric Environment, 2020, 225: 117375.

[95] Liu S J, Jia L, Xu Y F, et al. Photooxidation of cyclohexene in the presence of SO_2: SOA yield and chemical composition. Atmospheric Chemistry and Physics, 2017, 17(21): 13329-13343.

[96] Xu L, Tsona N T, Du L. Relative humidity changes the role of SO_2 in biogenic secondary organic aerosol formation. Journal of Physical Chemistry Letters, 2021, 12(30): 7365-7372.

[97] Jiang X T, Tsona N T, Jia L, et al. Secondary organic aerosol formation from photooxidation of furan: Effects of NO_x and humidity. Atmospheric Chemistry and Physics, 2019, 19(21): 13591-13609.

[98] Yang Z M, Xu L, Tsona N T, et al. SO_2 and NH_3 emissions enhance organosulfur compounds and fine particle formation from the photooxidation of a typical aromatic hydrocarbon. Atmospheric Chemistry and Physics, 2021, 21(10): 7963-7981.

[99] Ma Q, Lin X X, Yang C G, et al. The influences of ammonia on aerosol formation in the ozonolysis of styrene: Roles of Criegee intermediate reactions. Royal Society Open Science, 2018, 5(5): 172171.

[100] 马乔, 俞辉, 阳成强, 等. 仲丁醇对苯乙烯臭氧化反应生成二次有机气溶胶的影响: 实验和模型研究. 环境科学学报, 2018, 38(10): 3888-3893.

[101] Wang Z Z, Wang T, Fu H B, et al. Enhanced heterogeneous uptake of sulfur dioxide on mineral particles through modification of iron speciation during simulated cloud processing. Atmospheric Chemistry and Physics, 2019, 19(19): 12569-12585.

[102] Fu H B, Wang X, Wu H B, et al. Heterogeneous uptake and oxidation of SO_2 on iron oxides. Journal of Physical Chemistry C, 2007, 111(16): 6077-6085.

[103] Fu H B, Xu T G, Yang S G, et al. Photoinduced formation of Fe(Ⅲ)-sulfato complexes on the surface of α-Fe_2O_3 and their photochemical performance. Journal of Physical Chem-

istry C, 2009, 113(26): 11316-11322.

[104] Tan F, Tong S R, Jing B, et al. Heterogeneous reactions of NO_2 with $CaCO_3$-$(NH_4)_2SO_4$ mixtures at different relative humidities. Atmospheric Chemistry and Physics, 2016, 16(13): 8081-8093.

[105] Hou S Q, Tong S R, Zhang Y, et al. Heterogeneous uptake of gas-phase acetic acid on the surface of α-Al_2O_3 particles: Temperature effects. Chemistry-An Asian Journal, 2016, 11(19): 2749-2755.

[106] Wu L Y, Liu Q F, Tong S R, et al. Mechanism and kinetics of heterogeneous reactions of unsaturated organic scids on α-Al_2O_3 and $CaCO_3$. Chemphyschem, 2016, 17(21): 3515-3523.

[107] Liu Q F, Wang Y D, Wu L Y, et al. Temperature dependence of the heterogeneous uptake of acrylic acid on Arizona test dust. Journal of Environmental Sciences, 2017, 53: 107-112.

[108] Tan F, Jing B, Tong S R, et al. The effects of coexisting Na_2SO_4 on heterogeneous uptake of NO_2 on $CaCO_3$ particles at various RHs. Science of the Total Environment, 2017, 586: 930-938.

[109] Zhang Y, Tong S R, Ge M F, et al. The formation and growth of calcium sulfate crystals through oxidation of SO_2 by O_3 on size-resolved calcium carbonate. Rsc Advances, 2018, 8(29): 16285-16293.

[110] Zhang Y, Tong S R, Ge M F, et al. The influence of relative humidity on the heterogeneous oxidation of sulfur dioxide by ozone on calcium carbonate particles. Science of the Total Environment, 2018, 633: 1253-1262.

[111] Jia X H, Gu W J, Peng C, et al. Heterogeneous reaction of $CaCO_3$ with NO_2 at different relative humidities: Kinetics, mechanisms, and impacts on aerosol hygroscopicity. Journal of Geophysical Research: Atmospheres, 2021, 126(11): e2021JD034826.

[112] Li R, Jia X H, Wang F, et al. Heterogeneous reaction of NO_2 with hematite, goethite and magnetite: Implications for nitrate formation and iron solubility enhancement. Chemosphere, 2020, 242: 125273.

[113] Gao X Y, Zhang Y H, Liu Y. A kinetics study of the heterogeneous reaction of *n*-butylamine with succinic acid using an ATR-FTIR flow reactor. Physical Chemistry Chemical Physics, 2018, 20(22): 15464-15472.

[114] Liu W J, He X, Pang S F, et al. Effects of NO_x, SO_2 and RH on the SOA formation from cyclohexene photooxidation. Atmospheric Environment, 2017, 167: 245-253.

[115] Lian H Y, Pang S F, He X, et al. Heterogeneous reactions of isoprene and ozone on α-Al_2O_3: The suppression effect of relative humidity. Chemosphere, 2020, 240: 124744.

[116] He X, Zhang Y H. Influence of relative humidity on SO_2 oxidation by O_3 and NO_2 on the surface of TiO_2 particles: Potential for formation of secondary sulfate aerosol. Spectro-

chimica Acta Part A: Molecular and Biomolecular Spectroscopy, 2019, 219: 121-128.

[117] Lv C, Du L, Tsona N T, et al. Atmospheric chemistry of 2-methoxypropene and 2-ethoxypropene: Kinetics and mechanism study of reactions with ozone. Atmosphere, 2018, 9(10): 401.

[118] Zhu J Q, Tsona N T, Mellouki A, et al. Atmospheric initiated oxidation of short chain aliphatic ethers. Chemical Physics Letters, 2019, 720: 25-31.

[119] Zhang Q, Chen Y, Tong S R, et al. Atmospheric oxidation of selected chlorinated alkenes by O_3, OH, NO_3 and Cl. Atmospheric Environment, 2017, 170: 12-21.

[120] Wang S Y, Du L, Tsona N T, et al. Gas-phase kinetic and mechanism study of the reactions of O_3, OH, Cl and NO_3 with unsaturated acetates. Environmental Chemistry, 2018, 15(7): 411-423.

[121] Wang S Y, Du L, Zhu J Q, et al. Gas-phase oxidation of allyl acetate by O_3, OH, Cl, and NO_3: Reaction kinetics and mechanism. Journal of Physical Chemistry A, 2018, 122(6): 1600-1611.

[122] Zhu J Q, Wang S Y, Tsona N T, et al. Gas-phase reaction of methyl *n*-propyl ether with OH, NO_3, and Cl: Kinetics and mechanism. Journal of Physical Chemistry A, 2017, 121(36): 6800-6809.

[123] Zhu J Q, Tsona N T, Du L. Kinetics of atmospheric reactions of 4-chloro-1-butene. Environmental Science and Pollution Research, 2018, 25(24): 24241-24252.

[124] Zhang Q L, Lin X X, Gai Y B, et al. Kinetic and mechanistic study on gas phase reactions of ozone with a series of cis-3-hexenyl esters. Rsc Advances, 2018, 8(8): 4230-4238.

[125] Lin X X, Ma Q, Yang C Q, et al. Kinetics and mechanisms of gas phase reactions of hexenols with ozone. Rsc Advances, 2016, 6(87): 83573-83580.

[126] Li W R, Chen Y, Tong S R, et al. Kinetic study of the gas-phase reaction of O_3 with three unsaturated alcohols. Journal of Environmental Sciences, 2018, 71: 292-299.

[127] 韦娜娜, 赵卫雄, 方波, 等. OH 自由基与烷烃反应动力学研究. 分析化学, 2020, 48(8): 1050-1057.

[128] 张启磊, 张永灏, 俞辉, 等. O_3 与异戊酸叶醇酯和己酸叶醇酯反应速率常数的测定. 环境科学学报, 2018, 38(7): 2796-2802.

[129] 张永灏, 俞辉, 林晓晓, 等. 相对速率法测量氯原子与几种酮类物质的反应速率常数. 环境科学学报, 2019, 39(11): 3849-3855.

[130] Li F H, Tang S S, Tsona N T, et al. Kinetics and mechanism of OH-induced α-terpineol oxidation in the atmospheric aqueous phase. Atmospheric Environment, 2020, 237: 117650.

[131] Tang S S, Li F H, Tsona N T, et al. Aqueous-phase photooxidation of vanillic acid: A potential source of humic-like substances (HULIS). Acs Earth and Space Chemistry, 2020, 4(6): 862-872.

[132] Ye Z L, Qu Z X, Ma S S, et al. A comprehensive investigation of aqueous-phase photochemical oxidation of 4-ethylphenol. Science of the Total Environment, 2019, 685: 976-985.

[133] Ye Z L, Zhuang Y, Chen Y T, et al. Aqueous-phase oxidation of three phenolic compounds by hydroxyl radical: Insight into secondary organic aerosol formation yields, mechanisms, products and optical properties. Atmospheric Environment, 2020, 223: 117240.

[134] Liu Y, Lu J C, Chen Y F, et al. Aqueous-phase production of secondary organic aerosols from oxidation of dibenzothiophene(DBT). Atmosphere, 2020, 11(2): 151.

[135] Ou Y, Nie D Y, Chen H, et al. Characterization of products from the aqueous-phase photochemical oxidation of benzene-diols. Atmosphere, 2021, 12(5): 534.

[136] Chen Y T, Li N W, Li X D, et al. Secondary organic aerosol formation from $^3C^*$-initiated oxidation of 4-ethylguaiacol in atmospheric aqueous-phase. Science of the Total Environment, 2020, 723: 137953.

[137] Lu J C, Ge X L, Liu Y, et al. Significant secondary organic aerosol production from aqueous-phase processing of two intermediate volatility organic compounds. Atmospheric Environment, 2019, 211: 63-68.

[138] Yang C, Zhang C Y, Luo X S, et al. Isomerization and degradation of levoglucosan via the photo-fenton process: insights from aqueous-phase experiments and atmospheric particulate matter. Environmental Science & Technology, 2020, 54(19): 11789-11797.

[139] Zhang Y, Cai C, Pang S F, et al. A rapid scan vacuum FTIR method for determining diffusion coefficients in viscous and glassy aerosol particles. Physical Chemistry Chemical Physics, 2017, 19(43): 29177-29186.

[140] Li F, Tsona N T, Li J, et al. Aqueous-phase oxidation of syringic acid emitted frombiomass burning: Formation of light-absorbing compounds. Science of the Total Environment, 2021, 765: 144239.

[141] Cui M, Chen Y J, Yan C Q, et al. Refined source apportionment of residential and industrial fuel combustion in the Beijing based on real-world source profiles. Science of the Total Environment, 2022, 826: 154101.

[142] Cui M, Xu Y Y, Zhang F, et al. Real-world characterization of carbonaceous substances from industrial stationary and process source emissions. Science of the Total Environment, 2023, 854: 158505.

[143] Feng X X, Wang C C, Feng Y L, et al. Outbreaks of ethyl-amines during haze episodes in North China Plain: A potential source of amines from ethanol gasoline vehicle emission. Environmental Science & Technology Letters, 2022, 9(4): 306-311.

[144] Hou W Q, Liu Z Y, Yu G Y, et al. On-board measurements of OC/EC ratio, mixing state, and light absorption of ship-emitted particles. Science of the Total Environment,

2023, 904: 166692.

[145] Zhu X M, Han Y, Feng Y L, et al. Formation and emission characteristics of intermediate volatile organic compounds(IVOCs) from the combustion of biomass and their cellulose, hemicellulose, and lignin. Atmospheric Environment, 2022, 286: 119217.

[146] Han Y, Chen Y J, Feng Y L, et al. Existence and formation pathways of high- and low-maturity elemental carbon from solid fuel combustion by a time-resolved study. Environmental Science & Technology, 2022, 56(4): 2551-2561.

[147] Cai J J, Jiang H X, Chen Y J, et al. Emission characteristics and optical properties of brown carbon during combustion of pine at different ignition temperatures under high-time resolution. Fuel, 2023, 354: 129400.

[148] Wang J H, Jiang H X, Chen Y J, et al. Emission characteristics and influencing mechanisms of PAHs and EC from the combustion of three components (cellulose, hemicellulose, lignin) of biomasses. Science of the Total Environment, 2023, 859: 160359.

[149] Liu Z Y, Chen Y J, Zhang Y, et al. Emission characteristics and formation pathways of intermediate volatile organic compounds from ocean-going vessels: Comparison of engine conditions and fuel types. Environmental Science & Technology, 2022, 56(18): 12917-12925.

[150] Cheng P H, Liu Z Y, Feng Y L, et al. Emission characteristics and formation pathways of carbonyl compounds from the combustion of biomass and their cellulose, hemicellulose, and lignin at different temperatures and oxygen concentrations. Atmospheric Environment, 2022, 291: 119387.

[151] Liu Z Y, Feng Y L, Peng Y, et al. Emission characteristics and formation mechanism of carbonyl compounds from residential solid fuel combustion based on real-world measurements and tube-furnace experiments. Environmental Science & Technology, 2022, 56(22): 15417-15426.

[152] Peng Y, Cai J J, Feng Y L, et al. Emission characteristic of OVOCs, I/SVOCs, OC and EC from wood combustion at different moisture contents. Atmospheric Environment, 2023, 298: 119620.

[153] Cui M, Xu Y Y, Yu B B, et al. Characterization of carbonaceous matter emitted from residential coal and biomass combustion by experimental simulation. Atmospheric Environment, 2023, 293: 119447.

[154] Cai J J, Jiang H X, Chen Y J, et al. Char dominates black carbon aerosol emission and its historic reduction in China. Nature Communications, 2023, 14(1): 6444.

[155] Wei N N, Fang B, Zhao W X, et al. Time-resolved laser-flash photolysis faraday rotation spectrometer: A new tool for total OH reactivity measurement and free radical kinetics research. Analytical Chemistry, 2020, 92(6): 4334-4339.

[156] Tang K, Qin M, Fang W, et al. Simultaneous detection of atmospheric HONO and NO_2

[157] Yang X P, Lu K D, Ma X F, et al. Radical chemistry in the Pearl River Delta: Observations and modeling of OH and HO_2 radicals in Shenzhen in 2018. Atmospheric Chemistry and Physics, 2022, 22(18): 12525-12542.

[158] Wen Z Y, Tang X F, Fittschen C, et al. Online analysis of gas-phase radical reactions using vacuum ultraviolet lamp photoionization and time-of-flight mass spectrometry. Review of Scientific Instruments, 2020, 91(4): 043201.

[159] Yang C Q, Zhao W X, Fang B, et al. Improved chemical amplification instrument by using a nafion dryer as an amplification reactor for quantifying atmospheric peroxy radicals under ambient conditions. Analytical Chemistry, 2019, 91(1): 776-779.

[160] Xue C Y, Ye C, Ma Z B, et al. Development of stripping coil-ion chromatograph method and intercomparison with CEAS and LOPAP to measure atmospheric HONO. Science of the Total Environment, 2019, 646: 187-195.

[161] Li Z Y, Hu R Z, Xie P H, et al. Development of a portable cavity ring down spectroscopy instrument for simultaneous, in situ measurement of NO_3 and N_2O_5. Optics Express, 2018, 26(10): A433-A449.

[162] Wang F Y, Hu R Z, Chen H, et al. Development of a field system for measurement of tropospheric OH radical using laser-induced fluorescence technique. Optics Express, 2019, 27(8): A419-A435.

[163] Bian J J, Gui H Q, Wei X L, et al. Development and application of a wide dynamic range and high resolution atmospheric aerosol water-based supersaturation condensation growth measurement system. Atmosphere, 2021, 12(5): 558.

[164] Xue C Y, Ye C, Zhang Y Y, et al. Development and application of a twin open-top chambers method to measure soil HONO emission in the North China Plain. Science of the Total Environment, 2019, 659: 621-631.

[165] Zhou J C, Zhao W X, Zhang Y, et al. Amplitude-modulated cavity-enhanced absorption spectroscopy with phase-densitive detection: A new approach applied to the fast and sensitive detection of NO. Analytical Chemistry, 2022, 94(7): 3368-3375.

[166] Zhu Q, Huang X F, Cao L M, et al. Improved source apportionment of organic aerosols in complex urban air pollution using the multilinear engine (ME-2). Atmospheric Measurement Techniques, 2018, 11(2): 1049-1060.

[167] Duan J, Huang R J, Gu Y F, et al. The formation and evolution of secondary organic aerosol during summer in Xi'an: Aqueous phase processing in fog-rain days. Science of the Total Environment, 2021, 756: 144077.

[168] 高健, 李慧, 史国良, 等. 颗粒物动态源解析方法综述与应用展望. 科学通报, 2016, 61(27): 3002-3021.